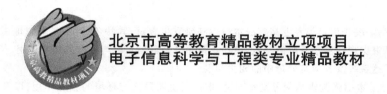

北京市高等教育精品教材立项项目

电子信息科学与工程类专业精品教材

雷达系统及其信息处理
（第 2 版）

许小剑　黄培康　编著

U0282844

电子工业出版社·

Publishing House of Electronics Industry

北京·BEIJING

内 容 简 介

本书定位为高等院校信息类专业高年级本科生和研究生教材,其特色是:不是单纯地讲授雷达原理或雷达基本理论,而是根据现代雷达系统的特点,站在雷达系统及其同目标与环境的相互作用、信号获取与信息处理的角度,阐述雷达系统及其信息处理中的相关问题。

在内容编排上,本书强调雷达信号基本理论、雷达系统同目标与环境的相互作用,以及先进雷达系统中的信息获取与信息处理技术。为此,本书按照4个模块编写。第1章和第2章介绍雷达基本概念、发展历史和趋势及预备知识;第3、4、5章阐述雷达系统基本原理和基本理论,包括雷达发射与接收、雷达方程与目标检测、雷达波形与处理;第6章和第7章着重分析雷达系统同目标与环境的相互作用,包括雷达目标、大气传播和背景散射等;第8、9、10章讨论先进雷达系统及其处理技术,包括雷达测量与跟踪、脉冲多普勒和动目标指示雷达及高分辨率雷达成像。本次修订重点增加了波形分集等前沿技术、雷达目标高分辨率图像理解、环境杂波模型等方面的论述。

本书既可作为高等院校相关专业本科高年级学生和研究生相关课程的教材,又可作为从事雷达系统、微波遥感、电磁散射、信号与信息处理等相关专业的工程技术人员及雷达部队官兵的参考书。

图书在版编目(CIP)数据

雷达系统及其信息处理 / 许小剑,黄培康编著. —2版. —北京:电子工业出版社,2018.11
ISBN 978-7-121-34762-7

Ⅰ. ①雷… Ⅱ. ①许… ②黄… Ⅲ. ①雷达系统—信息处理—高等学校—教材 Ⅳ. ①TN955

中国版本图书馆 CIP 数据核字(2018)第 161135 号

策划编辑:陈晓莉
责任编辑:王晓庆   特约编辑:陈晓莉
印　　刷:北京虎彩文化传播有限公司
装　　订:北京虎彩文化传播有限公司
出版发行:电子工业出版社
　　　　　北京市海淀区万寿路 173 信箱　邮编:100036
开　　本:787×1 092　1/16　印张:20.5　字数:525 千字
版　　次:2010 年 2 月第 1 版
　　　　　2018 年 11 月第 2 版
印　　次:2024 年 8 月第 6 次印刷
定　　价:58.00 元

凡所购买电子工业出版社图书有缺损问题,请向购买书店调换。若书店售缺,请与本社发行部联系,联系及邮购电话:(010)88254888,(010)88258888。

质量投诉请发邮件至 zlts@phei.com.cn,盗版侵权举报请发邮件至 dbqq@phei.com.cn。

本书咨询联系方式:(010)88254113,wangxq@phei.com.cn。

再 版 前 言

　　《雷达系统及其信息处理》第一版于 2009 年成稿、2010 年出版。正如作者在第一版前言中所指出的,编写本书目的不是提供一本完整的关于雷达原理的教程,而是站在雷达系统同目标与环境的相互作用、信息获取与信息处理的角度,讨论现代雷达系统及其信息处理中的基础理论、基本原理及前沿技术问题。《雷达系统及其信息处理》从第一版出版至今已近十年,十年间电子技术的迅猛发展及其他新兴技术的涌现,使得雷达在内涵、技术,甚至形态上发生着日新月异的变化,例如,宽带高分辨率雷达成像技术已完全进入成熟应用期,波形分集、太赫兹波、多输入多输出(MIMO)雷达、认知雷达、微波光子及量子雷达等新技术、新体制取得突破或得以涌现。很明显,原版教材已经很难满足新的雷达课程教学的需要。

　　本次修订依然沿用了第一版教材中将教学内容划分为 4 个模块共 10 章的全书结构安排,但针对新的教学需求,对各模块、各章节具体做了大量的充实和修订。本次修订的重点包括:一是增加对雷达前沿技术(如波形分集技术和各种新体制雷达)的论述,主要体现在对第 1 章、第 5 章的修改;二是呼应高分辨率雷达成像技术得到广泛应用的现状和需求,增加扩展目标雷达散射特性表征、雷达图像理解等前沿技术内容,主要体现在对第 6 章、第 7 章、第 10 章的修改充实;三是针对现代雷达信号处理对背景杂波模型提出了越来越多需求这一技术趋势,以较大的篇幅增加了地、海杂波半经验模型和统计模型的内容,主要体现在对第 7 章的修改和内容充实。此外,在每一章的最后增加了思考题,便于读者通过对思考题的解答检验学习效果。

　　对各模块、章节的具体修订内容如下。

　　模块 1——雷达基础和预备知识:本模块由第 1 章、第 2 章构成。根据雷达技术的最新进展,在第 1 章增加了太赫兹波、汽车雷达等新内容,同时增加了"雷达的未来"作为 1.4.3 节,简要概述 MIMO 雷达、认知雷达、微波光子雷达和量子雷达等近年来得到迅速发展的前沿雷达技术。第 2 章在原版内容基础上,进一步强化了同雷达密切相关的近场与远场、电磁波极化等概念;同时,为了更好地呼应第 6 章中关于目标电磁散射的讨论,重写了 2.6.4 节,增加了扩展目标对于平面波的绕射现象等问题的介绍,为第 6 章、第 7 章关于目标与环境电磁散射问题的讨论提供必要的预备知识。

　　模块 2——雷达系统基本理论:本模块由第 3 章、第 4 章、第 5 章组成。第 3 章对 3.7.6 节关于雷达接收机 I/Q 通道失真及其校正进行了重写,同时增加 3.7.7 节,讨论系统非线性的影响,后者对于宽带高分辨率成像雷达至关重要;增加了 3.8 节,专门讨论系统噪声和灵敏度问题,并且把第一版中 3.6.3 节内容并入本节。第 4 章增加了搜索雷达方程相关内容。第 5 章对本章的标题、5.3 节内容进行了调整,并对 5.6 节进行了完全重写。其中,5.3 节讨论雷达波形与分辨率,增加了 5.3.4 节,讨论波形评价准则;删除了第一版中 5.6 节关于雷达自适应信号处理概念的内容,增加了波形分集概念及其应用的相关内容,包括波形分集概念、抗干扰和杂波抑制波形优化、目标识别波形优化和认知雷达等技术内容,以便更好地反映现代雷达系统对于信号与波形设计、优化和智能化处理等新技术、新方法的需求。

　　模块 3——雷达系统同目标与环境的相互作用:由第 6 章、第 7 章构成。第 6 章中对 6.2 节和 6.4 节进行了重写,并增加了 6.9 节。其中,6.2 节介绍雷达散射截面(RCS)的概念,讨论其物理意义，并针对现代雷达成像技术的成熟和广泛应用，引入扩展目标的散射函数和散射分布函数概念，为后续关于成像原理的讨论提供必要基础；6.4 节讨论极化散射矩阵问题，主要对极化散射矩阵的概念和变换的数学模型与表达式等做了重新整理，使初学者更易理解；6.9 节讨论目标 RCS 图像理解问题，通过对各种典型目标散射机理在一维和二维雷达图像中的表现形式的深入分析，阐述了复杂目标 RCS 图像的理解问题。第 7 章在第一版内容的基础上进行了大幅的内容扩充，主要包括：在 7.6.7 节增加地面后向散射系数的乌拉比(Ulaby)模型；7.7.4 节增加了多个海面后向散射系数半经验模型；新增 7.9 节，讨论地、海杂波统计模型，包括瑞利分布模型、韦布尔分布模型、对数－正态分布模型和复合 K 分布模型，同时讨论了统计模型的应用问题。

模块 4——先进雷达系统及其信息处理技术：由第 8 章、第 9 章、第 10 章构成。第 8 章对 8.2.3 节原有内容进行了扩充，增加了同时测量速度大小与运动方向的相关内容，并对其他各节做了较多的修改。第 9 章重写了 9.1 节，以便更好地体现脉冲多普勒(PD)雷达是以动目标指示(MTI)雷达技术为基础发展而来的，体现今天的技术发展使得 PD 和 MTI 的区分边界已经模糊的现实；对 9.2 节和 9.5 节内容进行了重新调整，将第一版 9.2.4 节关于多普勒滤波器组的内容并入 9.5 节，作为 9.5.3 节，便于读者更好地理解 MTI 技术的发展沿革。第 10 章重写了 10.3.1 节，采用"散射分布函数"替换第一版中关于三维扩展目标散射表征时采用的"目标复反射率"这一不严谨术语；增加了 10.7 节，简要讨论合成孔径雷达(SAR)图像理解问题。

本书由许小剑、黄培康编著。本书的修订得到了北京航空航天大学领导及诸多同仁的大力支持和帮助，恕不一一罗列，谨在此一并致以诚挚的谢意！

在本书修订过程中，作者尽可能严谨地完成每一章节的勘误、内容调整和充实，但由于作者学识和水平所限，百密必有一疏，还望读者海涵并不吝指教。

作　者

2018 年 10 月

前　　言

《雷达系统及其信息处理》定位为高等院校信息类专业高年级本科生和研究生教材。书中既借鉴了本领域国内外众多著作的思想，又融入了作者多年来的一些研究成果，故兼具专著的一些特征。

自 2003 年以来，本书的作者之一——直承担北京航空航天大学、航天科工集团二院研究生院的现代雷达系统理论、雷达成像原理、先进感知系统及其信息处理及高年级本科生雷达原理等课程的教学。本书的另一作者长期从事雷达目标与环境特性研究，并主持航天科工集团二院研究生院的研究生培养工作。在多年的研究生和本科生培养教学实践中，作者深感在国防院校和院所信息与通信系统、电子科学与技术等信息类专业的教学中，很难选择一本合适的关于雷达及其信息处理的教材，而在这些院校中，雷达又往往是相关专业研究生、本科生的必修课。本书的撰写和出版正是为了满足这样一种需求而完成的。基于此，本书的撰写特色是：不是单纯地讲授雷达原理或雷达基本理论，而是根据现代军用雷达系统的特点，强调雷达信号基本理论、雷达系统同目标与环境的相互作用，以及先进雷达系统中的信息处理技术等。

《雷达系统及其信息处理》共分 10 章，作者站在雷达系统及其同目标与环境的相互作用、信号获取与信息处理的角度，阐述雷达系统及其信息处理问题，内容涵盖基础和预备知识、雷达系统基本理论、雷达系统同目标与环境的相互作用及先进雷达系统及其处理技术等 4 大模块。

模块 1——雷达基础和预备知识：第 1 章、第 2 章，主要介绍雷达的基本知识、发展历史、发展趋势和应用，以及同雷达密切相关的电磁波基础知识。

模块 2——雷达系统基本理论：第 3 章、第 4 章、第 5 章，主要阐述雷达测距和测速的基本原理、雷达发射机与接收机的系统组成、相参雷达基本原理、雷达方程、噪声中的目标检测、雷达波形、匹配滤波、雷达模糊度函数、脉冲压缩和自适应处理等概念、原理和理论。

模块 3——雷达系统同目标与环境的相互作用：第 6 章、第 7 章，主要讨论雷达目标与环境电磁散射对雷达的影响，包括雷达散射截面（RCS）的概念和定义，目标散射的频率特性、极化特性，目标散射中心的概念，散射机理和物理与数学解释，RCS 统计模型，大气衰减和折射，地球曲率对雷达波的影响，地、海背景的杂波特性和模型等。

模块 4——先进雷达系统及其信息处理技术：第 8 章、第 9 章、第 10 章，首先总结雷达测距、测速、测角的误差理论，分析从信息处理角度看三者之间的一致性，介绍雷达跟踪的基本原理；然后重点讨论脉冲多普勒（PD）雷达、动目标指示（MTI）雷达及其信息处理，包括运动平台对雷达探测的影响、MTI 和 PD 雷达的基本原理、不同工作方式与信号处理；最后讨论高分辨率雷达成像问题，通过对采用步进频率波形（SFW）和线性调频波形的雷达回波的深入分析，导出雷达的径向距离分辨率和合成雷达距离像，通过对转台目标的多普勒同横向距离的关系导出雷达的横向距离分辨率，进而介绍旋转目标的距离—多普勒成像原理，最后引出逆合成孔径雷达（ISAR）、合成孔径雷达（SAR）和干涉 SAR（InSAR）成像的概念与原理。

由此可见，本书在内容编排和取舍上具有以下特点：一是由浅入深，保证易学性；二是强调内容的新颖性、先进性；三是注重知识的系统性。如果作为教材使用，授课教师可根据上述

4个知识模块，依照学时数和授课对象的不同对内容进行取舍。

作者在本书撰写过程中深受本领域一些已经出版的著作、教材和相关文献的启发与影响，在各章的最后尽量准确地给出了主要参考文献，在此谨向有关作者和出版社一并致谢。但凡有疏漏或不妥之处，还望相关文献作者和本书读者海涵。

在本书撰写过程中，得到冯祥芝博士、王彩云博士、李晓飞博士生等人的大量帮助，北京航空航天大学2004—2009年期间选修"现代雷达系统理论"课程的历届研究生、选修"雷达原理"课程的历届本科生、航天科工集团二院研究生院2003—2006年期间选修"雷达成像原理"课程的历届研究生对原讲义、讲稿的修改完善提出了许多宝贵意见，电子工业出版社的陈晓莉为本书的编辑与出版付出了辛勤的努力，在此一并表示衷心的感谢。

编 著 者

2009年11月于北京

目　　录

第 1 章 引 论

1.1 雷达的概念

雷达一词是英文 Radio Detection And Ranging 缩写词"RADAR"的音译,其原意为"无线电探测与测距"。雷达利用目标对电磁波的散射现象来发现目标并测定其位置。

现代雷达是一种综合了电子科学各种技术成就的高科技信息感知与处理系统,它涉及电子信息工程中几乎所有的技术要素,如信号(signal)和波形(waveform)设计、发射机(transmitter)、接收机(receiver)、天线(antenna)、电磁波(electromagnetic wave)传播(propagation)、电磁散射(scattering)和辐射(radiation)、信号处理(signal processing)、信息提取(information extraction)、检测(detection)、参数估计(parameter estimation)、目标分类与识别(target identification and recognition)等。

早期的雷达将所探测的目标对象视为一个"点",雷达的功能是测定该"点目标"的三维位置坐标、速度与加速度等参数,这类雷达现在一般称为尺度测量(metric measurement)雷达。随着技术的进步,现代雷达不仅能测定目标的尺度参数,而且通过对雷达回波的幅度(amplitude)与相位(phase)的精确测量、分析和处理,还能得到被观测目标的其他各种特征参量,如目标的雷达散射截面(Radar Cross Section,RCS)、角闪烁(glint)特征、极化散射矩阵(Polarimetric Scattering Matrix,PSM)、目标散射中心(scattering center)分布图、目标自然谐振频率(natural resonance frequency)等。能够观测目标这些特征参量的雷达称为特征测量(signature measurement)雷达,所测得的参量反映了被观测目标本身所固有的雷达散射特征,通常称为雷达目标特征信号(signature)。

通过现代先进雷达探测系统,雷达不但能告诉我们目标在哪里、运动速度有多快,而且还能告诉我们所观测的目标具有什么特征。形象地说,现代雷达不仅可以是一部望远镜,而且也可以是一台显微镜。因此,现代雷达较为确切的定义应是:雷达是对远距离目标进行无线电探测、分辨、定位、测轨和识别的一种传感器系统[1]。

1.2 电磁波谱及雷达频段

1865 年,麦克斯韦(J. C. Maxwell)提出了奠定电磁场理论基础的麦克斯韦方程,揭示了随时间变化的电场与磁场相互转换的关系。麦克斯韦预言了电磁波的存在,并说明电磁波与光在自由空间中具有相同的传播速度,因此,麦克斯韦预示了光也是一种电磁波。

1886 年,赫兹通过实验证明了电能够以电磁波的形式发射,并且其传播速度等于光速。1889 年,赫兹还通过实验演示了电磁波碰到物体时会产生散射。这些实验直接为后来无线通信、雷达、电视等的发明奠定了基础。

1.2.1 电磁波谱

电磁波具有连续的频谱,其频率从低到高涵盖了声波、超声波、无线电频率、红外线、可见光、紫外线、X 射线和 γ 射线等,整个电磁频谱的示意图如图 1-1 所示。

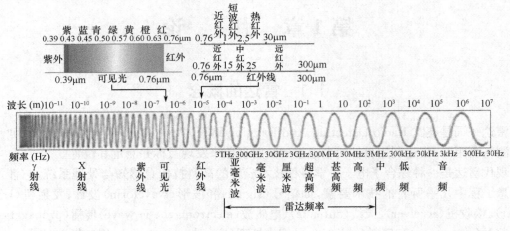

图 1-1 电磁频谱

在雷达工程领域中,常用一些英文字母来表示特定频段的名称,如 L 波段、S 波段、X 波段、K 波段等。这是第二次世界大战中一些国家为了对雷达工作频率保密而采用的符号表示,以后逐渐被所有雷达工程师所接受并一直沿用至今,且形成了标准。表 1-1 列出了美国电气与电子工程师协会(IEEE)于 1984 年制定并于 2002 年修订的雷达频段字母命名标准(IEEE Standard 521-2002),表中规定了各雷达频段的字母代码及其对应的频率范围[2,20]。

表 1-1 雷达频段字母命名标准

波段名称	频　率	国际电信联盟分配的雷达频段
HF	3～30MHz	138～144MHz,216～225MHz
VHF	30～300MHz	420～450MHz,850～942MHz
UHF	300～1000MHz	1215～1400MHz
L	1～2GHz	2.3～2.5GHz,2.7～3.7GHz
S	2～4GHz	5.25～5.925GHz
C	4～8GHz	8.5～10.68GHz
X	8～12GHz	13.4～14.0GHz,15.7～17.7GHz
Ku	12～18GHz	24.05～24.25GHz
K	18～27GHz	33.4～36GHz
Ka	27～40GHz	59～64GHz
V	40～75GHz	76～81GHz,92～100GHz
W	75～110GHz	126～142GHz,144～149GHz
mm	110～300GHz	231～235GHz,238～248GHz

根据雷达的工作原理,无论发射电磁波频率高或低,只要通过接收目标对电磁波的散射信号,对目标进行探测和定位,都属于雷达系统的工作范畴。图 1-1 对雷达工作的频率范围进行了标注,大致在 3MHz～3THz 范围,其中,300GHz～3THz 频段也称为太赫兹波。不同频率度量单位的换算关系为:1kHz=10^3Hz,1MHz=10^3kHz,1GHz=10^3MHz,1THz=10^3GHz。

1.2.2 雷达频段的特性

每种频率范围的电磁波都具有自己的特性,工作在不同频率范围的雷达在工程实现时往往差别很大。下面分几个大的频段进行介绍。

1. 米波段（包括 HF、VHF 和 UHF 频段）

早期的雷达多工作在这一频段。在该工作频段的雷达具有简单可靠、容易获得高辐射功率、容易制造、动目标显示性能好、不受大气传输的影响、造价低等优点，因此，在对空警戒雷达、电离层探测器、超视距雷达中有广泛的应用。该波段雷达的主要缺点是目标的角分辨率低。

2. 分米波段（包括 L 和 S 波段）

与米波段雷达相比，分米波段雷达具有角度分辨率较好、外部噪声干扰小、天线和设备尺寸适中等优点，因此在对空监视雷达中得到广泛使用。当要求一部雷达兼有对空探测和目标跟踪两种功能时，S 波段雷达最为合适。S 波段雷达是介于分米波段和厘米波段之间的一种折中选择，可以成功地实现对目标的监视和跟踪，广泛地使用于舰载雷达。该波段雷达的辐射功率不如米波段的高，大气回波和大气衰减对其有一定影响。

3. 厘米波段（包括 C、X、Ku 和 K 波段）

厘米波段雷达主要用于武器控制系统，它具有体积小、重量轻、跟踪精度高、可以得到足够大的信号带宽等优点，因此在机载火控雷达、机载气象雷达、机载多普勒导航雷达、地面炮瞄雷达、民用测速、防撞雷达中被广泛使用。该波段雷达的主要缺点是辐射功率不高、探测距离较小、大气回波和大气衰减影响较大、气象杂波等外部噪声干扰大等。但气象雷达主要探测气象杂波，因此多工作在这个频段。

4. 毫米波段

毫米波段雷达具有天线尺寸小、目标定位精度高、分辨率高、信号频带宽、抗电磁波干扰性能好等优点。但毫米波段雷达具有辐射功率更小、机内噪声较高、气象杂波等外部噪声干扰大、大气衰减随频率的增高而迅速增大等缺点，几乎掩盖了其优点。由于大气的衰减随频率的增高并不是单调地增大，而是存在着一些大气衰减较小的窗口，除非某些特定的应用（如汽车防撞雷达），毫米波段雷达大多仅限于工作在这些窗口上。

5. 太赫兹波段

太赫兹波段雷达具有良好的距离和角度分辨率等优点，在测距和测绘系统中常被选用。其缺点是现阶段受器件水平的限制，其辐射功率小，此外，波束太窄、搜索空域周期长、不能在复杂气象条件下工作。目前，工作于太赫兹波段的激光雷达已经广泛应用于三维高分辨率成像测绘等。

1.3 雷达系统的分类

雷达的应用十分广泛，经常会遇到各种各样的雷达名称。按照不同的分类准则，有不同的雷达名称，初学者容易造成混乱。下面对雷达工程及应用领域中常见的雷达名称进行基本归类[10~13]。本章 1.5 节对主要雷达的应用进行介绍。

1. 按雷达的用途分类

按用途可将雷达分为军用雷达和民用雷达两大类。

军用雷达是指用于军事领域的雷达。根据雷达的安放地点或雷达所在平台的不同，军用雷达可分成地面雷达、舰载雷达、机载雷达和星载雷达等。

军用雷达还可以按照用途进行更进一步的细分。例如,早期预警雷达(超远程雷达)、搜索和警戒雷达、指挥侦察与监视雷达、火控雷达、制导雷达;机载预警雷达、机载截击雷达、机载护尾雷达、机载导航雷达、机载火控雷达;无线电高度表、雷达引信等。其中,机载导航雷达和无线电高度表等也可作为民用。

民用雷达是指用于非军事领域的雷达,主要有遥感观测与成像雷达、气象雷达、空中交通管制雷达和港口交通管制雷达等。

2. 按雷达的工作体制分类

根据雷达系统及其子系统的工作体制可进一步细分。按照天线的特性或扫描方式,可分为圆锥扫描雷达、相控阵雷达、频扫雷达、合成孔径雷达(Synthetic Aperture Radar,SAR)和逆合成孔径雷达(Inverse SAR,ISAR)、多输入多输出(Multiple Input Multiple Output,MIMO)雷达等;按雷达调制信号的波形,可分为脉冲雷达、连续波雷达、线性调频雷达、编码雷达、噪声雷达等;按角度跟踪方式,可分为圆锥扫描雷达、单脉冲雷达和隐蔽锥扫雷达等。按收/发设备的位置,可分为单基地雷达、双基地雷达和多基地雷达等;按雷达系统是否发射电磁波,可分为有源雷达和无源雷达等(在本书中均指有源雷达)。

3. 按信号处理方式分类

按照雷达信号处理方式常可分为脉冲多普勒(Pulsed Doppler,PD)雷达、动目标显示(Moving Target Indication,MTI)雷达、频率分集雷达、极化分集雷达、相参或非相参积累雷达、合成孔径和逆合成孔径成像雷达等。

4. 按雷达工作波长分类

以波长来称呼雷达,也是一种常用的分类法,如米波雷达、分米波雷达、厘米波雷达、毫米波雷达、太赫兹波雷达、激光/红外雷达等;或者用波段的名称来分类,如 L 波段雷达、S 波段雷达、X 波段雷达等。

5. 按雷达测量目标坐标参数分类

此外还可以按目标坐标参数分为两坐标雷达、三坐标雷达、超视距雷达、测速雷达、测高雷达和成像雷达等。

6. 按某种特殊用途分类

按某种特殊用途对雷达进行命名,如边扫描边跟踪雷达、目标特征信号测量雷达、探地雷达、遥感成像雷达、二次雷达等。

1.4 雷达的起源、发展和未来

从最基本的雷达雏形到现在各种功能完善的复杂雷达系统,雷达的发展已有 100 多年的历史。本节对雷达历史的主要脉络及重大事件做简要介绍。

1.4.1 雷达的起源

19 世纪后期:电磁波理论的建立和电磁波实验的突破,为雷达的产生奠定了基础。

1865 年,麦克斯韦从理论上预言了电磁波的存在;1886 年,赫兹从实验上证明了电磁波的存在,1889 年,实现了电磁波的产生、接收和目标散射。这些成就为雷达的产生奠定了基础。

20 世纪初至 20 年代:第一部雷达的发明和人们对雷达用途的探索。

1904 年 4 月 30 日,德国的克里斯琴·赫尔斯迈耶(Christian Huelsmeyer)申请了一项名为"telemobiloscope"的专利,用于防止轮船之间的碰撞。这是一个利用无线电波来探测远处金属物体的发射机-接收机系统。图 1-2 所示为该装置及其发明者。尽管该系统最初并没有考虑测距功能,但这一系统仍然被认为是世界上的第一部雷达。

图 1-2　世界上的第一部雷达及其发明者

1922 年,无线电先驱者之一马可尼(S. G. Marconi)在美国无线电工程师协会(IRE,即现在 IEEE 的前身)的一篇论文中,曾提到在其实验中用无线电波观测到目标,他建议对这种技术加以开发利用[2]。同年,美国海军研究实验室(NRL)的泰勒(A. H. Taylor)和杨(L. C. Young)观测到轮船的起伏回波,他们的实验系统被称为连续波(CW)干涉系统。实际上,这就是今天的双站(bistatic,也称为双基地)CW 雷达。

1927 年,德国的赫尔曼(Hans E. Hollmann)对赫尔斯迈耶的装置进行改进,制造了第一部工作在厘米波段的发射机-接收机,它被认为是"微波"(Microwave)雷达和通信系统的前身。赫尔曼等三人开发完善的系统可以探测到 8km 远的轮船和在 500m 高空飞行 30km 远的飞机。以后,上述系统分别形成了舰载(Seetakt)和地基(Freya)两个系列的雷达,Seetakt 雷达的工作频率为 500MHz,Freya 雷达的工作频率则为 125MHz。这两个系列雷达如图 1-3 所示。

(a) Seetakt 舰载系列　　　　　　　　(b) Freya 地基系列

图 1-3　Seetakt 舰载和 Freya 地基系列雷达

在雷达实用于探测飞机之前,第一次世界大战中,法国人曾最早用声音探测装置对来袭飞机进行告警。20 世纪 20 年代,英国建造了大量钢筋混凝土结构的声音探测装置,将其用于国土防御。典型的声音探测装置如图 1-4 所示,据称这种声音探测装置可以探测 25km 外飞行中的飞机[18]。1936年以后，雷达功能日益强大，人们意识到这种飞机预警装置不会比使用无线电波进行探测的雷达具有更大的发展前途。

图 1-4 典型的声音探测装置

20 世纪 30 年代：开始研究用来探测飞机和舰船的脉冲多普勒雷达，多种实战型军用雷达问世。

1934 年，美国海军研究实验室开始研究发射脉冲波形的雷达。1936 年，其 80MHz 频段的脉冲雷达可以探测到 60km 远的飞机，1938 年 12 月，其 200MHz XAF 雷达探测到了160km 远的飞机目标。

1937 年，英国的防空雷达"本土链"(Chain Home)雷达问世，它可以说是第一个完整的防空系统，也是真正用于作战(第二次世界大战)的第一部雷达，用于对高空飞行的飞机探测和测距，如图 1-5 所示。该雷达的工作频率为 22～55MHz，其天线塔高达 72m，可以对 3km 高空、150km 远的飞机进行预警探测。

图 1-5 英国的防空雷达"本土链"

1938 年，美国信号公司制造了第一部 SCR－268 防空火力控制雷达，如图 1-6 所示，工作频率为 205MHz，探测距离为 180km。SCR－268 雷达必须依靠光学跟踪器来精化其测角数据，在夜间工作时，要借助与雷达波束同步的探照灯。

1939 年，美国无线电公司(RCA)研制出了第一部实用的 XAF 舰载雷达，装在美国"纽约号"战舰上，它对海面舰船的探测距离为 20km，对飞机的探测距离为 160km。英国在一架飞机上装了一部 200MHz 的雷达，用来监视入侵的飞机。这可以称得上是世界上第一部机载预警雷达。当时的英国在研制厘米波功率发生器件方面居于领先地位，首先发明并制造出了能产生 3000MHz、1kW 功率的磁控管。高功率厘米波器件的出现大大促进了雷达技术的发展。

图 1-6 SCR－268 防空火力控制雷达

20 世纪 40 年代：雷达功能进一步增强，对雷达发展具有重要影响的高功率磁控管问世，首次出现了雷达电子战。

1940 年，德国 Telefunken 公司生产了一种三坐标火控雷达，如图 1-7 所示。该雷达采用可旋转的偶极子天线，它的频率为 565MHz，测距精度为 25m，方位精度为 2°，俯仰精度为 3°。

1940 年，德国 Gema 生产出世界上第一部平面位置指示（ Plane Position Indicator，PPI）雷达。在图 1-8 中，图 1-8（a）为在 1944 年对柏林（Berlin）的一次夜间攻击中，PPI 雷达显示屏上显示了 400 多架轰炸机；图 1-8（b）则是 PPI 雷达对地面环境杂波的测量结果，这也可以认为是最早的雷达"成像"。

1941 年 12 月，那时已生产了 100 多部 SCR－270/271 陆军通信兵预警雷达，如图 1-9 所示。其中一部雷达架设在檀香山上，它探测到了日本飞机对珍珠港的入侵，但是，美国军官误将探测到的日本飞机认为是友

图 1-7 三坐标火控雷达

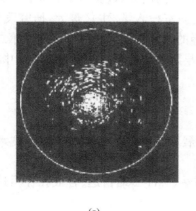

(a)

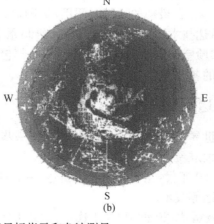

(b)

图 1-8 PPI 雷达多目标指示和杂波测量

军飞机,从而酿成了惨重悲剧。

1943 年,高功率磁控管研制成功并投入生产,微波雷达正式面世。低功率速调管在很长一段时间里一直只用做超外差接收机的本地振荡器。从研制成功磁控管到美国麻省理工学院(MIT)辐射实验室(Radiation Lab)制造出第一部 10cm 实验雷达,只用了一年时间。1943 年研制成功 SCR-584 防空火控雷达,如图 1-10 所示,这种雷达的波束宽度为 70mrad,跟踪飞机的精度约为 15mrad,但光学跟踪仍作为雷达数据的补充。

图 1-9　SCR-270/271 陆军通信预警雷达　　　　图 1-10　SCR-584 防空火控雷达

1943 年 7 月 24~25 日,盟军 800 架 RAF 轰炸机执行袭击德国汉堡(Hamburg)的任务。在这次袭击中,这些轰炸机都携带了金属箔条(一种尺寸同雷达波长相匹配的金属条带,可以迷惑雷达的探测)干扰发射器。这是历史上第一次将雷达对抗技术实用于战争当中。这次行动使德军的地面和机载雷达被大量的箔条干扰致盲,完全失效。它标志着雷达电子战的开端。

早期雷达操作员们还发现,英国的"蚊子"(Mosquito)战斗机和日本的"零点"(Zero)战斗机特别难以被雷达发现,因为这两种飞机的机身都是由木头建造的。这可认为是最早的对付雷达探测的"隐身"飞机。

在 1940 年以前(甚至直到第二次世界大战结束前),德国的雷达技术比美国、英国等所有其他国家都要先进。但是,后来美、英等国认识到雷达技术在军事应用中的重要性,加大了投资和研究力量,随后在技术上很快赶上并超过了德国。1940 年 10 月,美国政府支持麻省理工学院建立了辐射实验室,主要从事雷达相关理论与技术的研究,该实验室后改名为林肯实验室(Lincoln Lab)。在最初的 6 年时间里,美国对该实验室投入了 21 亿美元,研究飞机截获、导航、火控等雷达技术,其投资强度几乎和研制原子弹的投资强度完全一样。仅在第二次世界大战后期,该实验室便研制和提供了超过 100 部包括早期攻击预警、反飞机火控、空中截获、舰船探测等在内的各种雷达系统。

1.4.2　雷达的发展

第二次世界大战后,雷达技术得到了进一步发展和完善,按年代顺序,雷达技术在以下方面得到了巨大进展[7]。

20 世纪 50 年代:主要包括微波雷达、单脉冲雷达、脉冲压缩雷达、合成孔径雷达和机载脉冲多普勒雷达等技术。

(1) 微波雷达:20 世纪 50 年代,雷达的工作频段由高频(HF)、甚高频(VHF)发展到了微波波段,直至 K 波段。到 50 年代末,为了有效地探测卫星和远程弹道导弹而需要研制超远程雷达,雷达的工作频段又返回到了较低的 VHF 和 UHF 波段。在这些波段上可获得兆瓦级的平均功率,可采用线尺寸达百米以上的大型天线。大型雷达已开始应用于观测月亮、极光、流星和金星。

(2)单脉冲雷达:20 世纪 40 年代提出的单脉冲雷达原理,在 50 年代已成功地应用于目标跟踪雷达。这种供测量用的单脉冲精密跟踪雷达的角跟踪精度可达 0.1mrad,即使在今天来看,这样的精度也是相当高的。

(3)脉冲压缩雷达:脉冲压缩原理也是在 20 世纪 40 年代提出的,但直到 50 年代才得以应用于雷达系统。最早的高功率脉冲压缩雷达采用相位编码调制,把一个长脉冲分成数百个子脉冲,各脉冲的相位随机选择为 0° 或 180°。

(4)速调管:英国在 1943 年发明了高功率磁控管并且很快实用于高功率雷达。20 世纪 50 年代,大功率速调管放大器开始应用于雷达,其发射功率比磁控管大两个数量级。

(5)合成孔径雷达(SAR):20 世纪 50 年代出现的机载侧视合成孔径雷达,利用装在飞机上的一个相对较小的侧视天线,可产生地面的二维高分辨率条带地图。

(6)机载脉冲多普勒雷达:20 世纪 50 年代初提出的构思,并于 50 年代末成功地应用于空一空导弹的下视、下射制导雷达。

20 世纪 60 年代:以第一部电扫相控阵天线技术和后期开始的数字处理技术为标志,其他技术还包括动目标指示(MTI)、超视距(OTH)雷达等。

(1)电扫相控阵雷达:1957 年苏联成功地发射了人造地球卫星,这表明射程可达美国本土的洲际弹道导弹已进入实用阶段,人类进入了空间时代。美、苏相继开始研制超远程相控阵雷达,用于外空监视和洲际弹道导弹预警。美国 AN/FPS-85 雷达就是这种雷达的典型,该雷达于 20 世纪 60 年代完成,服役于美国空军。其天线波束可在方位和仰角方向上实现相控阵扫描。这是正式用于探测和跟踪空间物体的第一部大型相控阵雷达。这部雷达的发展表明了数字计算机对控制相控阵雷达的重要性。

(2)动目标指示雷达:1964 年在美国海军的 E-2A 预警机上的雷达实现了动目标指示。采用偏置相位中心天线(DPCA)和机载时间平均杂波相干雷达(TACCAR)实现运动多普勒频率补偿技术,是机载动目标指示雷达能够成功的关键。

(3)超视距雷达:美国海军研究实验室研制的探测距离在 3600km 以上的"麦德雷"高频超视距雷达,将雷达的探测距离提高至 10 倍,并首先证明了超视距雷达探测飞机、弹道导弹和舰艇等的能力,同时还具有确定海面状况和海洋上空气流分布的能力。

(4)电子抗干扰装置:用来对抗敌方雷达干扰的措施也出现于 20 世纪 60 年代,最典型的例子就是美国陆军的"奈基Ⅱ型"对空武器系统所用的雷达。这个系统包括一部 L 波段对空监视雷达,它利用一个大型天线,在很宽的频带内具有高平均功率。该雷达有战时使用的保留频率,并有相干副瓣对消器。此外,这部雷达还与一部 S 波段点头式测高雷达、S 波段截获雷达、X 波段跟踪雷达和 Ku 波段测距雷达一起工作,使电子干扰更加困难。

20 世纪 70 年代:由于数字信号处理等技术的飞速发展,在 50 年代末有所突破、60 年代得到大力发展的几种主要相干雷达,如合成孔径雷达、相控阵雷达和脉冲多普勒雷达等,在 70 年代又有了新发展。

(1)合成孔径雷达数字处理:合成孔径雷达的计算机成像在 20 世纪 70 年代中期取得突破,高分辨率合成孔径雷达已经移植到民用并进入空间飞行器。1978 年安装在海洋卫星(seasat)上的合成孔径雷达获得了二维分辨率为 25m×25m 的雷达图像,用计算机处理后能提供大量地理、地质和海洋状态信息。在 1cm 波段上，机载合成孔径雷达的分辨率已可达到约 30cm×30cm。分米量级分辨率的 SAR 在 U－2 高空间谍飞机上得到应用。相控阵雷达和脉冲多普勒雷达的发展都与数字计算机的高速发展密不可分。

（2）低噪声接收机前端：低噪声晶体管放大器前端，成为 20 世纪 70 年代广泛受到雷达工程师欢迎的技术。

（3）脉冲压缩技术：由于采用了声表面波延迟线，可把脉冲压缩到几个纳秒（ns），达到分米级径向距离分辨率，高分辨率脉冲压缩的实用性因而也得到了提高。

（4）机载预警雷达：E－3 预警机的脉冲多普勒雷达研制成功，标志着机载预警雷达有了重大发展。机载脉冲多普勒雷达之所以能够成功，在很大程度上依靠天线的超低副瓣性能（最大副瓣低于－40dB）。

（5）探地雷达：在 20 世纪 70 年代越南战争期间，为了探测地雷、地下坑道等，开发了甚高频宽带探地雷达。此后，这种雷达一直供探测地下管道和电线电缆等民事应用。

（6）大型高分辨率相控阵雷达：于 20 世纪 70 年代投入运转的 AN/FPS－108 型"丹麦眼镜蛇"（Cobra Dane）雷达是一部有代表性的大型高分辨率相控阵雷达，美国将该雷达用于观测和跟踪苏联勘察加半岛靶场上空的再入段弹道导弹的多个弹头。

（7）雷达的空间应用：雷达被用来帮助"阿波罗"飞船在月球上着陆，在卫星上雷达被用做高度计、测量地球及其表面的不平度等。

20 世纪 80 年代：相控阵雷达技术大量用于战术雷达，这期间研制成功的主要是相控阵雷达，包括美国陆军的"爱国者"、海军的"宙斯盾"和空军的 B－1B 系统，它们都被批量生产。L 波段和 L 波段以下的固态发射机得到广泛使用。在空间监视雷达方面，"铺路爪"（Pave Paws）全固态大型相控阵雷达（AN/FPS－115）是雷达的一个重大发展。通过对降雨的测量、剪切风和其他恶劣气象条件的告警及对风速和风向的垂直分布的及时测量等，雷达成为气象研究和安全飞行等的重要工具。

20 世纪 90 年代：对雷达观测隐身目标的能力、在反辐射导弹（ARM）与电子战（EW）条件下的生存能力和工作有效性提出了很高的要求，对雷达测量目标特征参数和进行目标分类、目标识别有了更强烈的需求。随着微电子和计算机的高速发展，雷达的技术性能也在迅速提高，在军事上的应用进一步扩大，雷达安装平台的种类日益增多，雷达成像技术取得了巨大进展。双/多基地雷达与雷达组网技术的应用，与无源雷达及其他传感器综合，实现多传感器数据融合等技术，在现代雷达发展过程中均占有重要地位。

特别是最近十几年来，微电子机械（MEM）和数字信号处理（DSP）等技术的飞速发展为有源电扫相控阵列（AESA）多功能雷达发展提供了技术动力，这种雷达系统是新一代高分辨率雷达的代表。这些技术包括以下几方面[4]。

（1）低成本、高效率的微波单晶集成电路（MMIC）发射/接收模块。

（2）平面多层电路的应用，可以同时馈送直流电源功率、数字控制信号和射频信号。

（3）微电子机械开关的出现，可以为相控阵列天线中各单个辐射单元提供高度可靠的极化开关和数字延时模块。

（4）频率捷变/调频激励器和接收机的使用，可以提供极大的频带宽度和很大的调谐范围。

（5）嵌入式低成本商用信号处理器，可提供每秒每立方英尺（1 英尺大约为 30cm）$10^{13} \sim 10^{14}$ 次运算。

（6）空时自适应处理（Space-Time Adaptive Processing，STAP）技术的发展，不但可以对消运动的地物杂波，而且可以通过自适应波束调零，消除人为干扰信号的影响。

（7）各种信号处理算法：使用高更新率和高精度的算法，实现大批运动目标（数以千计）的自动跟踪；采用高分辨率距离像、合成孔径雷达和逆合成孔径雷达成像，实现空中和地面目标的自动识别等。

（8）通过捷变波束的使用，可以使 AESA 雷达在脉间（pulse-to-pulse）实现同时或交替地面或空中动目标指示（GMTI/AMTI）、SAR/ISAR 成像和目标识别波形。这种高分辨率成像同高更新率 MTI 的结合，可以得到比传统 MTI 中运动的"点"目标更多的目标信息，从而自动完成目标的检测和识别，图 1-11 所示为典型自动目标搜索、检测和成像识别过程的示意图。

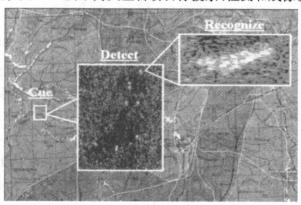

图 1-11　典型自动目标搜索、检测和成像识别过程

1.4.3　雷达的未来

进入 21 世纪，除传统雷达技术得到了飞速发展外，先后出现了各种新体制雷达技术，如多输入多输出（Multiple Input Multiple Output，MIMO）雷达、认知雷达（cognitive radar）、微波光子雷达（microwave photonic radar）、量子雷达（quantum radar）等[21~30]。

1. MIMO 雷达

20 世纪 90 年代早期，MIMO 思想进入通信系统领域并获得了飞速发展且被广泛应用，随后出现了 MIMO 雷达概念。MIMO 雷达通过多个发射天线发射特定波形信号，再利用多个接收天线接收经目标散射的电磁信号并对回波信号进行融合处理，是将相控阵、组网技术和MIMO 通信技术相结合的新体制雷达系统[21]，其示意图如图 1-12 所示。

MIMO 雷达为空间分集、波形分集、结构分集和极化分集等分集技术的利用提供了平台。举例而言，未来多模式多功能 SAR 成像雷达的潜在发展策略或许将包括以下诸多新的技术[22]。

（1）MIMO 技术，采用多个发射与接收通道。

（2）智能信号编码，例如，采用正交频分复用（OFDM）、码分多址（CDMA）等正交编码波形。

（3）数字波束形成技术，以提高角分辨率。

（4）阵列成像技术，以提高系统效率，减小系统体积和降低成本。

（5）雷达与通信的结合（RadCom），实现雷达与通信波形、功能一体化。

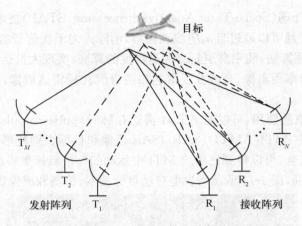

目标

T_M ··· T_2 T_1 发射阵列

R_N ··· R_2 R_1 接收阵列

图 1-12　MIMO 雷达示意图

将 MIMO 理论应用于雷达系统可以显著提高系统的目标检测、跟踪、识别和参数估计等性能。同时也不难看出，MIMO 雷达在性能上的优势通常以增加系统复杂性为代价，如何处理好系统性能与复杂性之间的关系是其系统设计的难点。

2. 认知雷达

认知雷达的概念由 Haykin 于 2006 年正式提出，他同时明确指出具有认知功能是新一代雷达系统的重要标志[23,24]，并给出认知雷达基本原理框图，如图 1-13 所示。

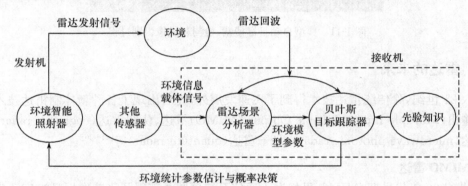

图 1-13　认知雷达基本原理框图

认知雷达将脑科学和人工智能融入雷达系统，赋予雷达系统感知环境、理解环境、学习、推理并判断决策的能力，使雷达系统能够适应日益复杂多变的电磁环境，从而提高雷达系统的性能。例如，通过调整发射波形有效避开干扰频谱以提高雷达的抗干扰能力；通过发射波形自适应调整以在更短的时间内实现给定的性能要求，从而大大减少雷达被发现和攻击的可能性；通过认知雷达网络有效对抗各种隐身飞行器等。

根据认知的定义，认知雷达大体上必须具备以下能力：

（1）感知环境的能力，以便通过与环境的交互作用，不断利用周围的环境信息来更新接收机；

（2）智能信号处理的能力，如采用专家系统、基于规则的推理、自适应算法和运算等；

（3）存储器和环境数据库，或者一种保存雷达回波中信息成分的机制，如采用贝叶斯方法等；

（4）闭环反馈机制，形成从接收机到发射机的闭环反馈。

可见，认知雷达本质上是一种通过与环境的不断交互从而理解环境、适应环境的闭环雷达系统。认知雷达适应了雷达智能化的趋势，在人与雷达构成的闭环系统中逐渐弱化操作人员的作用，逐步增加雷达本身的智能，是未来雷达系统发展的必然趋势。现阶段，认知雷达所面临的主要问题包括：环境感知与表征、波形优化、自适应机制、自主运行与管理等。

3. 微波光子雷达

微波/毫米波光子雷达通过光子器件实现雷达信号的产生和处理，有效克服传统电子器件的技术瓶颈，从而超越了传统意义上的微波/毫米波雷达，可大大增加信号带宽、提高探测信噪比，有利于隐身目标的探测和识别[25~27]。微波光子雷达示意图如图 1-14 所示。

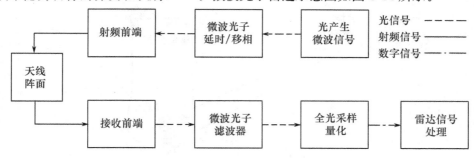

图 1-14　微波光子雷达示意图

与传统微波雷达相比，微波光子雷达具有如下特殊的技术优势。

（1）探测距离更远。采用全光学信号生成与处理，对光信号进行放大的能量转化效率可达 60% 以上，是传统雷达的 2~3 倍；采用高稳定光生基准源，相位噪声比传统雷达低两个数量级以上，信噪比高。因此，其目标探测能力将数倍于传统微波雷达。

（2）目标识别能力更强。在发射端具有灵活的波形产生能力，在接收链路中可对射频信号进行直接光采样，形成的信号带宽可以是传统电子器件带宽的数十倍，可望将雷达的距离分辨率由厘米量级提高到毫米量级。

（3）抗干扰能力更强。由于微波光子雷达具有超大带宽、大动态范围和多频工作模式，能够有效对抗瞄准式和阻塞式有源干扰，提高复杂环境下的干扰对抗能力。

（4）系统更加紧凑。微波光子雷达的光子器件集成度高，大幅降低雷达系统的体积和重量，具有更好的平台适装性，易于实现天线与平台的共形设计。

微波/毫米波光子学技术是新一代多功能、软件化雷达的重要技术支撑，为雷达等电子装备技术与形态带来变革。20 世纪 90 年代，光子技术已被用于雷达系统，休斯公司和泰勒斯公司先后研制出用光纤控制波束指向的光控相控阵雷达。2014 年，意大利研制出全光子数字雷达样机，对微波光子雷达技术进行了初期探索。2017 年，俄罗斯初步完成了微波光子相控阵雷达实验样机的研制。另据《科技日报》2017 年 6 月 12 日报道，中国科学院电子所也已成功研制出我国第一台微波光子雷达样机并开展了外场成像试验。毫无疑问，具有真正工程应用价值的微波/毫米波光子雷达必将在未来若干年内迅速问世。

4. 量子雷达

量子雷达是近年来发展起来的一种新的远程探测传感器技术。量子雷达的内涵是：将传统雷达技术与量子信息技术相结合，利用电磁波的波粒二象性，通过对电磁场的微观量子和量子态操作与控制实现目标探测、测量、成像的远程传感器系统。其引申内涵还包括借鉴于量子物理基本原理发展而来的新的雷达探测、测量与成像技术。依据所利用的量子现象和信息获取方式的不同，可以将量子雷达分为量子纠缠雷达、量子衍生雷达和量子增强雷达等类别[28~30]。

（1）量子纠缠雷达

雷达发射纠缠的量子态电磁波，发射机将纠缠光子对中的信号光子发射出去探询目标，"备份"光子保留在接收机中。如果目标将信号光子发射回来，那么通过对信号光子和"备份"光子进行纠缠测量可以实现对目标的检测。量子纠缠雷达主要包括干涉量子雷达和量子照射雷达两类。图 1-15 所示为量子纠缠雷达示意图[29]。

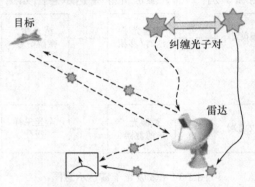

图 1-15　量子纠缠雷达示意图

干涉量子雷达：这是一种基于量子计量技术的量子雷达系统实现方案，其通常发射处于纠缠态或压缩态的光子信号，在接收端采用量子相干测量手段来提取目标信息，能够突破标准量子极限，实现超灵敏度。

量子照射雷达：发射纠缠光子对中的一个光子探询目标，另一个"备份"光子保留在接收机中。如果目标不存在，那么接收机只能检测到热噪声或背景噪声光子；如果信号光子被目标反射回来，那么通过纠缠关联测量可以提取出目标信息。由于信号光子一般以较小的概率返回接收机，即使有目标存在，被目标所反射的信号光子也有很大可能会丢失，从而只能检测到噪声光子。

量子纠缠雷达由于利用了量子纠缠信息，使得目标探测性能获得大幅度提升，但是纠缠态量子制备困难且在大气中容易消相干，从而使雷达探测性能急剧下降。

（2）量子衍生雷达

利用光场的量子相干性和不确定性，采用二阶或高阶关联方法实现对目标的关联成像，也称为"鬼成像"。最早的量子成像是通过纠缠双光子系统实现的，具有非定域特性，并且其分辨率能够突破瑞利衍射。因此，一经提出就受到了人们的广泛关注，并且量子纠缠被认为是"鬼成像"的必要条件。然而，随着研究的深入，量子成像的实现打破了量子纠缠的限制，能够通过更为普遍的热光源、赝热光源实现，量子衍生雷达也由此发展而来。当前量子衍生雷达研究主要包括：利用光场二阶关联信息的热光或赝热光关联成像雷达、基于辐射场随机涨落或轨道角动量调制的微波关联成像雷达等。

单光子探测量子雷达：改变传统的电磁波发射，发射机发射单光子或纠缠光子脉冲探询目标可能存在的区域，如果目标存在，则信号光子将会以一定的概率返回至接收机处，通过对返回单个光子状态的测量可以提取出目标信息。此为一种理想的探测方案，其优点是几乎不受干扰，缺点是实现起来存在困难。

多光子探测量子雷达：发射机发射相干态电磁波或纠缠态电磁波，利用发射信号中多个光子的关联性进行目标探测，接收机处通过对单个光子状态的测量和辨识完成目标探测。相对于单光子探测量子雷达，它虽然会受到一定程度的干扰，但实现起来相对容易，或许更具现实意义。

（3）量子增强雷达

量子增强雷达利用微观量子态高维度信息调制特性，达到提高雷达角度分辨和提高系统灵敏度的目的。雷达发射经典态的电磁波，采用光子探测器接收回波信号，利用量子增强检测技术以提升雷达系统的性能。现阶段量子增强雷达在激光雷达领域已获得较为成熟的应用。

量子雷达以电磁场微观量子作为信息载体，发射由少量数目光子组成的探测信号，光子与目标相互作用的过程遵循量子电动力学规则，接收端采用光子探测器进行接收，并通过量子系统状态估计与测量技术获取回波信号光子态中的目标信息，与经典的雷达相比具有以下不同点。

① 信息载体与信号体制不同。经典雷达基于电磁波的波动性，对其在时域、频域、极化域进行调制与解调以获取被探测目标的信息；量子雷达更加注重电磁波的粒子性，尤其是利用了量子纠缠等特殊量子效应，从而有望获取更多的目标信息。

② 信号处理手段与信息获取方式不同。当前，经典雷达的目标检测机理大多基于信噪比最大准则，利用回波信号宏观的相参特征实现目标参数的估计；量子雷达通常不需要复杂的信号处理过程，而是利用精准的量子测量手段从回波中"测量"出其中携带的目标信息。

③ 发射机与接收机结构和器件不同。在量子雷达领域，量子效应将导致传统器件无法有效工作，从而需研究设计符合量子电动力学规则的量子器件。由此，经典雷达系统噪声在量子雷达系统中主要表现为量子噪声，因而量子雷达通常具有极低的噪声基底。

如果按照以上三点不同来判别，则前述量子增强雷达与传统雷达一样发射强电磁波，只是在接收时采用量子技术来改善性能，故其从严格意义上说来并不属于真正的量子雷达。

1.5 雷达的应用

雷达技术是典型的军民两用技术，已广泛应用于地面、海上、空中和太空。地基雷达主要用于气象探测、对空中和太空目标进行探测、定位、跟踪和识别；船载雷达除探测空中和海面目标外，还可用做导航工具；机载雷达除用于探测空中、地面或海面目标外，还用做大地测绘、地形回避及导航；星载雷达主要用于地球观测、地面和海上目标监视等。此外，在宇宙飞行中，雷达还可用来控制宇宙飞船的飞行和降落等。下面给出雷达在不同领域中应用的一些典型例子[3,5]。

1.5.1 民用雷达的应用

1. 遥感雷达

安装在卫星或飞机上的高分辨率成像雷达可以作为微波遥感设备。它主要感知地球物理方面的信息，由于具有距离、方位上的二维高分辨率（有些雷达甚至还同时具有测高功能，因而具有三维成像能力），因而可对地形、地貌等成像。雷达遥感也参与地球资源的勘探，其中包括对海洋情况、水资源、冰覆盖层、农业、森林、地质结构及环境污染等进行测量和地图描绘。穿透成像雷达具有穿透植被和地面进行探测成像的能力，可用于探测地下管道、地雷和考古学研究。在雷达天文学研究中，也利用此类雷达来探测月亮、行星等天体。

图 1-16 所示为加拿大 2007 年 12 月发射的 RADARSAT—2 星载合成孔径雷达示意图。该合成孔径雷达工作在 C 波段,具有全极化成像测量能力。

图 1-16　RADARSAT—2 星载合成孔径雷达示意图

2. 气象雷达

用来测量暴风雨等各种气象参数、云层的位置及其移动路线等。气象雷达观测的不是"点"目标,而是体积很大的目标,所以在发射功率性能等方面的要求与其他类型的雷达有所不同,可以低一些。

图 1-17 所示为位于日本 Shigaraki 的 MU 大气测量雷达。MU 大气测量雷达[图 1-17(a)]是世界上最为复杂的雷达系统之一。MU 雷达于 1985 年建造,由日本京都大学(Kyoto University)无线电大气科学中心负责运行,用于对中层和上层大气的遥感观测。该雷达属于有源固态相控阵列雷达,中心频率为 46.5MHz,带宽为 1.65MHz。其天线阵列[图 1-17(b)]是由 475 副 Yagi 天线组成的圆形阵列,阵列面积为 8330m^2(直径 103m)。发射机[图 1-17(c)]则由 475 个各自峰值功率为 2.4kW、平均功率为 120W 的固态发射机组成。

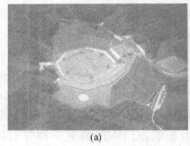  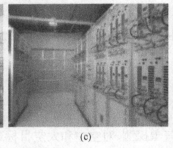

(a)　　　　　　　　　　(b)　　　　　　　　　　(c)

图 1-17　位于日本 Shigaraki 的 MU 大气测量雷达

3. 空中交通管制雷达

在现代航空飞行运输体系中,对于机场周围及航线上的飞机都要实施严格的交通管制。空中交通管制雷达兼有警戒雷达和引导雷达的作用,故也称为机场监视雷达,它与二次雷达(空管雷达信标系统)配合起来应用。二次雷达地面设备发射询问信号,机上接到信号后,用编码的形式发出一个应答信号,地面收到应答信号后,在空中交通管制雷达显示器上显示。空中交通管制雷达和二次雷达组成的雷达系统可以鉴定空中目标的高度、速度和属性,用以识别目标。

ASR—9 机场监视雷达系统如图 1-18 所示。该雷

图 1-18　ASR—9 机场监视雷达系统

达工作于 S 波段（2.7～2.9GHz），峰值功率为 1.3MW，天线波束宽度为 1.4°，转速为 12.5rpm，作用距离为90～100km，并提供机场附近的空中交通覆盖。ASR－9天线反射面顶部的阵列天线用于联邦航空局的空中交通管制雷达信标系统（ATCRBS）。

4. 港口交通管制雷达

海上交通与内河航运的迅速发展需要对航道及港口实施严格的交通管理。港口交通管制雷达承担监视港内船舶动向、确切掌握进港/出港船舶的调度和登记任务，并与港务部门保持联系。

5. 宇宙航行用雷达

这种雷达用来控制宇宙飞船的交会和对接，以及在月球上的着陆。某些地面上的雷达用来探测和跟踪人造卫星。

6. 汽车雷达

雷达技术在飞机导航、航道探测、汽车防撞与自动驾驶等应用中也发挥着越来越重要的作用。以汽车雷达为例，汽车毫米波雷达传感器技术的出现，使得智能驾驶和无人驾驶成为可能。借助于汽车雷达，可实现对周围环境的实时感知，通过预警和干涉等主动安全策略，实现汽车的自适应巡航（ACC）、碰撞预警（FCW）、紧急自动刹车（AEB）及行车盲区检测（BSD）等驾驶辅助系统的主动安全功能，有效减少行车事故的发生。现有汽车搭载的汽车雷达主要包括 24GHz 和 77GHz 两个波段的毫米波雷达。

1.5.2　军用雷达的应用

1. 早期预警雷达

这是一种超远程雷达，其主要任务是探测弹道导弹的发射，以便及早发出警报。现代早期预警雷达的特点是其作用距离可远达数千千米，并具有一定的目标坐标测量精度和目标识别能力。这种雷达不但能在弹道导弹发射后的上升段发现导弹，而且还可用于对战略轰炸机的探测和识别。

2. 搜索和警戒雷达

其任务是发现飞机、战术弹道导弹和巡航导弹等，一般作用距离为 400～600km。一般对这类雷达测定坐标的精确度和分辨率要求不高。对于承担保卫重点城市或建筑物任务的中程警戒雷达，要求其有 360°全方位的搜索空域。

3. 引导指挥雷达（监视雷达）

这种雷达用于对歼击机的引导和指挥作战，民用的机场调度雷达也属于这一类。其特殊要求是：(1)对多批次目标能同时检测；(2)测定目标的三个坐标，要求测量目标的精确度和分辨率较高，特别是目标间相对位置数据的精度要求较高。

图 1-19 所示为 TPS－117 可移动三坐标军用对空监视雷达，该雷达工作于 L 波段，中心频率为 1.3GHz，有 14% 的带宽。其平面相控阵天线在方位上的转速为 6rpm，而在 0～20°仰角范围内为笔形波束电子扫描。方位波束宽度为 3.4°，仰角波束宽度为 2.7°。该雷达的架设时间为 8 人 45min。

4. 火控雷达

火控雷达的基本任务是控制火炮、地空导弹等对空中目标进行瞄准攻击，因此要求精确测定目标的坐标,并迅速将射击数据传递给射击单元。此类雷达的作用距离较小,一般只有几十千米,但测量的精度要求很高。

图 1-20 所示为美国陆军"阿帕奇"直升机上的"长弓"Ka 波段火控雷达,该雷达的工作频率为 35GHz,它装在合叶片转动的直升机顶部的天线罩中。

图 1-19　TPS—117 可移动三坐标　　　　图 1-20　美国陆军"阿帕奇"直升机上的
军用对空监视雷达　　　　　　　　　　　　　"长弓"Ka 波段火控雷达

5. 制导雷达

它和火控雷达一样同属精密跟踪雷达,不同之处在于制导雷达对付的是飞机、弹道导弹和巡航导弹等。在测定它们的运动轨迹的同时,再控制导弹去攻击目标。制导雷达要求能同时跟踪多个目标,并对分辨率要求较高。这类雷达天线的扫描方式往往有其特点,并随制导体制而异。现代制导雷达越来越多地采用相控阵列雷达。

6. 战场监视雷达

这类雷达用于发现坦克、军用车辆、人和其他在战场上的运动目标。现代战场监视雷达多采用 SAR 和 GMTI 相结合的体制。

美国用于战场侦察与监视的无人机载合成孔径成像雷达如图 1-21 所示。图 1-21(a)为美国 Sandia 国家实验室和 General Atomics 公司联合研制的无人机载合成孔径成像雷达(SAR),具有高达 10cm 的成像分辨率、多种工作模式,包括条带式(Stripmap) SAR、聚束式(Spotlight) SAR、地面运动目标指示(GMTI)和相干变化检测(CCD)等功能。图 1-21(b)～图 1-21(d)为该雷达对地面坦克在分辨率分别为 1m[图 1-21(b)]、1 英尺(约 30cm)[图 1-21(c)]和 4 英寸(约 10cm)[图 1-21(d)]时的 SAR 成像结果,显示出雷达高分辨率的重要性。

7. 机载预警雷达

这是一种装载在中型或大型飞机上的预警雷达。近年来由于低空和超低空袭击的威胁日益严重,为了及早发现这类目标并采取相应对策,可由一部机载预警雷达来完成对地面搜索和引导指挥雷达的功能。由于地面雷达低空盲区及视距的限制,它对低空飞行目标的探测距离很近,而装在预警飞机上的预警雷达可以登高而望远。20 世纪 70 年代,把具有脉冲多普勒体制的预警雷达装在预警机上,可以保证在很强的杂波背景下仍能把目标信号检测出来。经过几十年雷达技术的发展,机载预警雷达已同时兼有引导指挥雷达的功能,此时预警机的作用等于把区域防空指挥所从地面搬上了飞机,使其成为一个完整的空中预警和控制系统。

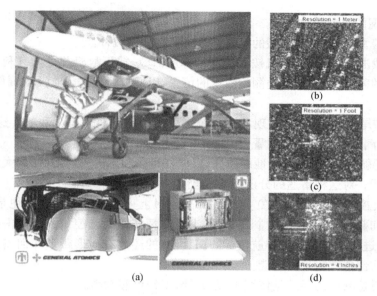

图 1-21 无人机载合成孔径成像雷达

典型机载预警、指挥和控制雷达如图 1-22 所示。图 1-22(a)为美国海军 E—2C"鹰眼"战术机载预警雷达(UHF 波段),图 1-22(b)为美国空军 E3 机载预警与控制系统(AWACS,S 波段)雷达,图 1-22(c)为以色列"费尔康"(Phalcon)机载早期预警、指挥和控制雷达系统(AEWC&C,UHF/VHF/HF 波段)。在现代战争中,这类雷达在实时情报侦察、全天候预警、攻击与拦截指挥、控制及通信中继等方面发挥着极其重要的作用。

图 1-22 典型机载预警、指挥和控制雷达

8. 其他类型的机载雷达

除机载预警雷达外，其他类型的机载雷达主要有如下几种。

（1）机载截击雷达：当歼击机按照地面指挥所命令，接近敌机并进入有利空域时，就利用装在歼击机上的截击雷达，准确地测量敌机的位置，以便进行攻击。它要求测量目标的精确度和分辨率高。

（2）机载护尾雷达：它用来发现和指示机尾后面一定距离内有无敌机。这种雷达结构比较简单，不要求测定目标的准确位置，作用距离也不远。

（3）机载导航雷达：用以显示地面图像，以便在黑夜和恶劣气象条件（如大雨、浓雾等）下，飞机能正确航行。对这种雷达的分辨率要求较高。

（4）机载火控雷达：20世纪70年代后的战斗机上火控系统的雷达往往是多功能的。它能空对空搜索和截获目标、空对空制导导弹、空对空精密测距和控制机炮射击，空对地观察地形和引导轰炸，进行敌我识别和导航信标的识别，有的还兼有地形跟随和回避的作用，一部雷达往往具有七八部传统雷达的功能。

对于机载雷达共同的要求是体积小、重量轻、工作可靠性高。

9. 目标特征信号测量雷达

经过特殊设计用于雷达目标特征信号测量的雷达系统，分为静态测量和动态测量两类。静态测量雷达一般用于微波暗室、静态测试外场；动态测量雷达兼具运动目标跟踪和特征信号测量能力，多用于试验靶场。

位于美国国立散射测试场（RATSCAT）的双站多波段测量雷达（BICOMS）如图1-23所示。该雷达系统覆盖了1~18GHz（L、S、C、X、Ku）和34~36GHz（Ka）共6个频段，可以完成对低可探测性目标进行单站和双站的宽带散射特征测量。该雷达系统包括固定雷达单元和移动雷达单元两大部分。图1-23所示分别为该测量雷达系统的固定雷达单元[图1-23（a）]、移动雷达天线单元[图1-23（b）]和移动雷达收发设备[图1-23（c）]。

美国用于空间目标电磁特征靶场测量的多个雷达系统如图1-24所示。这些雷达系统由美国MIT林肯实验室主导设计和研制，包括如下几部雷达：UHF/L波段TRADEX雷达[图1-24（a）]、VHF/UHF波段ALTAIR雷达[图1-24（b）]、C波段ALCOR雷达[图1-24（c）]和毫米波（mmW）雷达[图1-24（d）]。TRADEX雷达是其第一代洲际弹道导弹跟踪测量雷达，最早建于1962年，工作在UHF/L波段，后于1972年重建并改为L/S波段。ALTAIR是第二代空间目标跟踪测量雷达，于20世纪70年代初建，并于80年代初得到改进。ALCOR是第一部具有对再入目标及其尾流进行测量和成像能力的高分辨率成像雷达，具有512MHz带宽，于1970年装备。毫米波雷达于1983年装备，具有1GHz调频带宽，主要用于增加尺度测量的精度和建立毫米波目标特征数据库。

10. 无线电高度表（测高仪）

它装置在飞机或导弹上。这是一种连续波调频雷达，用来测量飞机离开地面或海面的高度。

11. 雷达引信

这是装置在炮弹或导弹头上的一种小型雷达，用来测量弹头附近有无目标，在距离缩小到弹片足以击伤目标的瞬间，炮弹（或导弹头）爆炸，提高命中率。

应该指出的是，在现代空天和对地观测或武器系统中，通常并不限于采用单一的感知系

(a)

(b)

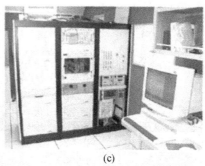

(c)

图 1-23　美国国立散射测试场的双站多波段测量雷达

(a)

(b)

(c)

(d)

图 1-24　美国用于空间目标电磁特征靶场测量的多个雷达系统

统,而是多种先进传感器系统协同工作。以美国的弹道导弹防御(BMD)中的雷达系统为例,现阶段的 BMD 系统,其感知系统包括天基国防支援计划(DSP)卫星、天基红外系统(SBIRS)、地基早期预警雷达(UEWR)、地基和海基 X 波段高分辨率雷达(XBR)及拦截导引头的可见与红外传感器等。美国弹道导弹防御系统中的雷达系统如图 1-25 所示。图 1-25(a)为升级的早期预警雷达(UEWR),图 1-25(b)为 X 波段高分辨率地基雷达(XBR),图 1-25(c)为这两部大型雷达在 BMD 系统中的作用示意图。UEWR 为 UHF 波段雷达,用于弹道导弹发射后主动段(上升阶段)和早期中段的探测与跟踪。XBR 为 X 波段宽带高分辨率雷达,其带宽达到 1.3GHz 甚至 2GHz,用于对中段(自由飞行段)和再入段(下降阶段)真假弹头的探测、跟踪与识别。

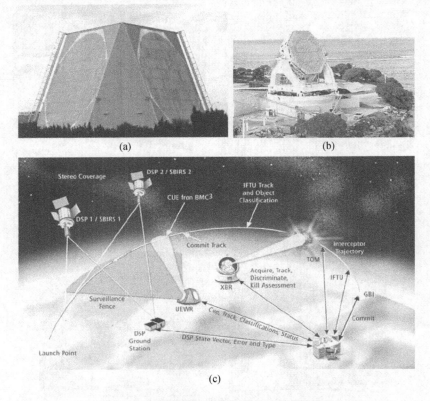

图 1-25　美国弹道导弹防御系统中的雷达系统

1.6　雷达系统及其同目标与环境的相互作用

1.6.1　最基本的雷达系统

最基本的脉冲(pulse)雷达系统的原理性框图如图 1-26 所示[2,3],它主要由天线、发射机/接收机等收发设备、用于目标检测和信息提取的信号处理机及其他终端设备等组成。最常用的雷达信号波形之一是脉冲调制(pulse modulation)的高频正弦波信号,这种脉冲的形状接近于矩形,单个脉冲的持续时间一般很短。

雷达发射机(transmitter)的作用是产生辐射所需强度的高频脉冲信号,并将高频信号馈送到天线。雷达发射机一般可分为两类:一类是直接振荡式(如磁控管振荡器)发射机,它在脉冲调制器的控制下直接产生大功率高频脉冲信号;另一类是功率放大式(主振放大式)发射机,它由高稳定度的频率源在低功率电平上形成所需波形,将该波形作为激励信号驱动功率放大器,从而得到高功率的脉冲信号。功率放大式发射机的优点是其频率稳定度高且每次辐射的波形可以是相参(coherent)的,即其相位具有统一的参考基准。同时,功率放大式发射机还可产生所需的各种复杂雷达波形,因此被现代雷达系统广泛采用。

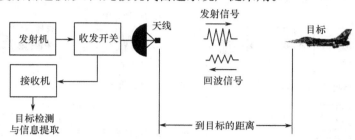

图 1-26　最基本的脉冲雷达系统的原理性框图

天线的作用是将雷达发射机馈送来的高频脉冲信号辐射到探测空间。雷达天线一般具有很强的方向性(directivity),以便将辐射能量集中在特定的范围内来获得较大的观测距离。同时,天线的方向性越强,天线波瓣宽度越窄,雷达测角的精度和分辨率就越高。根据雷达用途的不同,天线波束的形状可以是扇形波束或针状波束。

常用的微波雷达天线是抛物面反射天线,馈源放置在抛物面的焦点上,天线抛物面反射体将高频能量聚成窄波束,并辐射到探测空间。天线波束在空间的扫描,常采用机械转动方式驱动天线扫描。其扫描过程由天线伺服系统来控制,伺服系统同时将天线的转动数据送到终端设备,以便取得天线指向的角度数据。天线波束的空间扫描还可以采用电子控制的办法,它比机械扫描的速度快、灵活性好,这就是现代先进雷达系统广泛使用的相控阵列(phased array)天线。

脉冲雷达的天线常通过一个高速开关装置实现收/发公用,该装置称为天线收发开关,也称为双工器(duplexer)。在发射时,天线与发射机接通,与接收机断开,以免强大的发射功率进入接收机把其高频放大和混频部件烧毁;接收时,天线与接收机接通,与发射机断开,以免微弱的接收功率因发射机旁路而减弱,或者受到发射机功率泄露的影响。

雷达接收机可以有各种形式,其中用得最广泛的是外差式(heterodyne)接收机,由低噪声高频放大、混频、中频放大、检波和视频放大等电路组成。接收机的主要任务是把微弱的目标回波信号放大到足以进行信号处理的电平,同时接收机内部的噪声应尽量小,以保证接收机的高灵敏度,因此接收机的第一级常采用低噪声放大器(Low Noise Amplifier,LNA)。

一般在接收机中也进行一部分信号处理,例如,中频放大器的频率特性应设计为发射信号的匹配滤波器,这样就能在中频放大器输出端获得最大的峰值信号噪声功率比(简称信噪比,Signal-to-Noise Ratio,SNR)。

目标检测和信息提取等任务是实现雷达接收机输出信号的进一步处理,常由专门的信号处理机实现,通过适当的终端设备显示、传输所需的处理信号。

1.6.2　雷达系统同目标与环境的相互作用模型

在一个给定的雷达-目标观测空间位置和姿态下,在一定的时间周期内,可以把雷达系统、目标和传播介质均视为线性时不变(LTI)系统,如图 1-27 所示。这样,描述雷达同目标与环境相互作用的数学方程可表示为

$$s_r(t) = s_t(t) * a_f(t) * \rho(t) * h_r(t) * a_b(t) \qquad (1\text{-}1)$$

式中，＊表示卷积；$s_r(t)$ 为雷达接收到的目标回波输出信号；$s_t(t)$ 为雷达的发射信号，它反映了雷达的发射波形；$\rho(t)$ 表示目标的冲激响应函数，它反映了目标对于雷达照射信号的散射能力；$h_r(t)$ 为雷达接收机的冲激响应函数；$a_f(t)$ 和 $a_b(t)$ 分别为表征传播介质前向传播和后向传播特性的冲激响应函数，在雷达系统研究中，一般认为 $a_f(t) = a_b(t)$，即传播介质是互易的。

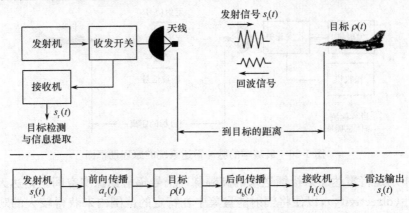

图 1-27　雷达—目标之间的相互作用模型

注意上述模型是一维的，但根据需要可以推广到二维、三维甚至四维的情况。之所以此处为一维的，是因为这里我们已经假设"在一个给定的雷达—目标观测空间位置和姿态下"和"在一定的时间周期内"，意味着该模型没有考虑空间坐标变化的影响，也未考虑时变系统问题。当需要考虑雷达—目标观测空间相对位置时，上述模型中的每个函数均为四维函数，即需要考虑相对位置构成的三维矢量。当系统为时变或非线性的时，雷达同目标与环境的相互作用不能简单地描述为式(1-1)的数学方程。

通常，在感兴趣的工作频段上，雷达接收机会设计为具有近似理想的冲激响应函数，即有 $h_r(t) = G\delta(t)$，G 为接收机增益；而在不考虑多路径传播、介质色散及杂波对接收信号的影响时，式(1-1)中的前向和后向双程传播函数可以简化为一个传播衰减常数因子 $1/L$，因此有

$$s_r(t) = \frac{G}{L} s_t(t) * \rho(t) = K_0 \int_{-\infty}^{\infty} \rho(\tau) s_t(t-\tau)\, \mathrm{d}\tau \qquad (1\text{-}2)$$

式中，$K_0 = G/L$ 为常数。

可见，在上述理想条件下，雷达接收到的目标回波主要取决于两个因素：雷达的发射信号波形 $s_t(t)$ 和表征目标对雷达波散射能力的目标冲激响应 $\rho(t)$。

当然，对于一部实际工作的雷达系统，即使是采用式(1-1)来描述雷达同目标与环境的相互作用，也许仍然是不够精确的，这主要取决于具体的应用需求。但是，研究任何问题的关键都在于如何抓住问题的实质。因此我们认为，作为一门课程，依据式(1-1)所描述的物理和数学模型，围绕雷达系统同目标与环境的相互作用及其信息处理问题展开讨论还是合适的，而这正是本书的基本出发点。

第 1 章思考题

1. 为什么说作为一种遥感装置，现代雷达既是"望远镜"又是"显微镜"？

2. 电磁波谱有哪些频段？各雷达频段有哪些特性？

3. 雷达系统有哪些分类方法？

4. 雷达系统主要由哪些模块组成？简述各模块的功能。

5. 如何理解本章所讨论的"雷达系统与目标和背景相互作用"信号模型？

6. 根据雷达的起源与发展过程，简要总结雷达系统发展的趋势。

参 考 文 献

[1] 黄培康,殷红成,许小剑. 雷达目标特性. 北京:电子工业出版社,2004.

[2] M. I. Skolnik. Introduction to Radar Systems, 3rd edition. McGraw-Hill, 2001.

[3] 丁鹭飞,耿富录. 雷达原理. 西安:西安电子科技大学出版社,2002.

[4] R. J. Sullivan. Microwave Radar: Imaging and Advanced Concepts. Artech House, Norwood, MA, 2000.

[5] B. R. Mahafza. Radar Systems Analysis and Design Using Matlab. Chapman & Hall/CRC, 2000.

[6] 黄培康,等. 雷达目标特征信号. 北京:宇航出版社,1993.

[7] 王汴梁,等. 电波传播与通信天线. 北京:解放军出版社,1985.

[8] M. I. Skolnik. Fifty years of radar. Proc. IEEE, Vol. 73, Feb. 1985, 182-197.

[9] W. P. Delaney and W. W. Ward. Radar development at Lincoln Laboratory: an overview of the first fifty years. Lincoln Laboratory Journal, Vol. 12, No. 2, 2000.

[10] 王小谟,张光义. 雷达与探测. 北京:国防工业出版社,2000.

[11] 向敬成,张明友. 雷达系统. 北京:电子工业出版社,2005.

[12] 蔡希尧. 雷达系统概论. 北京:科学出版社,1983.

[13] 中航雷达与电子设备研究院. 雷达系统. 北京:国防工业出版社,2005.

[14] P. Lacomme, J-P. Hardange, Jean-Claude Marchais, Eric Normant. Air and Spaceborne Radar System: An Introduction. William Andrew Publishing, LLC, 2001.

[15] G. W. Stimson. Introduction to Airborne Radar, 2nd edition. SciTech Publishing Inc. 1998.

[16] http://doppler.unl.edu/html/atmos-projects.html

[17] http://www.kurasc.kyoto-u.ac.jp/radar-group/labinfo/MUR-e.html

[18] http://www.radarworld.org/

[19] http://www.fas.org/

[20] IEEE-Stol-521-2002(Revision of IEEE-Std-521-1984)——IEEE Standarol Letter Designations for Radar-Frequency Bands, IEEE Aerospance and Electronic Systems Society, 2009

[21] 陈浩文,黎湘,庄钊文. 一种新兴的雷达体制——MIMO 雷达. 电子学报,2012(40), 6, 1190-1198.

[22] W. Wiesbeck, L. Sit, M. Younis, et al. Radar 2020: the future of radar systems. Proc. IGARSS 2015, 188-191, 2015.

[23] S. Haykin. Cognitive radar: a way of the future. IEEE Signal Processing Magazine,

Vol. 23, No. 1, 30-40, 2006.

[24] S. Haykin, Y. B. Xue and P. Setoodeh. Cognitive radar: step toward bridging the gap between neuroscience and engineering. Proc. IEEE, Vol. 100, No. 11, 2012.

[25] P. Ghelfi, F. Laghezza, F. Scotti, et al. A fully photonics-based coherent radar system. Nature, Vol. 507, No. 7492, 341-345, 2014.

[26] S. Melo, S. Maresca, S. Pinna, et al. Photonics-based dual-band radar for landslides monitoring in presence of multiple scatterers. IEEE Journal of Lightwave Technology, DOI 10. 1109/JLT. 2018. 2814638, 2018.

[27] http://www. guancha. cn/industry-science/2017_06_13_412977. shtml

[28] M. Lanzagorta, Quantum Radar. San Rafael, CA, USA: Morgan& Claypool, 2011.

[29] 王宏强,刘康,程永强,等. 量子雷达及其研究进展. 电子学报,2017(45),2,492-500.

[30] 金林. 量子雷达研究进展. 现代雷达,2017(39),3,1-7.

第 2 章　电磁场与电磁波基础

雷达依靠发射高频电磁波并接收目标散射的电磁能量而工作,其核心是电磁能量的收/发、电磁波同目标与环境的相互作用。为了保证以后各章学习的顺畅性,作为学习雷达系统应具备的最基本的知识,本章首先介绍电磁场与电磁波基础。

2.1　麦克斯韦方程

2.1.1　麦克斯韦方程及其物理意义

众所周知,在恒定电磁场的情况下,当场源既有电荷又有电流时,电场和磁场同时存在,两者彼此不相互作用。但是,当场源随时间变化时,受其激发的电场和磁场不仅都随时间变化而变化,而且还会发生新的物理现象。

变化的电场会激发磁场,而变化的磁场也会激发电场,因此,随时间变化的电磁场,其电场与磁场是互相联系、相互转变的。这种性质决定了电磁场在空间的交替作用,也决定了它以有限的速度由近及远地逐步传播开来。由此形成电磁现象在空间的波动过程,这就是电磁波。

上述电磁波动的过程和水波相类似。例如,我们将一块石子投入平静的湖面中央,则此处的水面由于受到扰动而获得能量上下振动。而它振动时周期性增大和减小的压力又会传递到周围的水里,使这些水获得能量也开始振动。于是在湖面掀起层层水波,能量随着水波以一定的速度传播开来。即使石子已沉入湖底,湖心的水不再振动,但激起的水波却照样向外传播,如图 2-1 所示。

图 2-1　石子在湖面激起的水波

波动是物质运动的一种形式。振动是产生波动的根源,通常称为波源,例如,雷达天线中的电流就是电磁波的波源。一般来说,波源的振动方式是多种多样的,由此而产生的波也将是各式各样的。例如,波源按正弦规律振动时,波动也以正弦变化的形式传播。此外电磁场波动的方式及传播时电磁场的分布,还与传播空间的边界有密切关系。但不论何种波动都要满足共同的规律,即波动方程。反过来说,如果能证明电磁场满足波动方程,就从理论上论证了电磁场的波动性。

必须注意,对电磁波而言,有电场的波动就必有相应的磁场的波动,它们之间通过麦克斯韦方程组联系起来。麦克斯韦方程组的微分形式可表示为[1]

$$\nabla \times \boldsymbol{H} = \boldsymbol{J} + \frac{\partial \boldsymbol{D}}{\partial t} \tag{2-1}$$

$$\nabla \times \boldsymbol{E} = -\frac{\partial \boldsymbol{B}}{\partial t} \tag{2-2}$$

$$\nabla \cdot \boldsymbol{B} = 0 \tag{2-3}$$

$$\nabla \cdot \boldsymbol{D} = \rho_v \tag{2-4}$$

式中,$\boldsymbol{E}$ 为电场强度矢量,单位为 V/m;$\boldsymbol{H}$ 为磁场强度矢量,单位为 A/m;$\boldsymbol{D}$ 为电通量密度(电位移)矢量,单位为 C/m²;$\boldsymbol{B}$ 为磁通量密度(磁感应强度)矢量,单位为 Wb/m²;$\boldsymbol{J}$ 为体电流(传导电流)密度矢量,单位为 A/m²;ρ_v 为自由体电荷密度,单位为 C/m³。

$\nabla \times \boldsymbol{E}$ 和 $\nabla \times \boldsymbol{H}$ 表示对电场强度和磁场强度矢量求旋度,是一种微分运算;$\nabla \cdot \boldsymbol{D}$ 和 $\nabla \cdot \boldsymbol{B}$ 表示对电位移和磁感应强度矢量求散度,为另一种微分运算。以上旋度、散度公式可参见有关电磁理论或矢量微积分方面的书籍(如参考文献[1,2])。

除了以上 4 个方程,表达介质性质与电场和磁场关系的构造方程也必须纳入麦克斯韦方程组之内。场量 $\boldsymbol{D}$、$\boldsymbol{E}$、$\boldsymbol{B}$、$\boldsymbol{H}$ 和 $\boldsymbol{J}$ 之间的关系为

$$\boldsymbol{D} = \varepsilon \boldsymbol{E}$$
$$\boldsymbol{B} = \mu \boldsymbol{H} \tag{2-5}$$
$$\boldsymbol{J} = \sigma \boldsymbol{E}$$

式中,σ 反映介质导电的性能,称为电导率(conductivity),单位为 S/m,例如,金属铜的电导率为 5.8×10^7 S/m;ε 反映介质极化的性能,称为介电常数(permittivity),单位为 F/m,自由空间 $\varepsilon = \varepsilon_0 = 8.854 \times 10^{-12}$ F/m;μ 反映介质磁化的性能,称为磁导率(permeability),单位为 H/m,自由空间 $\mu = \mu_0 = 4\pi \times 10^{-7}$ H/m。

下面逐个分析上述麦克斯韦方程组的物理意义。

式(2-1)为麦克斯韦第一方程

$$\nabla \times \boldsymbol{H} = \boldsymbol{J} + \frac{\partial \boldsymbol{D}}{\partial t}$$

它一方面解决了交变场中电流连续性的问题,另一方面揭示了变化的电场(位移电流)也能激发磁场,传导电流和位移电流都是产生磁场的源。这种被激发的磁场都是有旋的,即磁力线是围绕着电流的闭合曲线。

式(2-2)为麦克斯韦第二方程

$$\nabla \times \boldsymbol{E} = -\frac{\partial \boldsymbol{B}}{\partial t}$$

它表示磁场激发电场的定量关系。也就是说,空间上任一点电场强度的旋度等于该点磁感应强度的时间减少率。可以看出,变化的磁场所激发的电场,其性质与静电场不同。静电场是无旋的,而感应电场是有旋的。形象地讲,静电场的电力线是有始有终的,而感应电场的电力线是围绕着磁感应线的闭合曲线。

通过上述分析得知,不仅电流激发磁场,而且变化的电场也激发磁场;不仅电荷激发电场,而且变化的磁场也激发电场。其定量关系反映在麦克斯韦第一和第二方程中。

式(2-3)是磁通连续性原理的微分形式

$$\nabla \cdot \boldsymbol{B} = 0$$

它说明恒定电流磁场是个无散场,在磁场中处处既无"源点",又无"汇点",磁感应线是无头无尾的闭合曲线。

式(2-4)是高斯定理的微分形式

$$\nabla \cdot \boldsymbol{D} = \rho_v$$

$\boldsymbol{D}$ 的散度有三种情况,一般表达式为 $\nabla \cdot \boldsymbol{D} = \rho_v$,它说明电场是一发散性的有源场,电荷是电场的发散源。若某点的 $\rho_v > 0$,这表示电感应线由此点向外发散,该点是场的"源点";若某点的 $\rho_v < 0$,这表示电感应线向此点汇聚,该点是场的"汇点";而在 $\rho_v = 0$ 的点,即 $\nabla \cdot \boldsymbol{D} = 0$,这表示该点电感应线既不发散又不汇聚。

麦克斯韦方程组的积分形式:根据矢量微积分知识,式(2-1)~式(2-4)对应的积分形式为

$$\nabla \times \boldsymbol{H} = \boldsymbol{J} + \frac{\partial \boldsymbol{D}}{\partial t} \Rightarrow \oint_c \boldsymbol{H} \cdot \mathrm{d}l = \int_S \boldsymbol{J} \cdot \mathrm{d}s + \int_S \frac{\partial \boldsymbol{D}}{\partial t} \cdot \mathrm{d}s \qquad (2\text{-}6)$$

$$\nabla \times \boldsymbol{E} = -\frac{\partial \boldsymbol{B}}{\partial t} \Rightarrow \oint_c \boldsymbol{E} \cdot \mathrm{d}l = -\int_S \frac{\partial \boldsymbol{B}}{\partial t} \cdot \mathrm{d}s \qquad (2\text{-}7)$$

$$\nabla \cdot \boldsymbol{B} = 0 \Rightarrow \oint_S \boldsymbol{B} \cdot \mathrm{d}s = 0 \qquad (2\text{-}8)$$

$$\nabla \cdot \boldsymbol{D} = \rho_v \Rightarrow \oint_S \boldsymbol{D} \cdot \mathrm{d}s = \int_V \rho_v \mathrm{d}v \qquad (2\text{-}9)$$

2.1.2 电磁场的基本性质

电磁场具有以下基本性质。

(1) 同其他实物一样,场是客观存在的。

(2) 电磁场具有独立存在的性质。因为场一经产生,即使电荷消失,它也可以继续存在。

(3) 电磁场也具有微粒的属性。电磁场的基本粒子称为光子(photon)。由量子力学可知,光子与实物粒子一样,也具有能量、动量和质量。

(4) 电磁场与实物粒子可以相互转化。如正负电子可以转化为一对光子,而光子也可以转化成负电子与正电子对。

但是,电磁场这种物质不同于通常由电子、质子、中子等基本粒子所构成的实物,它是一种特殊的物质。它们之间的区别主要如下。

(1) 电磁场的基本成分是光子,它没有静止质量。

(2) 实物可以以任意不大于光速的速度在空间运动或加速运动,但电磁场在真空中只能以光速运动。

(3) 实物原子所占据的空间不能同时被另一原子占据,但同一空间内可以存在许多电磁场而相互之间不发生影响。

2.1.3 电磁场的边界条件

当电磁波通过两种不同介质的边界时,边界附近的电磁场需要满足一定的规则,即边界条件,它把场量、介质的材料特性及边界面上的电荷及电流密度联系在一起。边界条件可以从基本的电磁定律得到,这里不加证明地给出

标量形式	矢量形式	
$E_{t1}=E_{t2}$	$\hat{\boldsymbol{n}}\times(\boldsymbol{E}_1-\boldsymbol{E}_2)=0$	(2-10)
$H_{t1}-H_{t2}=J_s$	$\hat{\boldsymbol{n}}\times(\boldsymbol{H}_1-\boldsymbol{H}_2)=\boldsymbol{J}_s$	(2-11)
$B_{n1}=B_{n2}$	$\hat{\boldsymbol{n}}\cdot(\boldsymbol{B}_1-\boldsymbol{B}_2)=0$	(2-12)
$D_{n1}-D_{n2}=\rho_s$	$\hat{\boldsymbol{n}}\cdot(\boldsymbol{D}_1-\boldsymbol{D}_2)=\rho_s$	(2-13)
$J_{n1}=J_{n2}$	$\hat{\boldsymbol{n}}\cdot(\boldsymbol{J}_1-\boldsymbol{J}_2)=0$	(2-14)
$\dfrac{J_{t1}}{\sigma_1}=\dfrac{J_{t2}}{\sigma_2}$	$\hat{\boldsymbol{n}}\times\left(\dfrac{\boldsymbol{J}_1}{\sigma_1}-\dfrac{\boldsymbol{J}_2}{\sigma_2}\right)=0$	(2-15)

上面各式中，下标 t1 和 t2 表示在介质 1 和介质 2 边界处场的切向分量；下标 n1 和 n2 表示在介质 1 和介质 2 边界处场的法向分量；分界点的单位法向矢量 $\hat{\boldsymbol{n}}$ 指向介质 1；ρ_s 为自由面电荷密度；J_s 为自由面电流密度。各式的物理意义如下。

式（2-10）表明：在介质 1、介质 2 的分界面处，电场 $\boldsymbol{E}_1$ 和 $\boldsymbol{E}_2$ 的切向分量相等；而式（2-11）表明，在介质 1、介质 2 的分界面上的任意一点，磁场 $\boldsymbol{H}_1$ 和 $\boldsymbol{H}_2$ 的切向分量是不连续的，两者之差等于该点处的自由面电流密度。

式（2-12）表明，在介质 1、介质 2 的分界面处，磁通量 $\boldsymbol{B}_1$ 和 $\boldsymbol{B}_2$ 的法向分量是连续的；而式（2-13）表明，在介质 1、介质 2 的分界面上的任意一点，电位移 $\boldsymbol{D}_1$ 和 $\boldsymbol{D}_2$ 的法向分量是不连续的，两者之差等于该点处的自由面电荷密度。

式（2-14）表明，在介质 1、介质 2 的分界面处，传导电流密度 $\boldsymbol{J}_1$ 和 $\boldsymbol{J}_2$ 的法向分量是连续的；而式（2-15）表明在介质 1、介质 2 的分界面上，电流密度的切向分量之比等于两种介质的电导率之比。

根据以上边界条件，当两种介质都为非导体且自由面电荷密度和自由面电流密度均为零时，电场、磁场矢量的切向分量和电位移、磁通量密度矢量的法向分量在边界处连续。在实际中，经常遇到的一种情况是两种介质中有一种是导体，假设介质 2 是完纯导体（也称为理想导体），则在介质 2 中所有的场量都为零。于是，导体（介质 2）与非导体介质（介质 1）的边界条件简化为

$$\hat{\boldsymbol{n}}\times\boldsymbol{E}_1=0 \tag{2-16}$$

$$\hat{\boldsymbol{n}}\times\boldsymbol{H}_1=\boldsymbol{J}_s \tag{2-17}$$

$$\hat{\boldsymbol{n}}\cdot\boldsymbol{B}_1=0 \tag{2-18}$$

$$\hat{\boldsymbol{n}}\cdot\boldsymbol{D}_1=\rho_s \tag{2-19}$$

可见，此时边界条件问题的求解得以简化。

顺便指出，雷达是通过接收目标对发射波的散射回波来测定目标的各种参数的，显然，目标的散射场（回波）必须满足以上边界条件。

2.1.4　坡印亭定理

当振荡波源通过介质传到远处的接收点时，在发射源和接收器之间存在能量传输。坡印亭（Poynting）定理把能流密度和场的振幅联系起来。坡印亭定理的微分形式可表示为

$$\nabla\cdot(\boldsymbol{E}\times\boldsymbol{H})+\boldsymbol{J}\cdot\boldsymbol{E}+\boldsymbol{H}\cdot\frac{\partial\boldsymbol{B}}{\partial t}+\boldsymbol{E}\cdot\frac{\partial\boldsymbol{D}}{\partial t}=0 \tag{2-20}$$

上述方程实际上反映的是能量守恒定律。矢量 $\boldsymbol{E}\times\boldsymbol{H}$ 具有功率密度的量纲（W/m²），称

为坡印亭矢量。可见,坡印亭矢量代表了单位面积的能流,能流的方向为同$\boldsymbol{E}\times\boldsymbol{H}$构成的平面正交的方向。坡印亭矢量通常记为$\boldsymbol{S}$,即

$$\boldsymbol{S}=\boldsymbol{E}\times\boldsymbol{H} \tag{2-21}$$

式(2-21)反映了电磁波能流密度的大小和方向,即$\boldsymbol{S}$的方向与能流传播的方向相同,矢量$\boldsymbol{E}$、$\boldsymbol{H}$与传播方向三者互相垂直,并为右旋的关系。对于正弦振荡电磁波,其电场、磁场随时间的变化及波传播方向如图2-2所示。

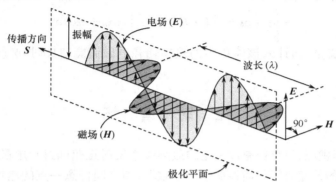

图 2-2　电场、磁场随时间的变化及波传播方向

对于时变场,在线性、均匀和各向同性介质中,同样满足

$$\boldsymbol{D}=\varepsilon\boldsymbol{E}$$

$$\boldsymbol{B}=\mu\boldsymbol{H}$$

且

$$\boldsymbol{H}\cdot\frac{\partial\boldsymbol{B}}{\partial t}=\frac{1}{2}\frac{\partial}{\partial t}(\boldsymbol{B}\cdot\boldsymbol{H})=\frac{1}{2}\frac{\partial}{\partial t}(\mu H^2) \tag{2-22}$$

$$\boldsymbol{E}\cdot\frac{\partial\boldsymbol{D}}{\partial t}=\frac{1}{2}\frac{\partial}{\partial t}(\boldsymbol{D}\cdot\boldsymbol{E})=\frac{1}{2}\frac{\partial}{\partial t}(\varepsilon E^2) \tag{2-23}$$

式(2-22)的右边项代表磁场能量密度的变化率,式(2-23)的右边项代表电场能量密度的变化率。磁场和电场的瞬时能量密度可分别表示为

$$w_m=\frac{1}{2}\boldsymbol{B}\cdot\boldsymbol{H}=\frac{1}{2}\mu H^2 \tag{2-24}$$

$$w_e=\frac{1}{2}\boldsymbol{D}\cdot\boldsymbol{E}=\frac{1}{2}\varepsilon E^2 \tag{2-25}$$

这样,式(2-20)可改写为

$$\nabla\cdot\boldsymbol{S}+\boldsymbol{J}\cdot\boldsymbol{E}+\frac{\partial}{\partial t}w_m+\frac{\partial}{\partial t}w_e=0 \tag{2-26}$$

或可写成积分形式

$$\oint_S\boldsymbol{S}\cdot\mathrm{d}s+\int_V\boldsymbol{J}\cdot\boldsymbol{E}\mathrm{d}v+\frac{\partial}{\partial t}\int_V w_m\mathrm{d}v+\frac{\partial}{\partial t}\int_V w_e\mathrm{d}v=0 \tag{2-27}$$

式(2-27)即为坡印亭定理的积分形式。其物理意义如下。

式(2-27)左边第一项代表穿过包围体积V的闭合曲面S的功率。如果此项积分为正,表示有净功率流出该体积,否则表示有功率流入该体积。

式(2-27)左边第二项代表场向带电粒子提供的功率。当此项积分为正时,表示场对带电粒子做功;当此项积分为负时,则表示存在外力对带电粒子做功,使粒子沿着场作用力的反方

向运动。在导电介质中,有 $J=\sigma E$,因而此项代表功率的散失,也即欧姆功率损耗(热损耗)。

式(2-27)左边第三项代表存储的磁能的变化率。当此项积分为正时,表示存在外部源向磁场提供功率,否则表示磁场向外提供能量,造成磁场随时间衰减。

式(2-27)左边第四项代表存储的电能的变化率。当此项积分为正时,表示存在外部源向电场提供功率,否则表示电场向外提供能量,造成电场随时间衰减。

式(2-27)也常常写为如下形式

$$-\oint_S \boldsymbol{S} \cdot \mathrm{d}\boldsymbol{s} = \int_V \boldsymbol{J} \cdot \boldsymbol{E} \mathrm{d}v + \frac{\partial}{\partial t} \int_V (w_\mathrm{m} + w_\mathrm{e}) \mathrm{d}v \tag{2-28}$$

左边负号的物理意义是:当计入该体积中的热损耗和电磁储能增加时,必须有净功率流入体积内。

2.2 时 谐 场

在雷达、通信等领域,信息都是以一定的载频频率发射正弦(时谐)电磁波传播的。因此,实际应用中最重要的是随时间作简谐振荡的电磁场,即空间任意一点的电场和磁场的每一分量都是时间的正弦函数。这一具有载波角频率 ω 的时变场可以表示为

$$\boldsymbol{E}(x,y,z,t) = E_x(x,y,z,t)\hat{\boldsymbol{a}}_x + E_y(x,y,z,t)\hat{\boldsymbol{a}}_y + E_z(x,y,z,t)\hat{\boldsymbol{a}}_z \tag{2-29}$$

式中,$E_x(x,y,z,t)$、$E_y(x,y,z,t)$ 和 $E_z(x,y,z,t)$ 分别为电场矢量 $\boldsymbol{E}(x,y,z,t)$ 沿 $\hat{\boldsymbol{a}}_x$、$\hat{\boldsymbol{a}}_y$ 和 $\hat{\boldsymbol{a}}_z$ 方向的标量分量,各自可写为

$$E_x(x,y,z,t) = E_x(r,t) = E_{x0}(r)\cos[\omega t + \alpha(r)] \tag{2-30}$$

$$E_y(x,y,z,t) = E_y(r,t) = E_{y0}(r)\cos[\omega t + \beta(r)] \tag{2-31}$$

$$E_z(x,y,z,t) = E_z(r,t) = E_{z0}(r)\cos[\omega t + \gamma(r)] \tag{2-32}$$

式中,E_{x0}、E_{y0} 和 E_{z0} 分别为电场矢量 $\boldsymbol{E}$ 沿 $\hat{\boldsymbol{a}}_x$、$\hat{\boldsymbol{a}}_y$ 和 $\hat{\boldsymbol{a}}_z$ 方向的振幅分量,r 为空间坐标 (x,y,z) 的简写,$\alpha(r)$、$\beta(r)$ 和 $\gamma(r)$ 分别为电场矢量 $\boldsymbol{E}$ 在给定点 (x,y,z) 沿 x、y 和 z 方向的相移分量。

对于一个时间的正弦函数,也可以很方便地用相量(复数)信号来表示,例如

$$\boldsymbol{E}(x,y,z,t) = \boldsymbol{E}(r,t) = \mathrm{Re}\{\dot{\boldsymbol{E}}_\mathrm{m}(r)\mathrm{e}^{\mathrm{j}\omega t}\} \tag{2-33}$$

式中

$$\dot{\boldsymbol{E}}_\mathrm{m}(r) = \dot{E}_x(r)\hat{\boldsymbol{a}}_x + \dot{E}_y(r)\hat{\boldsymbol{a}}_y + \dot{E}_z(r)\hat{\boldsymbol{a}}_z \tag{2-34}$$

且

$$\dot{E}_x(r) = E_{x0}(r)\mathrm{e}^{\mathrm{j}\alpha(r)} \tag{2-35}$$

$$\dot{E}_y(r) = E_{y0}(r)\mathrm{e}^{\mathrm{j}\beta(r)} \tag{2-36}$$

$$\dot{E}_z(r) = E_{z0}(r)\mathrm{e}^{\mathrm{j}\gamma(r)} \tag{2-37}$$

2.2.1 相量形式的麦克斯韦方程

采用相量表示矢量场时,麦克斯韦方程组可写为如下相量形式[1]

$$\nabla \times \dot{\boldsymbol{H}} = \dot{\boldsymbol{J}} + \mathrm{j}\omega\dot{\boldsymbol{D}} \tag{2-38}$$

$$\nabla \times \dot{\boldsymbol{E}} = -\mathrm{j}\omega\dot{\boldsymbol{B}} \tag{2-39}$$

$$\nabla \cdot \dot{\boldsymbol{B}} = 0 \tag{2-40}$$

$$\nabla \cdot \dot{\boldsymbol{D}} = 0 \tag{2-41}$$

构造方程为

$$\dot{\boldsymbol{D}} = \varepsilon \dot{\boldsymbol{E}}$$

$$\dot{\boldsymbol{B}} = \mu \dot{\boldsymbol{H}} \tag{2-42}$$

$$\dot{\boldsymbol{J}} = \sigma \dot{\boldsymbol{E}}$$

2.2.2 相量形式的边界条件

在两种介质的交界处,相量形式的边界条件为

$$\hat{\boldsymbol{n}} \cdot (\dot{\boldsymbol{B}}_1 - \dot{\boldsymbol{B}}_2) = 0 \tag{2-43}$$

$$\hat{\boldsymbol{n}} \cdot (\dot{\boldsymbol{D}}_1 - \dot{\boldsymbol{D}}_2) = \rho_s \tag{2-44}$$

$$\hat{\boldsymbol{n}} \times (\dot{\boldsymbol{E}}_1 - \dot{\boldsymbol{E}}_2) = 0 \tag{2-45}$$

$$\hat{\boldsymbol{n}} \times (\dot{\boldsymbol{H}}_1 - \dot{\boldsymbol{H}}_2) = \dot{\boldsymbol{J}}_s \tag{2-46}$$

2.2.3 相量形式的坡印亭定理

定义复坡印亭矢量或复功率密度为[1]

$$\dot{\boldsymbol{S}} = \frac{1}{2} [\dot{\boldsymbol{E}} \times \dot{\boldsymbol{H}}] \tag{2-47}$$

则复坡印亭定理的复数形式可表示为

$$-\nabla \cdot \dot{\boldsymbol{S}} = \frac{1}{2} \dot{\boldsymbol{E}} \cdot \dot{\boldsymbol{J}} + j\omega \left[\frac{1}{2} \dot{\boldsymbol{B}} \cdot \dot{\boldsymbol{H}}^* - \frac{1}{2} \dot{\boldsymbol{E}} \cdot \dot{\boldsymbol{D}}^* \right] \tag{2-48}$$

式中,上标"*"表示复数共轭。

复坡印亭定理的积分形式可表示为

$$-\oint_S \dot{\boldsymbol{S}} \cdot \mathrm{d}\boldsymbol{s} = \int_V \frac{1}{2} \dot{\boldsymbol{E}} \cdot \dot{\boldsymbol{J}} \mathrm{d}v + j2\omega \int_V \frac{1}{4} \dot{\boldsymbol{B}} \cdot \dot{\boldsymbol{H}}^* \mathrm{d}v - j2\omega \int_V \frac{1}{4} \dot{\boldsymbol{E}} \cdot \dot{\boldsymbol{D}}^* \mathrm{d}v \tag{2-49}$$

式中,左边的 $\left(-\oint_S \dot{\boldsymbol{S}} \cdot \mathrm{d}\boldsymbol{s} \right)$ 表示流入体积 V 的复功率,如果该体积内有源存在,则 $\oint_S \dot{\boldsymbol{S}} \cdot \mathrm{d}\boldsymbol{s}$ 表示从该体积向外辐射的复功率。

对于导电介质,式(2-49)右边第一项代表功率散失;第二项和第三项代表存储于体积 V 内的磁能和电能。注意到时间平均的磁能和电能密度分别为

$$\overline{w}_m = \frac{1}{4} \dot{\boldsymbol{B}} \cdot \dot{\boldsymbol{H}}^* = \frac{1}{4} \mu H^2 \tag{2-50}$$

和

$$\overline{w}_e = \frac{1}{4} \dot{\boldsymbol{E}} \cdot \dot{\boldsymbol{D}}^* = \frac{1}{4} \varepsilon E^2 \tag{2-51}$$

在实际情况下,我们感兴趣的量是时间平均通量,也称为波强度(或辐射通量密度)。由式(2-47),时间平均的功率密度为

$$\overline{\boldsymbol{S}} = \mathrm{Re}\{\dot{\boldsymbol{S}}\} = \frac{1}{2} \mathrm{Re}\{\dot{\boldsymbol{E}} \times \dot{\boldsymbol{H}}\} \tag{2-52}$$

通过闭合表面 S 流出的实功率为

$$P_{av} = \int_S \bar{\boldsymbol{S}} \cdot \mathrm{d}s = \frac{1}{2} \mathrm{Re} \left\{ \int_S \dot{\boldsymbol{E}} \times \dot{\boldsymbol{H}}^* \cdot \mathrm{d}s \right\} \qquad (2\text{-}53)$$

平均功率流的方向是面元 $\mathrm{d}s$ 的外单位法向量。

2.3 球面波和平面波

2.3.1 球面波与平面波的概念

当波源在介质中振动时,振动将沿着各个方向传播,形成波动。为了形象地描述在某一时刻波动所传播到各点的位置,可以想象将这些点连接成一个面,这个面称为波前(wavefront)。为了形象地描述波动传播时介质中各点振动相位之间的相互关系,将振动相位相同的各点连接成面,这种面称为波阵面。任何时刻波动所传播到的各点的位置都是确定的,因而在任何时刻都只有一个波前。而在任何时刻振动相位相同的点有任意多组,因而波阵面的数目是任意的。由于波前上各点的振动相位都等于波源在开始振动时的相位,所以,波前是波阵面的特例,实际上就是最前面的那个波阵面。

有了以上概念后,就可以按照波前的形状将电磁波进行分类。例如,波前为平面的波称为平面波;波前为球面的波称为球面波;波前为柱面的波称为柱面波。因此,平面波是沿一个方向传播的,而球面波的波源是点源(波源的大小和形状可以忽略不计),并且波动从点源向各个方向传播的情形完全相同。

理论与实验证明,位于均匀介质中的辐射器产生的波为球面波,即波的等相位面是球面,其球心即为辐射器所在的位置。位于平直或球形地表面上的辐射器也同样产生球面波。因此,在对电磁波传播的研究中,球面波具有普遍性意义。

在现有技术中,还没有一种天线辐射器可以直接在均匀介质中产生平面波。但是,就如在射线光学实验中可以用准直仪生成平行光束一样,用一个放置在合适位置的球形金属反射面对辐射器所发出的球面波进行反射,则在该反射方向上将形成平面波。这种可在很短距离上产生平面波的装置称为紧缩场(compact range)[4]。注意紧缩场的反射面不必一定是球面,也可以由多个反射面组合而成(如可以采用抛物面、柱面、双曲面或它们的组合)。

2.3.2 近场与远场

电磁辐射源产生的交变电磁场可以分为性质不同的两个部分:一部分电磁能量在辐射源周围及辐射源之间周期性地往返波动,不向外发射,称之为感应场;另一部分电磁能量则脱离辐射体,以电磁波的形式向外发射,称之为辐射场。

天线辐射的近场与远场:一般地,电磁辐射场根据感应场和辐射场的不同而区分为近区场(感应场)和远区场(辐射场)。通常以场源为中心,在 3 个波长范围内的区域常称为近区场;半径超过 3 个波长的空间范围则称为远区场。

雷达探测的近场与远场:就像在很多情况下地球球形表面的一小部分可以视为地平面一样,在离开天线辐射器很远的地方,并在有限的面积范围内,可以认为球面波具有平面波的特性,因为此时等相位球面上很小的部分与平面之间只存在极微小的差别。因此,在离发射天线距离很远处,球面波就可以视为平面波。当雷达对远处目标探测时,若雷达照射波可以视为平面波,则称之为"远场",反之则称为"近场"。

前面已经提及，现有的技术是不能直接产生平面波辐射的。那么，距发射天线的远近区域到底该如何划分呢？也就是说，当满足什么条件时，雷达天线辐射的电磁波可以视为平面波呢？或者说，在讨论雷达问题时可以采用平面波近似呢？下面来讨论这种替代的准则。

如图 2-3 所示。令 R 表示观测点 P（雷达天线位置）与被观测目标中心点 B 的距离，D 表示扩展目标的最大尺寸，由目标上的 A、B 两点到 P 点的距离差为 ΔR。一般而言，只要这个距离差小于 $\frac{\lambda}{16}$，λ 为雷达波长（此时对应于雷达波的双程传播相位差为 $\pi/4$），则在观测点处就可把辐射场视为平面波，此时要求

$$\Delta R = \sqrt{R^2 + \left(\frac{D}{2}\right)^2} - R \leqslant \frac{\lambda}{16} \tag{2-54}$$

式中，λ 为雷达波的波长，即

$$\lambda = \frac{c}{f} \tag{2-55}$$

式中，f 为电磁波振荡频率，c 为传播速度。

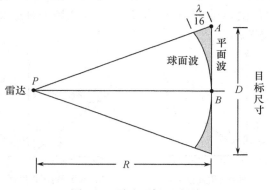

图 2-3　雷达远场区准则

当 $\frac{D}{R} \ll 1$ 时，把式（2-54）右边的根式依二项式定理展开，有

$$\Delta R = \sqrt{R^2 + \left(\frac{D}{2}\right)^2} - R = R\left(1 + \frac{D^2}{8R^2} + \cdots\right) - R = \frac{D^2}{8R} + \cdots$$

略去高阶项后代入式（2-54）有

$$R \geqslant \frac{2D^2}{\lambda} \tag{2-56}$$

上述判断雷达近远场的准则通常称为瑞利（Rayleigh）准则。无论是天线辐射还是目标散射问题，只要按照这一准则来确定最小距离 R，就可以把远于 B 点处的雷达照射波和远于 P 点处的目标散射回波视为平面波，即可以按照远场问题处理；反之，一般应视为球面波，即应按近场问题来考虑。

2.4　电磁波的极化

2.4.1　极化波的概念

当电磁波传播时，若电场矢量的振动总维持某种特定方向，这种现象称为波的极化（polarization)或偏振。这样的波称为极化波。

所以,波的极化是由电场矢量的指向所决定的:电磁波的极化定义了空间某一固定点上电场矢量 E 的空间指向随时间变化的方式。从空间中一固定观察点看,当 E 的矢端轨迹是直线时,则称这种波为线极化;当 E 的矢端轨迹是圆时,则称这种波为圆极化;而当 E 的矢端轨迹是椭圆时,则称这种波为椭圆极化。线极化和圆极化是椭圆极化的特例。

对于圆极化和椭圆极化,E 的矢端既可以按顺时针方向,又可以按逆时针方向运动。如果观察者顺着传播方向看过去,E 的矢端运动方向符合右手法则,则称为右旋极化,反之则称为左旋极化。

对于平面电磁波,电磁场矢量总是与传播方向垂直的。任意极化的平面电磁波可以分解为两个相互正交的线极化波。当将电场矢量分解为沿两个相互正交的极化状态(称为极化基)的分量时,可以用所谓的琼斯(Jones)矢量[2]来描述某种极化状态。

对于图 2-4 所示的斜入射到导体平板上的平面波,任意极化的入射波可以分解为电场垂直于入射面(入射线与边界法线构成的平面)的垂直(perpendicular)线极化波和电场平行于入射面的平行(parallel)线极化波,分别用 $E_\perp$ 和 $E_{//}$ 表示,这是一对正交分量。在讨论电磁散射理论问题时常采用这种定义。

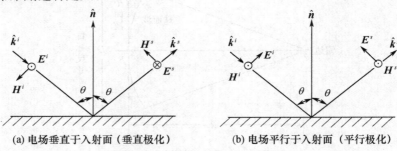

(a) 电场垂直于入射面（垂直极化）   (b) 电场平行于入射面（平行极化）

图 2-4　斜入射到导体平板上的平面波

在雷达测量中,电场矢量与地面平行时定义为水平(Horizontal)极化(H),电场矢量与地面垂直时定义为垂直(Vertical)极化(V)。这与上面所述"平行极化"、"垂直极化"是不同的,请读者注意两者的区别。在本书中我们主要讨论雷达观测问题,如无特别指出,后续各章节的所有极化问题都是按照雷达极化定义来讨论的。

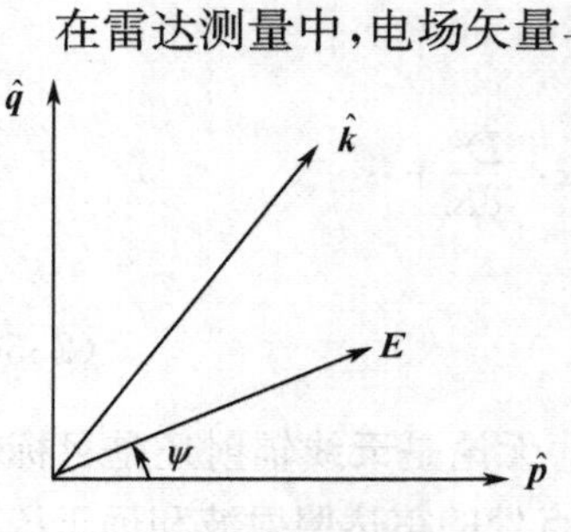

一般而言,任意极化的电场 E 均可以表示成两个正交极化的叠加。如图 2-5 所示,电场 E 可写成

$$E=E_{\mathrm{p}}+E_{\mathrm{q}}=E_{\mathrm{p}}\hat{\boldsymbol{p}}+E_{\mathrm{q}}\hat{\boldsymbol{q}}=E[\sin\psi\,\hat{\boldsymbol{p}}+\cos\psi\exp(\mathrm{j}\delta)\hat{\boldsymbol{q}}]$$

图 2-5　电场的极化分解

(2-57)

式中,$\hat{\boldsymbol{p}}$ 和 $\hat{\boldsymbol{q}}$ 是由 $\hat{\boldsymbol{p}}\times\hat{\boldsymbol{q}}=\hat{\boldsymbol{k}}$ 所定义的一组正交极化单位矢量;$\hat{\boldsymbol{k}}$ 是传播方向的单位矢量;δ 是 E_{p} 超前 E_{q} 的时间相位角;ψ 是 E 与 $\hat{\boldsymbol{p}}$ 的夹角。

由式(2-57)可定义出表 2-1 所列的极化术语。

电磁波的不同极化,可视为若干具有相同传播方向、相同频率的平面电磁波合成的结果。当然,如果这些平面波的场矢量具有任意的取向、任意的振幅和杂乱的相位,则其合成波也将是杂乱的;但如果这些波的矢量具有合适的取向、合适的振幅和相位,则其合成波将形成一定的极化形式。这是电磁波的一个重要特性。

表 2-1　极化术语

极化比（两个极化分量之比）		$E_q/E_p=\cot\varphi\exp(j\delta)$
线极化		$\psi=0$（水平），$\psi=\pi/2$（垂直）
±45°线极化		$\psi=\pm\pi/4,\delta=0$
椭圆极化	左旋	$0<\delta<\pi$
	右旋	$-\pi<\delta<0$
圆极化	左旋	$\psi=\pi/4,\delta=\pi/2$
	右旋	$\psi=\pi/4,\delta=-\pi/2$

在我们所讨论的电磁波中，在波的行进方向（假设为 Z 方向）没有电场的分量，但有 E_X 和 E_Y 分量。一般情况下，E_X 和 E_Y 都存在。例如，在雷达接收天线处收到的目标散射回波常包含水平方向与垂直方向的电场分量。这两个分量的振幅和相位不一定相同。对于这种波的极化，可分为下列三种情况。

2.4.2　线极化

电场的水平分量与垂直分量的相位相同或相差 180°的称为线极化。或者说，如果在电磁波传播方向上的任意一点，电场矢量始终在同一条直线上，则称这种电磁波为线极化波，如图 2-6(a)所示。

令

$$E_X=E_{Xm}\cos(\omega t-\varphi_1) \tag{2-58}$$

$$E_Y=E_{Ym}\cos(\omega t-\varphi_2) \tag{2-59}$$

当 $\varphi_1=\varphi_2=0$ 时，有

$$E=\sqrt{E_X^2+E_Y^2}=\sqrt{E_{Xm}^2+E_{Ym}^2}\cos\omega t \tag{2-60}$$

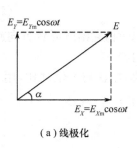
（a）线极化

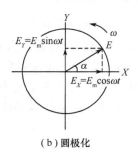
（b）圆极化

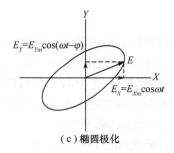
（c）椭圆极化

图 2-6　电磁波极化

合成电场与 X 轴之间的夹角 α 为

$$\tan\alpha=\frac{E_Y}{E_X}=\frac{E_{Ym}}{E_{Xm}}=\text{constant} \tag{2-61}$$

式中，constant 表示常数。合成电场的大小和方向随时间在一条直线上变化，因此称为直线极化波。

在雷达工程应用中，对于合成电场垂直于地面的波，称为垂直极化波；合成电场平行于地面的波，称为水平极化波。

2.4.3　圆极化

电场的垂直分量与水平分量大小相等，但相位差是 90°或 270°的，称为圆极化波。或者说，

如果在每一周期内，电场矢量端点在垂直于电磁波传播方向平面内的轨迹是一个圆，就称该电磁波为圆极化波，如图 2-6(b)所示。

若在式(2-58)和式(2-59)中，令 $E_{Xm}=E_{Ym}=E_m$ 和 $\varphi_1=0$、$\varphi_2=90°$，则有

$$E_X=E_m\cos\omega t \tag{2-62}$$

$$E_Y=E_m\sin\omega t \tag{2-63}$$

合成电场为

$$E=\sqrt{E_X^2+E_Y^2}=E_m \tag{2-64}$$

它的方向由下式决定

$$\tan\alpha=\frac{E_Y}{E_X}=\tan\omega t \tag{2-65}$$

式(2-64)和式(2-65)表明，合成电场的大小不变，但方向随时间改变。合成电场的矢端在一圆上以角速度 ω 旋转。从矢量考虑，当 E_Y 较 E_X 超前 90°时，电场矢量沿顺时针方向旋转；反之，当 E_Y 较 E_X 滞后 90°时，电场矢量沿逆时针方向旋转。

在天线技术中一般规定，顺传播方向看去，电场矢量旋转方向符合右手螺旋的，称为右旋极化波；符合左手螺旋的，称为左旋极化波。

2.4.4 椭圆极化

椭圆极化是最一般的情况，此时电场的两个分量的大小和相位都不相同，这样便产生了椭圆极化波。或者说，如果在每一周期内，电场矢量在垂直于电磁波传播方向的平面上的轨迹是一个椭圆，则该电磁波就称为椭圆极化波，如图 2-6(c)所示。

若在式(2-58)和式(2-59)中，令 $\varphi_1=0$、$\varphi_2=\varphi$，则有

$$E_X=E_{Xm}\cos\omega t \tag{2-66}$$

$$E_Y=E_{Ym}\cos(\omega t-\varphi) \tag{2-67}$$

这是椭圆的参量方程式，合成电场的矢端在一椭圆上旋转。当 $\varphi<0$ 时，它沿顺时针方向旋转；当 $\varphi>0$ 时，它沿逆时针方向旋转。可以证明，旋转的速率是不均匀的。

用椭圆率这个参数来分析椭圆极化的特性。椭圆率定义为椭圆短轴与长轴之比，用 ρ_r 表示。椭圆率也与两个平面波的振幅和相位有关。两种特殊情况如下。

线极化：椭圆率为 $\rho_r=0$；

圆极化：椭圆率为 $\rho_r=1$。

所以，前面讨论的线极化和圆极化都可视为椭圆极化的特例。

以上是就垂直于电波传播方向的一个平面上的情况来进行分析的。注意，无论是哪种极化，任何一个平面的瞬时情况都是沿着电波传播的方向以电波推进的速度移动的，如图 2-7所示。

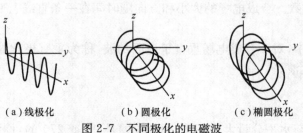

(a)线极化　　　　　(b)圆极化　　　　　(c)椭圆极化

图 2-7 不同极化的电磁波

需要指出的是,在均匀一致的介质中,电波永远是横电磁波,但在不均匀或不一致的介质中,有时可产生电场的纵向分量,即在波的传播方向会有电场的分量,这里不做讨论。

2.4.5　场的极化分解

任意极化波既可以分解为水平与垂直线极化波的矢量和,又可以分解为两个正交圆极化波的矢量和。右旋、左旋圆极化单位矢量 $\hat{R}$、$\hat{L}$ 同水平、垂直线极化单位矢量 $\hat{h}$、$\hat{v}$ 之间满足以下关系

$$\begin{bmatrix} \hat{R} \\ \hat{L} \end{bmatrix} = \frac{1}{\sqrt{2}} \begin{bmatrix} 1 & -j \\ 1 & j \end{bmatrix} \begin{bmatrix} \hat{h} \\ \hat{v} \end{bmatrix} \tag{2-68}$$

令电场的圆极化形式与线极化形式相等,即

$$\boldsymbol{E} = E_v \hat{v} + E_h \hat{h} = E_R \hat{R} + E_L \hat{L} \tag{2-69}$$

可以得到圆极化分量与线极化分量的相互转换关系,用矩阵表示为

$$\begin{bmatrix} E_R \\ E_L \end{bmatrix} = \frac{1}{\sqrt{2}} \begin{bmatrix} 1 & j \\ 1 & -j \end{bmatrix} \begin{bmatrix} E_h \\ E_v \end{bmatrix} \tag{2-70}$$

或

$$\begin{bmatrix} E_h \\ E_v \end{bmatrix} = \frac{1}{\sqrt{2}} \begin{bmatrix} 1 & 1 \\ -j & j \end{bmatrix} \begin{bmatrix} E_R \\ E_L \end{bmatrix} \tag{2-71}$$

上面介绍了采用线极化和圆极化两种正交矢量来表示任意极化波的方法,实际上也可以采用其他任意一对正交矢量基来表示,但上述两种正交基是现有雷达系统中最常用的。

2.5　平面波的传播

我们曾指出,发射天线辐射出的电磁波是以球面的形式向外传播的。但实际上我们经常碰到的是所研究的空间距波源相当远的情况。如果观察范围不太大,就可以把球面电磁波近似地视为平面电磁波。例如,对于距离发射天线很远处入射到目标上的电磁波,或从目标处再辐射回到雷达天线的电磁波,即可视为平面电磁波。此外,在分析有些电磁波的特性时,我们常把它分解为几个均匀平面电磁波,使分析得到简化。例如,在研究波导的特性时,把波导中的波分解为几个均匀平面电磁波后,便能更清晰地了解波在波导中传播的物理过程。所以,均匀平面电磁波是电磁波中最主要的形式之一。现在来讨论理想均匀介质中的平面波传播问题。

所谓理想均匀介质,是指满足下列条件的介质。

(1) 在空间任一点,介质的性质都是相同的。换言之,介质的电特性参数——介电常数 ε、磁导率 μ 和电导率 σ 不随位置而变化。

(2) 介质的性质与场强的大小无关。

(3) 介质的性质同电场和磁场的取向无关。

此外,我们还假设介质中没有自由电荷,即 ρ_v 处处都等于零。

在理想均匀介质中,麦克斯韦方程组经数学变换可化成自由空间的波动方程,其相量形式为

$$\nabla^2 \dot{\boldsymbol{E}} + k^2 \dot{\boldsymbol{E}} = 0 \tag{2-72}$$

$$\nabla^2 \dot{\boldsymbol{H}} + k^2 \dot{\boldsymbol{H}} = 0 \tag{2-73}$$

式中，$k=\omega\sqrt{\varepsilon\mu}=\dfrac{2\pi}{\lambda}$为波数。

电磁波的传播速度为

$$v=\frac{1}{\sqrt{\varepsilon\mu}} \tag{2-74}$$

式中，ε、μ 分别为传播介质的介电常数和磁导率。在自由空间，有 $\varepsilon=\varepsilon_0=8.85\times10^{-12}\,\mathrm{F/m}$，$\mu=\mu_0=4\pi\times10^{-7}\,\mathrm{H/m}$，此时

$$v=c=\frac{1}{\sqrt{\varepsilon_0\mu_0}}=2.998\times10^8\,\mathrm{m/s}\approx3\times10^8\,\mathrm{m/s} \tag{2-75}$$

这一速度与光速相同。上述结果表明，光在本质上也是一种电磁波。

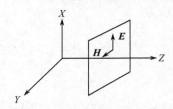

图 2-8　沿 z 方向传播的均匀平面波

在直角坐标系中，若设波沿 z 方向传播，则按照均匀平面波的条件，波阵面应该是 z 等于常数的平面，且在此平面上场强的大小处处相等、方向相同（如图 2-8 所示），即满足 $\dfrac{\partial}{\partial x}=\dfrac{\partial}{\partial y}=0$，因此电磁场只是 z 和 t 的函数。

波动方程的解为[1,3]

$$E_x=E_\mathrm{m}\mathrm{e}^{\mathrm{j}(\omega t-kz+\varphi_0)} \tag{2-76}$$

$$H_y=\sqrt{\frac{\varepsilon}{\mu}}E_\mathrm{m}\mathrm{e}^{\mathrm{j}(\omega t-kz+\varphi_0)} \tag{2-77}$$

或写成实信号形式

$$E_x=E_\mathrm{m}\cos(\omega t-kz+\varphi_0) \tag{2-78}$$

$$H_y=H_\mathrm{m}\cos(\omega t-kz+\varphi_0) \tag{2-79}$$

式中，$H_\mathrm{m}=\dfrac{E_\mathrm{m}}{\eta}$，$\eta=\sqrt{\dfrac{\mu}{\varepsilon}}$为介质的波阻抗。对于自由空间，有 $\eta=120\pi\approx377\,\Omega$。

波动方程的解表达了一个沿正 z 方向传播的简谐行波。在已知场强的振幅和频率的情况下，波的状态由相位$(\omega t-kz+\varphi_0)$决定。仔细分析可知，该相位包含三项：第一项是 ωt，它随时间的变化而变化（设频率一定），可称为时间相位；第二项是 kz，它随空间位置的变化而变化（设频率和介质一定），可称为空间相位；最后一项是 φ_0，它由初始条件所决定，不随时间和空间变化，称为初相。所以在某一时间与空间范围内，波的状态主要取决于时间相位和空间相位。

对理想均匀介质中均匀简谐平面波的基本性质总结如下。

（1）在均匀平面波中没有电场和磁场的纵向分量，E、H 和传播速度矢量 V 三者相互垂直，有右手螺旋关系，因此可以把它归类为横电磁波或 TEM 波。

（2）振幅不变，相位随时间和空间位置连续变化。相应地，在某一确定的位置上，电磁场随时间做正弦振动；在某一确定的时刻，电磁场随空间做正弦分布。

（3）波阻抗 η 是常数且为实数，说明电场和磁场不仅具有相同的波形，且在同一点的相位也是相同的；波的磁场强度振幅与电场强度振幅之间有下列关系

$$H_\mathrm{m}=\frac{E_\mathrm{m}}{\eta} \tag{2-80}$$

（4）波的传播速度

$$v = \frac{1}{\sqrt{\varepsilon\mu}} \tag{2-81}$$

与介质的性质有关,且相速等于能速。

2.6 平面波的反射、折射、绕射和散射

前面在讨论平面波的传播时,都假定波是在一种理想均匀的介质中传播的,此时波的传播方向不会发生变化。

在实际应用中,电磁波在传播过程中遇到障碍物,会出现波的传播方向发生变化的现象,即会出现波的反射(reflection)、折射(refraction)、绕射(diffraction)和散射(scattering)等现象。这也正是雷达之所以能探测到目标的原理,它通过接收由目标反射、绕射或散射的回波来实现测距、测速、测角和获取关于目标的其他信息。在解释这些现象之前,先介绍一个基本原理,即惠更斯原理。

2.6.1 惠更斯原理

惠更斯(Huygens)早在麦克斯韦得出电磁波传播方程之前就已经发现了电磁波传播的某些规律,他发现当把每个瞬时的波前视为一系列的"源"时,便可预测波前的下一个位置[6]。通过这种假设,惠更斯解释了电磁波传播的三种情况,如图 2-9 所示,即

（1）平面波传播中保持为平面波;

（2）柱面波或球面波仍然保持为柱面波或球面波;

（3）当平面波通过一个小孔时,通过小孔后的波将会超越该孔径的尺寸范围继续向前传播,在孔径边缘处发生弯曲现象,此即所谓的电磁波绕射现象。

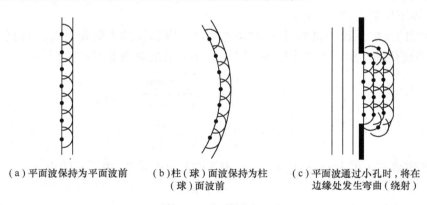

（a）平面波保持为平面波前　（b）柱（球）面波保持为柱　（c）平面波通过小孔时,将在
　　　　　　　　　　　　　　　　　　（球）面波前　　　　　　　边缘处发生弯曲（绕射）

图 2-9　惠更斯原理

根据惠更斯原理,在天线口径外任意一点的辐射场,或者目标对入射波的再辐射场,均可以认为是把口径(目标)上每一点都当成一个小的辐射源。每个辐射元都发出球面波,这些球面波在空间任意点所产生振动的矢量和,构成该点的辐射场。

但是正如上一节所指出的,当所研究的空间距波源相当远,而且观察范围不太大时,可以把这种球面电磁波近似地作为平面电磁波来处理。所以,下面主要讨论平面波。

2.6.2 平面波的反射

如图 2-10 所示,设有平面波入射到两种介质:介质 1 和介质 2 的分界面上。

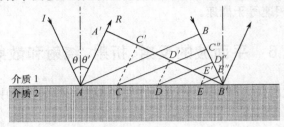

图 2-10　平面波的反射

在不同时刻,入射波前的位置依次为 AB、CC''、DD''、EE'' 等。当振动由 B 点传到 B' 点时,A、C、D、E 等各点发出的次波已经分别通过了由路径 AA'、CC'、DD'、EE' 等所决定的距离。由于是在同一种介质(介质 1)中传播,次波的波速与入射波的波速相同,因而,$AA'=BB'$,$CC'=C''B'$,$DD'=D''B'$,$EE'=E''B'$。由 A'、C'、D'、E'、B' 各点所构成的次波的包迹是一平面,它就是反射波的波前。因此,用惠更斯原理可以说明在两种介质的分界面上会发生反射,形成反射波。

另外,根据惠更斯原理,还可以确定反射波的传播方向。由图可以看出,反射波的波线(反射线)AR 与入射波的波线(入射线)IA 和两介质分界面的垂直线(分界面的法线)在同一平面内。又由于两直角三角形 $AA'B'$ 与 $B'BA$ 的两直角边 AA' 与 $B'B$ 相等,斜边 AB' 公共,故这两个直角三角形全等。因此,反射线与分界面法线的夹角(反射角)θ' 等于入射线与分界面法线的夹角(入射角)θ。这样,反射波的传播方向已经确定。

因此,我们有如下**平面波的反射定律**:入射线、反射线和介质分界面的法线在同一平面内,并且入射角等于反射角,即 $\theta=\theta'$。

光滑表面的反射系数与频率、表面的介电常数及雷达波的入射角有关。垂直极化反射系数 Γ_V 和水平极化的反射系数 Γ_H[称为菲涅耳(Fresnel)反射系数]分别为[7]

$$\Gamma_V=\frac{\varepsilon\sin\theta_i-\sqrt{\varepsilon-\cos^2\theta_i}}{\varepsilon\sin\theta_i+\sqrt{\varepsilon-\cos^2\theta_i}} \tag{2-82}$$

$$\Gamma_H=\frac{\sin\theta_i-\sqrt{\varepsilon-\cos^2\theta_i}}{\sin\theta_i+\sqrt{\varepsilon-\cos^2\theta_i}} \tag{2-83}$$

式中,θ_i 为电磁波的入射余角(擦地角);ε 是表面的复介电常数,由下式给出

$$\varepsilon=\varepsilon'-j\varepsilon'' \tag{2-84}$$

例如,当海水温度为 28℃,电磁波处于 X 波段时,取 $\varepsilon'=65$,$\varepsilon''=30.7$,则可以得到 Γ_V、Γ_H 的值。图 2-11 和图 2-12 分别示出了 Γ_V、Γ_H 的幅度和相位随入射余角(擦地角)的变化特性。

当 $\theta_i=90°$ 时,有

$$\Gamma_H=\frac{1-\sqrt{\varepsilon}}{1+\sqrt{\varepsilon}}=-\frac{\varepsilon-\sqrt{\varepsilon}}{\varepsilon+\sqrt{\varepsilon}}=-\Gamma_V \tag{2-85}$$

而当入射余角 θ_i 很小,即接近于掠入射($\theta_i\approx0$)时,有

$$\Gamma_H=-1=\Gamma_V \tag{2-86}$$

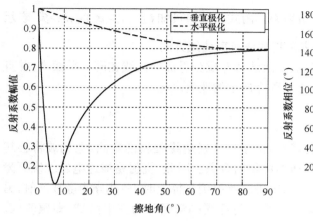

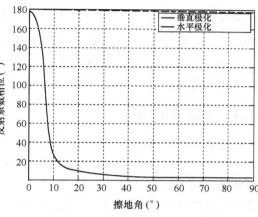

图 2-11　Γ_V、Γ_H 的幅度随入射余角的变化特性　　图 2-12　Γ_V、Γ_H 的相位随入射余角的变化特性

观察图 2-11 和图 2-12 可以得到如下结论。

（1）水平极化波的反射系数在很小的一个入射余角范围内，其幅度接近于 1，并且随着入射余角的增大，反射系数单调下降。

（2）垂直极化波的反射系数的幅度存在一个最小值且该值接近于零，这个最小值所对应的入射余角称为布鲁斯特（Brewster）角。

（3）对于水平极化波，它的反射系数的相位几乎是恒定的且近似为 π；而对于垂直极化波，反射系数的相位在布鲁斯特角附近开始趋近于 0。

（4）对于很小的入射余角（小于 2°），$|\Gamma_V|$、$|\Gamma_H|$ 接近于 1；$\angle\Gamma_V$、$\angle\Gamma_H$ 接近于 π。因此在擦地角较小时，水平极化波和垂直极化波的反射特性相似。

2.6.3　平面波的折射

对于波的折射也可做类似的讨论，如图 2-13 所示。下面来确定折射波的传播方向。

折射波的波线称为折射线，它与介质分界面法线的夹角 θ' 称为折射角，折射角 θ' 的大小和方位可以表征折射波的传播方向。由图 2-13 可以看出，入射线、折射线和介质分界面的法线在同一平面内。另外，当振动从 B 点传到 B' 点时，A 点的振动同时传到 A' 点，由于波在不同介质中的传播速度不同，因此，$BB' \neq AA'$，但是有

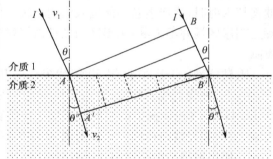

图 2-13　平面波的折射

$$\frac{BB'}{AA'} = \frac{v_1}{v_2} \tag{2-87}$$

式中，v_1 和 v_2 分别为波在介质 1 与介质 2 中的传播速度，但由于 $BB' = AB'\sin\angle B'AB = AB'\sin\theta$，$AA' = AB'\sin\angle AB'A' = AB'\sin\theta'$，所以有

$$\frac{\sin\theta}{\sin\theta'} = \frac{v_1}{v_2} \tag{2-88}$$

根据式（2-88），只要已知入射角 θ 和波在两种介质中的速度比值，折射角 θ' 就可以计算出

来。比值 $\frac{v_1}{v_2}$ 称为介质 2 相对介质 1 的相对折射率。由式(2-88)可知,当 $v_1 > v_2$ 时,$\theta > \theta'$,表示折射线折向法线方向;反之,当 $v_1 < v_2$ 时,表示折射线折离法线方向。

由此,我们有**平面波的折射定律**:入射线、折射线和介质分界面的法线在同一平面内,并且入射角的正弦与折射角的正弦之比等于波在两种介质中的速度之比。

2.6.4　平面波的绕射

根据惠更斯原理,当平面波通过一个孔径后,由于在孔径边缘处波前弯曲,电场波将会超越该孔径的尺寸范围继续向前传播,即产生所谓的绕射现象。因此,绕射是描述电磁波绕开障碍物传播的一个概念。如图 2-14 所示,当入射电磁波照射到目标上时,一部分能量被反射,另一部分能量被散射,还有一部分能量被损耗。一般将目标周围空间分为三个区域,即照明区、过渡区和阴影区。

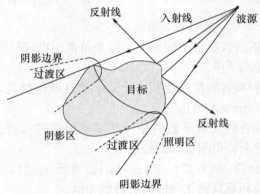

图 2-14　雷达照射目标产生的不同区域示意图

前面已经讨论的平面波反射和折射,均可以采用几何光学(GO)来加以解释,但几何光学不能解释绕射现象。当几何光学射线遇到任意一种表面不连续目标,如边缘、尖顶,或者向某曲面掠入射时,将产生它不能进入的阴影区。按照几何光学理论,阴影区的场等于零。然而实际上阴影区场并不为零,阴影区的场是由绕射现象造成的。阴影区的场是源于电磁波的绕射贡献。

凯勒(Keller)于 20 世纪 50 年代提出的几何绕射理论(GTD)[9]将 GO 场的概念加以推广,引入一种绕射线的概念,消除了几何光学阴影边界上场的不连续性,并对阴影区的场给予修正。GTD 理论所提供的绕射线产生于物体表面上几何特性或物理特性不连续处,如物体的边缘、尖顶和光滑凸曲面上与入射线相切的点等。

几何绕射理论的基本概念可概括如下:

(1) 绕射场以绕射线形式传播,且其轨迹遵循费马原理;

(2) 在高频近似条件下,目标的反射及绕射现象只取决于目标反射点和绕射点邻域局部区域的几何特征与物理特征,也即满足所谓的局部性原理;

(3) 由绕射点发出的绕射线仍遵循几何光学定律,在绕射射线管中能量是守恒的,而沿射线路程的相位延迟等于介质波数和传播距离的乘积。

图 2-15(a)～(c)给出了三种典型绕射现象,即边缘绕射、尖顶绕射和表面绕射[10]。

图 2-15(a)为边缘绕射示意图。凯勒认为,边缘绕射线与边缘切线的夹角等于相应的入

射线与边缘切线的夹角（$\hat{s}^i \cdot \hat{t} = \hat{s}^d \cdot \hat{t}$），且一条入射线将激励起无穷多条绕射线。当为斜入射时，这些绕射线位于一个以绕射点 Q 为顶点的圆锥面上，圆锥轴是绕射点边缘的切线，圆锥的半顶角 β 等于入射线与边缘切线的夹角；当垂直入射时，绕射锥面是平面圆盘。通常称绕射线形成的圆锥面为凯勒锥。

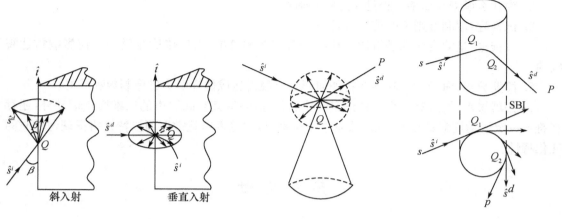

(a) 边缘绕射（Q 为绕射点）　　(b) 尖顶绕射（Q 为绕射点）　(c) 表面绕射（Q_1、Q_2点为绕射点）

图 2-15　电磁波照射目标时的三种典型绕射现象

图 2-15(b)为尖顶绕射示意图。由源点 s 发出的射线在尖顶点 Q 绕射再到远场点 P。所谓尖顶，是指圆锥、棱锥等一系列锥状体的顶点。此时绕射点固定为一个顶点 Q，由 Q 点发出的绕射线可向该散射体之外空间的任意方向传播。一根入射线可以激励起无穷多根以尖顶为中心向四面八方传播的绕射线，这些绕射线的波阵面为球面。

图 2-15(c)为表面绕射示意图。当入射线以掠入射形式入射到目标表面时，其能量中的一部分沿曲面的阴影边界传播，另一部分则沿物体表面传播形成表面射线，且此表面射线沿曲面传播过程中又不断地沿曲面的切线方向发出绕射线。对物体阴影区的场点 P 而言，其绕射场是在入射线抵达 Q_1 点后，沿曲面传播到 Q_2 点，再以绕射线形式抵达 P 点，曲面上由 Q_1 点到 Q_2 点的绕射轨迹，根据广义费马原理，此轨迹由 Q_1Q_2 两点间的短程线所决定。在诸多讨论雷达目标散射特性的文献中，也将此类表面绕射线在阴影区的传播称为"爬行波"或"蠕动波"（creeping wave）。当频率较高时，爬行波通常比边缘绕射场要弱得多。

2.6.5　平面波的散射

当电磁辐射通过介质传播时，波的电场将引起电荷的运动。由于任何被加速的电荷必定要发射电磁波，因此，运动的电荷将依次向各个方向辐射，这种再辐射的过程称为散射。由于散射的存在，向前传播的波束能量会有少量衰减，这些在向前传播过程中损失的能量将重新分布（散射）到其他方向上。

简言之，我们把这种传播过程中不是简单地遵循几何光学定律（反射定律和折射定律）的波统称为散射波，在讨论雷达目标散射回波时，也把反射、绕射、折射等现象统称为"目标散射"。关于雷达目标对电磁波的散射问题，将在第 6 章中做更多讨论。

第 2 章思考题

1. 如何定义雷达波的极化？
2. 为什么说麦克斯韦方程是雷达的基础？
3. 试推导：瑞利准则下的雷达远场条件。
4. 试推论：星载合成孔径雷达对地高分辨成像测绘中，大气传输介质是如何影响雷达视线的。
5. 简要分析：海面背景的存在将如何影响反舰雷达成像导引头成像制导和寻的。
6. 拓展思考：设想有一个圆柱形空间轨道目标，除沿其空间轨道的三维质点运动外，还存在符合一定运动周期的自旋、锥旋或翻滚微运动，试讨论其雷达散射回波特性将呈现何种时间变化特性。

参 考 文 献

[1] B. S. Guru and H. R. Hiziroglu. Electromagnetic Field Theory Fundamentals, PWS Publishing Company, 1998.

[2] P. C. Mattchews. Vector Calculus, 3rd edition. Springer-Verlag London Limited, 2000.

[3] 王汜梁, 等. 电波传播与通信天线. 北京：解放军出版社, 1985.

[4] N. C. Currier, ed. . Radar Reflectivity Measurement：Techniques and Applications. Norwood MA：Artech House, 1989.

[5] 黄培康, 殷红成, 许小剑. 雷达目标特性. 北京：电子工业出版社, 2005.

[6] R. J. Sullivan. Microwave Radar：Imaging and Advanced Concepts. Artech House, Norwood MA, 2000.

[7] B. R. Mahafza. Radar Systems Analysis and Design Using Matlab. Chapman & Hall/CRC, 2000.

[8] P. Lacomme, J. C. Marchais, J. P. Hardange, and E. Normant. Air and Spaceborne Radar Systems. William Andrew Publishing, 2001.

[9] J. B. Keller. Geometrical Theory of Diffraction. J. Opt. Soc. Amer. , Vol. 52, No. 1, 116-130, 1962.

[10] 聂在平, 方大纲. 目标与环境电磁散射特性建模——理论、方法与实现. 北京：国防工业出版社, 2009.

第3章 雷达发射与接收

雷达是通过发射电磁波,并观测目标对发射波的散射回波来发现目标、测量目标的坐标及其他特征信号的。信号的发射和接收是雷达系统必须具备的基本功能。天线是电磁波发射和接收的装置,发射机产生大功率射频信号,接收机接收和处理目标的回波信号。本章将在第1章中对最基本的雷达系统介绍的基础上,对雷达的天线、发射机、接收机做更进一步的讨论,重点介绍现代雷达中广泛采用的相参雷达系统的信号流程及各节点的信号波形。

3.1 雷达信号及其表示方式

信号 $s(t)$ 是在时域表示幅度随时间变化的时间信号,该信号可以在频域分解成有限或无限多个具有特定幅度的简谐频率分量信号之和,频域信号用 $S(\omega)$ 表示。$s(t)$ 和 $S(\omega)$ 之间的关系是一对傅里叶变换,其定义为

$$S(\omega) = \int_{-\infty}^{+\infty} s(t) e^{-j\omega t} dt \tag{3-1}$$

$$s(t) = \frac{1}{2\pi} \int_{-\infty}^{+\infty} S(\omega) e^{j\omega t} d\omega \tag{3-2}$$

或

$$S(f) = \int_{-\infty}^{+\infty} s(t) e^{-j2\pi ft} dt \tag{3-3}$$

$$s(t) = \int_{-\infty}^{+\infty} S(f) e^{j2\pi ft} df \tag{3-4}$$

式中,f 是频率且 $f = \omega/2\pi$;ω 是角频率。上述傅里叶变换对有时也简记为

$$s(t) \Leftrightarrow S(\omega) \tag{3-5}$$

或

$$s(t) \Leftrightarrow S(f) \tag{3-6}$$

如果 $s(t)$ 是一个振幅为 A、频率为 $f_0 = \omega_0/2\pi$ 的简谐信号,时域可表示为

$$s(t) = A\cos 2\pi f_0 t \tag{3-7}$$

频域表示为

$$S(\omega) = \pi A[\delta(\omega - \omega_0) + \delta(\omega + \omega_0)] \tag{3-8}$$

式中,δ 为狄拉克冲激函数,定义为

$$\begin{gathered} \delta(\omega - \omega_0) = 0, \quad \omega \neq \omega_0 \\ \int_{\omega_1}^{\omega_2} \delta(\omega - \omega_0) d\omega = 1, \quad \omega_1 < \omega_0 < \omega_2 \end{gathered} \tag{3-9}$$

$S(\omega)$ 除了在 $\pm f_0$ 处出现两根线谱,在其他频率处为零。图 3-1 所示为该信号在时域及频域示意图。

如果 $s(t)$ 是一个限带 (band-limited) 信号,只在以 f_0 为中心频率的 $\pm B/2$ 频率范围内有信号分量,则称 B 为该信号的带宽。

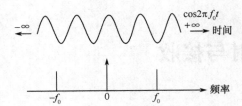

图 3-1　时域及频域示意图

两个信号可以进行乘积和卷积（convolution）运算，卷积以符号"$*$"表示。如果 $s_1(t)$ 和 $s_2(t)$ 表示两个信号，则其卷积定义为

$$s_1(t) * s_2(t) = \int_{-\infty}^{+\infty} s_1(\tau) s_2(t-\tau) \mathrm{d}\tau \quad (3\text{-}10)$$

两个信号在一个域中相乘，则它们在另一个域中满足卷积关系，即有

$$s_1(t) \cdot s_2(t) \Leftrightarrow S_1(f) * S_2(f) \quad (3\text{-}11)$$

和

$$s_1(t) * s_2(t) \Leftrightarrow S_1(f) \cdot S_2(f) \quad (3\text{-}12)$$

在本书后续的章节，当我们提到信号的电压、功率和能量时，均泛指

$$电压 = s(t)，\quad 功率 = |s(t)|^2，\quad 能量 = \int_{-\infty}^{+\infty} |s(t)|^2 \mathrm{d}t$$

其中的常数因子均予以忽略，因为在雷达工程应用中，常数因子通过归一化或标定后可被消除。

对于限带信号，还可以有以下几种信号表示方式。

1. 幅度和相位表示

$$s(t) = A(t) \cos[\omega_0 t + \varphi(t)] \quad (3\text{-}13)$$

式中，$A(t)$ 为信号的自然包络（natural envelop），也称信号的幅度，$\omega_0 t + \varphi(t)$ 为信号的相位，$\varphi(t)$ 为信号的初始相位（初相）。

2. 正交信号表示

$$s(t) = A_I(t) \cos\omega_0 t - A_Q(t) \sin\omega_0 t \quad (3\text{-}14)$$

式中

$$A_I(t) = A(t) \cos\varphi(t)$$

为同相（In-phase，简记为 I）信号分量，

$$A_Q(t) = A(t) \sin\varphi(t)$$

为正交相位（Quadrature，简记为 Q）信号分量，$A_I(t)$ 和 $A_Q(t)$ 也即常说的 I、Q 信号分量，有

$$A(t) = \sqrt{A_I^2(t) + A_Q^2(t)} \quad (3\text{-}15)$$

和

$$\varphi(t) = \arctan \frac{A_Q(t)}{A_I(t)} \quad (3\text{-}16)$$

3. 复信号表示

$$s(t) = \mathrm{Re}\{u(t)\mathrm{e}^{\mathrm{j}\omega_0 t}\} \quad (3\text{-}17)$$

式中

$$u(t) = A_I(t) + \mathrm{j}A_Q(t)$$

称为信号的复包络（complex envelop），且有

$$A(t) = |u(t)|$$

4. 解析信号表示

$$s(t) = \frac{1}{2}\left[u(t)\mathrm{e}^{\mathrm{j}\omega_0 t} + u^*(t)\mathrm{e}^{-\mathrm{j}\omega_0 t}\right] \quad (3\text{-}18)$$

式中，上标"$*$"表示取复数共轭。它反映出 I、Q 信号并不是完全独立的，两者之间存在希尔伯特(Hilbert)变换关系[12]。

从以上各种信号表示形式可见，采用 I、Q 正交相位信号分量 $A_I(t)$ 和 $A_Q(t)$ 可以完整地表达一个雷达信号（只差一个恒定中心角频率 ω_0），而在雷达系统中，信号的 I、Q 分量可以容易地通过正交双通道接收机获得，因此这种表示方式得到广泛应用。

在本书后面各章节中，我们将不加指出地使用上述各种信号表示方式中的任何一种。

3.2　脉冲雷达与目标距离测量

3.2.1　脉冲雷达

脉冲雷达对于目标距离的测量，是通过测量雷达发射脉冲和目标回波脉冲之间的时延来实现的。

当雷达工作时，发射机经天线向所观测方向发射按一定的周期间隔重复的一串高频脉冲。如果在该传播路径上确有目标存在，则该目标将截获一部分雷达发射的电磁能量，并将所截获的能量以电磁波的形式再次辐射（称为电磁散射），其中的部分散射能量会朝向雷达接收的方向（称为目标回波），雷达天线可以接收到由目标散射回来的这部分能量。

如图 3-2 所示。假设雷达发射一串高频脉冲，并假设脉冲的上升和下降时间均为零，即为理想的方波脉冲。尽管实际的雷达脉冲一定会有一个有限的上升和下降时间，但对于很多实际应用，上述简单假设不会影响对问题的分析和理论推导。

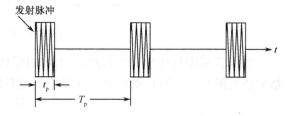

图 3-2　雷达发射脉冲

单个脉冲的持续时间称为脉冲宽度（简称脉宽，pulse width），以符号 t_p 表示，其单位为 s。电磁波的能量是以光速 c 传播的，在自由空间，这一传播速度为 $c \approx 3 \times 10^8 \text{m/s}$。由于雷达波的传播速度极快，在典型的雷达应用中，时间单位常用 ms、μs 和 ns，有 $1s = 10^3 ms = 10^6 \mu s = 10^9 ns$。

一般假定所有的雷达发射脉冲均具有相同的脉宽，这也符合大多数实际情况。两个脉冲之间的时间间隔称为脉冲重复周期（pulse repetition period）或脉冲重复间隔（Pulse Repetition Interval，PRI），记为 T_p。PRI 的倒数称为脉冲重复频率（Pulse Repetition Frequency，PRF），记为 f_p，即

$$f_p = \frac{1}{T_p} \tag{3-19}$$

脉冲重复频率 f_p 同脉宽 t_p 的乘积称为占空比或占空因子（duty cycle），记为 D_c

$$D_c = f_p t_p = \frac{t_p}{T_p} \tag{3-20}$$

占空比一般用百分比来表示，它反映了在一个脉冲重复间隔内，发射脉冲持续的时间在该重复周期内所占的比例大小。

此外，还需引入脉冲功率的几个概念。

峰值功率是指在一个脉冲内功率的平均值，用 P_{peak} 表示。平均功率是指在一个脉冲重复

周期内功率的平均值,用 P_{avg} 表示。必须注意,对于一线性极化波,在一个脉冲内其功率按正弦变化,周期为 $T_p/2$,则此时峰值功率 P_{peak} 不是指瞬时功率最大值,而是等于最大值的 $1/2$,因为正弦电压的有效值是其峰值的 $1/\sqrt{2}$。

3.2.2　目标距离的测量

由于目标的回波信号往返于雷达和目标之间,它将滞后于发射脉冲一个时间间隔 t_R,如图 3-3 所示。

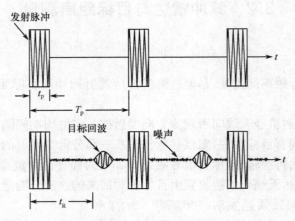

图 3-3　脉冲雷达测距

如果目标到雷达之间的距离为 R,则根据雷达波从天线辐射到目标处并由目标反射回雷达天线处的往返双程传播距离等于传播速度乘以传播的时间间隔,即

$$2R = ct_R \tag{3-21}$$

故有

$$R = \frac{1}{2} ct_R \tag{3-22}$$

式(3-21)和式(3-22)中,R 为目标同雷达之间的单程距离(单位为 m);t_R 为雷达发射脉冲同接收到的回波脉冲之间的时间间隔,即雷达波往返于雷达和目标之间所造成的时延(单位为 s);c 为电波传播速度,$c \approx 3 \times 10^8$ m/s。例如,当测得雷达回波的双程时延为 1μs 时,对应的目标(单程)距离为 $R = 3 \times 10^8 \times 1 \times 10^{-6}/2 = 150$m。

3.3　相参雷达与目标多普勒频率测量

3.3.1　相参雷达的概念

所谓相参(coherent)是指两个信号的相位之间存在确定的关系。因此,简单地说,相参雷达是指其发射波形的相位之间具有确定的关系或具有统一的参考基准。

对于单级振荡式发射机,由于脉冲调制器直接控制振荡器工作,每个射频脉冲的起始射频相位是由振荡器的噪声决定的,因而相继的两个脉冲之间的射频相位是随机的,或者说,这种受脉冲调制的振荡器输出的射频信号相位不是相参的。因此,有时也把单级振荡式发射机称为非相参发射机,把使用这种发射机的雷达称为非相参雷达。

与此相反,当要求雷达发射信号的相位具有相参特性时(例如,脉冲多普勒雷达和成像雷达等),一般需要采用主振放大式发射机。在这种发射机中,主控振荡器提供的是连续波信号,射频脉冲的形成是通过脉冲调制该连续波信号,再经射频功率放大器功率放大而完成的。因此,相继的一串射频脉冲波形之间具有固定的相位关系。只要主控振荡器本身具有良好的频率稳定度,射频放大器也有足够高的相位稳定度,则所发射的信号就具有良好的相位相参性。因此,把使用此类主振放大式发射机的雷达系统称为相参雷达。

典型相参雷达系统的组成如图 3-4 所示,就系统的几大功能模块而言,相参雷达同基本的雷达系统的几大模块无异,即均由发射机、接收机、天线和信号处理等部分组成。第 3.7 节将对图 3-4 中的各功能模块进行详细讨论。这里先看相参雷达的作用。

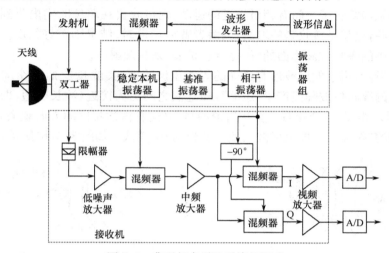

图 3-4　典型相参雷达系统的组成

在图 3-4 中,基准振荡器(Reference Oscillator,RO)的振荡频率极其稳定。稳定本机振荡器(STAble Local Oscillator,STALO)的输出频率为 $f_{LO}=f_{RF}-f_{IF}$,其中 f_{RF} 为载频或射频(Radio Frequency,RF),f_{IF} 为中频 (Intermediate Frequency,IF)。STALO 通过基准振荡器驱动来获得最大的稳定度。相干振荡器(COHerent Oscillator,COHO)的输出频率为 f_{IF},它也是由基准振荡器驱动的。

由于 STALO 和 COHO 都受基准振荡器的控制,因此两者输出信号之间具有确定的相位关系。这样,如果 STALO 产生的正弦信号可以保持为一个具有固定频率的连续波形,则当雷达接收到目标回波时,回波脉冲的相位与该本振相位比较,可以确定接收脉冲同发射脉冲之间的相对相位关系。理想情况下,从距离 R 处的点目标返回的脉冲相位相对于本振的相位会产生一个双程延迟,该延迟相位可表示为

$$\Delta\varphi=-2\pi\frac{2R}{\lambda}=-\frac{4\pi R}{\lambda} \tag{3-23}$$

利用相参接收机对上述相对相位精确测量,可以得到目标回波相位随时间的变化率(回波信号的角频率)。

3.3.2　目标多普勒频率的测量

多普勒(Doppler)效应是指当辐射源和接收机之间有相对径向运动时,接收到的信号频率将发生变化。

坐火车旅行的人大概都遇到过这样的情况。当两列火车由远及近相对高速行驶时,如果其中一列火车鸣笛,坐在另一列火车上的人所听到的火车鸣笛的声频将发生变化:在两列火车相遇前会听到一个频率较高的笛声;在火车相遇的一瞬间,通常可以听到一个十分尖锐的火车鸣笛声音;随着两列火车相遇并掠过,该笛声的频率将由高变低,直到最后听不见了。这就是典型的多普勒效应:当两列火车相互接近时,有一个正多普勒频移,所以听到的声音比火车发出笛声的实际频率更高;当两者背向运动时,有一个负的多普勒频移,所以听到的声音比实际的频率更低。

运动目标的多普勒频率可以直观解释如下:振荡源发射的电磁波以恒速 c 传播,如果接收机相对于振荡源不动,则其在单位时间内收到的振荡数目与振荡源发出的相同,即两者频率相等。如果振荡源与接收机之间有相对接近的运动,则接收机在单位时间内收到的振荡数目要比不动时多一些,也就是接收频率增高;当两者背向运动时,结果则正好相反。这种多普勒频移可用图 3-5 中的等相位波阵面的"压缩"或"扩展"来直观解释。

如图 3-5 所示,雷达发射波形有这样的等相位波阵面,其波长是 λ,一个向雷达接近的目标能导致反射的等相位波阵面产生"压缩",即它们之间更为接近(波长变短,即频率升高),如图 3-5(a)所示。相反,一个相对于雷达后退的目标(向着雷达相反的方向驶去)能导致反射的等相位波阵面的"扩展",也即反射波的波长变长(频率变低),如图 3-5(b)所示。

（a）压缩　　　　　　　　　　　　　　（b）扩展

图 3-5　运动目标反射等相位波阵面的影响

大多数现代雷达为相参雷达,因而能够精确地测量回波脉冲的相对相位,但是这些雷达通常不能直接从单个脉冲测量出目标的多普勒频移,而是需要有一个脉冲积累的过程。下面来研究如何测量目标的多普勒频移。

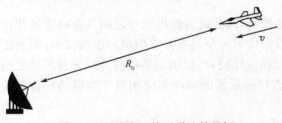

图 3-6　以速度 v 接近雷达的目标

考虑图 3-6 中的情况。运动目标以径向速度 v 向雷达靠近。

如果在时间 t_1 和 $t_2 = t_1 + \delta t$ 时各发射一个载频为 ω_0 的脉冲并接收其目标回波,记为脉冲 1 和脉冲 2。当脉冲 1 入射到距离为 R_0 远处径向速度为 v 的运动目标并被目标反射回到雷达时,由于接收的目标回波信号时延为 $\tau_1 = \dfrac{2R_0}{C}$,故此时目标回波的相位为

$$\Delta\varphi_1 = \omega_0 t_1 - 4\pi R_0 / \lambda \tag{3-24}$$

类似地,脉冲 2 的目标回波相位为

$$\Delta\varphi_2 = \omega_0(t_1 + \delta t) - \frac{4\pi}{\lambda}(R_0 - v\delta t) \tag{3-25}$$

因此,这两个回波脉冲之间的相位差是

$$\delta\varphi = \Delta\varphi_2 - \Delta\varphi_1 = \omega_0\delta t + \frac{4\pi v}{\lambda}\delta t \tag{3-26}$$

我们知道,信号的角频率是其相位随时间的变化率,即

$$\omega = \frac{\delta\varphi}{\delta t} = \omega_0 + 2\pi\frac{2v}{\lambda} \tag{3-27}$$

所以,接收信号的频率为

$$f = \frac{\omega}{2\pi} = f_0 + \frac{2v}{\lambda} = f_0 + f_d \tag{3-28}$$

式中,$f_0 = \frac{\omega_0}{2\pi}$ 为雷达载频;f_d 为目标运动产生的多普勒频率

$$f_d = \frac{2v}{\lambda} \tag{3-29}$$

根据式(3-28)和式(3-29),接收信号的频率由两项组成:第一项是发射信号载频频率 f_0;第二项同目标的径向速度有关,是运动目标所造成的多普勒频率 f_d,它正比于目标的径向速度,反比于雷达波长。

由此可见,运动目标的多普勒频率能够通过测量目标散射回波的相对相位来测量。由于多普勒频率正比于目标的径向速度,因此,目标的相对运动速度可以通过测量目标的多普勒频移来估计。注意因为目标速度具有方向性,此处规定目标向雷达接近时速度为正,反之则为负。因此,多普勒频率也有正有负,目标向雷达接近时为正,目标远离雷达而去时则为负。

现代雷达广泛地使用运动目标的多普勒效应,通过对多普勒频移的测量,不但能获得目标的相对径向速度,并且可由此区分移动目标、固定目标或杂波。

3.4 雷 达 天 线

天线是雷达系统中发射和接收电磁波的装置,是雷达系统与外界联系的纽带。它的主要作用是:(1)将雷达发射机产生的高能量电磁波辐射(有一定的方向性)向外部自由空间(空气或其他介质);(2)接收目标的回波(包括外部噪声)。

3.4.1 天线的主要参数

在讨论天线的参数时,可以将天线分为发射天线和接收天线。但对于很多雷达,发射和接收是公用一个天线的,且发射和接收时各项参数的定义也都相同,故不分开讨论。本节讨论天线的主要电气参数,对天线的机械特性不进行讨论。

1. 天线的效率

发射天线的效率用来衡量天线将高频电流转换为电磁波能量的有效程度。天线的效率 η_A 定义为天线辐射功率与输入功率(发射机的输出功率)之比,即

$$\eta_A = \frac{P_\Sigma}{P_A} \tag{3-30}$$

式中,P_A 为天线的输入功率,它是辐射功率 P_Σ 和损耗功率 P_L 之和,即

$$P_A = P_\Sigma + P_L \tag{3-31}$$

天线的损耗包括天线系统的热损耗、介质损耗和感应损耗等。超短波天线损耗很小,其天线效率接近于1;而中、长波天线由于波长很长,损耗也大,效率一般很低,需要采取一定的措

施来提高效率。

2. 天线的方向性系数

天线辐射的方向特性是天线的重要特性之一。为了比较不同天线把辐射能量集中于一定方向的能力，定量比较不同天线的方向性，有必要引入一个称为方向性系数的指标，用 D_A 表示。

假设某一天线与理想点源天线（各向同性）的辐射功率分别为 P_Σ 和 $P_{\Sigma0}$，此天线在最大辐射方向的功率通量密度和场强分别为 S_m 与 E_m，理想点源天线的功率通量密度和场强分别为 S_0 与 E_0，则天线的方向系数 D_A 定义为

$$D_A = \frac{S_m}{S_0}\bigg|_{P_\Sigma = P_{\Sigma0}} = \frac{E_m^2}{E_0^2}\bigg|_{P_\Sigma = P_{\Sigma0}} \tag{3-32}$$

天线的方向系数也可以这样定义：在最大辐射方向的同一接收点电场强度相同的条件下，理想点源天线的辐射功率与定向天线的总辐射功率的比值，即

$$D_A = \frac{P_{\Sigma0}}{P_\Sigma}\bigg|_{E_m = E_0} \tag{3-33}$$

3. 天线的增益

方向性系数表征了天线辐射电磁能量的集中程度，而效率则表征天线的能量转换的有效程度，将两者结合起来，用一个新的参数来表示，将其定义为天线的增益，一般用 G 表示。

天线的增益的定义方法可以和方向性系数的定义方法类似：在输入功率相同的条件下，天线在最大辐射方向上的某一点的功率通量密度与理想点源天线在同一处的功率通量密度之比，称为天线的增益，即

$$G = \frac{S_m}{S_0}\bigg|_{P_{\Sigma0} = P_A} \tag{3-34}$$

式中，S_0 和 S_m 分别为理想点源天线和定向天线的功率通量密度；$P_{\Sigma0}$ 为理想点源天线的输入功率（与辐射功率相同）；P_A 为定向天线的输入功率。

根据天线效率的定义式（3-30）可得

$$G = \frac{P_{\Sigma0}}{P_A} = \frac{P_{\Sigma0}}{P_\Sigma} \cdot \eta_A = D_A \cdot \eta_A \tag{3-35}$$

4. 天线的有效面积

当天线以最大接收方向对准来波方向接收且负载与天线完全匹配时，天线向负载输出的功率假定为 P_{Rmax}，设想此功率是由一块与来波方向垂直的面积所接收的，这个面积就称为接收天线的有效面积 A_e。

可以证明[1]，天线有效面积 A_e 同天线增益 G 之间存在以下关系

$$A_e = \frac{G\lambda^2}{4\pi} \tag{3-36}$$

式中，λ 为雷达波长。

5. 天线的波束宽度

在功率方向图中，天线的主瓣宽度通常定义为半功率点（3dB）处的波束宽度，典型的天线方向图如图 3-7 所示。

6. 天线的工作带宽

当天线的工作频率改变时，天线参数也会变化，这就是天线的频率特性，可以用工作带宽

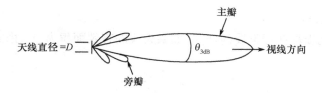

图 3-7　典型的天线方向图

来表示。天线的工作带宽是天线的某个或某些特性参数符合要求的工作频率范围。常用的工作带宽有方向图带宽、方向系数带宽、输入阻抗带宽等,此处不再赘述。

3.4.2　孔径天线

许多天线都可以视为具有一定形状的平面孔径,比如圆形、长方形或正方形等,这种天线通常称为孔径天线或口面天线。最常见的圆形孔径天线是抛物面天线,其微波辐射源(称为馈源)放置于旋转抛物面的焦点处。天线孔径上电(磁)场的分布称为孔径照度函数,可以是常数,或者在孔径边缘处逐渐变弱。一般地,电场(E)或磁场(H)平行于孔径。

1. 孔径天线的辐射方向图

采用 $\theta\varphi$ 球坐标系,为便于比较,同时给出相应的直角坐标系,如图 3-8 所示。

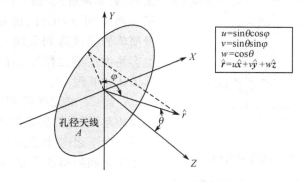

$$u=\sin\theta\cos\varphi$$
$$v=\sin\theta\sin\varphi$$
$$w=\cos\theta$$
$$\hat{r}=u\hat{x}+v\hat{y}+w\hat{z}$$

图 3-8　θ-φ 球坐标系和相应的直角坐标系

假设天线位于球坐标系的原点,用 $f(\theta,\varphi)$ 表示场的辐射方向图函数(场方向图),$f(\theta,\varphi)$ 一般是复数。通常所说的场方向图都是归一化的,即峰值点处的幅值为 1、相位为 0,其他点的值都是与峰值点比较得到的相对值。注意 $f(\theta,\varphi)$ 指的是幅度方向图,用以区别功率方向图 $|f(\theta,\varphi)|^2$。如果没有特别说明,本书所说的辐射方向图,均指功率方向图。

对于半径为 a 的圆形孔径天线,当 $r \gg 2a$,孔径照度函数为均匀函数,并且照射电场与孔径平行时,则有[9]

$$f(\theta,\varphi)=f_1(\theta)=\frac{2J_1(ka\sin\theta)}{ka\sin\theta} \tag{3-37}$$

式中,$k=2\pi/\lambda$ 为波数,$J_n(x)$ 是 n 阶第一类贝塞尔(Bessel)函数。其方向图在 $\varphi=0$ 时出现峰值;当 $\lambda \ll a$ 时,峰值与第一个零点之间的夹角为

$$\varphi_{\mathrm{pn}}=1.22\frac{\lambda}{2a} \tag{3-38}$$

且其第一旁瓣的电平低于主瓣 17.6dB。

2. 孔径天线的增益

对于任意形状无损耗孔径天线的增益,如果天线的有效面积为 A_e,由式(3-36),则天线的增益为

$$G = \frac{4\pi A_e}{\lambda^2} \tag{3-39}$$

由式(3-36)和式(3-39)可见,天线的增益与孔径的形状无关,而是与其孔径的面积有关。注意,天线的方向图同孔径的形状是有关的。

3.4.3 相控阵列天线

相控阵列(phased array)天线是目前最重要的雷达天线形式之一。相控阵列天线通过高频数字式移相器在方位或/和仰角上实现天线的高速电控扫描,并可充分利用天线波束扫描的灵活性,合理分配能量,用一个窄波束覆盖整个一维或二维角扫描范围。当要求数据率进一步增高时,也可以形成多个波束,实现多个波束的相控扫描。由于天线波束在空间的扫描几乎是无惯性的,这给相控阵列天线带来许多新的功能。例如,相控阵雷达具有边扫描边跟踪能力,可以利用时间分割技术实时跟踪多个(数十甚至数百个)目标等。

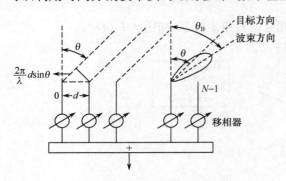

图 3-9 一维 N 单元线阵列天线

相控阵列天线是从普通阵列天线发展起来的,有多种形式,如一维线阵、平面阵、圆阵、圆柱形阵列、球形阵、稀布阵等。一维线阵是最简单的相控阵列天线,比较容易理解,而且也容易推广到二维平面阵。以下讨论一维线阵天线的原理[11]。

一维 N 单元线阵列天线如图 3-9 所示。为简单起见,我们假定线阵中全部阵列单元置于同一个平面内,因此可以假定 $\varphi = 0$。两个天线单元之间的距离为 d,并且假设每个单元天线各向同性,则该一维线阵的方向图函数可以表示为

$$F(\theta) = \frac{\sin(NX/2)}{\sin(X/2)} e^{j\frac{N-1}{2}X} \tag{3-40}$$

$$X = kd\sin\theta - \Delta\varphi_B \tag{3-41}$$

式中,$k = 2\pi/\lambda$ 为波数;θ 为目标角度;$\Delta\varphi_B$ 为使天线波束最大值指向 θ_B 方向所需要各单元之间的相位差,由各单元移相器提供,简称为相邻单元间的"阵内相位差"。

对方向图函数取模,得到一维线阵的幅度方向图为

$$|F(\theta)| = \frac{\sin(NX/2)}{\sin(X/2)} = \frac{\sin\left[\dfrac{N}{2}(kd\sin\theta - \Delta\varphi_B)\right]}{\sin\left[\dfrac{1}{2}(kd\sin\theta - \Delta\varphi_B)\right]} \tag{3-42}$$

当 N 较大时,X 为一小量,因此有

$$|F(\theta)| \approx N\frac{\sin(NX/2)}{NX/2} = N\text{sind}\left[\frac{N}{2}(kd\sin\theta - \Delta\varphi_B)\right] \tag{3-43}$$

可见,此时的天线方向图近似为一个 sind 函数。由此,我们可以得到一维线阵的基本特性如下。

1. 波束调向

当式(3-43)中的 $NX/2=0$，也即 $kd\sin\theta-\Delta\varphi_B=0$ 时，sind 函数达到最大值1，此时可得到天线方向图的最大值。由式(3-43)有

$$\sin\theta=\sin\theta_B=\frac{1}{kd}\Delta\varphi_B \tag{3-44a}$$

或

$$\Delta\varphi_B=kd\sin\theta_B \tag{3-44b}$$

式中，θ_B 为波束的视线角。

由此可知，当 kd 确定时，改变阵内相邻单元之间的相位差 $\Delta\varphi_B$，便可改变视线角 θ_B，即改变天线波束最大值指向。这就是相控阵列天线名称的由来。如果 $\Delta\varphi_B$ 由连续式移相器提供，则天线波束可实现连续扫描；如果 $\Delta\varphi_B$ 由数字式移相器提供，则天线波束可实现离散扫描，移相器的位数越高，离散步长越小。

2. 波瓣宽度

对于 sinc 函数，当取 $\text{sinc}(NX/2)=0.707(NX/2=1.39)$ 时，得到天线波瓣的半功率点位置，进而可计算出相控阵列天线的 3dB 波束宽度 θ_{3dB} 为

$$\theta_{3dB}=\frac{1}{\cos\theta_B}\cdot\frac{51\lambda}{Nd} \quad (°) \tag{3-45}$$

由此可知，3dB 波束宽度 θ_{3dB} 与线阵的长度 Nd 成反比，即线阵越大，其波束越窄，这同一般孔径天线无异。若取 $d=\lambda/2$，则有

$$\theta_{3dB}\approx\frac{1}{\cos\theta_B}\cdot\frac{1.76}{N} \quad (\text{rad}) \tag{3-46}$$

或

$$\theta_{3dB}\approx\frac{1}{\cos\theta_B}\cdot\frac{101}{N} \quad (°) \tag{3-47}$$

3. 天线增益

在讨论孔径天线时得到

$$G=\frac{4\pi}{\lambda^2}A_e \tag{3-48}$$

式中，A_e 为天线孔径的有效面积。

对于含有 N 个半波振子单元的线阵列天线，若 $d=\lambda/2$，则 $A=Nd^2=\frac{N}{4}\lambda^2$。在法线方向上，$A_e=A$，代入式(3-48)得

$$G=N\pi \tag{3-49}$$

天线波束由法线方向扫描到 θ_B 后，天线在 θ_B 方向的有效口径为 $A_e=A\cos\theta_B$，因此，此时的天线增益为

$$G=\frac{4\pi}{\lambda^2}A\cos\theta_B \tag{3-50}$$

对于 $d=\lambda/2$，则有

$$G=N\pi\cos\theta_B \tag{3-51}$$

4. 天线波束零点和副瓣电平

由式(3-43)可知，当

$$\frac{N}{2}[kd\sin\theta - \Delta\varphi_B] = p\pi \tag{3-52}$$

时(式中 $p = 0, \pm1, \pm2, \cdots$),$|F(\theta)| = 0$,此时得到天线波束的零点。方向图第 p 个零点位置 θ_{p0} 为

$$\theta_{p0} = \arcsin\left[\frac{\lambda}{2\pi d}\left(\frac{2\pi p}{N} + \Delta\varphi_B\right)\right] \tag{3-53}$$

由式(3-43)还可知,当

$$\frac{1}{2}N(kd\sin\theta - \Delta\varphi_B) = \frac{2l+1}{2}\pi \tag{3-54}$$

时(式中 $l = \pm1, \pm2, \cdots$),$|F(\theta)|$ 出现极大值,此时得到天线波束的旁瓣峰值。方向图第 l 个旁瓣位置 θ_l 为

$$\theta_l = \arcsin\left\{\frac{\lambda}{2\pi d}\left[\frac{(2l+1)\pi}{N} + \Delta\varphi_B\right]\right\} \tag{3-55}$$

式中,l 为旁瓣位置序列号,并可得到第 l 个旁瓣电平近似为

$$|F(\theta)|_l \approx \frac{2}{(2l+1)\pi} \tag{3-56}$$

由此可知,第一旁瓣电平为 -13.4dB;第二旁瓣电平为 -17.9dB。注意这里讨论的是对所有阵列单元均匀馈电的情况,实际应用中为了降低天线阵列的旁瓣电平,可采用符合某种窗函数分布的非均匀馈电方式。

5. 栅瓣(grating)

当单元之间的空间相位差与阵内相位差平衡时,波瓣图出现最大值,它由下式决定

$$kd\sin\theta_m - \Delta\varphi_B = 0 \pm m2\pi \tag{3-57}$$

式中,θ_m 为可能出现的波瓣最大值,$m = 0, \pm1, \pm2, \cdots$。

当 $m = 0$ 时,$\Delta\varphi_B = kd\sin\theta_B$,所以式(3-57)决定了波瓣的最大值位置。但是,当 $m \neq 0$ 时,除由 $\Delta\varphi_B = \frac{2\pi}{\lambda}d\sin\theta_B$ 决定的 θ 方向($\theta = \theta_m$)上出现波瓣最大值外,在由 $kd\sin\theta_m - \Delta\varphi_B = m2\pi$ 所决定的 $\theta = \theta_m$ 方向上也会出现波瓣最大值,称为栅瓣。

当波束指向在法线方向上(天线不扫描,$\theta_B = 0$)时,出现栅瓣的条件。由

$$kd\sin\theta_m = \pm m2\pi \tag{3-58}$$

得到

$$\sin\theta_m = \pm\frac{\lambda}{d}m \tag{3-59}$$

因此,仅当 $d \geqslant \lambda$ 时才可能产生栅瓣。d 的取值越大,出现的栅瓣越多。例如,当 $d = \lambda$ 时,出现两个栅瓣,栅瓣的位置为

$$\theta_{m1} = +90° \quad (m = 1)$$

$$\theta_{m-1} = -90° \quad (m = -1)$$

当 $d = 2\lambda$ 时,出现 4 个栅瓣,它们的位置分别为

$$\theta_{m2} = 90° \quad (m = 2)$$

$$\theta_{m-2} = -90° \quad (m = -2)$$

$$\theta_{m1} = 30° \quad (m = 1)$$

$$\theta_{m-1} = -30° \quad (m=-1)$$

上述两种情况下的主瓣和栅瓣分布如图 3-10 所示。

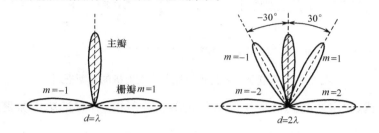

图 3-10   不同单元间隔下一维阵列的主瓣与栅瓣位置分布

现代雷达中的大多数电扫描阵列具有二维阵列单元,其波束方程可以直接由前面讨论的一维阵列推广而得到[11]。对于由 $N×M$ 个单元组成的二维阵列($M≫1$,$N≫1$),若阵列单元之间的间距 $d<\lambda$,则该天线的增益仍为

$$G = \frac{4\pi A}{\lambda^2} \tag{3-60}$$

式中,A 为二维阵列的面积,且对于单元均匀分布的阵列,有

$$A = (M-1)(N-1)d^2 \tag{3-61}$$

在现代雷达系统应用中,相控阵列天线无疑是一种具有巨大优势的天线形式。但是,应该指出,相控阵列天线仍然存在一些问题和挑战。(1)必须在所有的辐射单元之后加移相器,所需数量较多,比如俄罗斯 S300 防空雷达的天线具有 10000 个辐射元,美国的"爱国者"防空雷达天线也具有 5000 个,造价非常昂贵。(2)由于在相控阵列天线系统中,移相器置于天线面板中,容易造成天线阵的扭曲,对波束的形成产生不良影响。(3)天线设计中必须考虑热量的有效散发问题。由于相控阵列天线的功率比较大,且天线阵中有移相器等器件,工作过程中会产生大量热量,容易灼坏天线阵。第一部相控阵列天线在美国制成后不久,就因为热量太大,导致起火烧毁。(4)由于相控阵列天线存在栅瓣,一般相控阵列天线扫描的范围在 $±45°$,这样将有很大的盲区。主要解决方法是加入机械扫描,不过一般不用汇流环,而是直接用电缆线连接,扫描从 $0\sim365°$,再从 $365°\sim0$,反复进行。也有采用四个平面相控阵列组合成四面阵列天线的解决方法,但是此方法相当于制造了四个相控阵列天线,造价非常昂贵。实用中,要根据应用需求对上述问题采取折中设计和合理解决。

3.5   雷达发射机

3.5.1   雷达发射机的分类及特点

雷达发射机的作用是产生所需强度的高频脉冲信号,并将高频信号馈送到天线发射出去。常见的雷达发射机可分为单级振荡式发射机和主振放大式发射机两类。

常规脉冲雷达单级振荡式发射机的典型框图如图 3-11 所示。振荡器的高频振荡受调制脉冲的控制,得到输出包络为矩形脉冲调制的射频振荡信号。

单级振荡式发射机,由于脉冲调制器直接控制振荡器工作,每个射频脉冲的起始射频相位是由振荡器的噪声决定的,因而相继脉冲的射频相位是随机的,即受脉冲调制的振荡

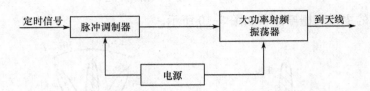

图 3-11　常规脉冲雷达单级振荡式发射机的典型框图

器所输出的射频脉冲串之间的信号相位是非相参的。所以，有时把单级振荡式发射机称为非相参发射机。

单级振荡式发射机与主振放大式发射机相比，最大的优点是简单、经济且方便。产生同样的功率电平，单级振荡式发射机大约只有主振放大式发射机重量的 1/3。它的缺点是频率稳定度差，难以形成复杂波形，相继的射频脉冲之间的相位不相参，因而往往不能满足脉冲多普勒、脉冲压缩等现代雷达的要求。

主振放大式发射机由多级组成，图 3-12 所示为基本组成框图。主控振荡器用来产生射频信号。射频放大链用来放大射频信号，提高信号的功率电平。主振放大式因此而得名。主控振荡器常由基准振荡器、本机振荡器和相干振荡器等组成微波振荡器组。由于微波振荡器组常由固体器件组成，所以也称它们为固体微波源。现代雷达要求主控振荡器的输出频率很稳定。射频放大链一般由一至三级射频功率放大器级联组成。为了得到所需的雷达波形，还需要对振荡器产生的信号进行调制。

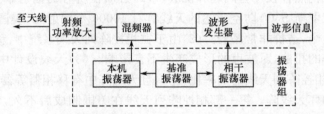

图 3-12　主振放大式发射机基本组成框图

主振放大式发射机在现代雷达中得到广泛使用，主要是由于它有以下一些特点。

（1）具有很高的频率稳定度。与单级放大式发射机相比，主振放大式发射机的载频在低电平级产生，较易采取各种稳频措施，如恒温、防振、稳压及采用晶体滤波、注入稳频和锁相稳频等措施，所以能得到很高的频率稳定度。

（2）发射相位相参的信号。主振放大式发射机中，主控振荡器提供的是连续波信号，射频脉冲的形成是通过脉冲调制器控制射频功率放大器达到的。因此，相继射频脉冲之间存在确定的关系。只要主控振荡器有良好的频率稳定度，射频放大器有足够的相位稳定度，发射信号就可以具有良好的相位相参性。所以，常把主振放大式发射机称为相参发射机。如果雷达系统的发射信号、本振电压、相参振荡电压和定时器的触发均由同一基准信号提供，那么所有这些信号之间均保持相位相参性，通常将这种雷达系统称为全相参雷达系统。

（3）能产生复杂的调制波形。在主振放大式发射机中，各种复杂调制可以在低电平的波形发生器中形成，而后面的大功率放大器只要有足够的增益和带宽即可。现代雷达为了满足多功能要求（如既能搜索，又能跟踪，还要对雷达系统本身进行自检）并能适应不同目标环境，往往一个雷达系统要求采用多种信号形式，并能根据不同情况而自动灵活地选择发射信号波形。

（4）适用于频率捷变雷达。频率捷变雷达有良好的抗干扰能力。这种雷达中每个射频脉冲的载频可以在一定的频带内快速跳变，为了保证接收机能正确接收回波信号，要求接收机本振电压频率能与发射信号的载频同步跳变。

3.5.2 雷达发射机的主要技术指标

根据雷达的用途不同，发射机需要符合一些主要的技术指示，发射机的具体组成和对各部分的要求都应该从这些指标出发而进行设计。

（1）工作频率和射频带宽。雷达的工作频率或频段按照雷达的用途来确定，为了提高雷达系统的工作能力和抗干扰性能，有时还要求它能在不同频率上跳变工作或同时工作。发射信号的射频带宽决定了雷达的距离分辨率。工作频段和射频带宽不同，对雷达发射机的设计影响很大。发射管种类不同也将影响调制器与电源的设计。

（2）输出功率。发射机的输出功率直接影响雷达的威力和抗干扰能力。通常规定发射机送至天线输入端的功率为发射机输出功率，有时为了测量方便，也可以规定在指定负载上的功率为发射机的输出功率。如果是波段工作的发射机，还应规定在整个波段中输出功率的最低值，或在规定的波段内输出功率的变化不得大于多少分贝。

（3）总效率。发射机的总效率是指发射机的输出功率与它的输入总功率之比。因为发射机通常在雷达整机中是最耗电和最需要冷却的部分，具有高的总效率不仅可以省电，而且对于减轻整机的体积与重量也很有意义。

（4）调制形式。根据雷达体制的不同，可能选用各种各样的调制信号形式，常用雷达的波形及调制类型列于表 3-1 中。雷达调制类型不同，对发射机的射频部分和调制器的要求也各不相同。

表 3-1　常用雷达的波形及调制类型

波　形	调　制　类　型	占空比(%)
简单脉冲	矩形振幅调制	0.01～1
脉冲压缩	线性调频	0.1～10
	脉内相位编码	
高工作比多普勒	矩形调幅	30～50
调频连续波	线性调频	100
	正弦调频	
	相位编码	
连续波		100

（5）信号稳定度和谱纯度。信号的稳定度是指信号的各项参数，如信号的振幅、频率（或相位）、脉冲宽度及脉冲重复频率等是否随时间做不应有的起伏变化。信号的不稳定会给雷达的整机性能带来不利的影响。信号参数的不稳定分为规律性不稳定和随机性不稳定两类。规律性不稳定往往是由电源滤波不良、机械振动等原因引起的，而随机性不稳定则是由发射机噪声和调制脉冲的随机起伏所引起的。

信号的不稳定性可在时间域或频率域进行度量。在时间域，可用某项参数起伏的方差表示，如信号的振幅方差、相位方差、定时方差和脉冲宽度方差等。在频率域，信号稳定度表示为信号的频谱纯度,定义为雷达信号在应有的信号频谱之外的寄生输出的相对电平大小。

现代雷达一般会对信号的频谱纯度提出很高的要求,为满足信号频谱纯度的要求,需要精心设计发射机。

除考虑上述发射机的主要电性能指标外,还有结构上、使用上及其他方面的要求。在结构方面,应考虑发射机的体积、重量、通风散热、防振防潮及高速调谐等问题。由于发射机往往是雷达系统中最昂贵的一个部分,所以还应考虑其经济性。

3.5.3　射频功率源

射频功率源是发射机为雷达提供大功率射频信号的器件,根据工作方式不同,可以将它们分为四类:线性束功率管、固态射频功率源、正交场管(CFA)射频功率管、其他射频功率源。下面对这些射频功率源概略地介绍[2]。

1. 线性束功率管

在线性束功率管中,从阴极发射的电子形成一个长长的圆柱形电子束,在电子束进入射频相互作用区之前,它接收电场的全部势能,线性束功率管因此而得名。速调管、行波管、行波速调管、扩展相互作用速调管(EIK)及聚速腔速调管等都属于线性束功率管。

速调管具有高增益和高效率等特点,可以获得比其他大多数射频功率源更高的峰值功率和平均功率;具有良好的宽带性能,相对带宽(带宽与中心频率之比)可达 10%;良好的稳定性有利于相参多普勒处理;其他特点还包括寿命长(可达数万小时)、脉间噪声低等。

行波管的功率、效率和增益一般要略低于速调管,但是具有极好的宽带性能。将速调管和行波管的特点进行组合,可形成功能更好的器件,这些器件称为混合管。如行波速调管、扩展相互作用速调管及聚速腔速调管等均属于混合管。

2. 固态射频功率源

固态射频功率源是采用多个晶体管组成的射频放大器。为了提高功率,可以将多个晶体管并联工作,而且可以用多级放大器来提高增益。固态射频功率源比大多数射频放大器具有更好的宽频带特性、放大器噪声低且工作稳定性好;低电压工作、易于维护和具有较长的寿命。其缺点是单个晶体管放大器的输出功率较低,因此常需将许多放大器组合以输出足够高的功率。为了提高效率,常用于大占空比的情况,因此多用于宽脉冲和脉冲压缩雷达中。

3. 正交场管(CFA)射频功率源

这类器件根据相互垂直的电场和磁场的相互作用,对电子加速,将直流能量转换为高频电磁能量。正交场管射频功率源有磁控管和正交场放大器。

磁控管曾经是雷达使用的唯一的高功率射频功率源,它是功率振荡器而不是功率放大器。磁控管具有较小的尺寸,所要求的电压也比速调管低。但其平均功率受到限制,且噪声和稳定性较差,因此多用于普通的脉冲雷达,而一般不用于相参和动目标指示(MTI)雷达。

正交场放大器具有高功率、高效率和宽频带等特点。但增益一般较低(10dB 左右),且其噪声性能和稳定性较差。有时将高增益但功率比较低的行波管作为 CFA 的驱动级,组合在一起使用,以便得到更好的性能。

4. 其他射频功率源

除前面介绍的主流射频功率源外,还有一些已经用于或将用于雷达系统的其他射频功率源。

微波功率模块：将单片微波集成电路（MMIC）和集成的功率合成器一起组成紧凑的重量轻的模块，驱动中功率行波管工作。它同时具有固态放大器和真空功率管的优点，而最大程度地克服它们的缺点。可以提供一个高效率、宽瞬时带宽、低噪声、平均功率从几十瓦到几百瓦的射频功率。微波功率模块与同等性能的行波管和固态放大器相比，具有体积小、重量轻且可在高温下工作等优点。

栅控管：是传统三极或四极真空管的微波型。栅控管具有高功率、宽带宽、高效率、长寿命等优点，但增益较低，只能用于频率较低的雷达。

电感输出管（IOT）或速调四极管：选用这个名字是因为该器件在阳极和收集极之间的区域像速调管，而在阴极和阳极之间的区域像传统四极管。对于UHF波段雷达，速调四极管有可能比以前使用的四极管具有更好的性能。

回旋管：回旋管也称为回旋加速器谐振微波激光器，可在80～130GHz频率范围内输出功率稳定的射频信号。回旋管可用做放大器，也可用做振荡器，但用做振荡器时可得到更大的输出功率。回旋管的工作带宽相对要窄，但其增益、效率和输出功率较高。

多电子束速调管：常规速调管只有一个电子束，通过提高电子束的电压来增大功率。多电子束速调管通过增加电子束数来增大功率。多电子束速调管与普通单电子束速调管相比，工作电压低、体积小、重量轻。

图3-13所示为现阶段固态放大器和电子管类放大器在各频段上可达到的功率电平量级[13]。一般而言，在3mm波段以下频段，固态放大器在较小功率区具有明显优势，而电子管类放大器则在大功率区具有显著优势。

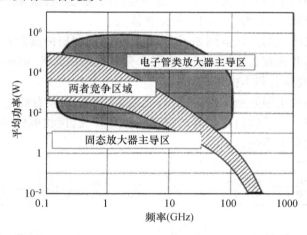

图3-13　现阶段固态放大器和电子管类放大器在各频段上可达到的功率电平量级

3.5.4　脉冲调制器

雷达发射机广泛采用脉冲调制方式，包括从常规的简单矩形脉冲调制到比较复杂的编码脉冲或脉冲串调制。脉冲调制器的主要任务是给发射机射频放大链各级提供合适的视频调制脉冲。

脉冲调制器由电源部分、能量存储部分和脉冲形成部分组成，如图3-14所示。

雷达发射机的调制器主要有两种：一种是刚性开关调制器，储能元件是电容器；另一种是软

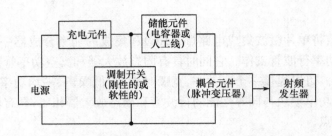

图 3-14 脉冲调制器的组成框图

性开关调制器,储能元件是人工线。相对而言,软性开关调制器的优点:一是转换功率大,线路效率高;二是要求的触发脉冲振幅小、功率低,对波形的要求不严格。其缺点:一是脉冲波形一般不如刚性开关调制器好;二是对负载阻抗的适应性差;三是对波形的适应性差。软性开关调制器适宜应用在精度要求不高、波形要求不严而功率要求较大的发射机中,如远程警戒雷达等。

3.6 雷达接收机

3.6.1 雷达接收机的组成

雷达接收机的作用是将天线接收到的微弱射频信号从伴随的噪声和干扰中分选出来,并经过放大和检波,再送至显示器、信号处理器或由计算机控制的雷达终端设备。雷达接收机根据应用、设计、功能和结构等,有多种分类方式。一般可以将雷达分为超外差式、超再生式、晶体视放式和调谐高频(TRF)式四类。其中,超外差式接收机具有灵敏度高、增益高、选择性好和适用性广等优点,是应用最为广泛的一种接收体制。

超外差式雷达接收机的简化框图如图 3-15 所示。它主要由高频部分、中频放大器(包括匹配滤波器)、检波器和视频放大器组成。高频部分又称为接收机"前端",包括接收机保护器、低噪声射频放大器、混频器和本机振荡器。

为了保护雷达接收机很好地工作,不受其他雷达功率辐射及有源电子干扰的影响,通常在收发转换开关后面跟一个接收机保护器。有时将收发开关、接收机保护器及其他防止接收机损坏的装置称为收发开关系统。

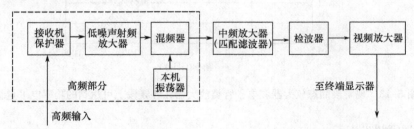

图 3-15 超外差式雷达接收机的简化框图

混频器是将输入的射频(RF)信号转换为中频(IF)信号的部件。如果从 RF 到 IF 的下变频是一次完成的,就称为一次变频。有时下变频由两个混频器和中频放大器分两次完成,这时称为二次变频。

检波器也称解调器,是将调制信号中的载频信号去掉,解调出波形包络信息。

3.6.2 超外差式接收机的主要技术指标

1. 灵敏度

灵敏度表示接收机接收微弱信号的能力,通常用最小可检测信号功率 S_{imin} 来表示。由于雷达接收机的灵敏度受噪声电平的影响,因此要想提高它的灵敏度,就必须尽量减小噪声电平,同时还应使接收机有足够高的增益。目前,超外差式雷达接收机的灵敏度一般为 $10^{-12}\sim$ 10^{-14}W($-90\sim-110$dBm),保证这个灵敏度所需电压增益为 $10^6\sim10^8$(功率增益 $120\sim$ 160dB),这一增益主要由中频放大器来完成。

2. 接收机的工作频带宽度

它表示接收的瞬时工作频率范围。在复杂的电子对抗和干扰环境中,要求雷达发射机和接收机具有宽的工作带宽。接收机的工作频带宽度主要决定于高频部件的性能,同时当接收机的工作频带较宽时,必须选择较高的中频,以减少混频器输出的寄生响应对接收机性能的影响。

3. 动态范围

动态范围表示接收机能够正常工作所容许的输入信号强度变化的范围。最小输入信号通常取决于最小可检测信号功率,允许最大的输入信号强度则根据正常工作的要求而定。当输入信号太强时,接收机将发生饱和而失去放大作用,这种现象称为过载。使接收机出现过载时的输入功率与最小可检测功率之比称为动态范围,通常以分贝数表示。

4. 中频的选择和滤波特性

中频的选择特性与发射信号波形、接收机的工作带宽及高频部件和中频部件的性能有关。在现代雷达接收机中,中频通常选择在 30MHz~4GHz 范围内。对于宽频带工作的接收机,应选择较高的中频,以便使虚假的寄生响应减至最小。

减小接收机噪声的关键因素是中频的滤波特性,如果中频滤波特性的带宽大于回波信号带宽,则过多的噪声进入接收机。反之,如果所选择的带宽比信号带宽窄,波形将失真且信号能量将会损失。在高斯白噪声(接收机热噪声)背景下,当接收机的频率特性为"匹配滤波器"时,输出的信噪比最大。关于匹配滤波器的概念将在第 5 章中讨论。

5. 工作稳定性和频率稳定度

一般来说,工作稳定性是指当环境条件(如温度、湿度、机械振动)和电源电压发生变化时,接收机的振幅特性、频率特性和相位特性等性能参数受到影响的程度。大多数现代雷达系统需要对一串回波信号进行相参处理,对本机振荡器短期的频率稳定度有极高的要求(高达 10^{-10} 或更高),因此,必须采用频率稳定度极高的本机振荡器,即所谓的"稳定本振"。

6. 抗干扰能力

在现代电子战和复杂的电磁干扰环境中,抗有源干扰和无源干扰是雷达系统的重要任务之一。现代雷达接收机必须具有多种抗干扰电路。当雷达系统用捷变频方法抗干扰时,接收机的本振应与发射机频率同步跳变。同时接收机应有足够大的动态范围,以保证后面的信号处理器具有较高的处理精度。

7. 微电子化和模块化结构

在现代有源相控阵列和数字波束形成(DBF)系统中,通常需要几十路甚至几万路收发通道。采用微电子化和模块化的发射机和接收机,可以解决体积、重量、耗电、成本和技术实现上的困难。优选方案是采用单片集成电路,包括微波单片集成电路(MMIC)、中频单片集成电路(IMIC)、专用集成电路(ASIC)。其主要优点是体积小、重量轻,另外,采用批量生产工艺可使芯片电路的性能一致性好,成本也较低。

3.7 相参雷达系统

前面已经知道,相参雷达就是指雷达发射波形的相位之间具有确定的关系或具有统一的参考基准。反之,如果雷达发射波形的相位之间没有确定的关系或没有统一的参考基准,则是非相参雷达。多数现代雷达系统需要对目标回波进行多普勒效应(见第 9 章)或脉冲压缩(见第 5 章)处理,必须采用相参雷达系统。

本节对相参雷达系统的主要功能模块做较详细的讨论。为方便起见,重画图 3-4 的典型相参雷达系统的组成于图 3-16 中。

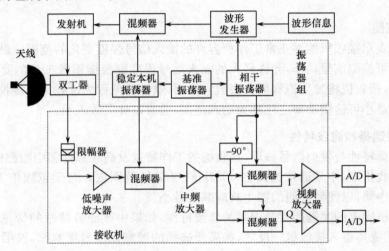

图 3-16　典型相参雷达系统的组成

典型相参雷达系统由基准振荡器(Reference Oscillator,RO)、稳定本机振荡器(Stable Local Oscillator,STALO)和相干振荡器(COHerent Oscillator,COHO)组成振荡器组。基准振荡器的振荡频率极其稳定,它驱动稳定本机振荡器和相干振荡器工作,以使两者输出信号之间具有确定的相位关系,从而使发射信号保持稳定相参。

如果 STALO 产生的正弦信号可以保持为一个具有固定频率的连续波形,则当雷达接收到目标回波时,回波脉冲的相位与该本振相位比较,可以确定回波脉冲同发射脉冲之间的相对相位关系,达到相位测量的目的。

3.7.1 振荡频率源

基准振荡器的频率极其稳定,它提供雷达工作所需的基准参考频率,并为雷达系统中的其他电路提供基准的时钟信号。一般来说,基准振荡器的工作频率范围为 $10\sim100\mathrm{MHz}$,通常使用的是压电晶体振荡器。

相干振荡器(COHO)的工作频率为 f_{IF} 且一般情况下 $f_{\mathrm{IF}}<f_{\mathrm{RF}}$,其中 f_{RF} 为载频,由用户给

定。COHO 由基准振荡器驱动。

稳定本机振荡器 STALO 的工作频率为 $f_{LO}=f_{RF}-f_{IF}$。STALO 通过基准振荡器驱动来获得最大的频率稳定度。

基准振荡器、稳定本机振荡器、相干振荡器统称为振荡器组,其典型输出信号是频率为 f_{IF} 和 f_{LO} 的连续波信号,如图 3-17 所示。

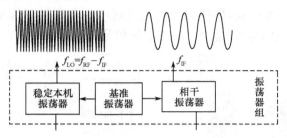

图 3-17　振荡器组的输出信号波形

现代多模、多功能雷达一般要求其发射脉冲的频率随时间变化(如线性调频脉冲),或者相继的一串发射脉冲其频率发生跳变(如步进频率脉冲)。此时,振荡器组具有更广的含义,其中最常见的是所谓的频率综合器(frequency synthesizer)。典型的频率综合器采用基准振荡器驱动阶跃恢复二极管或多个锁相环(phase-locked loop)产生一系列谐波频率,并以此为基础,通过分频、倍频、混频或任何其他措施,以产生雷达所需要的一组频率。本节不讨论这类复杂的频率源,重点讨论输出为点频的情况。

理想情况下,工作频率为 f 的振荡器输出的连续波信号频率应该是单一的频率成分,在频域,该理想信号的傅里叶变换应是一个在 f 频率点处的一个 δ 冲激函数。但在实际系统中,任何振荡器产生的信号都会伴有噪声信号,该噪声的相位是随机的,称为相位噪声。在频域,相位噪声表现为振荡器的实际输出为在 f 频率处有最大值、在该峰值两侧存在电平较低的其他频率分量,也即所谓的"基底"噪声。此外,由于实际电路的不理想,可能还会出现其他虚假信号。在频域,虚假信号则表现为除所需要的频率为 f 的信号分量外,在其他频率处还存在虚假的谱峰或"毛刺"。

3.7.2　波形调制

雷达信号是经过调制的射频信号,不同的调制信号会得到不同的雷达波形。波形发生器(waveform generator)也称激励器(exciter),产生所需的调制信号波形。在现代雷达系统中,同雷达发射波形相关的各种波形信息一般通过控制计算机及相关软件来提供,这些波形信息包括频率、脉宽、脉冲重复频率、起止时间、脉冲特征及其他相关波形细节等。具体的模拟信号波形可先由计算机输出相关信息,再通过直接数字合成(DDS)的方法得到[3]。

波形发生器接收到波形信息,与相干振荡器(COHO)输出的中频信号经混频器混频后,产生低功率的、具有所要求的发射波形的中频信号。例如,矩形脉冲波形发生器,其输入和输出波形如图 3-18 所示。

根据图 3-18,从 COHO 来的中频振荡信号(频

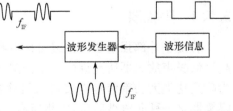

图 3-18　矩形脉冲波形发生器的
输入和输出信号波形

率为 f_{IF},带宽为 0)同带宽为 B_{RF} 的基带模拟波形混频,产生受到波形调制的中频信号(中心频率为 f_{IF},带宽为 B_{RF}),该信号占据的频带范围为 $f_{IF}\pm B_{RF}/2$。

3.7.3 混频器

在混频器中,来自波形发生器的调制信号将同 STALO 输出的本振信号(频率为 $f_{LO}=f_{RF}-f_{IF}$)混频,取其"和"频分量,即得到发射机所需的小功率射频信号,如图 3-19 所示。该信号所占据的频率范围为 $f_{RF}\pm B_{RF}/2$,B_{RF} 为射频信号带宽。

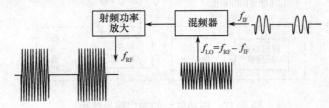

图 3-19 得到发射机所需的小功率射频信号

混频器的作用实质上是载频搬移,也称为外差(heterodyne)处理。混频器是一个乘法器,理想的混频器是对角频率分别为 ω_1、ω_2 的两个信号做乘法处理,即

$$\cos(\omega_1 t) \cdot \cos(\omega_2 t) = \frac{1}{2}\left[\cos(\omega_1+\omega_2)t+\cos(\omega_1-\omega_2)t\right] \tag{3-62}$$

因此,所得到的混频器输出包括两个信号频率之和的信号及两个信号频率之差的信号,一般再通过滤波器滤去不需要的频率分量,从而得到所需的"和"频率或"差"频率的输出信号。

图 3-20 所示为两种不同用途混频器的输入和输出信号波形示意图。图 3-20(a)表示的混频器将两个较低频率的信号经混频后取"和"频率分量,得到较高频率的信号,称为上变频(up-converter),通常在发射机中使用(图 3-12 中在发射机前级的混频器就属于上变频);图 3-20(b)表示的混频器则取两个输入信号的"差"频率分量,得到一个频率更低的信号,称为下变频(down-converter),通常在接收机中使用(图 3-15 中在低噪声射频放大器后一级的混频器就属于下变频)。

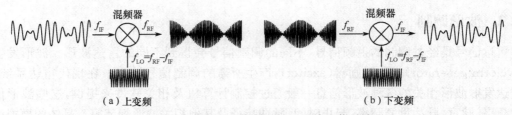

（a）上变频　　　　　　　　　　　　　（b）下变频

图 3-20 上变频与下变频的输入和输出信号波形

3.7.4 限幅器

若由于外部强电磁干扰或目标本身很强的雷达回波信号,使得接收天线的输出信号幅度超过低噪声放大器所允许的功率极限,将很容易损坏该放大器,甚至接收机的其他精密器件。为防止这类大功率信号直接进入接收机而对系统产生不良影响,一般采用限幅器(limiter)。限幅器是一种非线性器件,它将所有回波信号强度强行限定在规定的范围内。图 3-21 所示为限幅器的输入和输出信号波形示意图。显然,限幅器的使用有时也可能导致原信号的失真,从而导致目标回波信息的失真。

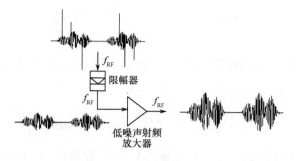

图 3-21　限幅器的输入和输出信号波形示意图

3.7.5　信号解调与正交检波

通过限幅器后的目标回波信号经低噪声射频放大器放大,以便得到足够功率的射频信号(如图 3-21 所示)。采用低噪声射频放大器是为了提高接收机的噪声系数。放大后的射频信号输入到混频器,同 STALO 输出的本振信号混频,进行下变频处理,从而得到具有相同调制包络的中频信号。一般来说,接收机处理中频信号(频率通常为 MHz 量级)比处理射频信号(频率多为 GHz 量级)要容易得多。经过下变频处理后得到的中频信号通过中频放大器进一步放大后,输入到正交混频器以提取出所需的回波幅度和相位信息。

通过正交混频器实现 I、Q 正交检波(也称鉴相)是相参雷达中广为采用的技术。图 3-22 所示为正交检波的信号处理示意图,来自中频放大器的受到调制的中频回波信号,分别与两个未受到调制的中频信号在两个混频器中进行混频。在两路混频器信号中,其中一路未调制的中频信号为 COHO 的输出信号,另一路是 COHO 的输出信号相移 90°后的信号。正交检波器的输出是一对正交的基带信号,分为同相信号和正交相位信号,简称 I、Q 信号。注意这种混频体制不仅适用于中频信号,也适用于直接对射频信号的正交解调。

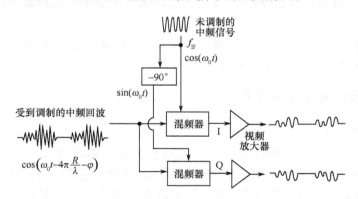

图 3-22　正交检波的信号处理示意图

现在来研究正交检波器的输出波形。假定雷达发射的高频信号为

$$s(t) = \cos(\omega_0 t - \varphi) \tag{3-63}$$

式中,ω_0 表示高频(中频或射频)信号的角频率,相位 φ 包括初始相位和电路中的各种时间延迟的影响。当雷达观测距离 R 远处的静止点目标时,从雷达发射信号到目标散射信号返回到雷达天线,除目标对回波信号的幅度调制外(为了简化对问题的分析,假定该幅度调制为常数1),该目标回波的相位将延迟 $4\pi R/\lambda$,λ 为雷达波长。因此,目标的回波信号可表示为

$$s_r(t) = A\cos\left[\omega_0 t - \left(\frac{4\pi}{\lambda}R + \varphi\right)\right] \tag{3-64}$$

式中，A 为幅度常数。

对于 I 通道，将接收信号与振荡器的 COHO 输出信号（$\cos\omega_0 t$）直接混频，从而有

$$\begin{aligned} V_I &= A\cos\left(\omega_0 t - \frac{4\pi R}{\lambda} - \varphi\right) \cdot \cos(\omega_0 t) \\ &= \frac{1}{2}A\cos\left(2\omega_0 t - \frac{4\pi R}{\lambda} - \varphi\right) + \frac{1}{2}A\cos\left(\frac{4\pi R}{\lambda} + \varphi\right) \end{aligned} \tag{3-65}$$

对 Q 通道，将接收信号与经过一90°相移的 COHO 输出信号（$\sin\omega_0 t$）混频，即

$$\begin{aligned} V_Q &= A\cos\left(\omega_0 t - \frac{4\pi R}{\lambda} - \varphi\right) \cdot \sin(\omega_0 t) \\ &= \frac{1}{2}A\sin\left(2\omega_0 t - \frac{4\pi R}{\lambda} - \varphi\right) + \frac{1}{2}A\sin\left(\frac{4\pi R}{\lambda} + \varphi\right) \end{aligned} \tag{3-66}$$

通过低通滤波器，可将式（3-65）和式（3-66）中的高频分量（$2\omega_0$）滤除，只允许式中的第二项基带信号分量通过滤波器，并忽略常数因子 1/2，则 I、Q 通道的最终输出信号分别为

$$V_I = A\cos\left(\frac{4\pi R}{\lambda} + \varphi\right) \tag{3-67}$$

和

$$V_Q = A\sin\left(\frac{4\pi R}{\lambda} + \varphi\right) \tag{3-68}$$

上述 I、Q 信号可视为一个复数信号的实部和虚部，这样，经过 I、Q 混频解调后的复数信号为

$$\begin{aligned} V &= V_I + jV_Q = A\cos\left(\frac{4\pi R}{\lambda} + \varphi\right) + jA\sin\left(\frac{4\pi R}{\lambda} + \varphi\right) \\ &= Ae^{j\left(\frac{4\pi R}{\lambda} + \varphi\right)} \end{aligned} \tag{3-69}$$

可见，经过 I、Q 通道正交检波后，保留了接收信号中关于目标距离的延迟相位和原始相位信息。

经过 I、Q 正交检波后的信号可由模数（A/D）变换器离散化采样，并提供给数字信号处理系统做进一步处理，以提取目标的各种信息。

3.7.6 I/Q 通道失真及其校正

1. I/Q 通道失真

如前面所讨论的，相参雷达的 I/Q 正交检波器将中频回波信号与两个由 $\cos(\omega t)$ 和 $\sin(\omega t)$ 组成的正交参考信号进行混频，经滤波消除高频项后生成基带回波 I 和 Q 分量。作为接收到的固定目标的雷达基带回波信号的幅度 A 和相位 φ 可由一对正交通道信号 I 分量 V_I 和 Q 分量 V_Q 所决定。

理想情况下，I/Q 正交检波产生的信号应该不包含任何 I/Q 直流偏移量，没有增益失衡，两个通道间的正交性非常好。但在真实的雷达系统中，在 I 和 Q 检测电路中可能会产生误差，导致信号矢量的表示不够理想。两个分量中可能会有直流偏移、增益失衡及两个参考信号的非正交性。

图 3-23 所示为 I/Q 通道失真的影响。由式（3-67）～式（3-69）可知，理想情况下，随着雷达与目标距离 R 的变化范围超过 $\lambda/2$，回波相位将以 2π 为周期折叠，等效为复信号 V 在复平

面上描绘出一个圆心在(0,0)处的一个圆,如图 3-23(a)所示。但是,在实际雷达系统中,I 和 Q 通道间的任何不平衡将导致信号的失真。图 3-23(b)～(d)是几种典型的失真。

（1）直流偏置

图 3-23(b)所示为含有直流偏置的情况,当 I 通道或 Q 通道或 I、Q 两个通道的零输入响应不真正为零,而是包含一个直流偏置分量(分别记为 D_{ci}、D_{cq})时,I、Q 圆的圆心将偏离原点。此时的 I/Q 通道信号可表示为

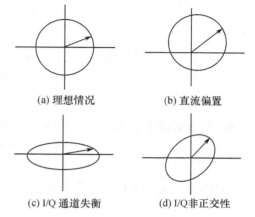

$$V'_I = A\cos\varphi + D_{ci} \qquad (3\text{-}70)$$
$$V'_Q = A\sin\varphi + D_{cq} \qquad (3\text{-}71)$$

且满足

$$(V'_I - D_{ci})^2 + (V'_Q - D_{cq})^2 = A^2 \qquad (3\text{-}72)$$

可见,在复平面上这是一个偏心圆,圆心位于 (D_{ci}, D_{cq}),直流偏置量决定了圆心在复平面上的位置。

（a）理想情况　　　（b）直流偏置

（c）I/Q 通道失衡　　　（d）I/Q 非正交性

图 3-23　I/Q 通道失真的影响

（2）I/Q 通道失衡

如图 3-23(c)所示,当 I 通道和 Q 通道的增益不同时,曲线将变成一个椭圆而不再是圆,其长、短轴分别与 I、Q 轴平行。此时,I/Q 通道信号可表示为

$$V'_I = A_I\cos\varphi \qquad (3\text{-}73)$$
$$V'_Q = A_Q\sin\varphi \qquad (3\text{-}74)$$

且满足

$$\frac{V'^2_I}{A^2_I} + \frac{V'^2_Q}{A^2_Q} = 1 \qquad (3\text{-}75)$$

可见,在复平面上这是一个椭圆,其长、短轴之比由两个通道之间的增益失衡量所决定。

（3）I/Q 非正交性

如图 3-23(d)所示,根据前面的讨论和解析几何知识易知,当 I 通道、Q 通道间的相位差不严格为 90°时,会导致曲线成为一椭圆,而且其长、短轴不再平行于 I、Q 轴,而是存在一个转角,转角大小由偏离正交的相角量所决定。

2. I/Q 通道失真的校准

I/Q 通道失衡对于宽带高分辨率雷达的不良影响是十分明显的[14]:直流偏置将导致在相位参考点(目标零距离)处出现虚假目标,其幅度与直流偏置的幅度成正比;通道增益不一致和通道非正交将导致出现成对回波虚假目标。

判断 I/Q 检测网络是否完美的方法是:将一可控的信号注入网络中,在各种信号条件下,分别观测 I 通道和 Q 通道的输出。将注入信号的相位旋转到精确值并记录其值。

由检测网络的非完美性所导致的 I/Q 误差,可以通过信号处理方法予以校正。例如,希尔(Sheer)针对上述 I、Q 通道失真对雷达的影响进行了讨论[5],对于直流偏置、通道失衡和非正交性失真,通过事后信号处理的办法可减小其对雷达性能的影响。

图 3-24 所示为 I、Q 正交检波器失真模型[6,7]。图中 D_{ci}、D_{cq} 分别代表 I、Q 通道的直流分量,G_e 代表增益失衡,等于 I 通道增益与 Q 通道增益的比值;θ_e 代表 Q 通道相对于 I 通道偏离 90°的相位误差。对于理想的正交检波器,$D_{ci} = D_{cq} = 0$,$G_e = 1$,$\theta_e = 0$。

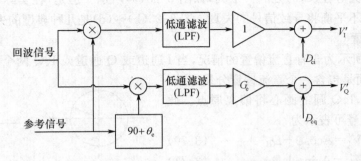

图 3-24 I/Q 正交检波器失真模型

这样，失真的 I/Q 通道信号可用以下模型表示

$$\begin{cases} V_I' = A\cos\varphi + D_{ci} \\ V_Q' = A \cdot G_e \sin(\varphi + \theta_e) + D_{cq} \end{cases} \tag{3-76}$$

因此，可以通过下面的方程进行校正

$$\begin{cases} V_{Icor} = V_I' - D_{ci} \\ V_{Qcor} = \dfrac{1}{\cos\theta_e}\left(\dfrac{V_Q' - D_{cq}}{G_e} - V_{Icor}\sin\theta_e\right) \end{cases} \tag{3-77}$$

式中，V_{Icor} 和 V_{Qcor} 是校正后的 I/Q 通道信号，需要估计的校正参数为 D_{ci}、D_{cq}、G_e 和 θ_e。

校正参数估计的具体实现过程：将测试信号输入正交检波器，对 I、Q 通道的输出信号进行大样本采样，获得 N 组数据，分别记为 V_{Ik} 和 V_{Qk}（$k=1,2,\cdots,N$），那么可以得到各校正参数 D_{ci}、D_{cq}、G_e 和 θ_e 的估计值如下

$$\begin{cases} \hat{D}_{ci} = \dfrac{1}{N}\sum_{k=1}^{N} V_{Ik} \\[2mm] \hat{D}_{cq} = \dfrac{1}{N}\sum_{k=1}^{N} V_{Qk} \\[2mm] \hat{G}_e = \sqrt{\dfrac{\sum_{k=1}^{N}\left[V_{Qk} - \hat{D}_{cq}\right]^2}{\sum_{k=1}^{N}\left[V_{Ik} - \hat{D}_{ci}\right]^2}} \\[4mm] \hat{\theta}_e = \arcsin\left\{\dfrac{2\sum_{k=1}^{N}(V_{Ik} - \hat{D}_{ci})(V_{Qk} - \hat{D}_{cq})/\hat{G}_e}{\sum_{k=1}^{N}\left[(V_{Ik} - \hat{D}_{ci})^2 + (V_{Qk} - \hat{D}_{cq})^2/\hat{G}_e^2\right]}\right\} \end{cases} \tag{3-78}$$

当然，也还存在其他校正模型和参数估计方法[15,16]，限于篇幅不再赘述。

应该指出，现代先进 RCS 测试场测量雷达大多采用数字 I/Q 接收机，I/Q 通道失衡的影响可以被降低到最小。

3.7.7　系统非线性的影响

雷达接收机的线性度是指输入信号与输出信号间的线性关系，即输入 V_i 与输出 V_o 之间的变化特性具有以下形式

$$V_o = aV_i + b \tag{3-79}$$

式中，a 和 b 为常数。

系统非线性的严重程度由线性度指标来衡量，它表征了系统的真实响应特性偏离理想直线的程度，一般以百分比表示。

对于一个实际雷达接收机，在中等信号电平时，输入和输出之间应存在线性关系；在高信号电平时，随着放大器开始饱和，与线性关系的偏差会逐渐增加；而在低信号电平，任何小的偏差影响都是显而易见的。接收机的线性区也即系统的动态范围。当然，如果讨论雷达系统整体的线性区或动态范围，则也应包括发射链路（如发射信号饱和等）的非线性特性影响。

在宽带雷达系统中，雷达带宽内的任何幅度响应特性不平坦（幅度特性非线性）或信号时延非恒定（相位特性非线性）均将引起信号失真。在传统的窄带非相参脉冲积累测量雷达中，这种失真一般不会有明显可见的严重影响。但是，对于宽带高分辨率成像雷达，幅度和相位特性非线性将造成信噪比与分辨率降低、图像旁瓣电平升高等问题。

系统非线性对于宽带散射成像测量的影响，可以根据线性系统理论采用成对回波方法加以分析[18~20]。如图 3-25 所示，将雷达系统视为一个线性时不变系统，其传递函数为 $H(\omega)$，冲激响应函数为 $h(t)$。若系统的输入信号为 $s_i(t)$，对应的频谱为 $S_i(\omega)$。在时域，输出信号 $s_o(t)$ 可表示为

$$s_o(t) = h(t) * s_i(t) \tag{3-80}$$

式中，* 表示卷积。对应地，输出信号的频域响应为

$$S_o(\omega) = H(\omega)S_i(\omega) \tag{3-81}$$

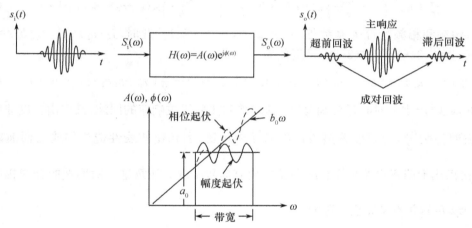

图 3-25　系统幅度与相位非线性造成的成对回波示意图

线性系统的稳态传递函数可表示为如下复数形式

$$H(\omega) = A(\omega)e^{j\phi(\omega)} \tag{3-82}$$

式中，$A(\omega)$ 为幅频响应特性，$\phi(\omega)$ 为相频响应特性。

理想线性系统的幅频响应是一个与频率无关的常数，相频特性则随频率而线性变化，形成恒定信号时延。

真实雷达系统的传递函数由天线、发射机、传输线、收发开关、接收机、传播路径及信号处理等子系统的传递函数级联而成。如果雷达系统属于非理想线性系统，式（3-82）中的幅频与相频特性函数可分别展开为如下傅里叶级数形式

$$A(\omega) = a_0 + \sum_{n=1}^{\infty} a_n \cos(nc_0\omega) \tag{3-83}$$

$$\phi(\omega) = b_0\omega + \sum_{n=1}^{\infty} b_n \sin(nc_0\omega) \tag{3-84}$$

式中，a_n、$b_n(n=0,1,2,\cdots)$和 c_0 均为常数。

如果上述傅里叶级数展开式中的所有二阶以上的分量均可忽略，则式(3-83)和式(3-84)可近似为

$$A(\omega) \approx a_0 + a_1\cos(c_0\omega) \tag{3-85}$$

$$\phi(\omega) \approx b_0\omega + b_1\sin(c_0\omega) \tag{3-86}$$

由于数学上有以下等式成立

$$e^{jm\cos(2\pi l)} = J_0(m) + 2\sum_{n=1}^{\infty} e^{j\frac{n\pi}{2}}J_n(m)\cos(2\pi nl) \tag{3-87}$$

式中，$J_i(\ )(i=0,1,2,\cdots)$表示第一类贝塞尔函数。

根据成对回波理论，在时域，此时系统的输出信号可表示为[18]

$$\begin{aligned}
s_o(t) = {} & a_0 J_0(b_1)s_i(t+b_0) \\
& + J_1(b_1)\left[\left(a_0+\frac{a_1}{b_1}\right)s_i(t+b_0+c_0) - \left(a_0-\frac{a_1}{b_1}\right)s_i(t+b_0-c_0)\right] \\
& + J_2(b_1)\left[\left(a_0+\frac{2a_1}{b_1}\right)s_i(t+b_0+2c_0) - \left(a_0-\frac{2a_1}{b_1}\right)s_i(t+b_0-2c_0)\right] \\
& + J_3(b_1)\left[\left(a_0+\frac{3a_1}{b_1}\right)s_i(t+b_0+3c_0) - \left(a_0-\frac{3a_1}{b_1}\right)s_i(t+b_0-3c_0)\right] + \cdots
\end{aligned} \tag{3-88}$$

如果幅频和相频特性失真都很小，有 $a_1 \ll 1, b_1 \ll 1$。此时，$J_0(b_1) \approx 1, J_1(b_1) \approx b_1/2$，$J_i(b_1) \approx 0, i=2,3,\cdots$，则式(3-88)可近似为

$$s_o(t) = a_0 s_i(t+b_0) + \frac{1}{2}(a_1+a_0 b_1)s_i(t+b_0+c_0) + \frac{1}{2}(a_1-a_0 b_1)s_i(t+b_0-c_0) \tag{3-89}$$

可见，此时产生一对时延分别为 $\pm c$ 的超前和滞后于主响应的回波，其中由幅度非线性造成的回波幅值为 $\frac{a_1}{2}$，与幅度偏离线性的离差成正比；由相位非线性造成的成对回波幅度为 $\frac{a_0 b_1}{2}$，直接正比于偏离线性相位的离差及主响应信号幅度。注意这一对回波的合成幅度分别为 $\frac{1}{2}(a_1 \pm a_0 b_1)$，并不是完全对称的。

在宽带高分辨率成像测量中，如果测量系统非线性影响严重，其成对回波主要造成虚假目标回波，由于它们不能通过旁瓣抑制处理得到有效抑制，往往成为影响一维、二维和三维成像性能的重要因素。图 3-26 所示为幅度和相位非线性所造成的第一对成对回波的幅度和相位相对于主响应信号幅度的相对电平分贝数。

从图 3-26 可见，当非线性幅度离差达到 1.5dB，或者当非线性相位离差达到 22.5°(0.39rad)时，所造成的成对回波幅度仅比主回波响应低约 14dB。也就是说，此时的成对回波干扰与矩形窗函数的旁瓣电平是相当的。问题在于，矩形窗函数产生的旁瓣可以通过加锥形窗处理加以抑制，而非线性造成的旁瓣是无法采用类似处理方法而得到抑制的，故其影响是严重的。

需要特别指出，如果雷达系统的上述幅度和相位非线性随频率的变化特性是确定性的，且幅度和相位离差均为小量，则通过系统标校和处理，相当于经过均衡化滤波处理，其影响是基本可以被消除的。但是，如果这种非线性是随机性的，其影响则无法通过定标测量和处理得到

抑制,后者的典型例子是系统因频率不稳定、锁相误差造成的随机频率/相位误差,以 LFM 雷达为例分析如下。

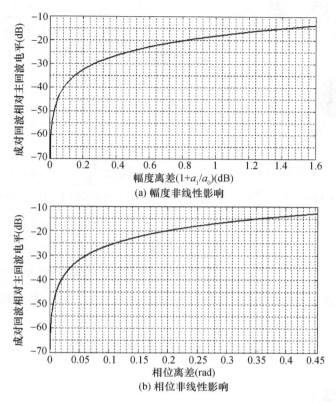

(a) 幅度非线性影响

(b) 相位非线性影响

图 3-26　幅度和相位非线性所造成的第一对成对回波的幅度和
相位相对于主响应信号幅度的相对电平分贝数

不失一般性,假设可以将畸变调频信号的频率表示为

$$f(t) = \gamma t + \Delta f_{max} \sin(2\pi f_{T} t) \tag{3-90}$$

式中,Δf_{max} 为最大随机频率偏移,γ 为调频斜率,f_{T} 为 LFM 脉冲时宽的倒数。

由于相位是与频率成正比的,不难理解,此时 b_1 正比于 $\dfrac{\Delta f_{max}}{f_{T}}$。根据图 3-26(b),若要求成对回波电平低于 -40dB,则要求 $b_1 = \dfrac{\Delta f_{max}}{f_{T}} < 0.02$。例如,如果 LFM 脉冲时宽 $10\mu s$,$f_{T} = 10^5$ Hz,$\Delta f_{max} < 0.02 f_{T} = 2$kHz。这个要求是非常高的。正因如此,对宽带成像雷达的频率稳定度和线性度均具有极高的要求,因为这种随机频率误差不能通过信号处理予以消除。

在很多实际宽带成像雷达系统中,如果系统标校和信号处理方法正确,雷达图像的动态范围事实上可能主要取决于雷达系统的频率稳定度和线性度。这一点尤其应该引起宽带成像雷达系统设计者和使用者的高度关注。

3.7.8　相参雷达各点信号波形小结

最后,为了进一步理解整个相参雷达系统,同时也作为本节的小结,图 3-27 给出对典型相参脉冲雷达系统中各电路节点的信号波形示意图。理解相参雷达系统中各电路节点信号波形,有助于加深对雷达发射与接收机工作原理和信号流程的认识。

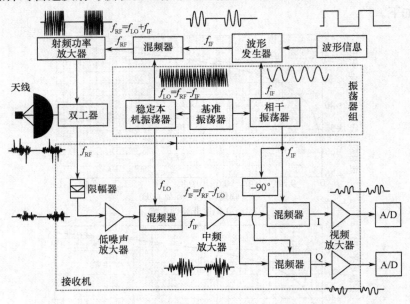

图 3-27 典型相参脉冲雷达系统中各电路节点的信号波形示意图

3.8 系统噪声和灵敏度

3.8.1 接收机噪声

雷达接收机噪声的主要来源包括内部噪声和外部噪声。外部噪声指雷达天线进入接收机的各种人为干扰、天电干扰、工业干扰、宇宙干扰和天线热噪声等,如图 3-28 所示[13]。内部噪声主要由接收机中馈线、放电保护器、高频放大器或混频器等产生。接收机内部噪声在时间上是连续的,而其振幅和相位则是随机的,通常称为"起伏噪声",或简称为噪声。

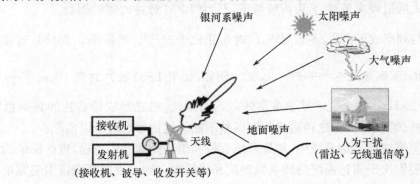

图 3-28 雷达接收机噪声的主要来源

功率谱均匀的白噪声通过具有选择性的线性系统后,输出的功率谱就不再是均匀的了。为了分析和计算方便,通常将这个不均匀的噪声功率谱等效为在一定频带宽度 B_n 内是均匀的功率谱。这个频带 B_n 称为"等效噪声功率谱宽度",一般简称为"噪声带宽"。噪声带宽可

由下式求出

$$B_n = \frac{\int_0^{+\infty} P_{no}(f)\mathrm{d}f}{P_{no}(f_0)} = \frac{\int_0^{+\infty} |H(f)|^2\mathrm{d}f}{|H(f_0)|^2} \tag{3-91}$$

式中,$H(f)$ 为系统的中频放大器的频响函数;$P_{no}(f)$ 为中频放大器的功率传输函数;f_0 为频响最大值处的频率值;$H(f_0)$ 为此频率处的频响值;$P_{no}(f_0)$ 为此频率处的功率值。

噪声带宽 B_n 一般不同于通常所说的雷达系统半功率点(3dB)频带宽度 B。根据式(3-91),噪声带宽 B_n 等效于一个具有频带宽度为 B_n、幅度为 $P_{no}(f_0)$ 的理想矩形滤波器,该矩形滤波器的输出噪声功率与功率传输函数为 $P_{no}(f)$ 的滤波器的输出噪声功率相同。而3dB 带宽则是输出功率减小到峰值功率一半(功率减小为 1/2 或减小 3dB)时,所跨越的频率范围。图 3-29所示为噪声带宽与信号带宽的区别示意图。

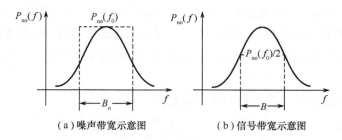

(a)噪声带宽示意图   (b)信号带宽示意图

图 3-29   噪声带宽与信号带宽的区别示意图

任何接收信号中总是包含着噪声的,定义信号功率 S_{power} 与噪声功率 N_{power} 的比值为"信噪比",即

$$SNR = \frac{S_{power}}{N_{power}} \tag{3-92}$$

决定接收机检测能力的指标是其输出端的信噪比。

3.8.2   噪声系数

内部噪声对检测信号的影响可以用接收机输入端的信噪比通过接收机后的相对变化来衡量。如果内部噪声越大,则输出信噪比减小得越多。通常用噪声系数来衡量接收机的噪声性能。

噪声系数定义为接收机实际输出的噪声功率同理想接收机在标准室温 T_0 时的输出噪声功率之比,即

$$F_n = \frac{N}{N_i G_a} = \frac{N}{k T_0 B_n G_a} \tag{3-93}$$

式中,N 为接收机实际输出的噪声功率;G_a 为接收机的功率增益;$N_i = k T_0 B_n$ 为理想接收机的输入噪声功率;k 为玻尔兹曼常数,$k = 1.38 \times 10^{-23} J/K$;$T_0$ 为标准室温,一般取 290K;B_n 为噪声带宽。

对式(3-93)进行适当的整理,得

$$F_n = \frac{\dfrac{P_i}{k T_0 B_n}}{\dfrac{P_i G_a}{N}} = \frac{(SNR)_{in}}{(SNR)_{out}} \tag{3-94}$$

式中，$(SNR)_{in}$ 和 $(SNR)_{out}$ 分别为接收机的输入信噪比和输出信噪比。因此，噪声系数 F_n 也可定义为接收机的输入信噪比与输出信噪比之间的比值。

注意到对于一个实际系统，总有 $(SNR)_{in} \geqslant (SNR)_{out}$，也即 $F_n \geqslant 1$。所以，系统的噪声系数越小，其噪声性能越好。另外，实际系统或放大器的噪声系数常用分贝数来表示，即

$$F_n(dB) = 10 \lg F_n \tag{3-95}$$

因此，它是一个大于 0dB 的数(实际上，现有的传统技术很少能做到 $F_n < 0.6dB$)。

3.8.3 噪声系数的计算

现在讨论多级放大器(或分系统)级联时系统的噪声系数，它对于雷达接收机设计中前置放大器的选取具有极为重要的指导意义。

一个实际的放大器可化为理想放大器与独立噪声源，即由一个增益为 G、没有内部噪声的理想放大器，并在其输入端增加一个噪声源 N_r，表示其内部固有的噪声影响，如图 3-30 所示。从外部输入到该放大器的信号和噪声功率分别为 S_i 和 N_i，输出信号和噪声功率分别为 S_o 和 N_o。

根据噪声系数的定义，该放大器的噪声系数为

$$F = \frac{S_i/N_i}{S_o/N_o} = \frac{S_i/N_i}{S_i G/[(N_i+N_r)G]} = 1 + \frac{N_r}{N_i} \tag{3-96}$$

当两个放大器级联时，可以有类似的模型，如图 3-31 所示。

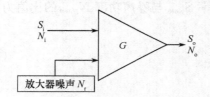

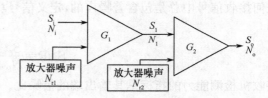

图 3-30　实际放大器化为
理想放大器和独立噪声源

图 3-31　放大器的级联

此时，第二级放大器的输出信号功率为

$$S_o = G_2 S_1 = G_1 G_2 S_i \tag{3-97}$$

输出噪声功率为

$$N_o = G_2 N_1 + G_2 N_{r2} = G_1 G_2 N_i + G_1 G_2 N_{r1} + G_2 N_{r2} \tag{3-98}$$

根据噪声系数的定义，该级联放大器的噪声系数可表示为

$$F = \frac{S_i/N_i}{S_o/N_o} = S_i/N_i / G_1 G_2 S_i / [G_1 G_2 N_i + G_1 G_2 N_{r1} + G_2 N_{r2}]$$

$$= 1 + \frac{N_{r1}}{N_i} + \frac{1}{G_1} \cdot \frac{N_{r2}}{N_i} \tag{3-99}$$

综合式(3-84)和式(3-87)，有

$$F = F_1 + \frac{F_2 - 1}{G_1} \tag{3-100}$$

式中，F_1、F_2 分别为第一级和第二级放大器的噪声系数。

上述结论可以进一步推广到多级系统级联的情况，对于 N 级系统级联，将有

$$F = F_1 + \frac{F_2 - 1}{G_1} + \frac{F_3 - 1}{G_1 G_2} + \cdots + \frac{F_N - 1}{G_1 G_2 \cdots G_{N-1}} \tag{3-101}$$

式中，F_i、G_i（$i = 1, 2, \cdots, N$）分别为第 i 级分系统的噪声系数和增益。

这是一个非常重要的结论。从中可以看出，对于一个由多级分系统级联组成的系统，其噪声性能主要取决于最前一级分系统的噪声系数和增益，越到后面的分系统，其噪声对整个系统的影响越小。

上述结果在多级级联的分系统中，当链路中存在增益小于 1 的分系统（如混频器、衰减器等）时仍然成立。因此，现代先进雷达系统接收机在最靠近接收天线的第一级，通常均采用高增益、低噪声系数的射频放大器（所谓的低噪声放大器，Low Noise Amplifier，LNA），这样可以大大改善雷达整机的噪声性能。

3.8.4 接收机灵敏度的计算

接收机灵敏度表示接收机接收微弱信号的能力。用接收机输入端的最小可检测信号功率 $S_{i\,min}$ 来表示。在噪声背景下检测目标，接收机输出端不仅要使信号放大到足够的数值，更重要的是使其输出信号噪声比 $(SNR)_{o\,min}$ 达到所需的数值。通常雷达终端的检测信号的质量取决于信噪比。

如果已经知道接收机的（合成）噪声系数 F 为

$$F = \frac{(SNR)_i}{(SNR)_o} = \frac{S_i / N_i}{(SNR)_o} \tag{3-102}$$

输入信号功率为

$$S_i = F \cdot N_i \cdot (SNR)_o \tag{3-103}$$

式中，$N_i = k T_n B_n$ 为接收机输入端的噪声功率。其中，T_n 为接收机输入端的等效噪声温度；B_n 为接收机噪声带宽。

于是有

$$S_i = k T_n B_n F (SNR)_o \tag{3-104}$$

为了保证雷达检测系统发现目标的质量（噪声中的信号检测问题将在第 4 章中介绍），接收机的中频输出必须提供足够高的信噪比，即 $(SNR)_o \geqslant (SNR)_{o\,min}$，令 $(SNR)_{o\,min}$ 对应的接收的输入信号功率为最小可检测信号功率，即接收机的灵敏度为

$$S_{i\,min} = k T_n B_n F (SNR)_{o\,min} \tag{3-105}$$

工程中常把 $(SNR)_{o\,min}$ 称为识别系数，用 M 表示。所以，接收机灵敏度又可写成

$$S_{i\,min} = k T_n B_n F M \tag{3-106}$$

为了提高接收机灵敏度，即减少最小可检测信号功率 $S_{i\,min}$，应做好以下几点。

（1）尽量降低接收机的噪声系数 F，这要求采用高增益、低噪声的放大器。其中，尤其以最靠近接收天线处的放大器的放大特性和低噪声特性最为重要。

（2）接收机中频放大器采用匹配滤波器，以便得到高斯白噪声背景下最大信噪比。

（3）式（3-106）中的识别系数与所要求的检测质量、天线波瓣宽度、扫描速度、雷达脉冲重复频率及检测方法等因素有关，在保证整机性能的前提下，应尽量减小 M 的值。

作为本节的结束，我们给出关于灵敏度的两个常用概念："临界灵敏度"和"系统灵敏度"。

临界灵敏度：为了比较不同接收机线性部分的噪声系数 F_0 和噪声带宽 B_n 对灵敏度的影响，需要排除接收机以外的其他各种因素的影响，因此，通常令 $M = 1$，此时的接收机灵敏度称

为"临界灵敏度",其值为

$$S_{i\,min}=kT_0B_nF_0 \tag{3-107}$$

式中，T_0 为标准室温(一般取 290K)，F_0 为接收机等效噪声系数。

系统灵敏度：在实际雷达工程应用中，通常也将综合考虑了外部噪声、天线噪声、各种射频器件影响、传输损耗及接收机噪声等影响时，接收机输出信噪比为 1 时的噪声功率值称为"接收机灵敏度"或"系统灵敏度"。由式(3-93)得其计算公式为

$$S_{i\,min}=kT_nB_nF \tag{3-108}$$

式中，T_n 为接收机低噪声放大器输入端的等效噪声温度[综合考虑天线的等效噪声温度 T_a(含外来噪声和天线损耗等)、天线与接收机低噪声放大器之间各种射频器件等效噪声温度及射频器件损耗的影响]；B_n 为接收机噪声带宽(对于外差式雷达接收机，由于其中频放大器的滤波器带宽在整个接收机链路中通常是最窄的，且滤波器频响特性也与理想矩形相近，故一般可取噪声带宽近似等于其中频放大器的带宽)；F 为接收机的噪声系数(计入从低噪声放大器开始全部接收链路的噪声影响)。

应该指出，雷达系统噪声温度或灵敏度的合理计算是一个十分复杂的问题。巴顿(Barton)在其《现代雷达中的雷达方程》一书[17]的第 6 章中对这一问题进行了详细的讨论，可供需要深入研究该问题的读者参考。

最后，雷达接收机或系统的灵敏度以额定功率表示，并常以相对于 1mW 的分贝数计值，即

$$S_{i\,min}(dBm)=30+10\lg S_{i\,min} \tag{3-109}$$

式中，$S_{i\,min}$ 的单位为(W)，一般用 dBm 表示 dBmW。现阶段雷达系统的超外差式接收机的灵敏度大多为 $-90\sim-130$dBm。

第 3 章思考题

1. 如果一维线阵的主瓣宽度 $\theta=30°$，则当天线单元的步长(d/λ)为多少时，将出现第一、第二和第三个栅瓣峰？

2. 定义发射机效率 η 的一种方法是用射频输出功率 P_{out} 除以输入的初级电源功率 P_{in}。

(a)对固定输出功率而言，把耗散功率 $P_{dis}=P_{in}-P_{out}$ 绘制成发射机效率 η 的函数。

(b)如果输出功率需要 30kW，用效率为 15％的发射机，耗散的功率是多少？

(c)如果发射机效率可以提高到 50％，待耗散的功率是多少？

(d)低效率时会出现什么缺点？

3. 由 300 个固态组件组成的发射机中，如果其中 20 个组件坏了，输出功率降低多少？这使得雷达的作用距离减小百分之几？

4. 试求解：

(a) 频率响应函数为 $H(f)=(1+jf/B)$ 的网络的噪声带宽，式中 B 为半功率点带宽；

(b) 具有高斯响应特性 $H(f)=\exp[-a^2(f-f_0)^2]$ 的低通滤波器，当 $f>0$ 时的带宽。

5. 试讨论：图 3-32(a)和(b)接收机链路的等效增益与噪声系数是否相同？为什么？试加以数学推导。

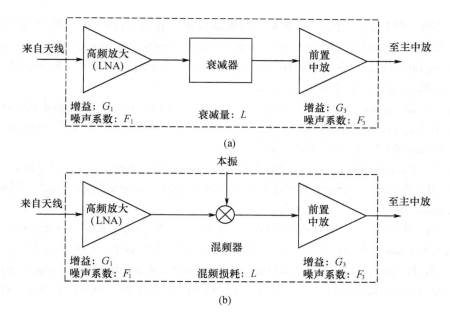

图 3-32　题 5 配图

参 考 文 献

[1]　R. J. Sullivan. Microwave Radar：Imaging and Advanced Concepts. Norwood，MA：Artech House，2000.

[2]　M. I. Skolnik. Introduction to Radar Systems，3rd edition. McGraw-Hill，2001.

[3]　费元春，苏广川，米红，杨明，程艳，等．宽带雷达信号产生技术．北京：国防工业出版社，2002.

[4]　丁鹭飞，耿富录．雷达原理．西安：西安电子科技大学出版社，2002.

[5]　J. A. Sheer and J. L. Kurtz. Coherent Radar Performance Estimation. Norwood，MA：Artech House，1993.

[6]　F. E. Churchill，G. W. Ogar，and B. J. Thomson. The correction of I and Q errors in a coherent processor. IEEE Trans. on Aerospace and Electronic Systems，Vol. 17，No. 1，1981.

[7]　S. Haykin. Chaotic Dynamics of Sea Clutter. John Wiley & Sons Inc. ，1999.

[8]　W. L. Stutzman and G. A. Thiele. Antenna Theory and Design. New York：Wiley，1981.

[9]　王朴中，石长生．天线原理．北京：清华大学出版社，1993.

[10]　朱崇灿，黄景熙，鲁述．天线．武汉：武汉大学出版社，1996.

[11]　张光义．相控阵雷达系统．北京：国防工业出版社，1994.

[12]　A. V. Oppenheim，R. W. Schafer and J. R. Buck. Discrete-Time Signal Processing. Chapter 11，Prentice-Hall，1999.

[13]　O. Donnell. Radar Transmitter/Receiver. Introduction to Radar Systems. radar lecture PPT slides，MIT Lincoln Lab，2006.

[14] 许小剑. 雷达目标散射特性测量与处理新技术. 北京:国防工业出版社,2018.

[15] I. D. Longstaff. Wideband quadrature error correction using SVD for stepped — frequency radar receivers. IEEE Trans. on Aerospace and Electronic Systems, Vol. 35, No. 4, pp. 1444-1449, 1999.

[16] R. A. Monzingo and S. P. Au. Evaluation of image response signal power resulting from I-Q channel imbalance. IEEE Trans. on Aerospace and Electronic Systems, Vol. 23, No. 2, pp. 285-287, 1987.

[17] D. K. Barton. Radar Equations for Modern Radar. Boston: Artech House, 2013.

[18] D. R. Wehner. High Resolution Radar, 2nd Edition. Norwood, MA, Artech House, 1995.

[19] H. A. Wheeler. The interpretation of amplitude and phase distortion in terms of paired echoes. Proceedings of the IRE, Vol. 27, No. 6, pp. 359-384, 1939.

[20] C. R. Burrows. Discussion to the interpretation of amplitude and phase distortion in terms of paired echoes. Proceedings of the IRE, Vol. 27, No. 6, pp. 384-385, 1939.

第4章　雷达方程与目标检测

雷达方程集中反映了雷达的探测距离同发射机、接收机、天线、目标及其环境等因素之间的相互关系。雷达方程不仅可以用来估算雷达的作用距离,也是深入理解各分系统参数对雷达整机性能的影响及进行雷达系统设计的重要工具。几乎所有雷达的设计都是从雷达方程开始的。

4.1　基本雷达方程

4.1.1　雷达方程的推导

图 4-1 所示为雷达系统同目标相互作用的信号发射—目标散射—雷达接收过程示意图。假设雷达发射机功率为 P_t,雷达到目标的距离为 R。

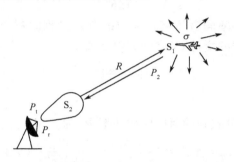

图 4-1　信号发射—目标散射—雷达接收过程示意图

1. 雷达天线的辐射功率

全向(isotropic)天线和定向(directional)天线的辐射方向图如图 4-2 所示。如果雷达发射机的功率 P_t 由一个全向天线发射,且全向天线的辐射效率为 $\eta=1$(无任何功率损耗),则在距离天线 R 远处的功率密度为

$$S_{\text{ISO}}=\frac{P_t}{4\pi R^2} \quad (\text{W/m}^2) \tag{4-1}$$

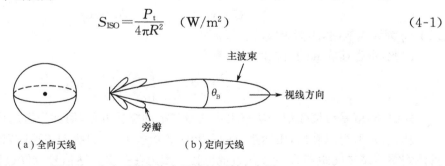

（a）全向天线　　　　（b）定向天线

图 4-2　全向天线和定向天线的辐射方向图

实际的雷达系统中均采用定向天线,假设定向雷达发射天线的增益为 G_t,则在自由空间,距离天线 R 远处的目标处的功率密度 S_1 为

$$S_1 = G_t \frac{P_t}{4\pi R^2} \quad (\text{W/m}^2) \tag{4-2}$$

2. 目标的散射功率

目标受到雷达电磁波的照射而产生散射回波。散射功率的大小与目标处的入射功率密度 S_1 及目标本身的电磁散射特性有关。目标的电磁散射特性用雷达散射截面(RCS)σ 来表征(目标 RCS 将在第 6 章详细讨论)。RCS 的单位为 m^2。简单地说,目标的 RCS 反映了该目标截获入射电磁波并将其再辐射出来的能力。

假定目标将接收到的全部入射功率无损耗地再辐射出来,则可得到由目标截获并散射的功率为

$$P_2 = \sigma \cdot S_1 = \frac{P_t G_t \sigma}{4\pi R^2} \quad (\text{W}) \tag{4-3}$$

3. 天线接收的功率

假定目标的散射功率是向各个方向均匀辐射的,则在雷达接收天线处目标回波的功率密度为

$$S_2 = \frac{P_2}{4\pi R^2} = \frac{P_t G_t \sigma}{(4\pi R^2)^2} \quad (\text{W/m}^2) \tag{4-4}$$

雷达截获的目标回波功率同雷达接收天线的有效接收面积 A_r 成正比,且雷达接收天线的有效接收面积同接收天线的增益 G_r 之间有以下关系

$$G_r = \frac{4\pi A_r}{\lambda^2} \tag{4-5}$$

式中,λ 为雷达波长。

因此,在雷达接收天线处收到的目标回波功率 P_r 为

$$P_r = A_r S_2 = \frac{P_t G_t A_r \sigma}{(4\pi R^2)^2} = \frac{P_t G_t G_r \lambda^2 \sigma}{(4\pi)^3 R^4} \quad (\text{W}) \tag{4-6}$$

电磁波受到大气传输衰减及雷达系统自身损耗的影响,使得接收到的功率有一个损耗因子 $L(L \geq 1)$,则接收到的回波功率为

$$P_r = \frac{P_t G_t G_r \lambda^2 \sigma}{(4\pi)^3 R^4 L} = \frac{P_t A_r A_t \sigma}{4\pi \lambda^2 R^4 L} \quad (\text{W}) \tag{4-7}$$

单站脉冲雷达通常收发公用天线,此时有

$$G_t = G_r = G, \quad A_r = A_t = A\eta$$

式中,η 为天线效率,A 为天线的孔径面积。

因此,雷达接收到的目标回波功率变为

$$P_r = \frac{P_t G^2 \lambda^2 \sigma}{(4\pi)^3 R^4 L} = \frac{P_t A^2 \eta^2 \sigma}{4\pi R^4 \lambda^2 L} \quad (\text{W}) \tag{4-8}$$

式(4-8)就是以接收信号功率表示的最基本的雷达方程,简称为雷达功率方程。

从式(4-8)可以看出,雷达接收的目标回波功率 P_r 与目标的雷达散射截面 σ 成正比,而与目标到雷达站之间距离 R 的 4 次方成反比。因为在一次雷达信号收发过程中,回波功率需要经过往返双倍的距离路程,其功率密度同 R^4 成反比。这也是雷达方程与传统通信系统中的 Friis 传输方程[17]的不同之处,后者是单程传输问题。

为了加深对上述推导过程的理解,现把这一过程重新归纳整理,并示于图 4-3 中。

为了使雷达能可靠地检测目标，一般要求接收到的回波功率 P_r 必须超过某个最小可检测信号功率 $S_{i\,min}$（通常也即接收机的灵敏度）。当 P_r 正好等于 $S_{i\,min}$ 时，就得到雷达检测该目标的最大作用距离 R_{max}。因为超过这个距离，接收的信号功率 P_r 将进一步减小，从而雷达不能可靠地检测到目标。这一关系式为

$$P_r = S_{i\,min} = \frac{P_t A_r^2 \sigma}{4\pi\lambda^2 R_{max}^4 L} = \frac{P_t G^2 \lambda^2 \sigma}{(4\pi)^3 R_{max}^4 L} \qquad (4\text{-}9)$$

有

$$R_{max} = \left[\frac{P_t A_r^2 \sigma}{4\pi\lambda^2 S_{i\,min} L}\right]^{1/4} \qquad (4\text{-}10)$$

或

$$R_{max} = \left[\frac{P_t G^2 \lambda^2 \sigma}{(4\pi)^3 S_{i\,min} L}\right]^{1/4} \qquad (4\text{-}11)$$

式（4-10）和式（4-11）是雷达距离方程的两种最基本的形式，它表明了雷达的最大作用距离同雷达参数及目标散射特性之间的相互关系。

作为例子，表 4-1 所示为 WSR—88D 气象雷达的主要技术参数[22]，可供读者用于雷达方程验证性计算。

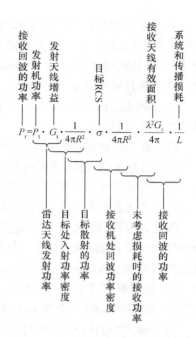

图 4-3　雷达方程的推导过程总结

表 4-1　WSR－88D 气象雷达的主要技术参数

天线子系统		发射机子系统		接收机子系统	
增益	45dB	发射频率	2.7～3.0GHz	噪声温度	450K
极化	同时 HH、VV	峰值功率	750kW	接收机带宽	0.63MHz
波束宽度	0.93°	短脉冲宽度	1.57μs	注：HH 指水平极化发射、水平极化接收；VV 指垂直极化发射、垂直极化接收	
第一旁瓣电平	−29dB	长脉冲宽度	4.5μs		
俯仰可调范围	0.5°～19.5°	短脉冲重复频率	318～1304Hz		
最大旋转速率	30°/s	长脉冲重复频率	318～452Hz		

4.1.2　雷达方程的讨论

在式（4-10）中，R_{max} 和 $\lambda^{1/2}$ 成反比，而在式（4-11）中，R_{max} 却和 $\lambda^{1/2}$ 成正比。这是由于当天线面积不变（口径一定），雷达波长 λ 增大时，天线的增益将会下降，从而导致作用距离减小。同样，而当要求天线增益不变，波长增大时，要求的天线口径也相应增大，有效面积增大，其结果是雷达作用距离加大。

从雷达方程式（4-10）或式（4-11）中，可以直观地分析出提高雷达作用距离的技术途径。对于给定的雷达工作频段、给定的目标 RCS，提高雷达作用距离的主要途径有如下几种。

（1）尽可能选用大孔径天线，即加大天线有效面积 A_e 或增益 G。

（2）提高发射机功率 P_t。事实上，由雷达距离方程可见，雷达威力是随着雷达系统"功率孔径积"的提高而增大的。

（3）尽可能提高接收机的灵敏度，即减小 $S_{i\,min}$。

（4）尽可能降低系统的传输损耗 L。

上述这些途径只是理论上的分析,在工程实现上会受到很多限制。如发射脉冲功率太高有可能产生高压打火,增加设备的重量和体积;增大雷达天线孔径,有可能影响雷达抗风能力设计、机动性能设计和结构设计等。因此,在雷达具体指标的选择上,往往要根据应用场合和战术技术参数折中考虑。

注意到式(4-8)~式(4-11)的简单雷达方程中,尚没有考虑实际雷达系统中诸多其他因素的影响,例如:

(1)最小可检测信号的统计特性(通常取决于接收机噪声);

(2)目标 RCS 的不确定性和起伏特性;

(3)地球表面或大气传播的精确模型;

(4)雷达系统本身可能存在的各种损耗。

因此,在很多情况下,仅靠这几个方程不能以足够高的精度预测雷达系统的性能。此外,由于接收机噪声和目标 RCS 起伏均必须通过统计特性来表征,这意味着雷达的最大作用距离也是检测概率(probability of detection)P_d 和虚警概率(probability of false alarm)P_{fa} 的函数。在这里,检测概率定义为雷达在特定距离上能够检测到特定目标的概率;虚警概率则定义为当没有目标而雷达做出检测到目标判决的错误概率。

关于噪声中的信号检测问题将在本章接下来的小节中讨论,目标散射特性的影响将在第 6 章讨论,地球环境与大气传播的影响将在第 7 章中讨论。本节简要讨论雷达方程中的损耗因子问题。

为了提高雷达作用距离的预测精度,应充分考虑雷达系统各个环节损耗的影响。雷达设计师在雷达的设计和研制中,应尽可能降低可控的损耗。

1. 传输线损耗

在将天线和发射机、接收机连接起来的传输线中始终存在着各种损耗。此外,在各种微波器件中,如双工器、接收机保护器、转动铰链、定向耦合器、传输线接头中的弯头、天线的失配等都会有损耗。

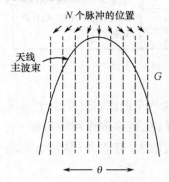

图 4-4 波束形状损耗

2. 天线增益的损耗

在前面的雷达方程中,没有考虑天线增益的损耗,这里对天线增益的损耗略做介绍。

(1)波束形状损耗。雷达方程中的天线增益是一个常数。实际上,通过天线扫描而返回的脉冲信号的幅度受天线波束形状的调制,如图 4-4 所示。因此,检测概率的计算必须考虑调幅脉冲而不是恒定幅度脉冲。

(2)扫描损耗。当天线扫描时,目标方向的天线增益在发射和接收时可能不一样,由此导致的附加损耗就是扫描损耗。对于那些空间侦察雷达或弹道导弹防御雷达等远程扫描雷达,扫描损耗表现得更为显著。

(3)天线罩损耗。天线罩引起的损耗与天线罩类型及雷达频率有关。地基金属空间桁架天线罩在从 L 到 X 波段时会有 1.2dB 的双程传输损耗[1]。充气天线罩的损耗较低,而介质的空间桁架天线罩的损耗通常较高。

(4)相控阵损耗。一些相控阵雷达由于采用分配网络,将接收机和发射机与每个阵列单元相连,这会引起附加的传输线损耗。较正确的做法是将这些损耗包括在天线功率增益的降低上,或者将此损耗作为系统损耗统一考虑。

3. 信号处理损耗

现代雷达中普遍使用复杂的信号处理技术,由此产生的损耗也应予以考虑。例如,因匹配滤波器非理想而引起的失配损耗;恒虚警(CFAR)处理引起的损耗,其大小与 CFAR 的类型有关;自动积累器引起的积累损耗;为防过多的虚警,而将门限电平设得稍高时,会引起限幅损耗;数字化采样时,采样点可能不在脉冲的最大值位置而产生的"采样损耗"等。

4. 多普勒处理雷达中的损耗

当存在距离和/或多普勒模糊时,用多个冗余波束解模糊,与没有距离和/或速度模糊的雷达相比,会有较严重的损耗;在解模糊时,目标反射回波与雷达发射脉冲重叠,因此会产生重叠损耗。如果目标速度不对应于多普勒滤波的最大响应,则由于多普勒(速度)滤波器形状的缘故。MTI 多普勒处理也会引起损耗。在 MTI 和多普勒雷达中,填充脉冲处理也会产生损耗。

5. 折叠损耗

如果将附加的噪声脉冲和有噪声的信号脉冲一起积累,则附加的噪声会导致性能降低,称为"折叠损耗"。

对于平方律检波器折叠损耗,Marcum 的结论是:m 个噪声脉冲和 n 个噪声＋信号脉冲一起积累,如果单个噪声＋信号脉冲的信噪比为 $(SNR)_n$,$m+n$ 个脉冲积累后等效的单个脉冲的信噪比为 $(SNR)_{(m+n)}$,它们之间有如下的关系

$$\frac{(SNR)_n}{(SNR)_{m+n}} = \frac{m+n}{n} \tag{4-12}$$

可以用折叠比来衡量一个检波器的折叠损耗。折叠比 $L_c(m,n)$ 定义为 $m+n$ 个脉冲的积累损耗 $L_i(m+n)$ 与 n 个脉冲的积累损耗 $L_i(n)$ 之比(积累损耗的定义将在 4.2.3 节中介绍)。

$$L_c(m,n) = \frac{L_i(m+n)}{L_i(n)} \tag{4-13}$$

对于线性检波器的折叠损耗,有以下结论[1]:当积累脉冲数小而折叠比大时,折叠比为 $(m+n)/n$,此时,线性检波器的折叠损耗要比平方律检波器的折叠损耗大得多。对于折叠损耗小的情形,当积累脉冲数变大时,两种检波器的折叠损耗的差别变小。

6. 传播损耗

环境对雷达波传播的影响有时也很严重,它能使雷达的真实作用距离与雷达在自由空间中时所预测的结果有很大的差距。传播环节对雷达距离性能的主要影响为:地球表面的反射,它会引起天线仰角方向图波瓣的分裂;传播过程中的折射或弯曲;大气电离层中的传播;大气、雨雪或尘埃的衰减等,这部分内容将在第 7 章讨论。

此外,有时还应包括雷达操作员损耗和设备性能退化造成的损耗等。

4.2　噪声中的信号检测

在噪声中检测目标是雷达信号处理的一个经典问题。传统上雷达对目标的检测一般是把目标当成点目标,雷达除检测目标回波的强度信息外,不给出任何与目标特性有关的其他信息。随着高分辨率雷达的出现,雷达不仅要探测目标存在与否,还要给出关于目标本身的特征

信号。因此,目标检测问题的范畴也随之扩大。

目标检测问题是一个在噪声背景中的目标信号提取问题。一般情况下,雷达将接收到的信号回波与发射信号样本进行相关处理后,与门限相比较,只要信号幅度超过门限值,则认为目标存在,否则认为目标不存在。在只存在热噪声的简单情况下,人们能够设定一个固定的门限,使得纯噪声通过系统时的检测统计量超过门限的概率(虚警概率)为一恒定的值,即所谓的恒虚警率(Constant False Alarm Rate,CFAR)处理。在系统可以接受的虚警概率条件下,信噪比决定了系统对目标的检测概率。

然而,现代雷达工作环境越来越复杂,功能越来越强,所面临的常常是不仅仅存在热噪声的情形。相反,在杂波,尤其是地、海杂波背景中对目标进行检测的需求越来越强烈。通过对杂波统计的深入研究发现,一般可以用复合 k 分布、韦伯(Weibull)分布、对数－正态(Lognormal)分布、复合高斯分布等类型或各种分布类型的组合来拟合特定条件下背景杂波的统计特性。据此,不少学者提出了针对特定分布类型杂波的各种恒虚警处理算法。但是,如何实时估计杂波的统计特性,如何更加精确地描述杂波的统计特性以提高目标检测概率,仍是杂波背景下雷达目标检测研究的难点之一[21]。这些问题超出了本书的范围,此处仅对信号检测最基本的原理和方法做简要介绍。

4.2.1 信号检测基本原理

1. 假设检验

信号检测问题相当于统计理论中的假设检验问题,由于考虑要么是目标,要么不是目标,因此符合雷达和二元通信系统中的双择一问题。

在双择一问题中,假设有两种状态

$$\begin{cases} H_1: X = S + N \\ H_0: X = N \end{cases} \tag{4-14}$$

式中,X 是信号观测样本,S 为已知信号样本,N 为噪声样本,S 和 N 均为 n 维向量。

假设信号存在与否的概率是已知的,设 $P(H_0)$ 为信号不存在的概率,$P(H_1)$ 为信号存在的概率,由于所研究的问题只有两个假设,二者必居其一,而且互不兼容,它们组成一个完备事件,因此

$$P(H_0) + P(H_1) = 1 \tag{4-15}$$

根据以下判决准则:观察的后验概率大,则该观察的存在概率也大,即如果 $P(H_1, y) > P(H_0, y)$,选择结果为 H_1;如果 $P(H_1, y) < P(H_0, y)$,选择结果为 H_0。

由贝叶斯(Bayes)定理,得

$$P(H_1, y) = P(y)P(H_1 | y) \tag{4-16}$$

$$P(H_0, y) = P(y)P(H_0 | y) \tag{4-17}$$

因此,有以下的最大后验概率准则。

最大后验概率准则:假设 H_1 正确,如果

$$\frac{P(H_1 | y)}{P(H_0 | y)} > 1 \tag{4-18}$$

假设 H_0 正确,如果

$$\frac{P(H_1 | y)}{P(H_0 | y)} < 1 \tag{4-19}$$

2. 奈曼－皮尔逊准则

一般情况下,雷达信号检测过程可以用门限检测来描述,而门限的确定与所选择的最佳准则有关[18]。

在信号检测中常采用的最佳准则有:贝叶斯准则、最小错误概率准则、最大后验概率准则、极大极小准则,以及奈曼－皮尔逊(Neyman-Pearson)准则等。对雷达信号检测而言,确定先验概率和各类错误的代价是比较困难的,在这种情况下,通常选择奈曼－皮尔逊准则。

奈曼－皮尔逊准则:给定虚警概率

$$P(D_1 | H_0) = P_{fa} \tag{4-20}$$

使检测概率最大,即

$$P_D = \arg \max_P \{P(D_1 | H_1) | P_{fa}\} \tag{4-21}$$

由于存在关系

$$P(D_1 | H_1) = 1 - P(D_0 | H_1) \tag{4-22}$$

使 $P(D_1 | H_1)$ 最大等效于使 $P(D_0 | H_1)$ 最小,因此奈曼－皮尔逊准则使下式最小,即

$$Q = \arg \min \{P(D_0 | H_1) + \lambda_0 P(D_1 | H_0)\} \tag{4-23}$$

与贝叶斯准则比较,奈曼－皮尔逊准则的最佳检测系统的门限值就是拉格朗日(Lagrange)乘子 λ_0。判决准则为

$$l(y) = \frac{p(H_1, y)}{p(H_0, y)} \begin{cases} > \lambda_0 & \text{选择 } H_1 \\ \leqslant \lambda_0 & \text{选择 } H_0 \end{cases} \tag{4-24}$$

式中,$l(y)$ 称为似然比函数。

此准则是在保持某一规定的虚警概率条件下,使漏检概率达到最小,或者使正确检测概率达到最大。在雷达信号检测中所采用的最佳准则就是奈曼－皮尔逊准则。

4.2.2　门限检测

雷达接收机检测微弱目标信号的能力,因无所不在的噪声而受到影响,噪声所占据的频谱宽度与信号所占据的频谱宽度相同。

假定雷达的检测过程采用包络检波—门限—检测判决三个步骤,如图 4-5 所示。包络检波器从雷达信号中滤去载频信号,解调出包络信号。检波器可以是线性检波器或平方律检波器。经检波和放大后的视频信号与一个门限值相比,如果接收机信号超过该门限,就判决为目标存在。

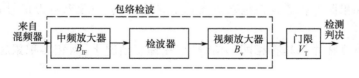

图 4-5　雷达的检测过程

噪声对信号检测的影响可以形象地示于图 4-6 中。A、B 和 C 是存在的三个目标,如果按门限电平 1 来判断目标存在与否时,会发生漏警(missed alarm)现象:目标 A 和 B 可以被正确检测出,而目标 C 由于其信号电平低于门限值,会被雷达误认为是噪声。如果按门限电平 2 来进行检测判决时,则除 A、B 和 C 三个真实目标可以被检出外,在 D 和 E 处的噪声电平因为超出门限值,因而也会被误认为是目标信号,出现了虚警(false alarm)现象。

在通信系统中，信噪比一般用能量来定义，即 SNR 是信号能量 E_s 和噪声能量之间的比值。由于功率与能量之间只相差一个时间因子，因此，这两种定义是完全等效的。

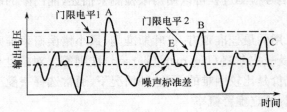

图 4-6 噪声对信号检测的影响

一个系统的热噪声（一般符合高斯分布）功率谱密度由下式给出

$$\rho_{noise} = kT_s \tag{4-25}$$

式中，k 是玻尔兹曼常数，$k = 1.38 \times 10^{-23}$ J/K；T_s 是系统的等效噪声温度（K）。热噪声功率谱密度的单位是 W/Hz。

系统的噪声功率为

$$N = \rho_{noise} B_n = kT_s B_n \tag{4-26}$$

式中，B_n 为系统的等效噪声带宽，简称为噪声带宽，其定义已在第 3 章给出。

在实际应用中，特别是对于外差式接收机，由于其中频放大器的滤波器带宽在整个雷达接收机链路中是最窄的，且滤波器的频响特性一般也比较接近理想矩形响应，通常可取噪声带宽近似等于其中频放大器的带宽，即 $B_n \approx B_{IF}$，因此

$$SNR = \frac{P_s}{kT_s B_{IF}} \tag{4-27}$$

如果按能量来定义 SNR，则信噪比 SNR 公式为[3]

$$SNR = \frac{E_s}{kT_s C_B} \tag{4-28}$$

式中，C_B 是带宽校正因子或称滤波器匹配因子。对于高斯白噪声，匹配滤波接收机可得到最佳输出信噪比，这时可取 $C_B = 1$。

4.2.3 雷达脉冲的积累

雷达对多个脉冲的检测结果求和，称为脉冲积累。脉冲积累可以改善检测因子，也即改善检测信噪比。如果脉冲积累是在检波之前完成的，由于此时考虑了信号的相位关系，故称为相参积累。反之，如果脉冲积累是在包络检波后完成的，由于一般未考虑信号相位的影响，故称为非相参积累。

如果 N 个回波脉冲都具有相同的信噪比，在理想情况下，做相参积累时的信噪比将改善 N 倍，即

$$(SNR)_{CN} = N \cdot (SNR)_1 \tag{4-29}$$

式中，$(SNR)_{CN}$ 和 $(SNR)_1$ 分别表示 N 个脉冲相参积累时的信噪比和单个脉冲检测的信噪比。

当对 N 个脉冲进行非相参积累时，信噪比的改善将小于 N 倍。早期有些文献认为，此时信噪比将改善 $\sqrt{N}$ 倍，后来被证明是不完全正确的。皮伯斯（Peebles）给出的非相参积累信噪比改善经验公式为[8]

$$(SNR)_{NN} = I_{NN} \cdot (SNR)_1 \tag{4-30}$$

式中，I_{NN}为非相参积累信噪比改善因子，即

$$I_{NN}(dB) = 6.79(1+0.235P_d)\left(1-\frac{\lg P_{fa}}{46.6}\right)\lg N \times (1-0.140 \times \lg N + 0.01831 \times \lg^2 N)$$

$$(4\text{-}31)$$

式中，P_d、P_{fa}分别为检测概率和虚警概率。注意其结果是用分贝数表示的。

关于非相参积累的信噪比改善因子，还有其他的近似公式可用。感兴趣的读者可参考文献[1,3,9]。

同相参积累相比，非相参积累有一个信噪比损失。非相参积累引起的信噪比损失可用积累效率来衡量，其定义如下

$$\xi_i(N) = \frac{(SNR)_{NN}}{(SNR)_{CN}} \tag{4-32}$$

式中，$(SNR)_{NN}$和$(SNR)_{CN}$分别表示非相参和相参积累的信噪比。也可用积累损耗来度量，积累损耗 $L_i(N)$ 与积累效率的关系为

$$L_i(N) = 10\lg[1/\xi_i] \tag{4-33}$$

可见，积累效率是一个不大于 1 的数，以比率表示，而积累损耗则是一个不小于零的数，后者以 dB 表示。

4.3 虚警概率和检测概率

4.3.1 虚警概率

雷达信号的接收和处理过程自始至终都受噪声的影响。噪声是一种随机的过程，噪声中的信号检测也是一种随机现象，应该采用统计的方法来描述。

假定中频放大器的输入噪声为零均值高斯白噪声，其概率密度函数为

$$p(v) = \frac{1}{\sqrt{2\pi\psi_0}}\exp\left\{-\frac{v^2}{2\psi_0}\right\} \tag{4-34}$$

式中，$p(v)$是噪声电压值位于 v 和 $v+dv$ 之间的概率，ψ_0 为噪声电压均方差。莱斯（Rice）指出[5]，此时包络检波器的输出 w 具有瑞利（Rayleigh）密度函数，即

$$p(w) = \frac{w}{\psi_0}\exp\left\{-\frac{w^2}{2\psi_0}\right\} \tag{4-35}$$

噪声电压的包络 w 超过门限值 V_T 的概率为

$$P(V_T < w < +\infty) = \int_{V_T}^{+\infty} p(w)\,dw = \int_{V_T}^{+\infty} \frac{w}{\psi_0}\exp\left\{-\frac{w^2}{2\psi_0}\right\}dw = \exp\left(-\frac{V_T}{2\psi_0}\right) \quad (4\text{-}36)$$

此即噪声超过门限电平而被判决为目标信号的发生概率，也即雷达的虚警概率，有

$$P_{fa} = \exp\left\{-\frac{V_T^2}{2\psi_0}\right\} \tag{4-37}$$

注意：式(4-37)本身并不能说明雷达是否会因为过多的虚警而在应用中造成问题。通常更多采用发生虚警的间隔时间来衡量噪声对雷达性能的实际影响，如图 4-7 所示。

虚警时间定义为当仅存在噪声时，接收机电平出现超过判决门限 V_T 情况的平均时间间隔，即

$$T_{fa} = \lim_{N \to +\infty} \frac{1}{N}\sum_{k=1}^{N} T_k \tag{4-38}$$

式中,T_k 为相邻两次虚警的间隔时间。

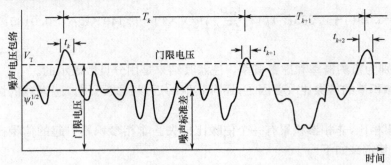

图 4-7　虚警间隔时间

虚警概率可表示为

$$P_{fa} = \lim_{N \to \infty} \frac{\frac{1}{N}\sum_{k=1}^{N} t_k}{\frac{1}{N}\sum_{k=1}^{N} T_k} = \frac{\langle t_k \rangle_{av}}{\langle T_k \rangle_{av}} \approx \frac{1}{T_{fa}B_{IF}} \tag{4-39}$$

式中,t_k 为噪声电平超过 V_T 的持续时间;$\langle\ \rangle_{av}$ 表示求统计平均;B_{IF} 为中频放大器的带宽,通常有 $\langle t_k \rangle_{av} \approx 1/B_{IF}$。因此,由式(4-39)可得

$$T_{fa} \approx \frac{1}{P_{fa}B_{IF}} \tag{4-40a}$$

从式(4-37)和式(4-39),有

$$T_{fa} = \frac{1}{B_{IF}} \exp\left\{\frac{V_T^2}{2\psi_0}\right\} \tag{4-40b}$$

从式(4-40b)可以看出,雷达的虚警概率通常很小,但由于 $1/B_{IF}$ 秒就要判决是否有目标出现,而带宽 B_{IF} 通常很大(MHz 量级),因此,1 秒内往往可能有很多次机会出现虚警。例如,若 $B_{IF} = 1\text{MHz}$,$P_{fa} = 10^{-6}$,则有 $T_{fa} = 1\text{s}$,即平均每秒钟就可能出现 1 次虚警。

从式(4-40b)还可以看出,虚警时间对门限的变化很敏感。如果设定门限稍高于所要求的门限值并保持稳定,则由于热噪声而出现虚警的概率很小,因为 T_{fa} 随比值 $\frac{V_T^2}{2\psi_0}$ 呈指数增长。

实际雷达系统中,虚警的发生更可能是由于环境杂散回波(地杂波、海杂波、气象杂波等)超过门限引起的,但在雷达虚警时间指标中,几乎从未将杂波包括在内,只考虑接收机的噪声,原因是后者远比热噪声的统计特性复杂,很难用一个简单的数学表达式来描述。

4.3.2　检测概率

现在来讨论当幅度为 A 的正弦信号与噪声 w 同时存在时,对目标进行检测的情况。此时,包络的概率密度函数为[1]

$$p_s(w) = \frac{w}{\psi_0} \exp\left\{-\frac{w^2 + A^2}{2\psi_0}\right\} I_0\left(\frac{wA}{\psi_0}\right) \tag{4-41}$$

式中,$I_0(z)$ 为参量为 z 的零阶修正贝塞尔函数。当 z 很大时,有

$$I_0(z) = \frac{e^z}{\sqrt{2\pi z}}\left(1 + \frac{1}{8z} + \cdots\right) \tag{4-42}$$

式(4-41)称为莱斯(Rice)概率密度函数。当 $A = 0$,即没有信号只有噪声时,式(4-41)退

化为式(4-35)。

信号的检测概率是包络超过门限电平的概率,即

$$P_d = P_s(V_T < w < +\infty) = \int_{V_T}^{+\infty} p_s(w)\mathrm{d}w \tag{4-43}$$

式(4-43)积分结果没有简单的解析表达式,但可用级数展开方法求数值解。注意到 P_d 同信号幅度 A、门限电平 V_T 和噪声功率 ψ_0 三者有关。

埃尔伯希姆(Albersheim)[6,7]给出了信噪比 SNR、检测概率 P_d 和虚警概率 P_{fa} 之间的经验公式,即

$$SNR = A + 0.12AB + 1.7B \tag{4-44}$$

式中,$A = \ln(0.62/P_{fa})$,$B = \ln[P_d/(1-P_d)]$。信噪比的数值为线性值而不是 dB 数,ln 为自然对数。这个结论是对单个脉冲检测的结果。

图 4-8 所示为虚警概率 P_{fa} 和检测概率 P_d 的计算方法,图中 $p(w)$ 曲线表示检波器输出的噪声电压概率密度,$p_s(w)$ 曲线表示检波器输出信号加噪声电压概率密度函数,V_T 为所设定的检测门

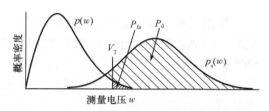

图 4-8　虚警概率和检测概率的计算示意图

限。图中右斜线大片阴影区域表示检测概率 P_d,左斜线小片阴影区域为虚警概率 P_{fa}。从图中可以清晰地看出虚警概率 P_{fa} 和检测概率 P_d 的物理意义。

检测概率和虚警概率是由用户根据需要而提出的要求,根据这个值可以求出所需的最小信噪比。

4.3.3　提高检测概率的方法

雷达探测目标既希望有较高的检测概率,又希望虚警概率在可容忍的范围以内。下面简要介绍几个提高检测概率的判决准则。但在大多数与雷达方程有关的分析中,所考虑的是基于单次超过门限的检测判决。

1. "N 次扫描检测到 M 次"准则

前面讨论的雷达方程都基于单次扫描或单次观测,雷达天线扫描目标时的检测概率。实际中,监视雷达很少只依据单次扫描就做出目标出现的检测判决。通常确认一个目标的存在是基于 N 次扫描需要检测到 M 次目标的准则,$N > M > 1$。如果单次检测概率用 P_d 表示,则 N 次扫描中有 M 次检测到目标的概率用下式给出[1]

$$P_{NM} = \sum_{k=M}^{N} \frac{N!}{k!(N-k)!} P_d^k (1-P_d)^{N-k} \tag{4-45}$$

N 次扫描检测到 M 次的检测准则的虚警概率也可类似地求出来,得到的虚警概率将比单次扫描虚警概率低得多。因此,N 次扫描检测到 M 次准则可以容忍较高的虚警概率,但不超过所规定的总虚警率,使得可取较低的检测门限,获得更高的检测概率。

2. 航迹建立作为检测准则

许多现代空中监视雷达确认目标存在与否,基于能否对目标建立一条航迹,而不是目标是否出现的单次检测。航迹的建立需要对目标进行多次观测。由于通过纯噪声建立一条合乎逻辑的航迹的可能性很小,因此,可以降低对探测的虚警概率的要求。当将一条有效航迹的建立作为目标存在的准则时,设计优良的雷达及跟踪算法,可使目标的虚警概率很小。

3. 累积检测概率

累积检测概率是指 N 次扫描至少有一次检测到目标的概率。如果多次扫描一个目标,即便单次扫描检测概率小,累积的检测概率也可以很大。如果 N 次扫描时间内,目标距离的变化可以不考虑,则累积检测的概率为

$$P_c = 1 - (1 - P_d)^N \tag{4-46}$$

式中,P_d 为单次检测概率。

4.4 恒虚警率检测

依据奈曼—皮尔逊准则,在雷达信号的检测过程中需要使虚警概率保持恒定,即恒虚警率处理。CFAR 检测的基本原理是:根据检测单元附近的参考单元估计背景杂波的能量并依此调整门限,从而使雷达信号检测满足奈曼—皮尔逊准则的处理方法。

自从 1968 年推出单元平均恒虚警算法(CA-CFAR)以来,至今已发展了许多恒虚警检测算法,这些算法之间的主要区别在于对杂波均值的估计方法上,按杂波类型是否已知,可分为参量型恒虚警和非参量型恒虚警[21]。

为了使读者对 CFAR 方法有基本认识,下面以单元平均恒虚警(CA-CFAR)为例讨论高分辨率雷达目标检测器。CA-CFAR 检测方法由菲恩(Finn)和约翰逊(Johnson)[19]提出,对背景杂噪功率的估计是最大似然估计,检测性能是最优的。

CA-CFAR 的基本原理是:将参考单元的输出取平均,得到平均值的估计,再用它去归一化处理(相除或相减)检测单元的输出,这样得到恒虚警概率效果。CA-CFAR 的原理图如图 4-9所示。

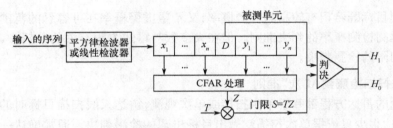

图 4-9　CA-CFAR 的原理图

图 4-9 中的参数说明如下:D 为被测单元变量,系统采集 $R = 2n$ 个单元样本,n 为前沿和后沿参考滑窗的长度;$x_i (i=1,2,\cdots,n)$ 和 $y_i (i=1,2,\cdots,n)$ 是两侧参考单元(参考滑窗)采样;Z 是背景杂噪功率水平估计;S 是自适应门限;T 是门限参数。

CA-CFAR 的自适应判决准则为

$$D \underset{H_0}{\overset{H_1}{\gtrless}} TZ \tag{4-47}$$

式中,H_1 表示有目标假设,H_0 表示无目标假设。

在未知功率高斯白噪声和均匀的瑞利包络杂波背景及单脉冲平方律检测的假设下,每个参考单元采样服从指数分布,其概率密度函数(PDF)为[20]

$$f_D(t) = \frac{1}{\lambda} e^{-\frac{t}{\lambda}} \quad (t \geqslant 0) \tag{4-48}$$

当 H_0 假设时，λ 是背景杂波和热噪声总的平均功率水平，用 μ 表示；当 H_1 假设时，λ 是 $\mu(1+r_{sn})$，其中 r_{sn} 是信号与杂噪功率之比，因此有

$$\lambda=\begin{cases}\mu & H_0\\ \mu(1+r_{sn}) & H_1\end{cases} \tag{4-49}$$

均匀杂波背景中的参考滑窗中变量 $x_i(i=1,2,\cdots,n)$ 和 $y_i(i=1,2,\cdots,n)$ 是独立同分布的，其 PDF 为

$$f_{x_i}(x)=f_{y_i}(x)=\frac{1}{\mu}e^{-\frac{x}{\mu}}\quad(x>0) \tag{4-50}$$

用 CA-CFAR 方法产生的前后沿滑窗局部估计 X、Y 的 PDF 为

$$f_v(v)=\frac{n^n}{\mu}\left(\frac{v}{\mu}\right)^{n-1}\frac{e^{-\frac{nv}{\mu}}}{\Gamma(n)}\quad(v=x,y) \tag{4-51}$$

均匀背景下的检测概率为

$$P_d=\int_0^{+\infty}f_Z(z)P\{D\geqslant S|H_1\}dz=\int_0^{+\infty}f_Z(z)\int_{TZ}^{+\infty}\frac{1}{\mu}e^{-\frac{1}{\mu}}dxdz=M_Z(u)\Big|_{u=T/(1+r_{sn})} \tag{4-52}$$

式中，$f_Z(z)$ 是 Z 的 PDF，$P\{D\geqslant S|H_1\}$ 是 H_1 假设下 $D\geqslant S$ 的概率，$M_Z(u)$ 是变量 Z 的矩母函数。同理，均匀背景下的虚警概率为

$$P_{fa}=\int_0^{+\infty}f_Z(z)P\{D\geqslant S|H_0\}dz=M_Z(u)\big|_{u=T/\mu} \tag{4-53}$$

式中，$P\{D\geqslant S|H_0\}$ 是在 H_0 假设下 $D\geqslant S$ 的概率。

X 的矩母函数为

$$M_X(u)=(1+\beta u)^{-\alpha} \tag{4-54}$$

式中，α 和 β 为 Γ 分布的两个参数。

根据独立同分布的假设下 x_i 和 y_i 同分布、X 和 Y 同分布，得到检测概率为

$$P_d=[1+T/(1+r_{sn})]^{-2n} \tag{4-55}$$

门限参数 T 可由式(4-55)在 $r_{sn}=0$ 时得到，即有

$$T=(P_{fa})^{2n}-1 \tag{4-56}$$

均匀杂波背景中，对任意给定的恒虚警概率 P_{fa}，解式(4-56)可得 CA-CFAR 的门限参数 T，同时估计出杂噪功率值 Z，从而得到自适应门限值 S，由此可判决目标存在与否。

4.5　对雷达方程的进一步讨论

4.5.1　用检测因子和能量表示的雷达方程

图 4-10 所示为雷达接收机和信号处理器框图。如前所述，一般把检波器以前（中频放大器输出）的部分视为线性的，中频滤波器的特性近似为匹配滤波器，从而使中频放大器输出端的信噪比达到最大。

根据雷达检测目标的要求，如果确定所需要的最小输出信噪比为 $(\text{SNR})_{o\,\min}$，这时可得到最小可检测信号 $S_{i\,\min}$ 为

$$S_{i\,\min}=kT_0B_nF_n(\text{SNR})_{o\,\min} \tag{4-57}$$

$(\text{SNR})_{o\,\min}$ 是指匹配接收机输出端的信噪比，参数 k、T_0、B_n、F_n 在本章之章小节中已有定义。

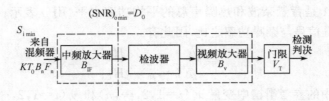

图 4-10　雷达接收机和信号处理框图

对常用雷达波形来说,信号功率是一个容易理解和测量的参数,但现代雷达多采用复杂的信号波形,信号能量往往是接收信号可检测性的一个更合适的度量。

对于简单的矩形脉冲,若其脉宽为 t_p,信号功率为 P,则接收信号能量 $E_r = Pt_p$;噪声功率 N 和噪声功率谱密度 N_o 之间的关系为 $N = N_o B_n$, B_n 为接收机噪声带宽,一般情况下可认为 $B_n \approx 1/t_p$。此时,以能量表示的信噪比为

$$\text{SNR} = \frac{P}{N_o B_n} = \frac{Pt_p}{N_o} = \frac{E_r}{N_o} \tag{4-58}$$

因此,检测信号所需的最小输出信噪比为

$$(\text{SNR})_{o\min} = \left(\frac{E_r}{N_o}\right)_{o\min} \tag{4-59}$$

在早期雷达中,通常都用各类显示器来观察和检测目标信号,所以也称所需的最小输出信噪比 $(\text{SNR})_{o\min}$ 为"鉴别系数"或"可见度因子"。现代雷达一般采用建立在统计检测理论基础上的统计判决方法来实现自动信号检测,在这种情况下,检测目标信号所需的最小输出信噪比称为"检测因子",用 D_0 表示,即

$$D_0 = \left(\frac{E_r}{N_o}\right)_{o\min} = (\text{SNR})_{o\min} \tag{4-60}$$

D_0 是在接收机匹配滤波器输出端测量得到的,因此,检测因子 D_0 就是满足所需检测性能时,在检波器输入端单个脉冲应达到的最小信噪比。

综上所述,用 $(\text{SNR})_{o\min}$ 表示的雷达距离方程为

$$R_{\max} = \left[\frac{P_t G_t G_r \lambda^2 \sigma}{(4\pi)^3 k T_0 B_n F_n (\text{SNR})_{o\min} L}\right]^{1/4}$$
$$= \left[\frac{P_t A_t A_r \sigma}{4\pi\lambda^2 k T_0 B_n F_n (\text{SNR})_{o\min} L}\right]^{1/4} \tag{4-61}$$

当用信号能量 E_t 代替发射脉冲功率 P_t,用检测因子 $D_0 = (\text{SNR})_{o\min}$ 替换式(4-61)中相关参量时,用检测因子 D_0 表示的雷达距离方程为

$$R_{\max} = \left[\frac{P_t t_p G_t G_r \lambda^2 \sigma}{(4\pi)^3 k T_0 F_n D_0 C_B L}\right]^{1/4} = \left[\frac{E_t A_t A_r \sigma}{4\pi\lambda^2 k T_0 F_n D_0 C_B L}\right]^{1/4} \tag{4-62}$$

式(4-62)中带宽校正因子 $C_B \geqslant 1$,它表示接收机带宽失配所带来的信噪比损失,匹配接收时 $C_B = 1$。L 表示雷达各部分损耗引入的损耗因子。

用检测因子 D_0 和能量 E_r 表示的雷达方程在使用时有以下优点。

(1)当雷达在检测目标之前有多个脉冲可以积累时,由于积累可改善信噪比,故此时检波器输入端的 $D_0(n)$ 值将随脉冲积累个数 n 值的增大而下降,因此可表明雷达作用距离和脉冲积累数 n 之间的简明关系,可计算和绘制出标准曲线供查用。

(2)用能量表示的雷达方程适用于当雷达使用各种复杂脉压信号的情况。只要知道脉冲功率及发射脉宽,就可以用来估算作用距离,而不必考虑具体的波形参数。

4.5.2 双站雷达方程

当雷达系统的发射机和接收机不是放置在同一位置,而是在空间上相隔一定的距离时,称此时的雷达为双站(双基地)雷达,如图 4-11 所示。

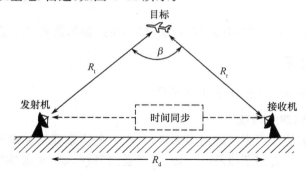

图 4-11 双站雷达几何关系示意图

类似于单站雷达的情况,容易推导出双站雷达方程。此时,双站雷达接收机接收到的目标回波功率可表示为

$$P_r = \frac{P_t G_t}{L_t} \cdot \frac{1}{4\pi R_t^2 L_{mt}} \cdot \sigma \cdot \frac{1}{4\pi R_r^2 L_{mr}} \cdot \frac{G_r \lambda^2}{4\pi L_r} = \frac{P_t G_t G_r \sigma \lambda^2}{(4\pi)^3 R_t^2 R_r^2 L_t L_r L_{mt} L_{mr}} \tag{4-63}$$

式中,P_r 为接收机输入端功率(W);P_t 为发射机功率(W);G_r、G_t 分别为接收天线与发射天线的增益(无因次);L_t、L_{mt} 分别为发射机内馈线与发射天线到目标传播途径的损耗(无因次);L_r、L_{mr} 分别为接收机内馈线与目标到接收天线传播途径的损耗(无因次);σ 为目标双站雷达散射截面(m^2);R_t、R_r 分别为目标到发射天线、接收天线的距离(m);λ 为雷达工作波长(m)。

易见,当 $R_t = R_r$ 时,式(4-63)同单站雷达方程完全一致,单站雷达只是双站雷达的特例。

4.5.3 搜索雷达方程

前面所讨论的雷达方程可用于在给定一部已有雷达的主要参数时,计算其最大探测距离。在这里,推导过程中均假设目标位置是已知的,故有时也称为"跟踪雷达方程"。如果目标位置是未知的,也即雷达需要通过天线在一定的立体角范围内一帧一帧扫描来发现目标,则此时的雷达方程将有所差异,后者也称为"搜索雷达方程"。跟踪雷达与搜索雷达工作模式的差异示意图如图 4-12 所示。

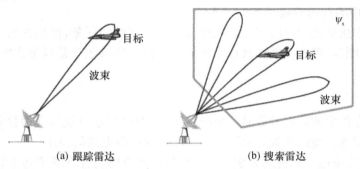

(a) 跟踪雷达   (b) 搜索雷达

图 4-12 跟踪雷达和搜索雷达工作模式的差异示意图

巴顿(Barton)给出的搜索雷达方程为[23]

$$R_{max} = \left[\frac{P_{av} t_s A_r \sigma}{4\pi \psi_s k T_0 D_0 L_s} \right]^{1/4} \tag{4-64}$$

式中，P_{av} 为平均发射功率；t_s 为搜索扫描时间（帧时）；A_r 为天线有效接收面积；σ 为目标雷达散射截面；ψ_s 为搜索扇区立体角（弧度）；L_s 为各种因素引起的搜索损耗因子。其他参数意义与前面讨论的相同。

本章参考文献[23]给出了式(4-64)的详细推导，感兴趣的读者可以参考，这里不赘述。

4.5.4 雷达方程的使用

雷达方程的用途主要体现在如下几个方面。

1. 预测雷达作用距离的验证

本章讨论了影响雷达作用距离的诸多因素，其中一些因素无法精确地确定。雷达的实际最大作用距离往往不一定能同期望的一样好，需要通过各种试验对雷达的性能进行验证。对一部新雷达系统的验收，通常是进行有限次的试验，以保证雷达性能没有太大的偏差。工程实际中，使用方还应该对雷达各个分系统的性能（如发射机功率、天线增益、接收机噪声系数、接收机动态范围等）做出规定。这些参数容易测量，通过这些参数可以预测雷达的真正性能。如果提出的每个分系统的指标都考虑周全、计算正确，且都能得到很好满足，则雷达性能符合预期指标的可能性就高。

2. 雷达作用距离的计算精度

雷达方程中许多参数值不可能有很高的精度，雷达距离性能的实际验证也相当困难，精确地预测雷达性能难以实现。在工程上，有些问题无法做到非常精确。尽管如此，雷达工程师必须保证雷达可以按所要求的性能工作。

3. 雷达方程的计算

根据雷达方程，利用计算器及一些表格或图表可以算出雷达的最大作用距离，也有专门的计算机程序完成雷达方程的计算。本章主要讨论了接收机噪声对雷达检测性能的影响，当陆地、海或雨杂波的回波大于接收机噪声时，预测雷达作用距离，需要雷达方程的不同形式，以及不同的雷达设计。当必须同时考虑杂波影响、干扰机的干扰及接收机噪声，并且它们不服从高斯分布时，应采用计算机仿真。仿真结果的可信度取决于对杂波和其他一些干扰影响所建立模型的置信度。

4. 设计过程中的雷达方程

雷达方程是雷达系统设计的基础。根据雷达所要完成的任务，由用户给出雷达方程的一些参数，比如作用距离、覆盖范围和目标特性等。其他一些参数只是根据实际情况，由雷达设计师折中考虑的。

5. 保守设计

由于对雷达方程中的许多参数缺乏精确的了解，所以应尽可能保守地设计雷达。这需要充分地考虑影响雷达性能的参数，然后加一个安全系数，以提高信噪比。

巴顿所著《现代雷达中的雷达方程》一书[23]对不同应用场合下的雷达方程及其详细计算进行了全面而深入的讨论，有需要的读者可参考该书相关章节。

第 4 章思考题

1. 试说明系统的半功率点带宽与等效噪声带宽的区别。

2. 规定平均虚警时间间隔为 30min，接收机带宽为 0.4MHz。

(a) 虚警概率是多少？

(b) 门限噪声功率比 V_T^2/Ψ_0 是多少？

(c) 对于平均时间为一年（8760h）的情况，重复解答（a）和（b）两小题。

(d) 假设设定的门限噪声功率比为 30min 的虚警时间［即（b）题中所设定的门限功率比值］，但由于某种原因，门限设置的实际值比（b）题中得到的值小 0.3dB，则采用较低的门限后得到的平均虚警间隔时间为多少？

(e) 如果门限增大 0.3dB，则平均虚警间隔时间为多少？

(f) 比较（d）题和（e）题中计算出来的两个门限－噪声比值，试分析如何准确实现规定的虚警间隔时间指标。

3. 频率为 1.35GHz 的雷达，其天线直径 $D=9.6\text{m}$，最大不模糊距离为 220 海里，天线扫描时间为 10s（天线扫描一周的时间）。假设天线半功率波束宽度为 $\theta_B=1.2\dfrac{\lambda}{D}$，$\lambda$ 为雷达波长。试求解：

(a) 每次扫描雷达接收的来自点目标的回波的脉冲数为多少？

(b) 当检测概率为 0.9，虚警概率为 10^{-4} 时，积累损耗和积累改善因子是多少？

4. 如果发射机质量正比于发射机功率（$W_t=k_tP_t$），且如果天线质量正比于其体积（天线质量正比于天线孔径面积 A 的 3/2 次方，即 $W_A=k_AA^{3/2}$），假设雷达最大作用距离固定，则天线质量和发射机质量之间有什么关系才能使总质量 $W=W_t+W_A$ 为最小？（提示：采用简单雷达方程来表示 P_t 和 A 之间的关系）

5. 设雷达接收机为外差式接收机，载波频率为 f_0，中频频率为 f_{IF}，中频放大器带宽为 B_{IF}，检波器采用线性检波，其传输系数为 K_d，视放带宽 $B_{VI}=B_{IF}/2$。当有如图 4-13 所示的射频噪声干扰进入接收机输入端时，试画出混频器、中频放大器、检波器和视放输出的频谱特性，并写出它们的概率密度表达式。

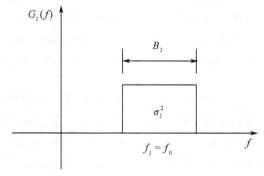

图 4-13　题 5 配图

6. 试完整推导双站雷达方程式（4-63）。

7. 试完整推导搜索雷达方程式（4-64）。

参 考 文 献

[1] M. I. Skolnik. Introduction to Radar Systems, 3rd edition. McGraw-Hill, 2001.

[2] B. R. Mahafza. Radar Systems Analysis and Design Using Matlab. Chapman & Hall/ CRC, 2000.

[3] R. J. Sullivan. Microwave Radar: Imaging and Advanced Concepts. Artech House, 2000.

[4] 黄培康,殷红成,许小剑. 雷达目标特性. 北京:电子工业出版社,2005.

[5] S. O. Rice. Mathematical analysis of random noise. Bell System Tech Journal, Vol. 23, pp. 282-332, 1944, and Vol. 24, pp. 46-156, 1945.

[6] W. J. Albersheim. A closed-form approximation to Robertson's detection characteristics. Proc. IEEE, Vol. 69, July 1981.

[7] D. W. Tufts and Cann A. J. On Albersheim's detection equation. IEEE Trans. on Aerospace and Electronic Systems, Vol. 19, July 1984.

[8] P. Z. Peebles. Jr. , Radar Principles. Jonh Wiley & Sons, Inc. , 1998.

[9] D. K. Barton. Modern Radar System Analysis. Norwood, MA: Artech House, 1988.

[10] 向敬成,张明友. 雷达系统. 北京:电子工业出版社,2005.

[11] 蔡希尧. 雷达系统概论. 北京:科学出版社,1983.

[12] 中航雷达与电子设备研究院. 雷达系统. 北京:国防工业出版社,2005.

[13] 丁鹭飞,耿富录. 雷达原理. 西安:西安电子科技大学出版社,2002.

[14] P. Lacomme, J-P Hardange, J-C Marchais. E. Normant. Air and Spaceborne Radar System: An Introduction. William Andrew Publishing, LLC, 2001.

[15] G. W. Stimson. Introduction to Airborne Radar, 2nd edition. SciTech Publishing Inc. , 1998.

[16] 王小谟,张光义. 雷达与探测,北京:国防工业出版社,2000.

[17] B. S. Guru and H. R. Hiziroglu. Electromagnetic Field Theory Fundamentals. Chapter 11, PWS Publishing Company, 1998.

[18] 张贤达. 现代信号处理. 北京:清华大学出版社,1995.

[19] H. M. Finn and R. S. Johnson. Adaptive detection mode with threshold control as a function of spatially sampled clutter level estimates. RCA Review, V29, pp. 414-464, 1968.

[20] 王永良,彭应宁. 空时自适应信号处理. 北京:清华大学出版社,2000.

[21] 王彩云. 雷达高分辨距离像目标检测与识别研究. 北京航空航天大学博士论文,2008.

[22] J. L. Read, D. Lanterman, J. M. Trostel. Weather radar: operation and phenomenology. IEEE Aerospace and Electronic System Magazine, Vol. 32, No. 7, pp. 46-62, 2017.

[23] D. K. Barton. Radar Equations for Modern Radar. Boston: Artech House, 2013.

第 5 章　雷达波形与处理

第 1 章曾给出一个描述雷达同目标与环境相互作用的数学模型,即

$$s_r(t) = s_t(t) * a_f(t) * \rho(t) * h_r(t) * a_b(t) \tag{1-1}$$

式中,$s_r(t)$ 为雷达接收到的目标回波输出信号;$s_t(t)$ 为雷达的发射波形;$\rho(t)$ 为目标的冲激响应函数;$h_r(t)$ 为雷达接收机的冲激响应函数;$a_f(t)$ 和 $a_b(t)$ 分别为表征传播介质前向传播和后向传播特性的冲激响应函数。

从本章起,我们将利用 3 章的篇幅分别讨论雷达波形、雷达目标和环境。

雷达既要从回波信号中检测目标的存在与否,又要从回波中提取关于目标的其他信息,如距离、速度、RCS 等。雷达在从含有噪声、杂波及干扰的回波信号中检测和提取所需的目标信号、滤除噪声、杂波和干扰等,所使用的各种方法、算法统称为雷达信号处理。选择什么样的雷达波形及采用何种信号处理技术,主要取决于雷达的特定功能。雷达的距离分辨率和多普勒分辨率主要取决于雷达信号的波形。本章重点对雷达信号波形及处理的方法进行介绍。

5.1　匹配滤波器

当雷达接收机的输出峰值信噪比最大时,可获得对目标的最大检测概率。高斯白噪声背景中的信号通过匹配滤波器时,其输出信噪比可以达到最大,是检测信号的最佳滤波器。匹配滤波器是几乎所有雷达接收机设计的基础。

5.1.1　匹配滤波器的响应

如图 5-1 所示,对于一个线性时不变(Linear Time Invariant,LTI)系统,其系统频率响应函数为 $H(f)$。假设输入到该系统的信号为

$$s(t) = u(t)e^{j2\pi f_0 t} \tag{5-1}$$

式中,f_0 为载频,$u(t)$ 为信号复包络,且 $u(t) \Leftrightarrow U(f)$(信号在时域的表示与在频域的表示是一个傅里叶变换对)。

输入到系统的噪声 $n(t)$ 为零均值高斯白噪声,其功率谱密度随频率均匀分布,即其噪声功率谱密度为 N_0。

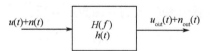

图 5-1　LTI 系统及其输入和输出

当信号和噪声输入该系统时,在 t_m 时刻,系统输出端的信噪比为

$$\mathrm{SNR} = \frac{|u_{\mathrm{out}}(t_m)|^2}{\langle n_{\mathrm{out}}^2 \rangle} \tag{5-2}$$

式中,系统的输出信号为

$$u_{\text{out}}(t_m) = \int_{-\infty}^{+\infty} H(f)U(f)e^{j2\pi ft_m}\,df \tag{5-3}$$

输出信号的功率为

$$|u_{\text{out}}(t_m)|^2 = u_{\text{out}}(t_m)u_{\text{out}}^*(t_m) = \left|\int_{-\infty}^{+\infty} H(f)U(f)e^{j2\pi ft_m}\,df\right|^2 \tag{5-4}$$

系统输出的噪声功率为

$$\langle n_{\text{out}}^2\rangle = N_0\int_{-\infty}^{+\infty}|H(f)|^2\,df \tag{5-5}$$

因而有输出信噪比为

$$\text{SNR} = \frac{|u_{\text{out}}(t_m)|^2}{\langle n_{\text{out}}^2\rangle} = \frac{\left|\int_{-\infty}^{+\infty} H(f)U(f)e^{j2\pi ft_m}\,df\right|^2}{N_0\int_{-\infty}^{+\infty}|H(f)|^2\,df} \tag{5-6}$$

根据施瓦兹(Schwartz)不等式,对任何两个复数信号 $A(f)$ 和 $B(f)$,有

$$\left|\int_{-\infty}^{+\infty} A(f)B(f)\,df\right|^2 \leqslant \int_{-\infty}^{+\infty}|A(f)|^2\,df \cdot \int_{-\infty}^{+\infty}|B(f)|^2\,df \tag{5-7}$$

当且仅当

$$A(f) = K\cdot B^*(f) \tag{5-8}$$

时,式(5-7)中的等号成立,其中 K 是常数,上标" $*$ "表示复共轭。

因此,对式(5-6)进行施瓦兹不等式代换,可得

$$\text{SNR} \leqslant \frac{1}{N_0}\int_{-\infty}^{+\infty}|U(f)|^2\,df = \frac{E}{N_0} \tag{5-9}$$

式中

$$E = \int_{-\infty}^{+\infty}|U(f)|^2\,df$$

为输入信号的能量。注意式(5-9)最右边的比值正是输入信噪比,也就是说,输出信噪比永远不可能优于输入信噪比。而且,根据式(5-8),仅当

$$H(f) = KU^*(f)e^{-j2\pi ft_m} \tag{5-10}$$

时,式(5-9)中的等号成立,其中 K 是常数。此时,输出信噪比取最大值且等于输入信噪比。

对式(5-10)取傅里叶反变换,可得到系统的时域响应函数为

$$h(t) = Ku^*(t_m - t) \tag{5-11}$$

因此,当系统的频域响应满足式(5-10)或时域冲激响应满足式(5-11)时,可得到最大的输出信噪比。此时,我们说系统处于匹配状态,这类系统统称为匹配滤波器。

根据式(5-11),匹配滤波器的冲激响应为其所接收到信号经过延时的"镜向共轭",图 5-2 所示为这一匹配滤波器的输入信号和时域响应函数示意图。

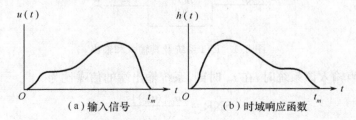

图 5-2 匹配滤波器的输入信号和时域响应函数示意图

注意,在式(5-9)中,E 表示信号复包络的能量,因此我们定义的是在 t_m 时刻信号峰值功率与噪声功率之比。如果发射信号和接收信号是脉冲调制的正弦波信号,则其平均功率是峰值功率的 $1/2$,即有 $E=2E_{av}$。因此,峰值功率意义上的最大信噪比为

$$\mathrm{SNR}_{max}^{peak}=\frac{E}{N_0} \tag{5-12a}$$

而在平均功率意义上的最大信噪比则为[4]

$$\mathrm{SNR}_{max}^{av}=\frac{2E_{av}}{N_0} \tag{5-12b}$$

当输入噪声为非高斯白噪声,即输入噪声的功率谱密度函数 $|N_i(f)|^2$ 不为常数时,为使峰值信噪比最大,匹配滤波器频率响应应为[6,7]

$$H(f)=\frac{KU^*(f)\mathrm{e}^{-\mathrm{j}2\pi ft_m}}{|N_i(f)|^2} \tag{5-13}$$

式(5-13)称为非白噪声匹配滤波器的频率响应。式(5-13)也可重写为

$$H(f)=\frac{1}{N_i(f)}K\left(\frac{U(f)}{N_i(f)}\right)^*\mathrm{e}^{-\mathrm{j}2\pi ft_m} \tag{5-14}$$

从式(5-14)可以看出,非白噪声匹配滤波器可以解释为由两个滤波器级联构成:第一个滤波器称为白化滤波器,其频响为 $1/N_i(f)$,它使得输入噪声谱"白化"(均匀化);第二个滤波器称为匹配滤波器。如果输入噪声是白噪声且输入信号的谱为 $U(f)/N_i(f)$,则第二个滤波器的频响与式(5-10)的形式完全相同。

作为本节的结束,我们将有关匹配滤波器的结论总结如下:

(1) 频率响应函数为 $KU^*(f)\mathrm{e}^{-\mathrm{j}2\pi ft_m}$;

(2) 冲激响应函数为 $Ku^*(t_m-t)$;

(3) 最大输出峰值信噪比为 E/N_0(对于正弦载频调制的矩形脉冲,平均功率意义下的峰值信噪比为 $2E_{av}/N_0$);

(4) 对于高斯白噪声,它是最佳滤波器,输出的瞬时($t=t_m$)信噪比最大,且等于输入信噪比;

(5) 对于有色噪声,其频率响应函数为 $K\dfrac{U^*(f)}{|N_i(f)|^2}\mathrm{e}^{-\mathrm{j}2\pi ft_m}$。

5.1.2 匹配滤波器对时延和多普勒频移信号的响应

当雷达接收和处理一个运动的理想点目标回波信号时,接收到的回波脉冲相对于发射脉冲将同时出现时延和多普勒频移,如图 5-3 所示。假定目标的时延是 τ,多普勒频移是 f_d,现在来研究对这一目标的匹配滤波器的响应。

图 5-3　匹配滤波器对运动目标的响应

雷达的发射信号用复信号表示为

$$s(t)=u(t)\mathrm{e}^{\mathrm{j}2\pi f_0 t}$$

在接收机处,该运动目标的回波信号为(忽略对处理无影响的载频相位项)

$$s_r(t) = u(t-\tau) e^{j[-2\pi f_0 \tau + 2\pi f_d(t-\tau)]} \tag{5-15}$$

如果我们设定所期望的目标出现在 $t_m = 0$(相当于无时延),且其径向速度为 0(相当于无多普勒频移),则由前一节可知,对所设定目标回波相匹配的匹配滤波器响应应该为

$$h(t) = K u^*(-t) \tag{5-16}$$

因此,滤波器的输出响应为

$$u_{out}(t, f_d) = \int_{-\infty}^{+\infty} h(\xi) s_r(t-\xi) d\xi \tag{5-17}$$

将式(5-15)和式(5-16)代入式(5-17),并化简可得

$$\begin{aligned}
u_{out}(t, f_d) &= \int_{-\infty}^{+\infty} h(\xi) s_r(t-\xi) d\xi \\
&= K \int_{-\infty}^{+\infty} u^*(-\xi) u(t-\tau-\xi) e^{j\{-2\pi f_0 \tau + 2\pi f_d(t-\tau-\xi)\}} d\xi \\
&= K e^{-j2\pi f_0 \tau} \int_{-\infty}^{+\infty} u(t') u^*(t'-t+\tau) e^{j2\pi f_d t'} dt' \\
&= K e^{-j2\pi f_0 \tau} \int_{-\infty}^{+\infty} u(t') u^*(t'-\tau') e^{j2\pi f_d t'} dt'
\end{aligned} \tag{5-18}$$

注意,在式(5-18)的推导过程中,从第二个等号到第三个等号做了变量代换 $t - \tau - \xi = t'$,从第三个等号到第四个等号做了变量代换 $t - \tau = \tau'$。

更进一步,在式(5-18)中取 $K = 1$,忽略常数相位项 $e^{-j2\pi f_0 \tau}$,并再次做变量替换 $t' \rightarrow t$,$\tau' \rightarrow \tau$,从而有

$$u_{out}(\tau, f_d) = \int_{-\infty}^{+\infty} u(t) u^*(t-\tau) e^{j2\pi f_d t} dt \tag{5-19}$$

这就是具有时延和多普勒频移的目标回波信号通过匹配滤波器后的响应。

5.2 雷达模糊度函数

5.2.1 雷达模糊度函数的定义

式(5-19)是当所观测的目标回波信号既有时延(在距离 R 远处,该时延为 $\tau = \dfrac{2R}{c}$)又具有多普勒频移(当径向速度为 V_r 时,多普勒频率为 $f_d = \dfrac{2V_r}{\lambda}$,$\lambda$ 为雷达波长)时,用同目标时延和多普勒频移不匹配的滤波器,对目标回波信号进行接收的输出响应。该响应函数既是目标时延 τ,又是目标多普勒频移 f_d 的函数。

注意在式(5-19)的推导中,已经假设滤波器响应函数与时延和多普勒均为零的目标相匹配。当真实目标同设定目标的时延和多普勒频移完全一致时,实现了匹配接收,在 $\tau = 0$ 和 $f_d = 0$ 处得到目标的峰值响应。否则,如果真实目标的真实时延和真实多普勒频移不完全匹配时,则采样是在 $\tau \neq 0$ 和/或 $f_d \neq 0$ 处进行的,不能得到峰值输出,也就是说目标和接收机之间是"失配的"。

换言之,式(5-19)可以描述当目标信号实际到达时刻同接收机设定的滤波器匹配时刻存在一个时间差 τ,信号多普勒频率同设定的滤波器匹配多普勒频率之间存在一个频率差 f_d 时,目标回波输出同设定的匹配接收机输出之间的失配程度,我们把它定义为雷达模糊度函数(ambiguity function),并记为 $\chi(\tau, f_d)$,即

$$\chi(\tau, f_d) = \int_{-\infty}^{+\infty} u(t) u^*(t-\tau) e^{j2\pi f_d t} dt \qquad (5-20)$$

式中，τ 为信号实际到达时刻和设定滤波器匹配时刻的时间差，f_d 为接收信号的多普勒频率和设定滤波器匹配的多普勒频率之间的频率差。这些参量和实际距离 R_r 与设定匹配距离 R_m、实际径向速度 V_r 与设定匹配径向速度 V_m 之间有如下关系［注意在式（5-19）的推导中取了 $R_m = 0, V_m = 0$］：

$$\tau = \frac{2(R_r - R_m)}{c} \qquad (5-21)$$

和

$$f_d = \frac{2(V_r - V_m)}{\lambda} = \frac{2(V_r - V_m)}{c} f_0 \qquad (5-22)$$

式中，f_0 为雷达载频，c 为传播速度。

严格地说，传统上一般将 $|\chi(\tau, f_d)|^2$ 定义为雷达模糊度函数。但在实际使用中，通常并不对以下函数严加区分：$\chi(\tau, f_d)$、$|\chi(\tau, f_d)|$ 和 $|\chi(\tau, f_d)|^2$。其中 $\chi(\tau, f_d)$ 和 $|\chi(\tau, f_d)|$ 具有电压的量纲，$|\chi(\tau, f_d)|^2$ 则具有功率或能量的量纲。在本书，我们将它们通称为"雷达模糊度函数"，不加细分。

我们知道，匹配于特定距离和多普勒频移的滤波器具有以下含义：一是该滤波器正好取样在发射信号到达目标再返回到接收机的往返时间上；二是该滤波器的频率正好调谐到同匹配目标的径向速度相对应的多普勒频移上。因此，任何雷达信号波形的模糊度函数的峰值都位于原点，其物理意义是：当所观测到的目标具有与滤波器相匹配的距离和速度时，将产生最大的输出信号。

雷达模糊度函数是分析雷达波形距离分辨率、径向速度分辨率和模糊特性的有效工具。如果我们设计了一个雷达波形处理器，它在一个特定距离和径向速度上与目标相匹配，那么通过对模糊度函数 $|\chi(\tau, f_d)|$ 的分析，可以知道雷达能够在何种程度上将两个在距离上相差 $\Delta R = c\tau/2$，在径向速度上相差 $\Delta V = \lambda f_d/2$ 的目标区分开。也就是说，雷达对于目标距离和速度的分辨率和可能的模糊度有多大。

5.2.2　雷达模糊度函数的性质

雷达信号的若干特性可以由它的模糊度函数决定，实用中通常对 $|\chi(\tau, f_d)|$ 做归一化处理。归一化后的雷达模糊度函数具有以下性质[1]，这里不加证明地给出，请读者自行证明。

（1）当目标正是所期望的目标，即 $\tau = 0, f_d = 0$ 时，匹配滤波器的输出为

$$|\chi(0,0)| = 1 \qquad (5-23)$$

（2）当观测到的目标不是所期望的目标时，滤波器输出幅度不可能超过 $|\chi(0,0)|$，也就是

$$0 \leqslant |\chi(\tau, f_d)| \leqslant 1 \qquad (5-24)$$

（3）$|\chi(\tau, f_d)|^2$ 的积分值为 1，即

$$\int_{-\infty}^{+\infty} \int_{-\infty}^{+\infty} |\chi(\tau, f_d)|^2 d\tau df_d = 1 \qquad (5-25)$$

（4）模糊度函数 $|\chi(\tau, f_d)|$ 关于原点对称，即有

$$|\chi(-\tau, -f_d)| = |\chi(\tau, f_d)| \qquad (5-26)$$

5.2.3　模糊度函数的时延和多普勒切片

模糊度函数是一个二维函数,反映了对于给定的雷达信号波形,该雷达对于目标距离与速度的分辨率和可能的模糊度有多大。当只需研究其一维分辨或模糊特性,即时延(距离)分辨特性或多普勒(速度)分辨特性时,可以研究其时延或多普勒"切片"。

1. 时延(距离)切片

只考虑时延的情况,即取 $f_d = 0$,则从式(5-20)有

$$\chi(\tau, 0) = \int_{-\infty}^{+\infty} u(t)u^*(t - \tau)dt = A(\tau)$$

$$= \int_{-\infty}^{+\infty} |U(f)|^2 e^{j2\pi f\tau} df \tag{5-27}$$

模糊度函数的时延切片由信号的自相关函数 $A(\tau)$(或其功率谱密度 $|U(f)|^2$)所决定。式(5-27)中第二个等号成立是因为信号的自相关函数同信号的功率谱密度构成一对傅里叶变换对。

2. 多普勒(速度)切片

只考虑多普勒频移的情况,即取 $\tau = 0$,那么有

$$\chi(0, f_d) = \int_{-\infty}^{+\infty} |u(t)|^2 e^{j2\pi f_d t} dt$$

$$= \int_{-\infty}^{+\infty} U(f)U^*(f - f_d)df \tag{5-28}$$

可见,模糊度函数的多普勒切片由输入信号的复包络 $u(t)$ 所决定。

5.3　雷达波形与分辨率

分辨率是指能否将两个邻近目标区分开来的能力。

假设有两个距离邻近的目标将雷达信号先后反射回来,通过接收机输出了两个部分重叠的峰形波。只要这两个峰形波不完全重合,即使在距离上错开很小,在不考虑噪声影响的条件下,理论上还是有可能通过某种处理技术将这两个波形区分开的。但是很明显,这两个波形相距越近,就越难区分,这时,只要有很小的噪声影响,就可能完全无法区分。而在实际雷达应用中,噪声又是不可避免的。

因此,两个波形之间能否分辨主要取决于信噪比、信号形式和信号处理。信噪比越大,实际的可分辨能力就越好;而最佳的信号处理器是匹配滤波器,因为此时能获得最大输出信噪比。剩下的问题便是信号波形了。

不同的雷达信号波形具有不同的距离分辨率和多普勒分辨率,这可称为波形的固有分辨率,也即一般文献中泛指的波形分辨率。

5.3.1　径向距离分辨率

两个邻近目标在距离上区分的难易,取决于这两个回波在时间轴上间隔的大小。为研究这一问题,我们先来看图 5-4 所示的两个理想点目标(其散射强度均为 1),研究其回波信号。

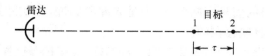

图 5-4　时间上相距 τ 的两个理想点目标

以目标 1 为时间（距离）参考点，忽略一个相位常数因子，则可记目标 1 的回波信号复包络为 $u(t)$，目标 2 滞后于目标 1 的时间为 τ，所以其回波信号记为 $u(t-\tau)$。

这两个回波信号的可分辨性可以表示为

$$D^2(\tau) = \int_{-\infty}^{+\infty} |u(t) - u(t-\tau)|^2 \mathrm{d}t \tag{5-29}$$

$D^2(\tau)$ 的值越大，表示两者的可分辨程度越高。由于

$$|u(t) - u(t-\tau)|^2 = [u(t) - u(t-\tau)][u(t) - u(t-\tau)]^*$$

代入式（5-29），并可展开为

$$D^2(\tau) = \int_{-\infty}^{+\infty} |u(t)|^2 \mathrm{d}t + \int_{-\infty}^{+\infty} |u(t+\tau)|^2 \mathrm{d}t - 2\mathrm{Re}\Big\{ \int_{-\infty}^{+\infty} u(t)u^*(t-\tau)\mathrm{d}t \Big\} \tag{5-30}$$

注意，在式（5-30）中，有

$$\int_{-\infty}^{+\infty} |u(t)|^2 \mathrm{d}t = \int_{-\infty}^{+\infty} |u(t-\tau)|^2 \mathrm{d}t = E(\text{常数}) \tag{5-31}$$

故有

$$D^2(\tau) = 2E - 2\mathrm{Re}\Big\{ \int_{-\infty}^{+\infty} u(t)u^*(t-\tau)\mathrm{d}t \Big\} \tag{5-32}$$

因此，两个波形之间的分辨能力取决于

$$A(\tau) = \int_{-\infty}^{+\infty} u(t)u^*(t-\tau)\mathrm{d}t \tag{5-33}$$

这个以目标间距离（时延）τ 为变量的函数，表示两个时间差为 τ 的目标之间的可能分辨程度。注意到 $A(\tau)$ 就是雷达波形复包络 $u(t)$ 的自相关函数，它在除 $\tau=0$ 外的值越小，两个目标之间就越容易分辨。因此，雷达波形 $u(t)$ 的自相关函数的主瓣宽度越窄，其分辨能力就越强。

根据上述，可用归一化的自相关函数 $|A(\tau)|^2/|A(0)|^2$ 来表示两目标波形在时间（距离）上的可分辨能力。在任何情况下，若 $\tau=0$，则表示两个目标完全重合，因此两个目标之间不可能分辨开。对于 $\tau \neq 0$ 的情况：当 $|A(\tau)^2|/|A(0)|^2 = 1$ 时，无法分辨；当 $|A(\tau)|^2/|A(0)|^2 \approx 1$ 时，很难分辨；当 $|A(\tau)|^2/|A(0)|^2 \ll 1$ 时，容易分辨。

根据式（5-33），当两个目标的距离（与 τ 对应）一定时，对这两个目标的可分辨性完全取决于雷达波形。很明显，具有理想分辨率的信号波形，其自相关函数应该是狄拉克 $\delta(\tau)$ 冲激函数。

由于自相关函数同功率谱构成一对傅里叶变换对，有

$$A(\tau) = \int_{-\infty}^{+\infty} |U(f)|^2 \mathrm{e}^{\mathrm{j}2\pi f\tau} \mathrm{d}f \tag{5-34}$$

式中，$U(f)$ 为 $u(t)$ 的傅里叶变换。且有

$$\delta(\tau) \Leftrightarrow U(f) = 1 \tag{5-35}$$

在频域，具有理想分辨率的信号有均匀的功率谱密度，所占据的频谱范围为 $f \in (-\infty, +\infty)$。

具有这种功率谱分布的信号有两个：一个是 δ 冲激脉冲，在实际系统中不可能实现；另一个是高斯白噪声，也不是真实存在的。

但是，以上分析结果提示我们：若要时间分辨率好，应该选择这样的信号，即它通过匹配滤波器后应该输出很窄的主瓣波峰。这样的信号要么是具有很短持续时间的脉冲，要么是具有很宽频谱的宽带波形。

现在再分析 $|A(\tau)|^2/|A(0)|^2$ 同前一节中所讨论的雷达模糊度函数之间的关系。雷达模糊度函数的时延切片为

$$\chi(\tau,0) = \int_{-\infty}^{+\infty} u(t)u^*(t-\tau)\mathrm{d}t = A(\tau) \tag{5-36}$$

因此

$$\frac{|A(\tau)|^2}{|A(0)|^2} = |\chi(\tau,0)|^2 \tag{5-37}$$

这是一个预料之中的结果，因为两者的推导都源于目标的匹配滤波器响应。

5.3.2 信号带宽与距离分辨率

仍以图 5-4 进行分析，若两个点目标之间相距 δ_r，考虑雷达同目标间的双程时延，则有

$$\tau = \frac{2\delta_r}{c} \tag{5-38}$$

式中，c 为传播速度。

在前面关于两个点目标的可分辨能力的讨论中，我们知道自相关函数的主瓣宽度越窄，其距离分辨能力就越强。为进一步讨论距离分辨率同信号带宽之间的关系，我们来看图 5-5 所示的带宽为 B 的矩形频谱信号及其时域波形。

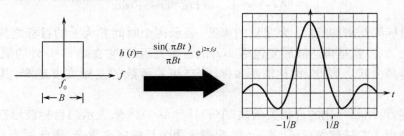

图 5-5　矩形频谱信号及其时域波形

在频域，这个信号可表示为

$$H(f) = \begin{cases} 1, & f_0 - B/2 \leqslant f \leqslant f_0 + B/2 \\ 0, & \text{其他} \end{cases} \tag{5-39}$$

对应地，其时域波形为

$$h(t) = \frac{\sin(\pi Bt)}{\pi t}\mathrm{e}^{\mathrm{j}2\pi f_0 t} \tag{5-40}$$

这是一个受到载频 f_0 调制的 sinc 函数，它的时域将延拓到无穷远处，其主瓣的第一个零点出现在 $t=1/B$ 处。

图 5-6 所示为针对这样一种信号，两个相邻目标回波的时域响应波形可分辨程度的示意图。当这两个信号离得很近时，其叠加结果合并为单个峰形波 [见图 5-6(a)]，直观上不能分辨。如果这两个信号相距的间隔正好等于其主瓣的 3dB 宽度，则这两个信号叠加的结果处于

可分辨的临界状态[见图5-6(b)]。当一个响应的波峰刚好落在另一个响应的第一个零点上时,这两个信号的叠加响应如图5-6(c)所示,此时这两个信号可以容易地分辨。根据瑞利准则,这就是这两个信号的可分辨点。

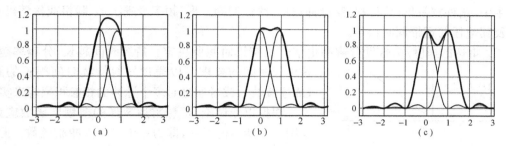

图 5-6　两个相邻目标回波的时域响应波形可分辨程度的示意图

根据上述讨论并结合示意图5-6,sinc函数的时间响应波形的第一个零点出现在$1/B$处。因此,可以定义瑞利时间分辨率为

$$\delta_t = \frac{1}{B} \tag{5-41}$$

或等效地,瑞利距离分辨率为

$$\delta_r = \frac{c}{2B} \tag{5-42}$$

式中,c 为传播速度,B 为雷达信号的带宽。

5.3.3　多普勒频率分辨率

以上讨论的是目标的径向距离分辨率。根据时间域和频率域之间的傅里叶变换对偶关系,相关结论很容易推广到对目标多普勒频率(径向速度)的分辨率,因为区分两个距离相同、径向速度不同回波信号谱的难易取决于

$$D^2(f_d) = \int_{-\infty}^{+\infty} |U(f) - U(f - f_d)|^2 \mathrm{d}f \tag{5-43}$$

式中,$U(f)$ 为 $u(t)$ 的频谱,f_d 为两个目标之间的多普勒频率差。$D^2(f_d)$ 值越大,越容易分辨。根据推导,有信号频谱自相关函数

$$A(f_d) = \int_{-\infty}^{+\infty} U(f)U^*(f - f_d)\mathrm{d}f = \int_{-\infty}^{+\infty} |u(t)|^2 e^{-j2\pi f_2 t} \mathrm{d}t \tag{5-44}$$

于是,两个距离相同、速度不同的目标,其区分的难易取决于 $A(f_d)$。将式(5-43)同式(5-28)比较可知,它与雷达模糊度函数的多普勒切片之间的关系为

$$\frac{|A(f_d)|^2}{|A(0)|^2} = |\chi(0, f_d)|^2 \tag{5-45}$$

由于信号的频率分辨率 δ_f 是和信号的持续时间 T 成反比的,因此多普勒频率的分辨率 δ_{f_d} 为

$$\delta_{f_d} = \frac{1}{T} \tag{5-46}$$

或者说,对目标径向速度的分辨率为

$$\delta_v = \frac{\lambda \delta_{f_d}}{2} = \frac{\lambda}{2T} \tag{5-47}$$

式中,λ 为雷达波长。

式(5-41)、式(5-42)和式(5-46)、式(5-47)具有普遍性意义。

（1）雷达的距离/时间分辨率由雷达发射信号的带宽所决定。这种带宽可以是瞬时的（如极窄的脉冲），也可以是合成的（通过时间换取来的，如脉冲持续时间长的线性调频波）。在实际应用中，这种宽带信号可以是窄脉冲波形、线性调频波形、频率步进波形、随机或伪随机噪声波形及其他任何宽带调制信号。

（2）雷达的速度/多普勒分辨率由信号的持续时间所决定。持续时间越长，分辨率越高。

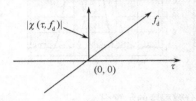

图 5-7　理想雷达波形的模糊度函数

这种长时间的要求可以通过发射持续时间很长的脉冲（或连续波），或者通过对多个脉冲的相参积累等来实现。

根据以上讨论，理想雷达波形的模糊度函数应该具有图 5-7 所示的形状，即为一个二维 δ 冲激函数。此时，雷达既没有时延上的模糊，又不存在对多普勒频率的模糊。但实际上，没有任何现实的波形能得到这样的模糊度函数。大多数雷达信号具有的模糊函数大致可分为三类：刀刃形、钉板形和图钉形[10]。

5.3.4　波形评价准则

根据 IEEE 雷达术语标准 IEEE Std 686—2017 给出的定义[21]，波形系指对信号的相位或频率调制，以便可通过匹配或非匹配滤波器进行脉冲压缩。如前面所讨论的，雷达波形的好坏主要取决于波形的时延—多普勒模糊特性，同时也需考虑波形的时宽—带宽积（波形的维度）、频谱特性及在发射机和接收机中的易处理性等。

现代宽带高分辨率雷达要求波形具有大的时宽—带宽积，从而同时具有时延（径向距离，取决于模糊度函数的距离切片）和多普勒（横向距离，取决于模糊度函数的多普勒切片）高分辨率。此时，对于距离或多普勒旁瓣最通用的标准是峰值旁瓣电平（PSL）或峰值旁瓣比（PSR）及积分旁瓣电平（ISL）[22]。图 5-8 所示为峰值旁瓣电平和积分旁瓣电平的概念示意图。

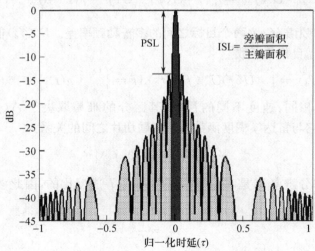

图 5-8　峰值旁瓣电平和积分旁瓣电平的概念示意图

以距离分辨为例，距离切片的峰值旁瓣电平可定义为

$$Q_{\text{PSL}}(\chi(\tau,0)) = \max_{\tau \in [\tau_{\min}, T]} \left\{ \left| \frac{\chi(\tau,0)}{\chi(0,0)} \right|^2 \right\} \tag{5-48}$$

式中，$\chi(\tau,0)$ 为波形模糊度函数的距离切片；时延间隔 $[0,\tau_{\min}]$ 表示时延切片主瓣的半宽度（考虑模糊度函数的对称性），这样时延间隔 $[\tau_{\min}, T]$ 表示只包含旁瓣的那部分切片，T 表示全部（感兴趣的）时延范围。

峰值旁瓣电平反映了一个静止点目标的响应干扰位于其邻近的另一个静止点目标响应的程度。

另一个常用的波形评价准则是积分旁瓣电平（ISL），定义为

$$Q_{\text{ISL}}(\chi(\tau,0)) = \frac{\int_{\tau_{\min}}^{T} \left| \chi(\tau,0) \right|^2 \mathrm{d}\tau}{\int_{0}^{\tau_{\min}} \left| \chi(\tau,0) \right|^2 \mathrm{d}\tau} \tag{5-49}$$

积分旁瓣电平准则对于评价点目标受分布式散射体（如杂波）影响的程度尤其重要。

注意到波形的自相关函数与其功率谱密度之间存在傅里叶变换关系，在波形优化设计中，还常常采用频域评价准则。例如，布伦特（Blunt）等人[22]提出采用频率模板误差（Frequency Template Error，FTE）来评价波形的真实频响特性 $S(f)$ 同欲优化达到的频响特性 $W(f)$ 之间的差异

$$Q_{\text{FTE}}(S(f), W(f)) = \frac{1}{f_{\text{H}} - f_{\text{L}}} \int_{f_{\text{L}}}^{f_{\text{H}}} \left| \, \left| S(f) \right|^p - \left| W(f) \right|^p \, \right|^q \mathrm{d}f \tag{5-50}$$

式中，f_{L}、f_{H} 分别表示所要求的雷达波形的下限（最低）和上限（最高）频率；p、q 为两个常数指数因子，其中若 $p<1$，则总体上更强调频率高端的影响，而若 $q<1$，则总体上更关注频率低端的影响。

5.4 典型雷达波形及其模糊度函数

从前面的分析可以知道，雷达信号的波形对雷达系统的径向距离分辨率和多普勒分辨率起着非常关键的作用，称为信号的固有分辨率。下面对几种典型雷达信号波形的模糊特征进行分析。

5.4.1 单频脉冲

单频脉冲是单频正弦振荡信号被矩形脉冲调制后的信号。矩形脉冲的定义为

$$\text{rect}(x) = \begin{cases} 1, & |x| < 1/2 \\ 0, & |x| \geqslant 1/2 \end{cases} \tag{5-51}$$

假如单频脉冲为

$$s(t) = u(t) \mathrm{e}^{\mathrm{j}\omega_0 t} \tag{5-52}$$

其中，包络调制函数为

$$u(t) = \frac{1}{\sqrt{t_{\text{p}}}} \text{rect}\left(\frac{t}{t_{\text{p}}} \right) \tag{5-53}$$

且 $\int_{-\infty}^{+\infty} |u(t)|^2 \mathrm{d}t = 1$，$t_{\text{p}}$ 为矩形脉冲的宽度，$\omega_0 = 2\pi f_0$ 为载频。单频脉冲的傅里叶变换为

$$S(\omega) = \sqrt{t_{\text{p}}} \text{sinc}\left(\frac{\omega - \omega_0 t_{\text{p}}}{2} \right) \tag{5-54}$$

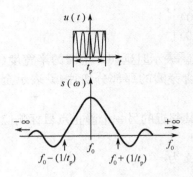

图 5-9 单频脉冲
的时域波形及其频谱

式中，$\mathrm{sinc}(x)=\sin x/x$，频谱宽度为 $1/t_p$。单频脉冲的时域波形及其频谱如图 5-9 所示。

单频脉冲的模糊函数为

$$\chi(\tau,f_d)=\int_{-\infty}^{+\infty}u(t)u^*(t-\tau)\mathrm{e}^{\mathrm{j}2\pi f_d t}\mathrm{d}t$$

$$=\frac{1}{t_p}\int_{-\infty}^{+\infty}\mathrm{rect}\left(\frac{t}{t_p}\right)\mathrm{rect}\left(\frac{t-\tau}{t_p}\right)\mathrm{e}^{\mathrm{j}2\pi f_d t}\mathrm{d}t \tag{5-55}$$

取其模值为

$$|\chi(\tau,f_d)|=\begin{cases}\left(1-\dfrac{|\tau|}{t_p}\right)\mathrm{sinc}\left[\pi f_d t_p\left(1-\dfrac{|\tau|}{t_p}\right)\right],&|\tau|\leqslant t_p\\0,&\text{其他}\end{cases} \tag{5-56}$$

上述模糊函数的三维图及轮廓图如图 5-10 所示，可见，它属于"刀刃"形。一般来说，具有刀刃形模糊函数的信号不能同时兼顾距离和速度两维分辨率，因而通常被用来测量一个参量——距离或速度（或者是距离与速度的某种线性组合）。

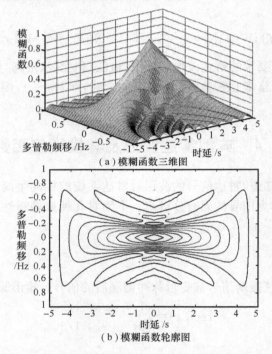

（a）模糊函数三维图

（b）模糊函数轮廓图

图 5-10 单频脉冲模糊函数的三维图及轮廓图

单频脉冲模糊函数的距离切片为

$$|\chi(\tau,0)|=\begin{cases}1-\dfrac{|\tau|}{t_p},&|\tau|\leqslant t_p\\0,&\text{其他}\end{cases} \tag{5-57}$$

可知，它是一个三角形函数，其时延分辨率为 t_p，距离分辨率为 $ct_p/2$。

多普勒切片为

$$|\chi(0, f_d)| = \mathrm{sinc}(\pi f_d t_p) \tag{5-58}$$

它是一个 sinc 函数,多普勒分辨率为 $1/t_p$,速度分辨率为 $\lambda/2t_p$。图 5-11 所示为单个单频脉冲的距离和多普勒切片形状示意图,图中假定 $t_p = 5\mathrm{s}$。

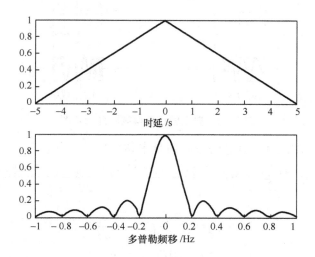

图 5-11 单个单频脉冲的距离和多普勒切片形状示意图

单频脉冲是最简单的雷达信号,它得到很广泛的应用。高功率发射机的典型工作状态是产生近于矩形脉冲的饱和状态。匹配滤波器的频谱响应通常只能逼近实际脉冲的频谱,而由此产生的信噪比和分辨率损失不是很大。可是,单个脉冲信号的缺点是:

(1) 不能同时提供良好的距离分辨率(要求短脉冲)和高的能量(要求长脉冲);

(2) 不能同时兼顾高的距离分辨率(同脉冲持续时间成正比)和速度分辨率(同脉冲持续时间成反比)。

5.4.2 线性调频脉冲

通过对雷达波形进行调频或调相可以得到宽带信号。线性调频(Linear Frequency Modulation,LFM)就是现代雷达中经常用到的信号。线性调频脉冲可分为上调频(up-chirp)和下调频(down-chirp)两种。

假如线性调频脉冲为

$$s(t) = \frac{1}{\sqrt{t_p}} \mathrm{rect}\left(\frac{t}{t_p}\right) \mathrm{e}^{\mathrm{j}(\omega_c t + \pi \gamma t^2)} \tag{5-59}$$

式中,ω_c 为中心频率,t_p 为脉冲宽度,γ 为线性调频斜率,它的包络调制函数为

$$u(t) = \frac{1}{\sqrt{t_p}} \mathrm{rect}\left(\frac{t}{t_p}\right) \mathrm{e}^{\mathrm{j}\pi\gamma t^2} \tag{5-60}$$

因此,随时间变化的频率函数为

$$f(t) = \frac{1}{2\pi} \frac{\mathrm{d}}{\mathrm{d}t}(\omega_c t + \pi \gamma t^2) = \frac{\omega_c}{2\pi} + \gamma t \tag{5-61}$$

若 LFM 脉冲的宽度为 t_p,则信号的调频带宽为 $B = \gamma t_p$。

图 5-12 所示为典型的线性调频脉冲示意图,图 5-12(a)为上调频信号及其频率随时间的变化特性,图 5-12(b)为下调频信号及其频率随时间的变化特性。

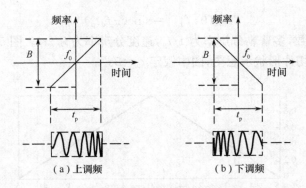

（a）上调频 　　　（b）下调频

图 5-12　典型的线性调频脉冲示意图

线性调频脉冲 $s(t)$ 的频谱为（忽略中心角频率频移）

$$S(\omega)=t_{\mathrm{p}}\sqrt{\frac{1}{Bt_{\mathrm{p}}}}\mathrm{e}^{(-\mathrm{j}\omega^2/4\pi B)}\left\{\frac{[C(x_2)+C(x_1)]+\mathrm{j}[S(x_2)+S(x_1)]}{\sqrt{2}}\right\} \tag{5-62}$$

式中

$$x_1=\sqrt{\frac{Bt_{\mathrm{p}}}{2}}\left(1+\frac{f}{B/2}\right) \tag{5-63}$$

$$x_2=\sqrt{\frac{Bt_{\mathrm{p}}}{2}}\left(1-\frac{f}{B/2}\right) \tag{5-64}$$

$C(x)$、$S(x)$ 为菲涅耳（Fresnel）积分，为

$$C(x)=\int_0^x\cos\left(\frac{\pi v^2}{2}\right)\mathrm{d}v \tag{5-65}$$

$$S(x)=\int_0^x\sin\left(\frac{\pi v^2}{2}\right)\mathrm{d}v \tag{5-66}$$

当 $x\gg1$ 时，上述 Fresnel 积分可近似为

$$C(x)\approx\frac{1}{2}+\frac{1}{\pi x}\sin\left(\frac{\pi}{2}x^2\right),\qquad x\gg1 \tag{5-67}$$

$$C(x)\approx\frac{1}{2}+\frac{1}{\pi x}\cos\left(\frac{\pi}{2}x^2\right),\qquad x\gg1 \tag{5-68}$$

图 5-13 所示为 Fresnel 积分取值随 x 变化的曲线。

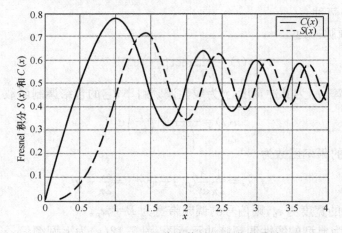

图 5-13　Fresnel 积分取值随 x 变化的曲线

线性调频脉冲频谱的数学表达式比较复杂。图 5-14 所示为典型线性调频脉冲及其频谱，从图中可以更直观地了解线性调频脉冲。

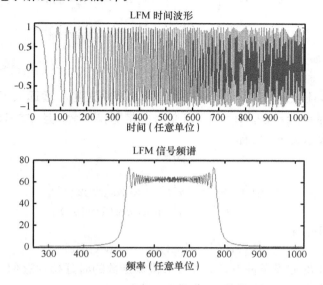

图 5-14 典型线性调频脉冲及其频谱

根据模糊函数的定义，可得出线性调频脉冲的模糊函数为

$$| \chi(\tau,f_d) |=\begin{cases} \left(1-\dfrac{|\tau|}{t_p}\right)\operatorname{sinc}\left[\pi t_p\left(1-\dfrac{|\tau|}{t_p}\right)(f_d+\gamma\tau)\right], & |\tau|\leqslant t_p \\ 0, & |\tau|>t_p \end{cases} \quad (5\text{-}69)$$

该模糊函数三维图及其轮廓图如图 5-15 所示。

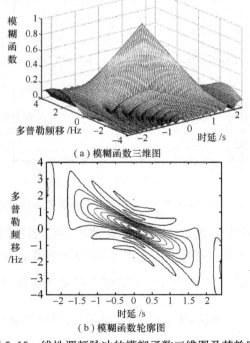

（a）模糊函数三维图

（b）模糊函数轮廓图

图 5-15 线性调频脉冲的模糊函数三维图及其轮廓图

LFM 波形的距离切片为

$$|\chi(\tau,0)| = \left(1-\frac{|\tau|}{t_p}\right)\operatorname{sinc}\left[\pi t_p\left(1-\frac{|\tau|}{t_p}\right)\gamma\tau\right]$$

$$= \left(1-\frac{|\tau|}{t_p}\right)\operatorname{sinc}\left[\pi\gamma\tau(t_p-|\tau|)\right]$$

$$= \left(1-\frac{|\tau|}{t_p}\right)\operatorname{sinc}\left[\pi(\gamma\tau t_p-\gamma\tau|\tau|)\right],|\tau|\leqslant t_p \tag{5-70}$$

如果令 $\alpha=\tau/t_p$，且 $|\alpha|\ll1$（此假设意味着 LFM 脉冲宽度 t_p 远远大于所测量目标以时延 τ 表示的尺度大小）；$\beta=\gamma t_p^2=Bt_p$，B 为 LFM 信号的带宽，$B=\gamma t_p$，且 $\beta\gg1$（这一假设意味着信号的时宽—带宽积远远大于 1），有

$$\beta\alpha=B\tau$$

则式（5-70）变为

$$|\chi(\tau,0)| = (1-|\alpha|)\operatorname{sinc}\left[\pi(\gamma\alpha t_p^2-\gamma\alpha|\alpha|t_p^2\right]$$

$$= (1-|\alpha|)\operatorname{sinc}\left[\pi\beta\alpha(1-|\alpha|)\right] \tag{5-71}$$

由于通常 $|\alpha|\ll1$，因而有

$$|\chi(\tau,0)| \approx \operatorname{sinc}(\pi\beta\alpha)=\operatorname{sinc}(\pi B\tau) \tag{5-72}$$

可见，在 $|\alpha|\ll1$ 的假设条件下，LFM 波形模糊函数的时延切片近似为 sinc 函数，其时延分辨率取决于信号带宽，为 $1/B$，距离分辨率为 $c/2B$。

LFM 波形的多普勒切片为

$$|\chi(0,f_d)| = \operatorname{sinc}(\pi f_d t_p) \tag{5-73}$$

它是一个 sinc 函数。可见，LFM 波形的多普勒切片与单频脉冲的多普勒切片是相同的，多普勒分辨率为 $1/t_p$，速度分辨率为 $\lambda/2t_p$。图 5-16 所示为线性调频脉冲的距离切片和多普勒切片示意图。

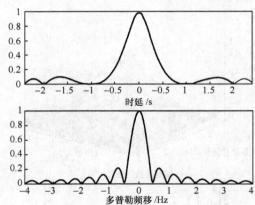

图 5-16 线性调频脉冲的距离切片和多普勒切片示意图

线性调频斜率为 γ，宽度为 t_p 的脉冲，通过匹配滤波器后，其时间分辨率为 $1/\gamma t_p$。对于雷达接收机而言，相当于其输入脉冲的宽度为 t_p，而输出脉冲的宽度为 $1/\gamma t_p=1/B$，即输出与输入脉冲宽度之比为 $\frac{1}{\gamma t_p^2}$。在 LFM 雷达中，γt_p^2 通常称为时宽—带宽积，且有 $\gamma t_p^2\gg1$，因此输出与输入脉冲宽度之比 $\frac{1}{\gamma t_p^2}\ll1$。可见，接收机（匹配滤波器）的输出脉冲宽度在时间上被"压缩"了，称为脉冲压缩（pulse compression），将在本章稍后进一步讨论。

另一方面，同单频脉冲相比，LFM 波形具有多普勒不变性，即其多普勒分辨率仍为 $1/t_p$。线性调频脉冲被广泛地使用作为能同时提供高能量和高距离分辨率的信号。

5.4.3 相干脉冲串

脉冲积累可以提高接收机的输出信噪比，相参雷达系统可以实现脉冲的相干积累，相干积累形成的一串脉冲称为相干脉冲串。

1. 单频相干脉冲串

单个单频脉冲为

$$s_1(t) = u_1(t)e^{j\omega_0 t} \tag{5-74}$$

式中，ω_0 为载频频率，$u_1(t)$ 为单个脉冲的包络，其表达式为

$$u_1(t) = \frac{1}{\sqrt{t_p}} \text{rect}\left(\frac{t}{t_p}\right) \tag{5-75}$$

式中，t_p 为脉冲的宽度。脉冲数为 N 的单频相干脉冲串的表达式为

$$s(t) = \sum_{n=0}^{N-1} s_1(t - nT_p), n = 0,1,2,3,\cdots,N-1 \tag{5-76}$$

式中，T_p 为单个脉冲的重复周期，则相干脉冲串的重复周期为 NT_p。相干脉冲串包络的表达式为

$$u(t) = \frac{1}{\sqrt{N}} \sum_{n=0}^{N-1} u_1(t - nT_p) \tag{5-77}$$

对式(5-76)进行傅里叶变换，可得到单频相干脉冲串的频谱为

$$S(\omega) = N\sqrt{t_p}\left[\text{sinc}\left(\omega \frac{NT_p}{2}\right) * \sum_{n=-\infty}^{+\infty} \text{sinc}(n\pi t_p f_p)F_n\delta(\omega - 2n\pi f_p)\right],$$
$$n = -\infty,\cdots,1,2,3,\cdots,+\infty \tag{5-78}$$

式中，$f_p = 1/T_p$ 为脉冲重复频率，符号" $*$ "表示卷积运算。它的时域波形及频谱如图 5-17 所示。从图中可以看出，相参脉冲串的频谱的包络仍然是 sinc 函数。

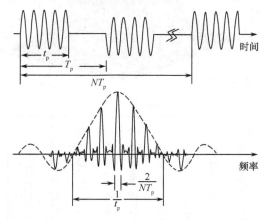

图 5-17 单频相干脉冲串的时域波形及频谱

下面来讨论单频相干脉冲串的模糊函数。为了数学上表达方便，先定义函数

$$\text{sind}(N,x) = \frac{\sin(Nx)}{\sin(x)} \tag{5-79}$$

且有 $\text{sind}(N,0) = N$。

根据模糊函数的定义，且考虑在雷达设计中，通常有 $T_p \gg t_p$，可求出 N 个单频脉冲相干

的模糊函数为

$$| \chi(\tau,f_d) | = \frac{1}{N} \sum_{n=-(N-1)}^{N-1} | \chi_1(\tau-nT_p,f_d | \cdot \mathrm{sind}[(N-| n |),\pi f_d T_p] \qquad (5\text{-}80)$$

式中,$\chi_1(\tau,f_d)$ 是单个单频脉冲的模糊函数。

$$| \chi_1(\tau,f_d) | = \begin{cases} \left(1-\dfrac{| \tau |}{t_p}\right)\mathrm{sinc}\left[\pi f_d t_p\left(1-\dfrac{| \tau |}{t_p}\right)\right], & | \tau | \leqslant t_p \\ 0, & \text{其他} \end{cases} \qquad (5\text{-}81)$$

对只考虑时延的情况,其距离切片为

$$| \chi(\tau,0) | = \frac{1}{N} \sum_{n=-N+1}^{N-1} (N-| n |)\left(1-\frac{| \tau-nT_p |}{t_p}\right) \qquad (5\text{-}82)$$

因此,其时延分辨率与单个脉冲时的相同。注意此时存在时延(距离)模糊的情况,第一个时延(距离)模糊的位置在 T_p(或 $cT_p/2$)处。

对只考虑多普勒频移的情况,当 $n=0$ 时,其多普勒切片为

$$| \chi(0,f_d) | = \frac{1}{N}\mathrm{sinc}(\pi f_d t_p) \cdot \mathrm{sind}(N,\pi f_d T_p) \qquad (5\text{-}83)$$

此时的多普勒分辨率取决于 N 和 T_p,且等于 $\dfrac{1}{NT_p}$,速度分辨率为 $\dfrac{\lambda}{2NT_p}$。同样地,单频相干脉冲串也存在多普勒(速度)模糊,第一个多普勒(速度)模糊的位置在 $1/T_p$(或 $\lambda/2T_p$)处。

图 5-18 所示为单频脉冲串的模糊函数三维图及其轮廓图,图 5-19 所示为单频脉冲串的距离和多普勒切片图。

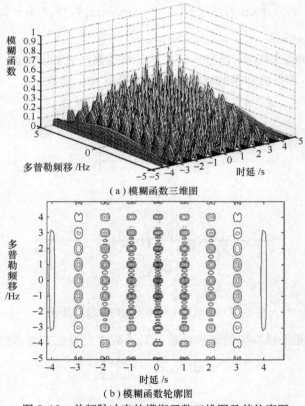

（a）模糊函数三维图

（b）模糊函数轮廓图

图 5-18　单频脉冲串的模糊函数三维图及其轮廓图

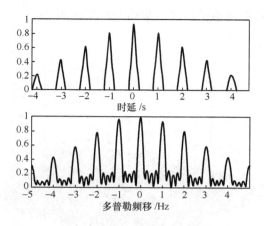

图 5-19　单频脉冲串的距离和多普勒切片图

2. 线性调频脉冲串的模糊函数

N 个线性调频脉冲相干积累,形成的线性调频脉冲串为

$$s(t) = \sum_{n=0}^{N-1} s_1(t-nT_p), n = 0, 1, 2, 3, \cdots, N-1 \tag{5-84}$$

式中,$s_1(t)$ 为单个线性调频脉冲,T_p 是单个线性调频脉冲的重复周期,其表达式为

$$s_1(t) = \frac{1}{\sqrt{t_p}} \text{rect}\left(\frac{t}{t_p}\right) e^{j(\omega_0 t + \pi \gamma t^2)} \tag{5-85}$$

式中,ω_0 为中心频率,t_p 为脉冲宽度,γ 为线性调频斜率。

对于线性调频脉冲串($T_p \gg t_p, \gamma t_p \gg 1/t_p$),根据定义可求出其模糊函数为

$$|\chi(\tau, f_d)| \frac{1}{N} \sum_{n=-(N-1)}^{N-1} |\chi_1(\tau-nT_p, f_d)| \cdot \text{sind}[(N-|n|), \pi f_d T_p] \tag{5-86}$$

式中,$|\chi_1(\tau-nT_p, f_d)|$ 为单个线性调频脉冲的模糊函数。

$$|\chi_1(\tau-nT_p, f_d)| = \left(1 - \frac{|\tau-nT_p|}{t_p}\right) \text{sinc}\left\{\pi t_p \left(1 - \frac{|\tau-nT_p|}{t_p}\right)[f_d + \gamma(\tau-nT_p)]\right\} \tag{5-87}$$

对只考虑时延的情况,线性调频脉冲串模糊函数的距离切片为

$$|\chi(\tau, 0)| = \frac{1}{N} \sum_{n=-(N-1)}^{N-1} (N-|n|)\left(1 - \frac{|\tau-nT_p|}{t_p}\right) \text{sinc}\left[\pi \gamma t_p \tau \left(1 - \frac{|\tau-nT_p|}{t_p}\right)\right] \tag{5-88}$$

若只考虑 $n=0$ 的情况,则有

$$|\chi_0(\tau, 0)| = \left(1 - \frac{|\tau|}{t_p}\right) \text{sinc}\left[\pi \gamma t_p \tau \left(1 - \frac{|\tau|}{t_p}\right)\right] \tag{5-89}$$

可见,它同单个线性调频脉冲的距离切片的性质一样。因此,两者的时延(距离)分辨率相同,均为 $1/B$(或 $c/2B$),也存在时延(距离)模糊的情况,第一个时延(距离)模糊的位置在 T_p(或 $cT_p/2$)处。

对于只考虑多普勒频移的情况,当 $n=0$ 时,其多普勒切片为

$$|\chi(0, f_d)| = \frac{1}{N} \text{sinc}(\pi f_d t_p) \cdot \text{sind}(N, \pi f_d T_p) \approx \frac{1}{N} \text{sind}(N, \pi f_d T_p) \tag{5-90}$$

其性质同单频脉冲串的类似,因此,多普勒分辨率为 $\dfrac{1}{NT_p}$,速度分辨率为 $\dfrac{\lambda}{2NT_p}$。线性调频脉冲串存在多普勒(速度)模糊,第一个多普勒(速度)模糊的位置在 $1/T_p$(或 $\lambda/2T_p$)处。

图 5-20 所示为 LFM 脉冲串的模糊函数图及其轮廓图，图 5-21 所示为 LFM 脉冲串的距离和多普勒切片图。

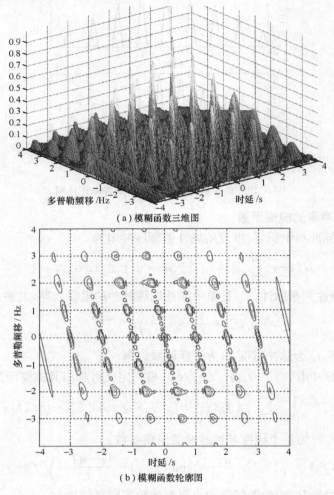

（a）模糊函数三维图

（b）模糊函数轮廓图

图 5-20　LFM 脉冲串的模糊函数三维图及其轮廓图

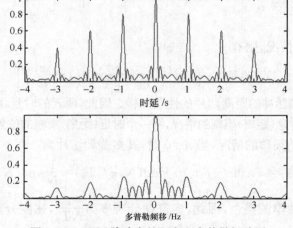

图 5-21　LFM 脉冲串的距离和多普勒切片图

5.4.4 相位编码信号

相位编码调制（PCM）通过信号的时域非线性调相达到扩展等效带宽的目的。由于相位编码采用伪随机序列，所以也称为随机编码信号。最简单的相位编码信号为相移仅限于取 0、π 两个数值的二相编码或倒相编码，如巴克（Barker）码等。

一般相位编码信号可用复数形式表示为

$$S_{\text{PCM}}(t) = u(t)e^{j2\pi f_0 t} = a(t)e^{j\varphi(t)}e^{j2\pi f_0 t} \tag{5-91}$$

式中，f_0 为载频；$u(t) = a(t)e^{j\varphi(t)}$ 为其复包络；$\varphi(t)$ 为相位调制函数；$a(t)$ 为调制函数或称其为 PCM 的包络。

对二相编码而言，$\varphi(t) \in \{\varphi_k = 0, \pi\}$，或者用二进制序列 $C_k = \{e^{j\varphi_k} = +1, -1\}$ 表示。如果 $a(t)$ 为矩形脉冲，即

$$a(t) = \begin{cases} 1, & 0 < t < T = Nt_p \\ 0, & \text{其他} \end{cases} \tag{5-92}$$

则二相编码的复包络可以写成

$$
\begin{aligned}
u(t) &= \begin{cases} \displaystyle\sum_{k=0}^{N-1} C_k v(t - kt_p), & 0 < t < T = Nt_p \\ 0, & \text{其他} \end{cases} \\
&= v(t) * \sum_{k=0}^{N-1} C_k \delta(t - kt_p)
\end{aligned} \tag{5-93}
$$

式中，$v(t)$ 称为子脉冲函数；t_p 为子脉冲宽度；"$*$"为卷积运算；N 为子脉冲的个数或码长；$T = Nt_p$ 为编码信号的持续期。图 5-22 所示为码长为 7 位的巴克码信号的波形图。

如果子脉冲 $v(t)$ 也为矩形脉冲，即

$$
\begin{aligned}
v(t) &= \begin{cases} 1, & 0 < t < t_p \\ 0, & \text{其他} \end{cases} \\
&= \text{rect}\left[\frac{t}{t_p} - \frac{1}{2}\right]
\end{aligned} \tag{5-94}
$$

对式（5-93）进行傅里叶变换，利用傅里叶变换对 $\text{rect}\left(\dfrac{t}{t_p}\right) \Longleftrightarrow t_p \text{sinc}(ft_p)$ 和 $\delta(t - kt_p) \Longleftrightarrow e^{-j2\pi fkt_p}$ 及傅里叶变换的性质，可求出二相编码的频谱为[12]

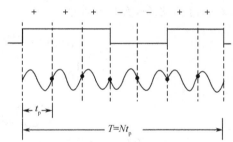

图 5-22 码长为 7 位的巴克码信号的波形图

$$S_{\text{PCM}}(\omega) = t_p \text{sinc}[(f - f_0)t_p]e^{-j\pi(f-f_0)t_p}\left[\sum_{k=0}^{N-1} C_k e^{-j2\pi(f-f_0)kt_p}\right] \tag{5-95}$$

图 5-23 所示为码长为 13 位的二相巴克码信号的频谱图。通过式（5-95）和图 5-23，可以得到以下两点结论。

（1）二相巴克码信号的频谱形状主要取决于子脉冲 $v(t)$ 频谱，如果 $v(t)$ 是矩形脉冲，则其为 sinc 函数，频谱细节由 $\displaystyle\sum_{k=0}^{N-1} C_k \delta(t - kt_p)$，即采用的码制所决定。

（2）二相巴克码信号的时宽为码长乘以子脉冲宽度 $T = Nt_p$，而其等效带宽则取决于子脉

冲的带宽 $B=1/t_\mathrm{p}$。其时宽带宽压缩比或脉冲压缩比为

$$D=BT=Nt_\mathrm{p}\cdot\frac{1}{t_\mathrm{p}}=N \tag{5-96}$$

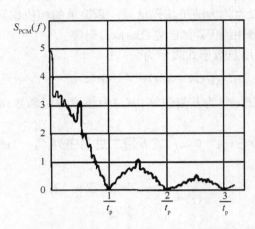

图 5-23　码长为 13 位的二相巴克码信号的频谱图

除二相编码外,还有多相编码。多相编码与二相编码相比,具有积分旁瓣电平低、主旁瓣比高、压缩比大等优点,但产生和处理相对要困难一些。

根据相位编码信号和模糊函数的定义,可求出相位编码信号的模糊函数

$$\chi_{\mathrm{PCM}}(\tau,f_\mathrm{d})=\sum_{m=-(N-1)}^{N-1}\chi_1(\tau-mt_\mathrm{p},f_\mathrm{d})\chi_2(mt_\mathrm{p},f_\mathrm{d}) \tag{5-97}$$

式中,$\chi_1(\tau,f_\mathrm{d})$ 为矩形脉冲 $v(t)$ 的模糊函数,$\chi_2(\tau,f_\mathrm{d})$ 为二相编码 $\sum\limits_{k=0}^{N-1}C_k\delta(t-kt_\mathrm{p})$ 的模糊函数。$\chi_1(\tau,f_\mathrm{d})$、$\chi_2(\tau,f_\mathrm{d})$ 分别为

$$\chi_1(\tau,f_\mathrm{d})=\begin{cases}\mathrm{e}^{\mathrm{j}\pi f_\mathrm{d}(t_\mathrm{p}-\tau)}\left[\dfrac{\sin\pi f_\mathrm{d}(t_\mathrm{p}-|\tau|)}{\pi f_\mathrm{d}(t_\mathrm{p}-|\tau|)}\right](t_\mathrm{p}-|\tau|),&|\tau|<t_\mathrm{p}\\[2mm]0,&\text{其他}\end{cases} \tag{5-98}$$

$$\chi_2(mt_\mathrm{p},f_\mathrm{d})=\begin{cases}\sum\limits_{k=0}^{N-1-m}C_kC_{k+m}\mathrm{e}^{\mathrm{j}2\pi f_\mathrm{d}kt_\mathrm{p}},&0\leqslant m\leqslant N-1\\[2mm]\sum\limits_{k=-m}^{N-1}C_kC_{k+m}\mathrm{e}^{\mathrm{j}2\pi f_\mathrm{d}kt_\mathrm{p}},&-(N-1)\leqslant m\leqslant0\end{cases} \tag{5-99}$$

由式(5-97)、式(5-98)和式(5-99)可得到相位编码信号的模糊函数。图 5-24 所示为码长为 13、持续周期为 T 的巴克码的模糊函数三维图及其轮廓图。图中时延用距离单元表示,多普勒频移用 Hz 表示。从图中可以看出,当 $f_\mathrm{d}=0$ 时,巴克码相位信号具有较好的主旁瓣比特性,而随着 f_d 的增大,将会出现较大的距离旁瓣。这就是所谓的多普勒容限(灵敏性)。这一灵敏性限制了普通相位编码信号的应用。

如果将相位编码信号作为一种脉冲压缩信号,且用在目标多普勒变化范围较窄的或已知的场合(如目标跟踪),则在其脉冲压缩响应时,仅需讨论其距离切片特性。在式(5-97)中令 $f_\mathrm{d}=0$,即可得

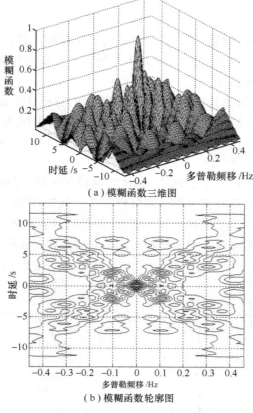

（a）模糊函数三维图

（b）模糊函数轮廓图

图 5-24　码长为 13 位、持续周期为 T 的巴克码的模糊函数三维图及其轮廓图

$$\chi_{\mathrm{PCM}}(\tau,0) = \sum_{m=-(N-1)}^{N-1} \chi_1(\tau - mt_{\mathrm{p}},0)\,\chi_2(mt_{\mathrm{p}},0) \tag{5-100}$$

式中，$\chi_1(\tau,0)$ 和 $\chi_2(mt_{\mathrm{p}},0)$ 分别为矩形子脉冲 $v(t)$ 的自相关函数和二相编码序列 $\sum\limits_{k=0}^{N-1} C_k\delta(t - kt_{\mathrm{p}})$ 的自相关函数。图 5-25 所示为 13 位巴克码模糊函数图的时延切片。

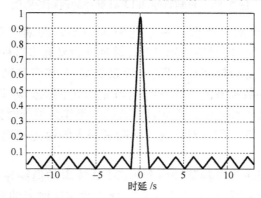

图 5-25　13 位巴克码模糊函数图的时延切片

5.4.5　模糊函数轮廓图

任何一个雷达波形均有其模糊函数。前面讨论了几种较典型雷达波形的模糊函数,还有一些其他复杂信号的模糊函数更为复杂,在此不多讨论。下面介绍如何通过模糊函数轮廓图分析不同信号的分辨和模糊特性。

给定一个雷达波形,可根据其模糊图来确定该波形的目标分辨能力、时延和多普勒频率测量精度与模糊特性及对杂波的响应等。由于模糊函数图本身结构具有复杂性,在实际应用中,通常对模糊图的轮廓图取一门限电平,如前面几个例子所看到的,这样得到的模糊图轮廓一般为椭圆,称为"不确定性椭圆"[10]。

图 5-26 所示为单频脉冲(单个长脉冲、短脉冲)和 LFM 脉冲的模糊轮廓图。从图中可以清晰地分析出不同波形的时延和多普勒频率分辨特性。例如,单个长脉冲的椭圆长轴在时延轴上,短轴在多普勒轴上,因此其时延分辨率较低,多普勒分辨率较高;短脉冲的椭圆长、短轴及分辨特性与长脉冲则正好相反。单频脉冲的距离分辨率和多普勒分辨率形成一对矛盾。

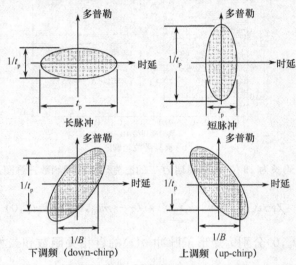

图 5-26　单频脉冲和 LFM 脉冲的模糊轮廓图

LFM 脉冲的模糊轮廓图中椭圆长短轴与时延和多普勒轴之间有一个夹角,该夹角同 LFM 波形的调频斜率有关。同时还可知,LFM 脉冲的时延和多普勒分辨率之间不构成矛盾,即可以同时获得较高的时延分辨率(通过增大调频带宽 B)和多普勒分辨率(通过使用较长的脉冲)。当然,由于模糊函数本身的特性,这种单个脉冲的两维分辨率还是受到限制的,可以通过使用相参脉冲串来突破这种限制。因此,LFM 脉冲串作为可同时提供距离和多普勒两维高分辨率的雷达波形得到广泛应用。对于这一问题更深入的讨论超出了本书的范围,有兴趣的读者可参考文献[10]。

图 5-27 和图 5-28 所示为单频脉冲串和 LFM 脉冲串的模糊轮廓图,时延与多普勒分辨率、模糊等特性参数也在图中标出。表 5-1 对几种典型雷达波形的分辨特性和模糊特性做了总结。表中,t_p 表示单个脉冲的脉宽;T_p 表示脉冲重复周期;N 表示周期性脉冲串的脉冲个数。

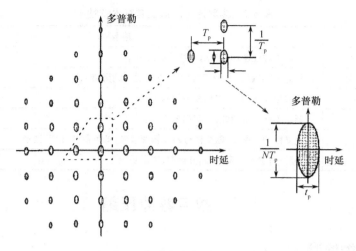

图 5-27 单频脉冲串的模糊轮廓图

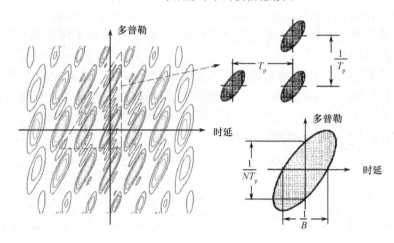

图 5-28 LFM 脉冲串的模糊轮廓图

表 5-1 几种典型雷达波形的分辨特性与模糊特性

波 形	时延(距离)切片		多普勒(速度)切片	
	第一个零点	第一个模糊	第一个零点	第一个模糊
单频脉冲(t_p)	t_p	—	$\dfrac{1}{t_p}$	—
LFM 脉冲(t_p, B)	$\dfrac{1}{B}$	—	$\dfrac{1}{t_p}$	—
单频脉冲串(t_p, N, T_p)	t_p	T_p	$\dfrac{1}{NT_p}$	$\dfrac{1}{T_p}$
LFM 脉冲串 (t_p, B, N, T_p)	$\dfrac{1}{B}$	T_p	$\dfrac{1}{NT_p}$	$\dfrac{1}{T_p}$

最后,作为本节的结束,表 5-2 对各种不同类型的典型雷达波形及其基本特性进行了总结[23]。

表 5-2 典型雷达波形及其基本特性

典型雷达波形	基本特性
线性调频（LFM）	易于产生和处理；大带宽；高峰值旁瓣电平
非线性调频（NLFM）	以降低 LFM 波的分辨率为代价，获得更低的旁瓣电平
相位编码	易于波形优化；具有二相或多相码子类
频率编码	调制于不同的子载波；高调幅效应
噪声雷达	非重复性的连续波（随机信号）；高调幅效应；低可截获（LPI）波形
超宽带（UWB）	极窄脉冲；极宽带宽；超高分辨率；能量受限

5.5 数字脉冲压缩

5.5.1 脉冲压缩的概念

通过前面的分析我们知道，理想的雷达信号应具有大的时宽－带宽积。大时宽不仅保证了速度分辨率，更重要的是可提高雷达发射信号的能量，是提高探测距离的手段；大带宽则是有高距离分辨率的前提条件。

在匹配滤波理论的指导下，首先提出并得到应用的大时宽－带宽积的信号形式是线性调频脉冲及其匹配处理——脉冲压缩。为了获得线性调频脉冲的大带宽所对应的高距离分辨能力，必须对接收到的 LFM 宽脉冲回波进行压缩滤波处理，使其变成窄脉冲。图 5-29 所示为线性调频脉冲的脉冲压缩的基本概念示意图。

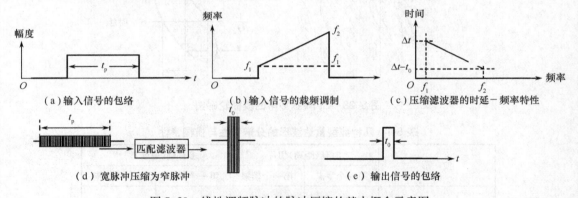

（a）输入信号的包络　　（b）输入信号的载频调制　　（c）压缩滤波器的时延－频率特性

（d）宽脉冲压缩为窄脉冲　　　　　　　（e）输出信号的包络

图 5-29　线性调频脉冲的脉冲压缩的基本概念示意图

脉冲压缩的程度可以用脉冲压缩系数 D（也称脉压比）来表示，它定义为压缩前的脉冲宽度与压缩后的脉冲宽度的比值

$$D = \frac{t_\mathrm{p}}{t_0} \tag{5-101}$$

式中，t_p 和 t_0 分别为脉冲压缩前和脉冲压缩后的脉宽。

除线性调频脉冲可以用于脉冲压缩处理外，相位编码信号也可用于脉冲压缩处理，下面对它们的脉冲压缩过程进行介绍。

5.5.2 线性调频脉冲的数字脉冲压缩

线性调频脉冲的脉冲压缩可以用模拟的方法实现，也可以用数字的方法实现。将 LFM

回波信号通过匹配滤波器可以实现模拟脉冲压缩。在不考虑边带倒置处理时,匹配滤波器的传递函数为 LFM 信号的复数共轭。图 5-30 定性地描述了其频域分析的过程,详细的理论分析可参阅文献[10,13]。

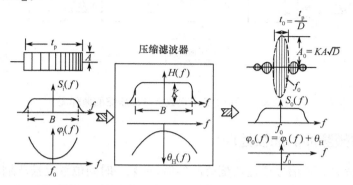

图 5-30　线性调频脉冲的脉冲压缩滤波器的频域分析

　　数字脉冲压缩与模拟脉冲压缩相比,具有自适应能力强、易于实现大时宽的脉冲压缩等诸多优点。现代雷达系统中,模拟脉冲压缩已经逐渐被数字脉冲压缩所替代。所以,本节重点讨论 LFM 波的数字脉冲压缩。

　　LFM 信号的数字脉冲压缩可以用非递归滤波器的方法,也可以用正—反离散傅里叶变换(DFT)的方法。前者属于时域卷积处理,后者则属于频域分析。同时域卷积法相比,频域方法一般具有占用内存少、运算量小、速度快等优点。为了实时处理的需要,常用频域变换的方法实现 LFM 的数字脉冲压缩。

　　我们知道,对于一个 LTI 系统,如果输入信号序列 $s_i(n)$、匹配滤波器的响应序列 $h(n)$ 是以 N 为周期的序列,则其输出 $s_o(n)$ 为

$$s_o(n) = s_i(n) * h(n) \tag{5-102}$$

式中,符号"$*$"表示卷积。

　　根据卷积定理,时域的卷积运算对应于频域的乘积运算,因此,频域的输出为

$$S_o(k) = S_i(k) \cdot H(k) \tag{5-103}$$

式中,$S_i(k) = \text{FFT}[S_i(n)]$,$H(k) = \text{FFT}[h(n)]$,$S_o(k) = \text{FFT}[S_o(n)]$ 分别为输入信号、传输函数、输出信号的快速傅里叶变换(FFT)。

　　$S_o(k) \Leftrightarrow s_o(n)$ 是一对傅里叶变换,所以

$$s_o(n) = \text{FFT}^{-1}[S_o(k)] \tag{5-104}$$

　　图 5-31 所示为用 FFT 实现数字脉冲压缩的原理图。在整个信号流程中被处理与传输的数据均是复数数据,即系统必须包括 I、Q 两个通道。如果后续处理只需利用包络信息,则可进行包络检波,这里包络检波就是将逆变换得出的实部和虚部求模,即

$$|s_o(n)| = \sqrt{s_{oI}^2(n) + s_{oQ}^2(n)} \tag{5-105}$$

否则,直接将 $s_{oI}(n)$ 和 $s_{oQ}(n)$ 输出即可。

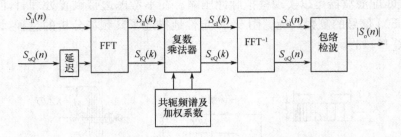

图 5-31　用 FFT 实现数字脉冲压缩的原理图

5.5.3　线性调频脉冲的加权处理

我们已经知道,LFM 信号通过匹配滤波器后,在某一时间位置上被压缩成一个窄脉冲,取得了最大的信噪比。但不可避免地存在着以 sinc 函数为包络的逐渐递减的旁瓣,其旁瓣电平高达 −13.6dB,高旁瓣电平的存在降低了系统的多目标分别能力。如果不存在多目标,则大目标的距离旁瓣也可能超过检测门限造成虚警。所以,在脉冲压缩处理中,必须采取旁瓣抑制技术。

旁瓣抑制的有效方法是加权处理。所谓"加权",就是将匹配滤波器的频率响应乘上某些适当的"窗函数"。在时域中,这相当于一系列加权 δ 函数组成的滤波器和匹配滤波器级联。加权处理虽然增加了一些运算量,但是可以使旁瓣电平降低数十分贝。图 5-32 所示为加权处理的原理图,其中图 5-32(a)是时域加权处理的原理图,图 5-32(b)是频域加权处理的原理图,图 5-32(c)中则将模拟的加权滤波器置于采样、量化处理之前,同样可达到抑制脉冲旁瓣的目的。

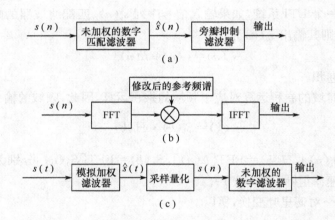

图 5-32　对匹配滤波器进行加权处理的原理图

注意到加权处理实质上是一种失配处理,它是以主瓣加宽和信噪比降低为代价,来换取旁瓣电平的降低的。表 5-3 所示为常见加权函数及其主要指标[10]。

表 5-3　常见加权函数及其主要指标

加权函数	最大旁瓣(dB)	主瓣展宽	失配损失(dB)	旁瓣衰减率
得尔斐—切比雪夫	−40	1.35	—	1
泰勒 $\bar{n}=6$	−40	1.41	−1.2	$1/t$
$k+(1-k)\cos^n$				

加权函数	最大旁瓣(dB)	主瓣展宽	失配损失(dB)	旁瓣衰减率
海明($k=0.08,n=2$)	-42.8	1.47	-1.34	$1/t$
余弦平方($k=0,n=2$)	-32.2	1.62	-1.76	$1/t^3$
余弦立方($k=0,n=3$)	-39.1	1.87	-2.38	$1/t^4$
$n=1,k=0.04$	-23	1.31	-0.82	$1/t$
$n=2,k=0.16$	-34	1.41	-1.01	$1/t$
$n=3,k=0.02$	-40.8	1.79	-2.23	$1/t$

5.5.4 相位编码信号的数字脉冲压缩

相位编码信号也可通过数字脉冲压缩,将编码的一串脉冲压缩成窄脉冲。图 5-33 所示为 13 位巴克码信号的自相关函数,从图中可以知道,当巴克码码长为 N 时,其自相关函数的主旁瓣比为 N。N 与压缩比相对应,故其一般不能直接用做解决作用距离和距离分辨率矛盾的大时宽－带宽积信号。尽管如此,理解巴克码及其匹配处理对于全面理解相位编码信号的脉压过程是十分有益的。

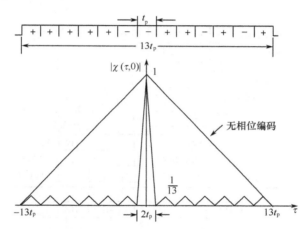

图 5-33 13 位巴克码信号的自相关函数

表 5-4 所示为已知的巴克码信号及其特性。图 5-34 所示为码长为 7 位的巴克码压缩滤波器原理图。按匹配滤波理论,加权系数序列为信号相位编码的倒数(镜像),例如,对应 $N=7$ 的巴克码＋＋＋－－＋－,则加权序列为－＋－－＋＋＋。加权后将各点输出信号相加,最后经子脉冲匹配滤波得到压缩后的窄脉冲。在模拟脉冲压缩中,延迟抽头线为电荷耦合器件(CCD)、声表面波(SAW)等器件,在数字脉冲压缩中,延迟抽头线则为移位寄存器或可擦写存储器(RAM)。图 5-35 所示为数字脉冲压缩的滤波处理过程。

表 5-4 已知的巴克码信号及其特性

码长 N	编码规律	旁瓣/主瓣比(dB)
2	＋－或＋＋	-7.0
3	＋＋－	-9.5
4	＋＋－＋或＋＋＋－	-12.0

码长 N	编码规律	旁瓣/主瓣比(dB)
5	＋＋＋－＋	－14.0
7	＋＋＋－－＋－	－17.9
11	＋＋＋－－－＋－－＋－	－20.8
13	＋＋＋＋＋－－＋＋－＋－＋	－22.3

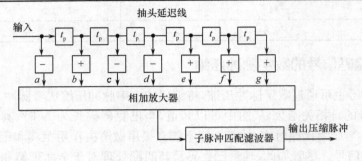

图 5-34　码长为 7 位的巴克码压缩滤波器原理图

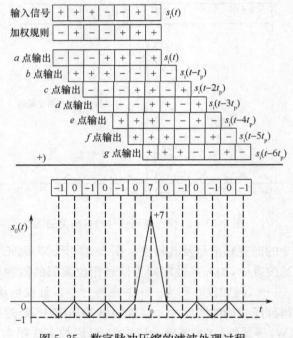

图 5-35　数字脉冲压缩的滤波处理过程

5.5.5　二相巴克码信号的加权处理

二相巴克码信号具有 0、1 相间的非周期自相关特性和其自相关函数主瓣与旁瓣在几何上相似的特性。利用这个特性可以抑制巴克码编码脉冲压缩后的旁瓣,图 5-36 所示为 13 位巴克码编码信号脉冲压缩后,采用延时加权网络抑制旁瓣的原理图。

如果巴克码的码长为 $N=13$,加权网络由 12 节延时线和 13 个加权单元与相加器组成。

每节延时线的延迟时间为 $2t_p$（t_p 为子脉冲宽度），加权系数分别为 β_0、β_1、β_2、β_3、β_4、β_5、β_6、β_{-1}、β_{-2}、β_{-3}、β_{-4}、β_{-5}、β_{-6}。如果要求加权输出波形对称，则取 $\beta_{-k}=\beta_k$。加权网络的输入是巴克码相位信号的脉冲压缩信号，假设要求加权输出信号为 $g(t)$，则有

$$g(t) = \int_{-\infty}^{+\infty} x(t-y)h(y)\mathrm{d}y \tag{5-106}$$

式中，$h(y)$ 为加权网络的脉冲响应，可以写成

$$h(t) = \sum_{k=-(N-1)/2}^{(N-1)/2} \beta_k\delta(t-k2t_p) \tag{5-107}$$

将式（5-107）代入式（5-106），得

$$
\begin{aligned}
g(t) &= \sum_{k=-(N-1)/2}^{(N-1)/2} \beta_k\int_{-\infty}^{+\infty} x(t-y)\delta(t-k2t_p)\mathrm{d}y \\
&= \sum_{k=-(N-1)/2}^{(N-1)/2} \beta_k x(t-k2t_p) \\
&= \sum_{k=-6}^{6} \beta_k x(t-k2t_p), \quad 当 N=13 时
\end{aligned} \tag{5-108}
$$

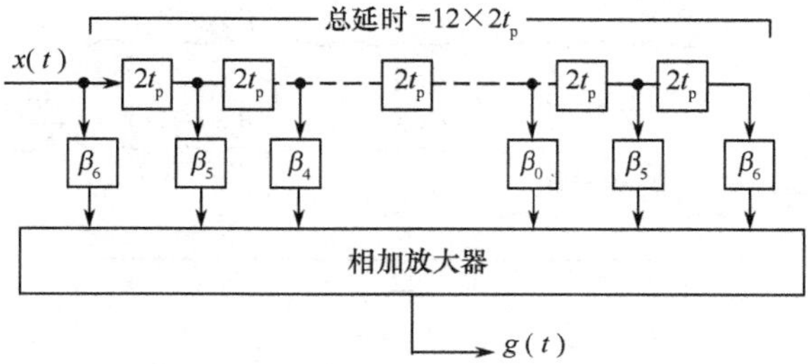

图 5-36　13 位巴克码编码信号脉冲压缩后采用延时加权网络抑制旁瓣的原理图

如果要求输出波形的主瓣不变（高度为 13），在 $-12t_p<t<12t_p$ 范围内旁瓣为 0（增加延时线的阶数，可扩展旁瓣抑制范围），由式（5-108），令 $t=k'2t_p$（$k'=0,1,2,\cdots,6$），可得一组方程

$k'=0, t=0$

$13\beta_0+2\beta_1+2\beta_2+2\beta_3+2\beta_4+2\beta_5+2\beta_6=13$

$k'=1, t=2t_p$

$\beta_0+14\beta_1+2\beta_2+2\beta_3+2\beta_4+2\beta_5+2\beta_6=0$

$k'=2, t=4t_p$

$\beta_0+2\beta_1+14\beta_2+2\beta_3+2\beta_4+2\beta_5+2\beta_6=0$

$k'=3, t=6t_p$

$\beta_0+2\beta_1+2\beta_2+14\beta_3+2\beta_4+2\beta_5+2\beta_6=0$

$k'=4, t=8t_p$

$\beta_0+2\beta_1+2\beta_2+2\beta_3+13\beta_4+2\beta_5+2\beta_6=0$

$k'=5, t=10t_p$

$\beta_0+2\beta_1+2\beta_2+2\beta_3+2\beta_4+13\beta_5+2\beta_6=0$

$k'=6, t=12t_p$

$\beta_0+2\beta_1+2\beta_2+2\beta_3+2\beta_4+2\beta_5+13\beta_6=0$

求解上述联立方程组，可得加权系数 β_k 为

$$\beta_0 = 1.047722182$$
$$\beta_1 = -0.0407328662$$
$$\beta_2 = -0.0455717223$$
$$\beta_3 = -0.0500941064$$
$$\beta_4 = -0.0542686157$$
$$\beta_5 = -0.0580662589$$
$$\beta_6 = -0.0614606642$$

图 5-37 所示为加权网络的输入、输出及各加权单元输出波形示意图,它有助于理解旁瓣抑制原理。

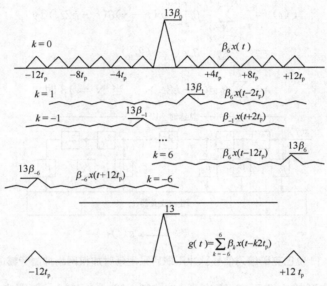

图 5-37　加权网络的输入、输出及各加权单元输出波形示意图

通过上述加权网络后,输出波形在 $-12t_p < t < 12t_p$ 范围内旁瓣为零,但在这个范围以外将产生新的旁瓣。如果需要,可以增加延时线的阶数,把旁瓣位置继续往外推。抑制后的主旁瓣比由原来的 13(22.3dB)提高至 42(32dB),即主旁瓣比提高了 10dB。

引入加权网络,整个信号处理系统将变成失配系统,这将带来一定的信噪比损失。当 $N=13$ 时,信噪比损失约为 0.25dB。

5.6　波形分集概念及应用

5.6.1　波形分集概念

雷达波形分集(Waveform Diversity,WD)是雷达技术领域近十几年来的研究热点之一。根据 IEEE 雷达术语标准 IEEE Std 686—2017 给出的定义[21],波形分集是指根据特定场景和任务需求,对波形以适应性(adaptivity)的方式进行动态优化,以使雷达的性能达到最佳。这种适应性也可以同其他域联合使用,包括天线辐射方向图(含发射与接收)、时域、频域、编码域及极化域等。波形分集技术发展到今天,还包括用于此类波形的自适应接收处理。

波形分集技术的研究包括[23]波形设计和优化、干扰抑制与规避、多维波形及其处理、仿生和生物启发的系统、多功能系统、射频频谱利用（如雷达—通信合一）等。格西（Guerci）在其"*Cognitive Radar：the Knowledge-Aided Fully Adaptive Approach*"一书中对波形分集技术的若干应用做了简要而清晰的概念描述与讨论，以下几节的内容主要参考该书相关章节[24]。

图 5-38 所示为多通道雷达收发示意图，即典型多输入多输出雷达的 N 个发射通道、M 个接收通道同雷达信道（目标与环境）的相互作用关系示意图。接下来的几节均根据这个雷达工作场景，围绕不同目的而进行讨论。

图 5-38　多通道雷达收发示意图

5.6.2　抗干扰波形优化：信干噪比最大化

采用第 1 章中讨论过的线性时不变系统分析方法，当雷达信道中存在目标、随机干扰与噪声时，雷达收发与信道之间的相互作用模型可以表示为图 5-39 所示的抗干扰波形优化模型。图中 C^N 表示 N 维复数空间。

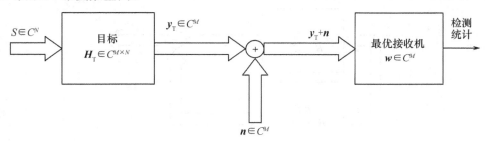

图 5-39　抗干扰波形优化模型

根据图 5-39 中的符号表示，信干噪比（SINR）可定义为

$$\mathrm{SINR}=\frac{\boldsymbol{y}_\mathrm{T}^\mathrm{H}\boldsymbol{y}_\mathrm{T}}{E\{\boldsymbol{n}^\mathrm{H}\boldsymbol{n}\}} \tag{5-109}$$

式中，$\boldsymbol{y}_\mathrm{T}$ 表示目标信号向量；$\boldsymbol{n}$ 表示干扰和噪声向量；上标 H 表示共轭转置；$E\{\cdot\}$ 表示求取数学期望。

SINR 最大化抗干扰波形优化设计的基本思想是：根据目标的响应特性 $\boldsymbol{H}_\mathrm{T}$、干扰与噪声特性 $\boldsymbol{n}$，以及其他附加约束（如波形 S 的调制方式、幅度或能量等约束）条件，使式（5-109）中的 SINR 最大化。

作为例子，图 5-40 给出参考文献[24]中第 2 章给出的抗多径干扰波形优化结果示例。此处假设发射通道数（或积累脉冲个数）为 $N=11$，目标为点目标，噪声干扰为白噪声源产生的多径噪声干扰。从图中可见，波形优化的结果是：在频域，传统 LFM 的频谱是相对均匀的，而优化波形的频谱则明显是非均匀分布的:在噪声干扰较弱的频率处呈现高电平,而在对应于噪声干扰较强的频点则呈现低电平的频率凹口。由此可见,其干扰抑制机理及其有效性是不言而喻的。

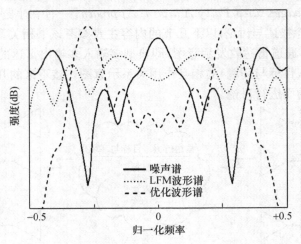

图 5-40　抗多径干扰波形优化结果示例

5.6.3　杂波抑制波形优化:信杂比最大化

杂波抑制波形优化的目的是使信杂比最大化,这与 5.6.2 节中的 SINR 最大化问题在优化求解思路上具有很大的相似性。但是,注意到噪声干扰是与雷达发射波形无关的,而杂波干扰则是与雷达发射波形相关的,因此,此处的波形优化信号模型有所不同,如图 5-41 所示。

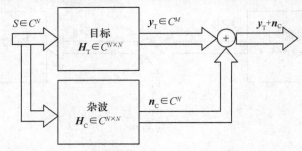

图 5-41　杂波抑制波形优化模型

根据图 5-41 中的符号表示,信杂比(SCR)可定义为

$$\mathrm{SCR} = \frac{\boldsymbol{y}_\mathrm{T}^\mathrm{H} \boldsymbol{y}_\mathrm{T}}{E\{\boldsymbol{n}_\mathrm{C}^\mathrm{H} \boldsymbol{n}_\mathrm{C}\}} \tag{5-110}$$

式中,$\boldsymbol{y}_\mathrm{T}$ 表示目标信号向量;$\boldsymbol{n}_\mathrm{C}$ 表示杂波向量;其他符号表示与式(5-109)相同。

SCR 最大化波形优化设计的基本思想是:根据目标的响应特性 $\boldsymbol{H}_\mathrm{T}$、杂波干扰特性 $\boldsymbol{n}_\mathrm{C}$,以及其他对波形 S 的附加约束条件,使式(5-110)中的 SCR 最大化。相比于 SINR 最大化波形优化问题,此处问题的复杂性在于目标与杂波响应特性均与雷达发射波形(优化求解量)是相关的,进而导致问题求解思路的差异。

作为信杂比最大化的波形优化例子,图 5-42 给出了采用低峰值旁瓣电平相位调制(Phase Modulated Signal Constraints on Lower Peak Sidelobe Level,PM-LPSL),进行优化,获得最佳信杂比雷达波形的仿真示例。仿真中,雷达波段为 X 波段,目标为由三个点目标构成的"扩展目标",其时域和频域响应特性如图 5-42(a)所示;杂波为符合复合 K 分布的海杂波,其时域和频域特性如图 5-42(b)所示;图 5-42(c)给出了传统 LFM 波形同优化得到的 PM-LPSL 波形谱特性的比对;最后,图 5-42(d)给出了两种波形最终的匹配输出。本仿真例子中,采用 PM-LPSL 波形优化,使得输出信杂比与 LFM 波形相比提高了 3.5dB。

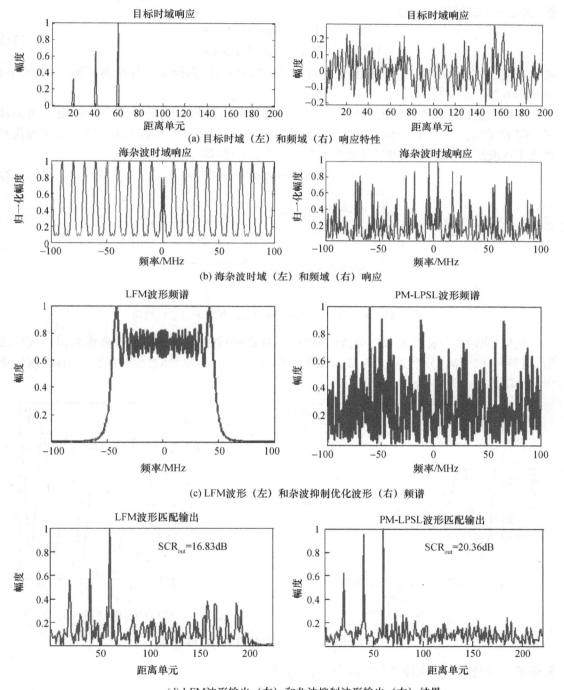

(a) 目标时域(左)和频域(右)响应特性

(b) 海杂波时域(左)和频域(右)响应

(c) LFM波形(左)和杂波抑制优化波形(右)频谱

(d) LFM波形输出(左)和杂波抑制波形输出(右)结果

图 5-42 杂波抑制波形优化结果示例

5.6.4　目标识别波形优化：最大辨识度

为了问题的简化，讨论两个目标的分类识别问题。假设存在两种已知的可能目标，每次只有其中一种目标出现，现要求设计一种最优雷达波形，使得对两种目标的辨识度达到最优。显然，这是一个二元假设问题

$$\begin{cases} 目标\text{-}1 : H_1 : y_1 + n = \boldsymbol{H}_{T1}\boldsymbol{S} + n \\ 目标\text{-}2 : H_2 : y_2 + n = \boldsymbol{H}_{T2}\boldsymbol{S} + n \end{cases} \tag{5-111}$$

式中，$\boldsymbol{H}_{T1}$、$\boldsymbol{H}_{T2}$ 分别为目标-1 和目标-2 的（频域）响应特性；假设 n 为加性高斯噪声（Additive Gaussian Noise，AGN）。

解决上述目标识别问题的典型最优匹配滤波接收机结构如图 5-43 所示。若定义两类目标之间的"距离"$d = \| y_1 - y_2 \|$ 作为目标辨识度准则，则目标识别波形优化问题可表述为找到最优雷达波形 $\boldsymbol{S}_{\text{opt}}$，使得两类目标之间的"距离"$d$ 最大化，即

$$\underset{s}{\text{Maximize}}\{ |\boldsymbol{d}^{\text{H}}\boldsymbol{d}| \} \tag{5-112}$$

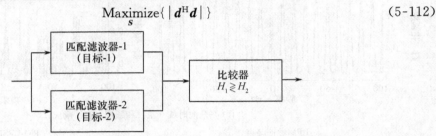

图 5-43　两类目标识别的典型最优匹配滤波接收机结构

例如，当两类目标的时域响应特性如图 5-44（a）所示时，若采用 LFM 波形和识别优化波形，则归一化"距离"分别为 0.45 和 1，如图 5-44（b）所示。可见，经过波形优化后，目标辨识度大大提高。

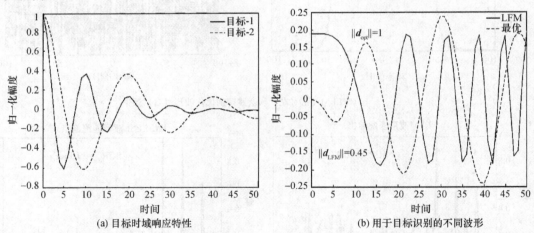

(a) 目标时域响应特性	(b) 用于目标识别的不同波形

图 5-44　两类目标识别的最优接收机结构示意图

5.6.5　认知雷达：知识辅助的全自适应方法

格西在其著作[24]中把认知雷达定义为具有知识库辅助的全自适应雷达，其结构示意图如图 5-45 所示。根据这一结构，认知雷达的核心包括以下几个方面。

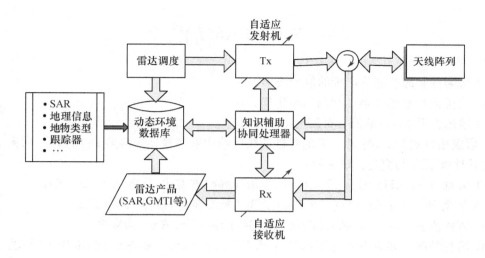

图 5-45 认知雷达的结构示意图

动态环境数据库：根据离线和在线环境数据源随时更新，例如，可包括（但不限于）地理信息、地物信息、数字高程图、合成孔径雷达（SAR）图像、地面运动目标指示（GMTI）跟踪器等。

知识辅助协同处理器：除完成知识辅助的专家推理与决策外，还用于指导发射机和接收机的自适应调节。

自适应发射机：不但拥有自适应接收机，而且拥有自适应发射机，可根据知识辅助协同处理器的指令生成或选择最优发射波形。现代有源相控阵（Active Electronically Scanned Array，AESA）雷达和"数字前端"的诞生简化了自适应发射机的工程实现。

雷达调度：与动态环境数据库及知识辅助协同处理器保持通信，以预见性地提供必要的信息，补偿数据库调用可能的延时效应。

第 5 章思考题

1. 根据对多普勒频移的测量，以矩形脉冲的脉宽 τ 为自变量，对于下列两种情形，分别画出当 τ 从 $1\mu s$ 到 $10ms$ 时径向速度均方根误差曲线。假设雷达频率为 $5400MHz$，两种情况下当脉宽为 $1\mu s$ 时，$2E/N_0 = 36$。

（a）脉冲能量固定时；

（b）峰值功率固定时。

2. 一线性调频脉冲压缩雷达信号的带宽为 B，脉冲压缩前的时宽为 T。该信号通过一个匹配滤波器后接一个旁瓣抑制滤波器，其权函数为

$$W(f) = \cos\left(\frac{\pi f}{B}\right) \text{rect}\left(\frac{f}{B}\right)$$

式中，$\text{rect}(x) = \begin{cases} 1, & |x| < 1/2 \\ 0, & |x| > 1/2 \end{cases}$。匹配滤波器输出信号的频谱为矩形，其表达式为

$$S_m(f) = \sqrt{\frac{T}{B}} \text{rect}\left(\frac{f}{B}\right)$$

匹配滤波器输出的噪声频谱为

$$N(f) = \frac{N_0}{2} \text{rect}\left(\frac{f}{B}\right)$$

试求解：

(a) 旁瓣抑制滤波器输出端的信号波形 $S_w(t)$；

(b) 由旁瓣抑制滤波器引起的信噪比损失；

(c) 输出波形 $S_w(t)$ 的第一旁瓣电平。

3. 假定用带宽为 B、时宽为 T 的线性调频脉冲照射多普勒频移为 f_d 的目标，求出下列两种情况下时延 ΔT_r 的变化。试求解：

(a) 带宽 $B=1\text{MHz}$，时宽 $T=1\text{ms}$ 的弹道导弹检测雷达，目标 $f_d=100\text{kHz}$；

(b) 带宽 $B=100\text{kHz}$，时宽 $T=10\mu\text{s}$ 的飞机检测雷达，目标 $f_d=1\text{kHz}$；

(c) 两种情况下，由多普勒效应引起的时延误差（以 m 表示）为多少？

(d) 两种情况下多普勒效应引起的时延与波形的时延分辨率（可假定为 $1/B$）的比值为多少？

4. 用一部 S 波段（3.2GHz）的地面雷达观测直升机。假定直升机叶片顶端的速度为 210m/s，桨叶长为 6m。试求解：

(a) 双叶片旋翼直升机与三叶片旋翼直升机产生的叶片闪光（指回波幅度出现最大值）之间的时间间隔为多长？

(b) 双叶片旋翼直升机与三叶片旋翼直升机产生的叶片闪光时间为多长？

(c) 如果雷达天线的方位波束宽为 3°，那么若要保证天线每次扫描都能检测到叶片闪光，则天线的旋转速度每秒必须为多少转？

(d) 要保证从叶片闪光至少接收到 5 个脉冲，雷达的重复频率必须为多大？

(e) 如果直升机处于悬停状态，则从直升机叶片得到的最大多普勒频移为多大？

5. 对于两个脉冲宽度为 τ、载频分别为 f_1 和 f_2 的脉冲信号，只要在时间 τ 内，两个信号的振荡周期数相差超过一个，则雷达采用滤波器就可以将它们分开。试证明：这个分辨准则与更常用的分辨准则 $|f_1 - f_2| \geqslant 1/\tau$ 等效。

6. 假设一部用于探测空间卫星的远距离 UHF 雷达，载波频率为 440MHz，脉宽为 2ms，当两个卫星目标的速度相差多少时，才能用多普勒滤波器将它们分辨？

参 考 文 献

[1]   R. J. Sullivan. Microwave Radar: Imaging and Advanced Concepts. Artech House, Norwood, MA, 2000.

[2]   B. M. Dwork. Detection of a pulse superimposed on fluctuation noise. Proc. IRE, Vol. 38, July 1959, pp. 771-774.

[3]   H. Urkowitz. Filters for the detection of small radar signals in clutter. J. Appl. Phys., Vol. 24, October 1952, pp. 1024-1031.

[4]   张直中. 合成孔径、逆合成孔径和成像雷达. 现代雷达编辑部，1986.

[5]   B. R. Mahafza. Radar Systems Analysis and Design Using Matlab. Chapman & Hall/CRC, 2000.

[6]   M. I. Skolnik. Introduction to Radar Systems, 3rd edition. McGraw-Hill, 2001.

［7］ D. K. Barton, C. E. Cook, and P. Hamilton (editors). Radar Evaluation Handbook. Norwood, MA: Artech House, 1991.

［8］ F. E. Nathanson, J. P. Reiley, and M. N. Cohen. Radar Design Principles, 2nd Edition. New York: McGraw-Hill, 1991.

［9］ S. Haykin. Communication Systems, 3rd Edition. New York: Jonh Wiley, 1994.

［10］ C. E. Cook and M. Bernfeld. Radar Signals: An Introduction to Theory and Application. Boston MA: Artech House, 1993.

［11］ A. Rihaczek. Principles of High-Resolution Radar. Los Altos, CA: Penninsula Publishing, 1985.

［12］ 马晓岩,向家彬,等. 雷达信号处理. 长沙:湖南科学技术出版社,1999.

［13］ 林茂庸. 雷达信号处理. 北京:国防工业出版社,1984.

［14］ 胡广书. 数字信号处理——理论、算法与实现. 北京:清华大学出版社,1997.

［15］ P. Lacomme, J. P. Hardange, J. C. Marchais and E. Normant. Air and Spaceborne Radar Systems: An Introduction. Scitech Publishing. Inc. 2001.

［16］ 沈福明. 自适应信号处理. 西安:西安电子科技大学出版社,2001.

［17］ 何振亚. 自适应信号处理. 北京:科学出版社,2002.

［18］ R. Klemm. Principles of Space-Time Adaptive Processing. The Institution of Electrical Engineers, London, 2002.

［19］ R. Klemm. Applications of Space-Time Adaptive Processing. The Institution of Electrical Engineers, London, 2004.

［20］ 王永良,彭应宁. 空时自适应信号处理. 北京:清华大学出版社,2000.

［21］ IEEE Standard for Radar Definitions, IEEE Std 686－2017 (Revision of IEEE 686－2008), IEEE, 2017.

［22］ S. D. Blunt,J. Jakabosky, M. Cook, et. al. Polyphase－coded FM (PCFM) radar waveforms, part II: optimization. IEEE Trans. on Aerospace and Electronic Systems, Vol. 50, No. 3, pp. 2230-2241, 2014.

［23］ S. D. Blunt, E. L. Mokole. Overview of radar waveform diversity. IEEE Aerospace and Electronic Systems Magazine, Vol. 31, No. 11, pp. 2-40, 2016.

［24］ J. R. Guerci. Cognitive Radar: the Knowledge-Aided Fully Adaptive Approach. Norwood MA: Artech House Inc. , 2010.

第6章 雷达目标

6.1 概　述

在第1章描述雷达同目标与环境相互作用的数学模型中

$$s_r(t) = s_t(t) * a_f(t) * \rho(t) * h_r(t) * a_b(t)$$

式中，$s_r(t)$ 为雷达接收到的目标回波输出信号；$s_t(t)$ 为雷达的发射波形；$\rho(t)$ 表示目标的冲激响应函数；$h_r(t)$ 为雷达接收机的冲激响应函数；$a_f(t)$ 和 $a_b(t)$ 分别为表征传播介质前向传播和后向传播特性的冲激响应函数。

如果假设接收机和传播介质的前、后向传播均具有理想的特性，即其冲激响应函数分别为 $h_r(t) = G_{rec}\delta(t)$，$G_{rec}$ 为接收机增益，$a_f(t) = a_b(t) = \frac{1}{A}\delta(t)$，$A$ 为传播衰减，则有

$$s_r(t) = \frac{G_{rec}}{A^2} \cdot s_t(t) * \rho(t) = K_0 \int_{-\infty}^{+\infty} \rho(\xi) s_t(t - \xi) \mathrm{d}\xi \tag{6-1}$$

式中，K_0 为与接收机增益及传播衰减等有关的常数。也就是说，此时随时间变化的雷达接收信号主要取决于发射波形和雷达目标的冲激响应。

在第4章，我们把目标视为点目标，推导出基本的雷达接收功率方程为

$$P_r = \frac{P_t G_t G_r \lambda^2}{(4\pi)^3 R^4 L} \sigma \tag{6-2}$$

式中，P_r 为雷达接收到的目标回波功率；P_t 为雷达发射功率；G_t、G_r 分别为雷达发射和接收天线的增益；λ 为雷达工作波长；R 为雷达-目标距离；L 为各种损耗；σ 为目标的雷达散射截面（RCS），注意 RCS 本身也是目标姿态和频率等的函数，式中没有计及。

传统的低分辨率雷达把目标视为一个"点"，因此，只需用目标的雷达散射截面来表征这样一个点目标，实际上也是取目标的冲激响应函数为

$$\rho(t) = \sqrt{\sigma}\delta(t) \tag{6-3}$$

这样，目标回波信号便为

$$s_r(t) = K_0 \int_{-\infty}^{+\infty} \sqrt{\sigma}\delta(\xi) s_t(t - \xi) \mathrm{d}\xi = K_0 \cdot s_t(t) \cdot \sqrt{\sigma} \tag{6-4}$$

从而雷达接收到的目标回波功率为

$$P_r = |s_r(t)|^2 = K_0^2 \cdot |s_t(t)|^2 \cdot \sigma = K_0^2 \cdot P_t \cdot \sigma \tag{6-5}$$

可见，若令 $K_0^2 = \frac{G_t G_r \lambda^2}{(4\pi)^3 R^4 L}$，式（6-5）同式（6-2）是完全相同的，两者都表明雷达接收到的回波功率正比于发射信号功率和目标 RCS。

从雷达方程可见，目标的 RCS 是表征雷达目标对于照射电磁波散射能力的一个物理量，也是雷达方程中最重要的参数之一。早在雷达出现之前，人们就已经求得了几种典型形状完纯导体目标的电磁散射精确解，如金属球、无限长圆柱、椭圆柱、法向入射抛物柱面及无限长劈等[1,2]。

随着现代宽带雷达技术和信号处理技术的飞速发展，今天的雷达不但可以测得复杂目标

作为一个"点"的 RCS 特性,而且可以对目标进行一维(1-D)、二维(2-D)和三维(3-D)高分辨率成像,得到目标的一维距离像、二维和三维散射图像,通过时频分析等复杂信号处理,还可以得到目标的时-频联合变化特征等。与此相对应,目标 RCS 的概念也随之扩大了。

研究雷达目标散射特性的方法主要有静态测量(包括缩比和全尺寸目标测量)、动态测量和理论计算。先进的宽带雷达技术为目标特征测量提供了良好手段,计算电磁学和大规模并行计算技术的发展也为目标散射特性的理论计算提供了技术基础。事实上,雷达目标与背景特性已成为雷达研究领域中的一个独立且活跃的分支,近年来,雷达现象学(Radar Phenomenology,涵盖了目标特征信号、目标现象学、背景现象学等)一词也已经被广泛使用。事实上,没有雷达现象学,就没有现代雷达意义上的目标探测与识别。

一般地,在现代雷达特征信号和信息处理参考文献中,常把传统的 RCS 记为零维(0-D) RCS,而一维、二维和三维雷达图像分别对应地称为 1-D、2-D 和 3-D RCS。这种做法不一定完全科学,但是简单明了。因此,传统上的 0-D RCS 概念对现代雷达而言已远远不够。式(1-1)中的 1-D RCS 概念也不够,在本书只是作为雷达系统同目标与环境相互作用最简单的模型,引出现代雷达系统及其信息处理中需要深入研究的问题而已。本章讨论雷达目标的散射问题。

6.2 目标 RCS 的基本概念

6.2.1 RCS 的定义及其物理意义

RCS 是衡量目标对雷达波散射能力的一个重要物理量。当目标被雷达波照射时,能量将朝各个方向散射,散射场与入射场之和构成空间的总场。从感应电流的观点来看,散射场来自物体表面上感应电磁流和电磁荷的二次辐射。此时,能量的空间分布依赖于物体的形状、大小、结构及入射波的频率等特性。能量的这种分布称为散射,用目标的雷达散射截面来表征,它是目标的一个假想面积,是定量表征目标对雷达波散射强弱的物理量,用符号 σ 来表示。

目标 RCS 的最基本的理论定义式为

$$\sigma = \lim_{R \to +\infty} 4\pi R^2 \frac{|\boldsymbol{E}_\mathrm{s}|^2}{|\boldsymbol{E}_\mathrm{i}|^2} \tag{6-6}$$

式中,$\boldsymbol{E}_\mathrm{s}$ 为天线处的目标散射场强;$\boldsymbol{E}_\mathrm{i}$ 为目标处的入射场强;R 为目标与天线的距离;符号 $\lim$ 表示取极限,R 趋于无穷大表示雷达同目标之间的距离满足远场条件。

对 RCS 的定义有两种观点:一种是从电磁散射理论的观点出发的,另一种是从雷达测量的观点出发的,但两者的基本概念是统一的。

从电磁散射理论观点解释为[3,4]:雷达目标散射的电磁能量可以表示为目标的等效面积与入射功率密度的乘积,它基于在平面电磁波照射下,目标散射具有各向同性的假设。对于这样一种平面波,其入射能量密度为

$$\boldsymbol{W}_\mathrm{i} = \frac{1}{2} \boldsymbol{E}_\mathrm{i} \times \boldsymbol{H}_\mathrm{i}^* = \frac{|\boldsymbol{E}_\mathrm{i}|^2}{2\eta_0} \hat{e}_\mathrm{i} \times \hat{h}_\mathrm{i}^* \tag{6-7}$$

式中,$\boldsymbol{E}_\mathrm{i}$、$\boldsymbol{H}_\mathrm{i}$ 分别为入射电场强度与磁场强度;$\hat{e}_\mathrm{i} = \boldsymbol{E}_\mathrm{i}/|\boldsymbol{E}_\mathrm{i}|$,$\hat{h}_\mathrm{i} = \boldsymbol{H}_\mathrm{i}/|\boldsymbol{H}_\mathrm{i}|$,$\eta_0 = 120\pi\Omega$ 为自由空间波阻抗。

借鉴天线口径有效面积的概念,目标截获的总功率为入射功率密度与目标等效面积 σ 的

乘积，即

$$P = \sigma |W_i| = \frac{\sigma}{2\eta_0} |E_i|^2 \tag{6-8}$$

假设功率各向同性均匀地向四周立体角散射，则在距离目标 R 处的目标散射功率密度为

$$|W_s| = \frac{P}{4\pi R^2} = \frac{\sigma |E_i|^2}{8\pi\eta_0 R^2} \tag{6-9}$$

然而，类似于式(6-7)，散射功率密度又可用散射场强 E_s 来表示，即

$$|W_s| = \frac{1}{2\eta_0} |E_s|^2 \tag{6-10}$$

由式(6-9)与式(6-10)得

$$\sigma = 4\pi R^2 \frac{|E_s|^2}{|E_i|^2} \tag{6-11}$$

式(6-11)符合 RCS 的定义。当距离 R 足够远时，照射目标的入射波近似为平面波，这时 σ 与 R 无关(因为散射场强 E_s 与 R 成反比、与 E_i 成正比)，因而定义远场 RCS 时，R 应趋向无限大，即要满足远场条件。

根据电场与磁场的储能互相可转换的原理，远场 RCS 的表达式可表示为以下任意一式的形式

$$\sigma = \lim_{R \to +\infty} 4\pi R^2 \frac{E_s \cdot E_s^*}{E_i \cdot E_i^*} = \lim_{R \to +\infty} 4\pi R^2 \frac{|E_s|^2}{|E_i|^2}$$

$$= \lim_{R \to +\infty} 4\pi R^2 \frac{H_s \cdot H_s^*}{H_i \cdot H_i^*} = \lim_{R \to +\infty} 4\pi R^2 \frac{|H_s|^2}{|H_i|^2} \tag{6-12}$$

从雷达测量观点定义的 RCS 是由雷达方程中推导出来的。双站雷达的接收功率为

$$P_r = \frac{P_t G_t}{4\pi R_t^2} \cdot \frac{\sigma}{4\pi} \cdot \frac{A_e}{R_r^2} \tag{6-13}$$

式中，$A_e = \frac{G_r \lambda^2}{4\pi}$ 为接收天线的有效面积，R_t 和 R_r 分别为发射天线和接收天线到目标的距离。

式(6-13)的物理概念：右边第一分式为目标处的照射功率密度(W/m²)，前两分式乘积为目标各向同性散射功率密度(W/球面弧度)，第三分式为接收天线有效口径所张的立体角。式(6-13)可进一步整理为

$$\sigma = 4\pi \cdot \frac{P_r}{A_e/R_r^2} \cdot \frac{1}{\frac{P_t G_t}{4\pi R_t^2}}$$

$$= 4\pi \cdot \frac{接收天线所张立体角内的散射功率}{目标处照射功率密度} \tag{6-14}$$

式(6-14)就是从雷达方程式导出的目标 RCS 定义，它与从电磁散射理论得出的 RCS 定义式(6-12)是一致的。式(6-12)适用于理论计算，而式(6-14)适用于用相对标定法来测量目标 RCS。将待测目标和已知精确 RCS 值的定标体轮换置于同一距离上，当测量雷达的威力系数相同(P_t、G_t 与 A_e 均不变)时，分别测得接收功率 P_r 与 P_{r_0}，则有

$$\sigma = \frac{P_r}{P_{r_0}} \sigma_0 \tag{6-15}$$

式中，σ_0 表示定标体的 RCS 值，一般可以通过理论计算得到。

从式(6-15)还可见，目标的雷达散射截面同雷达距离无关。从物理意义上而言，它是目标外形、目标表面材料反射率及目标方向性因子的函数。一个复杂目标的 RCS 可形象(但不

够严谨)地表示为

$$\sigma = A_T \cdot r_T \cdot D_T \tag{6-16}$$

式中，A_T 表示目标外形在雷达视线方向上投影的"横截面积"，它取决于雷达观测方向和目标几何外形及尺寸；r_T 表示目标表面材料的"反射率"，它定义为表面任意一点处的反射功率密度同入射功率密度之比，其值不大于 1；D_T 表示目标散射的"方向性系数"，其定义类似于天线的方向性因子，可取任意正数。

根据雷达方程，可以写出目标的雷达散射截面定义为

$$\sigma = \frac{4\pi R^2}{P_t G_t} P_r \frac{4\pi R^2}{A_e} \tag{6-17}$$

进一步整理为

$$\sigma = \frac{P_r}{S_{in}} \cdot \frac{4\pi R^2}{A_e} \cdot \frac{P_s A_T}{P_s A_T} = A_T \cdot \frac{P_s}{S_{in} \cdot A_T} \cdot \frac{\dfrac{P_r}{A_e}}{\dfrac{P_s}{4\pi R^2}} \tag{6-18}$$

式中，A_T 为目标在与雷达视线方向相垂直的平面上的投影面积；P_s 为目标向全空间散射的总功率；$S_{in} = \dfrac{P_t G_t}{4\pi R^2}$ 为雷达波在目标处的照射功率密度。

定义目标的"反射率"为

$$r_T = \frac{\text{目标向全空间散射的总功率}}{\text{目标截获的总功率}} = \frac{P_s}{P_{int}} = \frac{P_s}{S_{in} \cdot A_T} \tag{6-19}$$

式中，$P_{int} = S_{in} \cdot A_T$ 为目标从雷达照射波中截获的总功率。按照式(6-10)的定义，有 $r_T \leqslant 1$。

定义目标的"方向性系数"为

$$D_T = \frac{\text{目标在雷达接收天线方向的散射功率密度}}{\text{目标在各个方向上均匀辐射的功率密度}} = \frac{\dfrac{P_r}{A_r}}{\dfrac{P_s}{4\pi R^2}} \tag{6-20}$$

由此，综合式(6-18)～式(6-20)，即有

$$\sigma = \text{目标投影横截面积} \times \text{反射系数} \times \text{方向性系数}$$
$$= A_T \cdot r_T \cdot D_T \tag{6-21}$$

很显然，式(6-21)的数学表达算不上是严谨的，但是它所传达的物理意义则十分明确：目标对雷达波的散射能力与目标体的尺寸大小(在电波传播方向的垂直面上的投影)、目标的构成材料(物质的介电参数)，以及目标的几何外形及其相对于雷达的姿态(方向性系数)有关。把这三大因素合并为一个描述目标对雷达波散射能力的物理量，即为目标的雷达散射截面。

例如，对于表面光滑的金属目标，目标表面材料反射率一般可取 $r_T = 1$。因此，金属目标的 RCS 将主要由其几何尺寸和外形结构所决定，因为此时目标体积决定了其投影"横截面积"，而外形结构决定了其"方向性系数"。

由 RCS 定义式(6-6)可知，雷达散射截面的量纲为 m²(面积单位)。RCS 的量纲是面积单位，它是目标外形、目标表面材料反射率及目标方向性因子的函数，同实际目标的物理面积几乎没有确定的关系，因此不主张将 RCS 称为雷达截面积或雷达横截面。RCS 的常用单位是 m²，通常用符号 σ 表示。复杂目标 RCS 变化的动态范围通常很大，故常用其相对于 1m² 的分贝数来表达，即分贝平方米，符号为 dBm² 或 dBsm，表示为

$$\sigma(\mathrm{dBm}^2) = 10\lg\left[\frac{\sigma(\mathrm{m}^2)}{1(\mathrm{m}^2)}\right] \tag{6-22}$$

从广义上来说,在不满足远场条件,即不满足平面波照射与接收状态的情况下,测量得到的 RCS 值会与测量距离有关,这时可引出近场 RCS 的定义,它超出本书范围,不赘述。

6.2.2　目标 RCS 与雷达探测

根据雷达方程,当给定最小可接收雷达接收功率 $P_{\mathrm{r\,min}}$ 时,雷达的最大探测距离可写为

$$R_{\max} = \left[\frac{P_{\mathrm{t}}G^2\lambda^2}{(4\pi)^3 P_{\mathrm{r\,min}}L}\cdot\sigma\right]^{1/4} = (C_0\cdot\sigma)^{1/4} \tag{6-23}$$

式中,$R_{\max}$ 为雷达最大探测距离;σ 为目标的 RCS;C_0 为与雷达系统发射功率 P_{t}、发射和接收天线增益 G、雷达波长 λ、最小接收功率 $P_{\mathrm{r\,min}}$ 及系统损耗 L 等有关的常数。

可见,当其他条件不变时,目标 RCS 每降低一个量级,雷达的作用距离将缩短 $\sqrt[4]{10}$。低可探测性目标之所以会使常规防空武器系统的探测跟踪和有效打击性能大幅度下降,其实质原因在于来袭目标的隐身设计直接针对现有防空武器系统的主战频段,降低这些频段下目标的雷达散射截面。

例如,据资料报道,B-2 隐身战略轰炸机的 RCS 典型值为 $0.05\mathrm{m}^2$,F-22 隐身战斗机和 F-35 多用途隐身飞机的 RCS 典型值分别为 $0.008\mathrm{m}^2$ 和 $0.02\mathrm{m}^2$,而隐身战略弹头的 RCS 可低至 $0.0001\mathrm{m}^2$。这样对 RCS 为 $1\mathrm{m}^2$ 的传统目标探测距离为 250km 的常规防空雷达,其对 B-2 隐身战略轰炸机的探测距离缩减 $\sqrt[4]{20}$,即为 118km;对 F-22 飞机的探测距离减缩 $\sqrt[4]{125}$,仅为 75km。隐身目标使得以微波雷达制导为核心的防空导弹杀伤区远界缩减至原来的 $1/2\sim1/4$,从而使传统防空武器系统雷达探测威力大大减缩。

6.2.3　目标散射函数的概念

早期的雷达系统多为非相参窄带低分辨率雷达,故传统上在给出目标 RCS 定义和讨论 RCS 同雷达探测的关系时,是做了"点目标"假设且没有考虑目标散射回波的相位问题的。

然而,随着宽带雷达和信号处理技术的发展,现代雷达多为宽带高分辨率相参雷达,不但可以在"点目标"意义上测量目标的距离、俯仰、方位、速度、加速度等参数,还可以将目标视为一个"扩展目标"进行成像,获得目标的一维、二维或三维高分辨率雷达图像,此时仅依靠传统的目标 RCS 定义来讨论雷达信号处理问题则显得力不从心。为此,本书引入目标散射函数的概念,它既可用来表征"点目标"的散射,又可用来表征"扩展目标"的散射特性。

传统 RCS 的定义中采用了散射场与入射场模值平方的比值。仿照该定义,为了能够同时保留关于目标散射幅度和相位信息,且同时体现目标散射随频率的变化特性,本书定义宽带条件下的目标散射函数 $\sqrt{\boldsymbol{\sigma}(f)}$ 为

$$\sqrt{\boldsymbol{\sigma}(f)} = \lim_{R\to+\infty}\sqrt{4\pi}R\cdot\exp\left(\mathrm{j}\frac{2\pi f}{c}R\right)\cdot\frac{\boldsymbol{E}_{\mathrm{s}}(f)}{\boldsymbol{E}_{\mathrm{i}}(f)} \tag{6-24}$$

式中,$\boldsymbol{E}_{\mathrm{i}}(f)$ 和 $\boldsymbol{E}_{\mathrm{s}}(f)$ 分别为目标处的雷达入射场和雷达接收天线处的目标散射场;f 为雷达频率;c 为传播速度。

注意到上述定义是在给定雷达—目标观测姿态且把目标在整体上视为一个"点目标"时给出的。参见图 6-1 所示的雷达对于点目标的观测几何关系,式(6-24)也可以表示为空间波数向量的函数,有

$$\sqrt{\boldsymbol{\sigma}(\boldsymbol{k})} = \lim_{R \to +\infty} \sqrt{4\pi}R \cdot \exp(-\mathrm{j}\boldsymbol{k} \cdot \boldsymbol{R}) \cdot \frac{\boldsymbol{E}_\mathrm{s}(\boldsymbol{k})}{\boldsymbol{E}_\mathrm{i}(\boldsymbol{k})} \qquad (6\text{-}25)$$

式中，$\boldsymbol{k}$ 为空间波数向量，其模值 $k = |\boldsymbol{k}| = \dfrac{2\pi}{\lambda} = \dfrac{2\pi f}{c}$，其中 λ 为雷达波长，c 为传播速度，方向为指向目标中心的雷达视线方向；$\boldsymbol{R}$ 为距离向量，其模值为 $R = |\boldsymbol{R}|$，方向为由目标指向雷达。

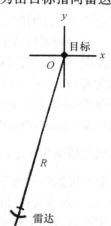

图 6-1　雷达对于点目标
观测几何关系

注意到在式（6-24）和式（6-25）中引入相位项 $\exp\left(\mathrm{j}\dfrac{2\pi f}{c}R\right)$ 和 $\exp(-\mathrm{j}\boldsymbol{k} \cdot \boldsymbol{R})$，主要是为了将目标散射函数的相位参考中心由雷达接收天线处移到目标中心处，因为在式（6-24）和式（6-25）中，散射场定义在雷达接收天线处，入射场定义在目标处，与雷达散射截面的定义保持一致。

根据上述定义，目标散射函数是复数量，具有幅度和相位，其幅度的量纲为 m。目标散射函数同目标 RCS 之间的关系为

$$\sigma(f) = \left| \sqrt{\boldsymbol{\sigma}(f)} \right|^2 \qquad (6\text{-}26)$$

或

$$\sigma(\boldsymbol{k}) = \left| \sqrt{\boldsymbol{\sigma}(\boldsymbol{k})} \right|^2 \qquad (6\text{-}27)$$

因此，在表征目标电磁散射特性方面，目标散射函数同传统雷达散射截面具有完全相同的物理意义，所不同的只是目标散射函数同时保留了目标散射的幅度和相位信息，而且相位参考中心定义在三维目标体上的某一参考点。而雷达散射截面的定义由于没有考虑相位，故不存在相位参考中心定在何处的问题。在一些参考文献中，也将此处所定义的目标散射函数称为目标"复 RCS"。本书之所以将目标散射函数记为 $\sqrt{\boldsymbol{\sigma}(\boldsymbol{k})}$ 或 $\sqrt{\boldsymbol{\sigma}(f)}$，也正是为了体现它与传统上"复 RCS"概念之间的统一。

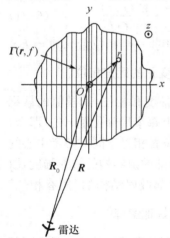

图 6-2　雷达对三维扩展目标
观测几何关系

由于式（6-24）或式（6-25）中的目标散射函数的相位参考中心是定义在目标体上的，故对于三维扩展目标，可以对该定义进一步加以推广。参见图 6-2 所示的雷达对三维扩展目标观测几何关系，仿照目标散射函数定义，可以给出随扩展目标三维空间位置变化的散射函数定义，称为三维扩展目标的散射分布函数，有

$$\begin{aligned}
\boldsymbol{\Gamma}(\boldsymbol{r}, f) &= \lim_{R_0 \to +\infty} \sqrt{4\pi}|\boldsymbol{R}_0 - \boldsymbol{r}| \cdot \exp\left(\mathrm{j}\frac{2\pi f}{c}|\boldsymbol{R}_0 - \boldsymbol{r}|\right) \cdot \frac{\boldsymbol{E}_\mathrm{s}(\boldsymbol{r}, f)}{\boldsymbol{E}_\mathrm{i}(\boldsymbol{r}, f)} \\
&= \lim_{R_0 \to +\infty} \sqrt{4\pi}R_0 \cdot \exp\left(\mathrm{j}\frac{2\pi f}{c}|\boldsymbol{R}_0 - \boldsymbol{r}|\right) \cdot \frac{\boldsymbol{E}_\mathrm{s}(\boldsymbol{r}, f)}{\boldsymbol{E}_\mathrm{i}(\boldsymbol{r}, f)}
\end{aligned}$$
$$(6\text{-}28)$$

式中，$\boldsymbol{E}_\mathrm{i}(\boldsymbol{r}, f)$ 表示在目标位置 $\boldsymbol{r}$ 处的雷达入射场；$\boldsymbol{E}_\mathrm{s}(\boldsymbol{r}, f)$ 表示在雷达接收天线处接收的来自目标位置 $\boldsymbol{r}$ 处的散射场（注意到尽管此处只表示为 $\boldsymbol{r}$ 的函数，仍然指在接收天线处的散射场）；$\boldsymbol{R}_0$ 为目标相位参考中心到雷达的距离向量，$R_0 = |\boldsymbol{R}_0|$。

同样，目标散射分布函数的定义也可在波数空间给出，有

$$\boldsymbol{\Gamma}(\boldsymbol{r}, \boldsymbol{k}) = \lim_{R_0 \to +\infty} \sqrt{4\pi}|\boldsymbol{R}_0 - \boldsymbol{r}| \cdot \exp[-\mathrm{j}\boldsymbol{k} \cdot (\boldsymbol{R}_0 - \boldsymbol{r})] \cdot \frac{\boldsymbol{E}_\mathrm{s}(\boldsymbol{r}, \boldsymbol{k})}{\boldsymbol{E}_\mathrm{i}(\boldsymbol{r}, \boldsymbol{k})}$$

$$= \lim_{R_0 \to +\infty} \sqrt{4\pi}R_0 \cdot \exp(-j\boldsymbol{k} \cdot \boldsymbol{R}_0) \cdot \exp(j\boldsymbol{k} \cdot \boldsymbol{r}) \cdot \frac{E_s(r,k)}{E_i(r,k)}$$

$$= \lim_{R_0 \to +\infty} \sqrt{4\pi}R_0 \cdot \exp(-j\boldsymbol{k} \cdot \boldsymbol{R}_0) \cdot \frac{E_s(r,k)}{E_i(r,k) \cdot \exp(-j\boldsymbol{k} \cdot \boldsymbol{r})} \tag{6-29}$$

式中，$E_i(r,k)$ 表示在目标位置 r 处的雷达入射场；$E_s(r,k)$ 表示在雷达接收天线处接收的来自目标位置 r 处的散射场。

注意到式(6-28)和式(6-29)中后一等式成立是因为雷达观测满足远场条件，对于散射幅度而言，由 R_0 代替 $|\boldsymbol{R}_0 - \boldsymbol{r}|$ 并不会带来实质性的影响。但同时应该注意，相位项则不能直接用 R_0 代替 $|\boldsymbol{R}_0 - \boldsymbol{r}|$，这是不言而喻的。因为按照式(6-28)或式(6-29)中关于三维扩展目标散射分布函数的定义，在给定目标三维位置 r 处，散射分布函数的相位参考中心是在目标上每个局部位置 r 处的，散射分布函数本身并没有计入由 r 处到目标参考中心的相位差异；反过来，如果相位项采用 $\exp\left(j\frac{2\pi f}{c}R_0\right)$ [亦即 $\exp(-j\boldsymbol{k} \cdot \boldsymbol{R}_0)$] 替代 $\exp\left(j\frac{2\pi f}{c}|\boldsymbol{R}_0 - \boldsymbol{r}|\right)$，则意味着三维扩展目标散射分布函数 $\boldsymbol{\Gamma}(r,f)$ 的相位参考中心全部统一在目标中心处，两者显然存在很大差异，这一点从式(6-29)第二个等式中多出的 $\exp(j\boldsymbol{k} \cdot \boldsymbol{r})$ 项可以清楚地看到，它正好补偿了从目标中心到目标上任意三维位置 r 处的相移，或者说，把入射波的参考位置移到了三维目标局部位置处，相当于把三维目标每个局部位置都视为一个"点"，所有"点"的参考中心在雷达距离为 R_0 的"目标中心"处。

如此，在波数空间，以"目标中心"为相位参考点的目标散射分布函数定义可修正为

$$\boldsymbol{\Gamma}(r,k) = \lim_{R_0 \to +\infty} \sqrt{4\pi}R_0 \cdot \exp(j\boldsymbol{k} \cdot \boldsymbol{r}) \cdot \frac{E_s(r,k)}{E_i(r,k)} \tag{6-30}$$

相应地，随频率变化的目标散射分布函数定义则可修正为

$$\boldsymbol{\Gamma}(r,f) = \lim_{R_0 \to +\infty} \sqrt{4\pi}R_0 \cdot \exp\left[j\frac{2\pi f}{c}(|\boldsymbol{R}_0 - \boldsymbol{r}| - R_0)\right] \cdot \frac{E_s(r,f)}{E_i(r,f)} \tag{6-31}$$

式(6-30)和式(6-31)同式(6-29)与式(6-28)没有本质性差异，只是相差一个相位量 $\exp(-j\boldsymbol{k} \cdot \boldsymbol{R}_0)$ [亦即 $\exp\left(j\frac{2\pi f}{c}R_0\right)$]，它表示雷达到目标参考中心随频率线性变化的固定相位。

根据以上定义，三维扩展目标的散射分布函数是复数量，具有幅度和相位，其模值的量纲也是 m。如果三维扩展目标散射分布函数的相位参考定义在目标上每个局部位置 r 处，那么，散射分布函数本身的相位并没有体现出三维目标上每个局部散射位置相对于同一参考中心的程差所带来的不同相位。因此，散射分布函数的幅度代表了目标局部散射结构的散射强度，取其平方具有 RCS 的量纲；散射分布函数的相位所代表的是目标局部散射结构的"固有相位" $\left[源自 \frac{E_s(r,f)}{E_i(r,f)}\right]$，这个固有相位可以采用几何绕射理论(GTD)来很好地解释[5,16,17]。

另外，若目标整体的相位参考定义在"目标中心"，则三维目标散射分布函数的相位是由两部分组成的：一是目标局部散射位置 r 相对于目标参考中心传播程差造成的相位 $\exp(j\boldsymbol{k} \cdot \boldsymbol{r})$；二是该位置处散射结构的固有散射相位。显然，实际应用中必须有统一、固定的相位参考点，这个参考点一般选择在"目标中心"。例如，在静态 RCS 测量中最常采用的转台旋转目标测量和成像条件下，这个"目标中心"就是转台的旋转中心。

需要加以区别的是，目标散射函数所表示的是目标作为一个整体的散射回波特性，而目标散射分布函数表征了三维扩展目标每一局部散射结构的散射特性。认识上述定义所代表的物理意

义,对于确定目标散射函数和三维目标散射分布函数之间的关系非常重要:三维扩展目标总的散射回波等于其上所有局部散射位置 r 处回波的向量积分,该积分需要考虑目标局部散射位置到目标参考中心之间程差产生的相位影响。这样,定义并理解了以上散射分布函数的概念后,在本书后续各章节中,如果在推导雷达回波信号表达式中考虑了雷达—目标之间的双程距离,则所引述的"目标散射分布函数"其相位所代表的是目标上各个局部位置处散射的"固有相位"。

同时还注意到,在讨论目标散射函数同目标散射分布函数之间的关系时,采用空间波数向量定义具有简洁性,因为波数向量 k 本身定义了雷达—目标参考中心之间的几何关系,以下主要根据波数向量定义进行讨论。

根据定义式(6-25)和式(6-29),目标散射函数 $\sqrt{\sigma(k)}$ 同三维目标散射分布函数 $\Gamma(r,k)$ 之间的积分关系可表示为

$$\sqrt{\sigma(k)} = \exp(jk \cdot R_0) \cdot \oiiint_{D^3} \Gamma(r,k)\exp(-j2k \cdot r)dr \qquad (6\text{-}32)$$

式中,积分范围 D^3 表示三维扩展目标空间的体积。

式(6-32)从数学上清晰地反映出散射函数和散射分布函数所代表的物理概念及两者之间的关系:散射分布函数 $\Gamma(r,k)$ 代表了扩展三维目标上不同局部散射结构的"散射分布"特性概念,而目标散射函数 $\sqrt{\sigma(k)}$ 代表的则是目标的"整体散射"特性概念,后者与 RCS 的概念是一致的,所不同的只是为了适应宽带相参雷达处理,引入了散射相位。因此,目标的散射函数和散射分布函数均为复数量,且其模值平方均具有 RCS 的量纲。

传统上,各种参考文献对于目标 RCS 的定义是统一的,但对于目标"散射分布特性"的定义和表达则形形色色。一些参考文献[18]甚至将三维目标散射分布函数 $\Gamma(r,k)$ 称为"目标反射率函数",这是不够严谨的,因为依照定义,"反射率"应该是不大于 1 的,而事实上 $|\Gamma(r,k)|$ 显然是可以大于 1 的!

此外,在讨论雷达成像问题中,有相当一部分参考文献把经过 RCS 定标的雷达图像的像素值称为"散射系数",这也是不正确的。我们知道,散射系数是用来描述面目标/杂波强度的一个物理量,它定义为"面目标 RCS 与雷达照射面积之比值"。对比经 RCS 定标的雷达图像的像素值与经典散射系数的定义,便不难发现以下两点不同,请读者明察。

(1) 散射系数是一个无量纲的物理量,而经过 RCS 定标的雷达图像,其像素强度值的量纲与 RCS 的量纲是一致的(单位 m^2),所以,两者根本代表了不同的物理量。

(2) 很明显,也不能用像素面积来对雷达像素值做归一化并称之为"散射系数"。因为"散射系数"定义为面目标回波的 RCS 除以雷达照射面积(详见第 7 章),而面目标的 RCS 往往不与照射面积呈线性比例关系。事实上,在经典散射系数定义中,即使采用天线照射面积做了归一化,并不意味着散射系数就与照射面积无关。而采用像素面积做归一化后的雷达图像像素值,其物理意义则更与"散射系数"无关了。

我们可以通过一个简单例子来进一步理解上述第二点。根据物理光学(PO)近似,金属平板的 RCS 与雷达波照射到平板面积的平方成正比[3],在低海况条件下,像海面这类具有很大介电常数的介质表面,其散射特性也接近金属表面的散射特性。由此不难理解,若按照经典的散射系数定义,在小入射角条件下,此类表面的散射系数将与雷达天线照射面积(而不是像素面积)成正比! 可见,采用像素面积归一化并不能正确地得到这类表面的"散射系数"。

正是基于以上认识,此处引入了三个概念,即传统的雷达散射截面 σ、目标散射函数

$\sqrt{\sigma(f)}$（或$\sqrt{\sigma(k)}$）及目标散射分布函数$\boldsymbol{\Gamma}(r,f)$（或$\boldsymbol{\Gamma}(r,k)$）。尽管在许多读者看来,这有种术语和定义繁杂的感觉,但在讨论雷达目标电磁散射特性的宽带、高分辨率成像时,这些基本定义和概念是非常重要的,因为只有明确了这三者的内涵及相互之间的关系,才能将传统RCS、宽带雷达散射和高分辨率雷达成像等所涉及的关于目标散射的物理量很好地统一起来。同时,也才能更好地理解本章稍早时所提及的 0-D、1-D、2-D 和 3-D RCS 的概念。

6.3 雷达目标的三个散射区

首先来研究图 6-3 所示的一个最简单的目标——完纯导体球目标的 RCS 随雷达频率的变化情况。图中所给出的结果是半径为 60cm 的金属球的 RCS 理论值,其计算方法将在稍后给出。图中的纵坐标为金属球的 RCS(单位为 dBm²),横坐标为 ka 值,其中 $k=\dfrac{2\pi}{\lambda}=\dfrac{2\pi f}{c}$ 为波数,λ 是雷达波长,a 为球的直径,是物体的物理尺寸。

物体的电尺寸:若物体的物理尺寸为 a,则称 ka 为物体的电尺寸。当物体的物理尺寸 a 给定时,则电尺寸的变化只依赖于频率。

目标的电磁散射特性强烈地依赖于目标的电尺寸。目标的 RCS 随目标电尺寸的变化,大致分为三个区域。最有代表性的是金属球体 RCS 随频率的变化特性,如图 6-3 所示。由图可见,曲线大体上分为三个区域。从 0 到第一个峰值的快速上升段称为低频散射区或瑞利(Rayleigh)区,其 RCS 随频率的增大而增大;从第一个峰值到 RCS 曲线趋于稳定之间的振荡段称为谐振区或米氏(Mie)区,RCS 随频率变化呈起伏振荡,这种振荡随频率进一步增大而逐渐减小;随着 ka 值的进一步增大,在谐振区的右端,RCS 趋于稳定的第三个区域,称为高频(High-frequency)区或光学(Optical)区。每个散射区域的散射特性和散射机理是互不相同的,但同一个区域的散射特性基本上具有类似性。

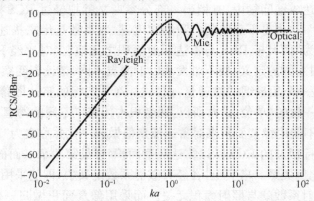

图 6-3 完纯导体球目标的 RCS 随雷达频率的变化情况

注意到在一切自然目标和人造目标中,从传感器看来,球体是最简单的形体,然而其电磁散射特性随频率的变化特性依然是复杂的。窥一斑而知全貌,足见雷达系统所面临复杂目标的电磁散射特性的复杂程度。下面对三个散射区做进一步的讨论。

6.3.1 瑞利区

瑞利区也称为低频区,此时雷达波长大于目标物理尺寸,一般取

$$ka<0.5 \tag{6-33}$$

在瑞利区,入射场在整个散射体上没有明显的变化。可以证明,此区域目标的散射场依赖于入射场在物体上感应的电荷密度,类似于一个静场问题,称为瑞利散射。可借助静态场分析方法严格求解。

在这个区域内,RCS 一般与波长的 4 次方成反比。例如,当沿旋转轴方向观测时,旋转体的 RCS 可用以下方程式计算

$$\sigma = \frac{4}{\pi} k^4 V^2 \left[1 + \frac{\exp(-y)}{\pi y} \right] \tag{6-34}$$

式中,V 为目标的体积;y 为旋转体的形状指数,正比于目标的长宽比。

6.3.2 谐振区

谐振区一般可取

$$0.5<ka<20 \tag{6-35}$$

此时物体特征尺寸与入射波波长处于同数量级,入射场的相位沿物体长度变化显著。

在这个区内,场的耦合现象严重,即物体上任一点的总场等于该点入射场与物体其他部分在该点产生的感应场之和,而感应场是入射场在物体上感应的电流、电荷生成的散射场。由于各个散射分量之间有干涉,RCS 随频率和姿态变化呈现振荡性起伏。由于 RCS 随目标姿态角与频率变化迅速,会产生许多尖峰与深谷。

严格地求解谐振区的散射场,需要有矢量波动方程的严格解或良好的近似解。通常的解法是,首先利用斯特拉顿-朱(Stratton-Chu)积分方程求出散射体上的感应电流,然后利用辐射积分求出它们的散射场。在绝大多数情况下,要采用数值解法求解感应电流,即通过对方程和目标边界的离散,把散射问题转化为一个矩阵问题求解。原理上讲,方法是通用的,可以对任何问题求解,但受计算机资源的限制,目前只能对电尺寸不太大的复杂物体求解。近年来,随着计算机技术及高效计算电磁学算法的发展,采用快速数值算法解决实际问题的能力已经大大提高,开始接近于实用[15]。

6.3.3 光学区

光学区也称为高频区,一般取

$$ka>20 \tag{6-36}$$

应该注意,在实际雷达应用中,谐振区的上界与光学区两者之间的界限是不明确的。

由于在光学区,波长 $\lambda \to 0$,此区域的散射场近似于光学反射,遵从局部性原理,即散射场只与反射点附近小邻域的几何性质及该点的入射场有关。忽略其间的相互耦合作用,因此,可以把物体的散射等效为若干孤立散射点源的散射,这些点称为散射中心。由于 Maxwell 方程具有线性性质,整个物体的散射总场可以通过每个散射中心散射场的矢量叠加得到。

目前雷达观测的大多目标处于光学散射区。在光学区,散射体的几何细节对散射起重要作用,目标 RCS 主要取决于其形状与表面粗糙度。目标外形的不连续导致 RCS 增大,对于光滑凸形导电目标,其 RCS 常近似于雷达视线方向的轮廓截面积。然而,当目标含有棱边、拐角、凹腔或介质等情况时,则不然。目标上不同的散射结构随频率和姿态角的变化敏感。作为例子,表 6-1 所示为光学区典型散射结构 RCS 与频率的关系。

表 6-1　光学区典型散射结构 RCS 与频率的关系

金属散射结构	频率关系
角反射器	f^2
平板	f^2
圆柱(或任何单曲表面)	f^1
球(或任何双曲表面)	f^0
曲边缘	f^{-1}
锥尖	f^{-2}

6.4　目标散射的极化特性

6.4.1　极化散射矩阵

雷达散射截面作为一种标量,是入射到目标上的电磁波极化状态的函数。绝大多数目标在任意姿态角下,对不同的极化波的散射也不相同。而且,对于大部分目标,散射场的极化也会不同于入射场的极化,这种现象称为退极化或交叉极化。

对入射波和目标之间的相互作用可由极化散射矩阵 S 来描述,将散射场 E^S 各分量和入射场 E^i 各分量联系起来,可表示为

$$E^S = SE^i \tag{6-37}$$

如果雷达发射机和接收机离目标足够远,则到达目标处的入射波和到达接收机处的散射波都可视为平面波。因此,S 是一个二阶矩阵,式(6-37)变成

$$\begin{bmatrix} E_p^S \\ E_q^S \end{bmatrix} = \frac{1}{\sqrt{4\pi}r} \begin{bmatrix} S_{pp} & S_{pq} \\ S_{qp} & S_{qq} \end{bmatrix} \begin{bmatrix} E_p^i \\ E_q^i \end{bmatrix} \tag{6-38}$$

式中,字母 p 和 q 表示一组正交极化基。S 的元素一般是复数,故又可写成

$$S = \begin{bmatrix} |S_{pp}| \exp(\mathrm{j}\phi_{pp}) & |S_{pq}| \exp(\mathrm{j}\phi_{pq}) \\ |S_{qp}| \exp(\mathrm{j}\phi_{qp}) & |S_{qq}| \exp(\mathrm{j}\phi_{qq}) \end{bmatrix} \tag{6-39}$$

极化散射矩阵定义式(6-38)中融入了因子 $\dfrac{1}{\sqrt{4\pi}r}$,这与考普兰(Copeland)[6]和辛克雷尔(Sinclair)[7]等的定义一致,也与本章中关于目标散射函数的定义一致,所以在后续关于极化测量与校准的讨论中,我们主要采用这一定义。

一些参考文献可能采用不同的定义,如拉克(Ruck)[1]采用以下定义

$$\begin{bmatrix} E_p^S \\ E_q^S \end{bmatrix} = \begin{bmatrix} S_{pp} & S_{pq} \\ S_{qp} & S_{qq} \end{bmatrix} \begin{bmatrix} E_p^i \\ E_q^i \end{bmatrix} \tag{6-40}$$

来表示极化散射矩阵,注意此处的定义没有融入因子 $\dfrac{1}{\sqrt{4\pi}r}$。

按照拉克给出的定义,极化散射矩阵元素与雷达散射截面之间的关系为

$$\sigma_{pq} = 4\pi r^2 |S_{pq}|^2 \tag{6-41}$$

而按照式(6-38)的定义,则极化散射矩阵元素与雷达散射截面之间的关系为

$$\sigma_{pq} = |S_{pq}|^2 \tag{6-42}$$

后者避免了距离因子 r，是所希望的。但是，式(6-41)则同 RCS 的定义式保持了很好的一致性。读者应该注意不同参考文献所给出定义式的差异，并在实际应用中注意量纲转换。

如果目标是线性散射体，那么，任意目标的单站后向散射矩阵是对称的，亦即有

$$S_{pq} = S_{qp} \tag{6-43}$$

这种对称性可从互易定理证得。如果将发射天线和接收天线的作用互换，互易定理指出，互换后的接收天线处感应的开路电压与原来的相同，相当于

$$[\boldsymbol{p}^r, \boldsymbol{q}^r] \begin{bmatrix} S_{pp} & S_{pq} \\ S_{qp} & S_{qq} \end{bmatrix} \begin{bmatrix} \boldsymbol{p}^i \\ \boldsymbol{q}^i \end{bmatrix} = [\boldsymbol{p}^i, \boldsymbol{q}^i] \begin{bmatrix} S_{pp} & S_{pq} \\ S_{qp} & S_{qq} \end{bmatrix} \begin{bmatrix} \boldsymbol{p}^r \\ \boldsymbol{q}^r \end{bmatrix} \tag{6-44}$$

式中，上标 r 和 i 分别表示接收天线和发射天线。显然，只有当 $S_{pq} = S_{qp}$ 时，式(6-44)才能得到满足。

如果目标关于包含从发射天线到目标的射线的平面对称，那么，总可以选择适当的坐标系使 $S_{pq} = 0$。如图 6-4 所示的两对角导线目标[3]，从发射天线到目标的射线位于对称面上，与导线垂直，选择坐标系使 y 轴位于这个平面内。若发射仅有 y 分量的波 $\boldsymbol{E}_y^i$，则在某一瞬间，入射波将激励起图 6-4 所示的感应电流，当该电流再一次辐射时，垂直分量将相互抵消，即 $\boldsymbol{E}_x^s$ 必须等于零，因此，$S_{xy} = 0$。

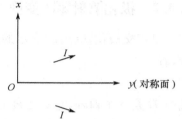

图 6-4　两对角导线目标

一般来说，极化散射矩阵并不具有对称性，为了完整地表征 $\boldsymbol{S}$，需要求出 4 个振幅和 4 个相位。但是，在某些特殊情况下，极化散射矩阵 $\boldsymbol{S}$ 也可以得到简化。本章以后如无特别说明，均指的是后向散射矩阵。

表 6-2 给出了几种简单目标在光学区的极化散射矩阵[3]，注意表中给出的 $\boldsymbol{S}$ 是采用各自目标的后向散射截面 σ 平方根值归一化后的"归一化极化散射矩阵"，因此与其实际 RCS 值相差一个常数[3]。

表 6-2　几种简单目标在光学区的极化散射矩阵

目　标	极化散射矩阵 $\boldsymbol{S}$	
	线　极　化	圆　极　化
$E_T \uparrow$　$E_R \downarrow$　垂直偶极子	$\begin{bmatrix} 0 & 0 \\ 0 & -1 \end{bmatrix}$	$\frac{1}{2}\begin{bmatrix} 1 & -1 \\ -1 & 1 \end{bmatrix}$
$E_T \uparrow$　$E_R = 0$　水平偶极子	$\begin{bmatrix} -1 & 0 \\ 0 & 0 \end{bmatrix}$	$\frac{1}{2}\begin{bmatrix} -1 & -1 \\ -1 & -1 \end{bmatrix}$
$E_T \uparrow$　$E_R \downarrow$　平板、圆盘或球	$\begin{bmatrix} -1 & 0 \\ 0 & -1 \end{bmatrix}$	$\begin{bmatrix} 0 & -1 \\ -1 & 0 \end{bmatrix}$
$E_T \uparrow$　$E_R \downarrow$　二面角（偶次反射）	$\begin{bmatrix} 1 & 0 \\ 0 & -1 \end{bmatrix}$	$\begin{bmatrix} 1 & 0 \\ 0 & 1 \end{bmatrix}$

目标	极化散射矩阵 S	
	线 极 化	圆 极 化
$E_T\uparrow$ $E_R\leftarrow$ 二面角旋转45°	$\begin{bmatrix} 0 & 1 \\ 1 & 0 \end{bmatrix}$	$\begin{bmatrix} -j & 0 \\ 0 & j \end{bmatrix}$
$E_T\uparrow$ $E_R\uparrow$ 三面角（奇次反射）	$\begin{bmatrix} -1 & 0 \\ 0 & -1 \end{bmatrix}$	$\begin{bmatrix} 0 & -1 \\ -1 & 0 \end{bmatrix}$

6.4.2 极化散射矩阵变换

以正交极化基 $(\hat{p},\hat{q})$ 表示的矢量 E_{pq}，可以用另一以正交极化基 $(\hat{x},\hat{y})$ 表示的矢量 E_{xy} 来表示，有

$$E_{pq}=UE_{xy} \tag{6-45}$$

式中，U 是一个酉阵，它的元素是以原来的极化基表示的。酉阵的特点是 $U^{H}=U^{-1}$，上标"H"表示赫米特共轭（Hermitian），即转置后取共轭。例如，对于线—圆极化基的变换，有

$$U=\frac{1}{\sqrt{2}}\begin{bmatrix} 1 & j \\ 1 & -j \end{bmatrix} \tag{6-46}$$

矩阵 U 可取为[19]

$$U=\frac{1}{\sqrt{1+|\zeta|^{2}}}\begin{bmatrix} 1 & -\zeta^{*} \\ \zeta & 1 \end{bmatrix} \tag{6-47}$$

式中，ζ 是新的极化基中第一个基（如 p）同以原来极化基为基的极化比。

这样，若将以正交极化基 $(\hat{p},\hat{q})$ 表示的极化散射矩阵 S_{pq} 用另一个以正交极化基 $(\hat{x},\hat{y})$ 表示的极化散射矩阵 S_{xy} 来表示，则两者之间的变换关系为

$$S_{pq}=US_{xy}U^{-1} \tag{6-48}$$

在一个坐标系内定义的散射矩阵可以通过单位变换转换成其他坐标系中的另一种形式。如果知道某一组正交坐标系中的极化散射矩阵，也可通过同样的方法得到另一组正交坐标系中的极化散射矩阵。线—圆极化散射矩阵的变换即为一例。

圆极化分量的散射场可写成

$$\begin{bmatrix} E_R^S \\ E_L^S \end{bmatrix}=\frac{1}{\sqrt{4\pi}r}\begin{bmatrix} S_{RR} & S_{RL} \\ S_{LR} & S_{LL} \end{bmatrix}\begin{bmatrix} E_R^i \\ E_L^i \end{bmatrix} \tag{6-49}$$

圆极化和线极化可通过矩阵 $T=\dfrac{1}{\sqrt{2}}\begin{bmatrix} 1 & -j \\ 1 & j \end{bmatrix}$ 变换来进行相互变换。通过简单的矩阵乘法，由线极化矩阵元来计算圆极化矩阵元，这一过程由以下矩阵变换完成

$$\begin{bmatrix} S_{RR} & S_{RL} \\ S_{LR} & S_{LL} \end{bmatrix}=T\begin{bmatrix} 1 & 0 \\ 0 & -1 \end{bmatrix}\begin{bmatrix} S_{hh} & S_{hv} \\ S_{vh} & S_{vv} \end{bmatrix}T^{-1} \tag{6-50}$$

圆极化矩阵各元为

$$\begin{bmatrix} S_{RR} \\ S_{RL} \\ S_{LR} \\ S_{LL} \end{bmatrix} = \frac{1}{2} \begin{bmatrix} 1 & -j & -j & -1 \\ 1 & j & -j & 1 \\ 1 & -j & j & 1 \\ 1 & j & j & -1 \end{bmatrix} \begin{bmatrix} S_{hh} \\ S_{hv} \\ S_{vh} \\ S_{vv} \end{bmatrix} \tag{6-51}$$

反之,也可由圆极化矩阵元算出线极化矩阵元为

$$\begin{bmatrix} S_{hh} \\ S_{hv} \\ S_{vh} \\ S_{vv} \end{bmatrix} = \frac{1}{2} \begin{bmatrix} 1 & 1 & 1 & 1 \\ j & -j & j & -j \\ j & j & -j & -j \\ -1 & 1 & 1 & -1 \end{bmatrix} \begin{bmatrix} S_{RR} \\ S_{RL} \\ S_{LR} \\ S_{LL} \end{bmatrix} \tag{6-52}$$

由以上两式实现线-圆极化散射矩阵的相互变换。

当用线极化的单位矢量如 $\hat{h}$ 和 $\hat{v}$ 来描述极化状态时,必须注意到由于目标散射,坐标系改变了原来的三个正交分量的正交方式。例如,对于一按右手系 $\hat{h} \times \hat{v} = \hat{k}^i$ 传播的入射波,来自目标的散射波则是按左手系 $\hat{h} \times \hat{v} = \hat{k}^s$ 传播的。为了使矩阵运算正确,必须回到右手系,以克服由于散射引起的变化,所以在式(6-50)中引入了一个附加矩阵。对于具有对称面的目标,$S_{hv} = S_{vh} = 0$,那么有

$$S_{RR} = S_{LL} = \frac{1}{2}(S_{hh} - S_{vv}) \tag{6-53}$$

$$S_{RL} = S_{LR} = \frac{1}{2}(S_{hh} + S_{vv}) \tag{6-54}$$

显然,对称平面使得左旋和右旋圆极化回波是等价的。

作为一个特例,考虑导电或均匀介质球目标,因为 $S_{hh} = S_{vv}$,所以式(6-53)和式(6-54)分别简化为

$$S_{RR} = S_{LL} = 0 \tag{6-55}$$

$$S_{RL} = S_{LR} = S_{hh} \text{ 或 } S_{vv} \tag{6-56}$$

式(6-55)和式(6-56)表明:(1)金属或均匀介质球体的电磁散射与极化方式无关;(2)对于入射到球体的圆极化波,其散射波的极化方向与入射波的极化方向正交,这正是采用圆极化波抑制雨滴后向散射杂波的理论基础。

6.5　散 射 中 心

6.5.1　散射中心的概念

散射中心这一概念是在理论分析中产生的,迄今并没有严格的数学证明。但是,这并不意味着散射中心的概念是人为的结果。人们通过精确的测量,不仅观测到了多散射中心的二维或三维几何分布,而且这些多散射中心的矢量合成散射场和目标总雷达散射截面同理论计算得到的总散射场和雷达散射截面均吻合得很好。

根据电磁理论,每个散射中心都相当于斯特拉顿-朱积分中的一个数字不连续处。从几何观点来分析,就是一些曲率不连续处与表面不连续处。但仅此还不足以全面地分析、计算总的电磁场,还必须考虑镜面反射、蠕动波与行波效应等引起的散射。为了便于分析,人们把这些散射也等效为某种散射中心引起的散射。这样散射中心的概念就被扩大了。

要从数学上严格证明散射中心的概念是非常困难的。然而,从已有的一些典型目标的近似解出发,散射中心的概念可以很容易地得到解释。从而也可以看出,在高频区,目标散射不是全部目标表面所贡献的,而是具有局部性,可以用多个孤立散射中心来完全表征。让我们来研究完纯导电圆柱体的物理光学后向散射。

如图 6-5 所示,假设有一平面波入射到完纯导电圆柱体上,入射磁场为

$$\boldsymbol{H}^i = \varphi H_0 \exp(\mathrm{j}k\hat{\boldsymbol{r}} \cdot \boldsymbol{r}') \tag{6-57}$$

当散射体的尺寸比入射波长大得多时,用物理光学法可以足够精确地计算其后向散射场。略去时谐因子 $e^{\mathrm{j}\omega t}$,物理光学法给出[3]

$$\boldsymbol{E}^s = -\frac{\mathrm{j}k\eta_0}{4\pi} \frac{\exp(-\mathrm{j}kr)}{r} \hat{\boldsymbol{r}} \times \int_S 2(\hat{\boldsymbol{n}} \times \boldsymbol{H}^i) \times \hat{\boldsymbol{r}} \exp(\mathrm{j}k\hat{\boldsymbol{r}} \cdot \boldsymbol{r}') \mathrm{d}s \tag{6-58}$$

式中,$\hat{\boldsymbol{n}}$ 为表面向外的单位法矢量;$\boldsymbol{H}^i$ 为表面上某点的入射磁场强度;$\boldsymbol{r}'$ 为表面上从源点到积分点的径向矢量;$\int_S$ 为对照明面的积分;$k = 2\pi/\lambda$ 为波数;η_0 为自由空间波阻抗;$\hat{\boldsymbol{r}}$ 为源点到场点的径向单位矢量,$\hat{\boldsymbol{r}} = \dfrac{\boldsymbol{r}}{r}$。

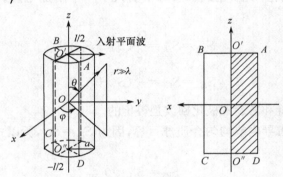

图 6-5　入射于完纯导电圆柱体的平面波

根据式(6-58)可计算出圆柱体的后向散射场为[3]

$$\boldsymbol{E}^s = \frac{\mathrm{j}k_0\eta_0 H_0}{2\pi} \frac{\exp(-\mathrm{j}kr)}{r} \sin\theta \hat{\theta} \int_{-\frac{l}{2}}^{\frac{l}{2}} \int_{\varphi-\frac{\pi}{2}}^{\varphi+\frac{\pi}{2}} \exp\{\mathrm{j}2k[a\sin\theta\cos(\varphi-\varphi') + z'\cos\theta]\} a\mathrm{d}\varphi'\mathrm{d}z'$$

$$= \frac{\eta_0 H_0 a\tan\theta}{4\pi} \frac{\exp(-\mathrm{j}kr)}{r} [\exp(\mathrm{j}kl\cos\theta) - \exp(-\mathrm{j}kl\cos\theta)] \times$$

$$\int_{\varphi-\frac{\pi}{2}}^{\varphi+\frac{\pi}{2}} \exp[\mathrm{j}2ka\sin\theta\cos(\varphi-\varphi')\mathrm{d}\varphi'] \tag{6-59}$$

式(6-59)最右边沿圆周的积分不易计算,但可以利用驻相法来近似计算。令

$$I = \int_{\varphi-\pi/2}^{\varphi+\pi/2} \exp[\mathrm{j}2ka\sin\theta\cos(\varphi-\varphi')]\mathrm{d}\varphi' \tag{6-60}$$

并设 $x = \varphi - \varphi' + \pi/2$,则式(6-60)可化成

$$I = \int_0^\pi \exp(\mathrm{j}2ka\sin\theta\sin x)\mathrm{d}x \tag{6-61}$$

显然,式(6-61)中的驻相点为 $x_0 = \dfrac{\pi}{2}$,可利用驻相法积分公式

$$\int f(x)\exp[\mathrm{j}g(x)]\mathrm{d}x \approx \left[\frac{2\pi}{-\mathrm{j}g''(x_0)}\right]^{\frac{1}{2}} f(x_0)\exp[\mathrm{j}g(x_0)] \qquad (6\text{-}62)$$

求得积分 I,近似为

$$I \approx \left[\frac{\pi}{\mathrm{j}ka\sin\theta}\right]^{\frac{1}{2}} \exp(\mathrm{j}2ka\sin\theta) \qquad (6\text{-}63)$$

将式(6-63)代入式(6-59),最后得

$$\boldsymbol{E}^S = \theta\frac{E_0 a\tan\theta}{4\pi}\frac{\exp(-\mathrm{j}kr)}{r}\left[\frac{\pi}{\mathrm{j}ka\sin\theta}\right]^{\frac{1}{2}} \exp(\mathrm{j}2ka\sin\theta)\times$$

$$[\exp(\mathrm{j}kl\cos\theta) - \exp(-\mathrm{j}kl\cos\theta)] \qquad (6\text{-}64)$$

式中,$E_0 = \eta_0 H_0$ 为与入射场有关的幅度因子;a 为圆柱体的半径;l 为圆柱体的高;k 为波数。

由式(6-64)可见,圆柱体的后向散射场是以球面波 $\dfrac{\exp(-\mathrm{j}kr)}{r}$ 形式向外传播的,且该球面波由两部分组成。这两部分的相移都与圆柱体上的 A 和 D 两点同参考点 O' 和 O' 的程差有关,其后向散射场可以视为由 A 和 D 点处的点散射源所产生的,A 和 D 即为散射中心。

通过上面的例子,可以对散射中心的概念有基本而清楚的认识。虽然用物理光学法来做近似处理是比较粗糙的,然而,它却可以用数学解析式来说明散射中心的概念。如果结合几何绕射理论(GTD)[16],则散射中心的概念将更加形象化。实际上,根据凯勒(Keller)几何绕射理论的局部场原理,在高频极限情况下,绕射场只取决于绕射点附近很小一个区域内的物理性质和几何性质,而同距绕射点较远的物体的几何形状无关。这与等效多散射中心的概念也是一致的。

6.5.2 散射中心的带通滤波解释

1. 一维矩形波的频谱及其带通滤波器响应

一个 LTI 系统的传递(冲激响应)函数可以视为一个低通(LP)、高通(HP)、带通(BP)或全通(AP)滤波器。首先研究一个方波信号通过不同的滤波器时的响应特性,它对于理解目标电磁散射问题有所帮助。对于给定的输入波形,在研究 LTI 系统的输出时,既可以采用时域方法(波形与 LTI 系统的冲激响应的卷积),也可采用频域方法(信号频谱与 LTI 系统频率响应相乘)。

考虑图 6-6 所示的矩形波信号,其对应的频谱特性是一个 sinc 函数。

根据矩形波信号的傅里叶级数展开可知,在频域,方波的陡峭上升沿和下降沿信息主要包含在其频谱的高频分量中,而波形的主要能量则集中在较低的频谱分量中。这与图 6-6 中矩形波的频谱特征是完全一致的。

当一个矩形波信号通过一个特定的低通滤波器时,该低通滤波器的输出如图 6-7 所示。图中分别给出了低通滤波器的输出频谱及其对应的时域波形。从图 6-7 可以发现,在低通滤波器的输出响应中,由于大量的高频分量被滤除,其时域波形尽管大体上保留了矩形波的形状和能量,但是原矩形波陡峭的边缘信息则几乎完全丢失了。

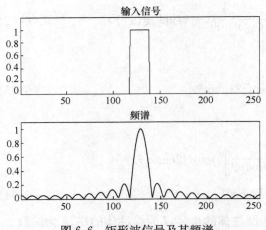

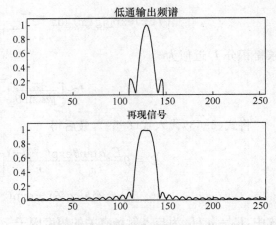

图 6-6 矩形波信号及其频谱　　　　　　　　图 6-7 矩形波通过低通滤波器后的输出响应

　　另外,当同一矩形波信号通过一个带通滤波器时,如图 6-8 所示,由于代表输入信号主要能量的低频分量被滤除,滤波器的输出幅度大大降低,更重要的是,该输出波形已经完全不同于原矩形波波形。相反,这时,仅保留了反映矩形波上升沿和下降沿的两个较窄的脉冲峰波形。

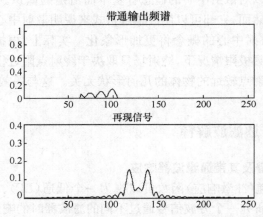

图 6-8 矩形波信号通过带通滤波器后的输出响应

　　可以想象,在雷达测量中,当雷达发射一个较宽的视频脉冲信号,且其上升沿和下降沿都比较平缓时,对于任何扩展目标,得到的雷达回波波形也都将是一个上升沿和下降沿比较平缓的宽脉冲。相反,当发射一个脉宽极窄(其上升沿和下降沿必然陡峭)的脉冲波形时,如果脉冲宽度比目标尺寸窄得多,则扩展目标的回波将呈现类似于图 6-8 所示的多个峰值,这些峰值会出现在目标不连续位置处,即更多地取决于目标表面不连续处,这同前一节讨论的高频散射的局部性原理及散射中心的概念是一致的。

2. 二维物体的空间谱及其带通滤波器响应

　　从上述一维波形通过滤波器后的响应特性可以直接推演到二维和三维情形。图 6-9 所示为二维矩形物体及其对应的二维空间谱[图 6-9(a)]和低通滤波器响应[图 6-9(b)]、带通滤波器响应[图 6-9(c)]特征。可见,在带通响应情况下,二维矩形物体的形状信息被丢失,相反,仅保留了部分边沿信息或顶点信息。可见,这也与雷达目标电磁散射中的散射中心概念相吻合。

　　我们知道,雷达系统工作在射频谱段,其发射信号和接收信号的带宽不可能无限宽,是典型的带通滤波系统。如果把一个雷达系统简化为 LTI 系统,则根据上面的讨论,如果雷达可以发射和接收从频率为零开始的低频信号(因而可获得目标的低通滤波响应),则可以从回波信号中恢复出目标的大致形体信息,这与目标在低频区的散射特点相似。反之,如果雷达发射和接收有限带宽的高频信号(因而可获得目标的带通滤波器响应),则目标的形体信息将丢失,只能保留其不连续处的细节信息,这与高频区的等效散射中心概念相吻合。

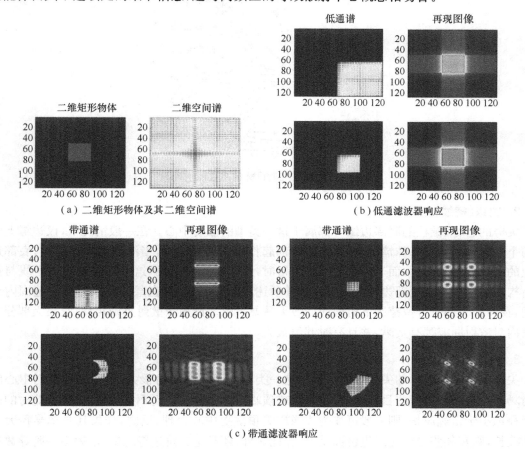

图 6-9 二维矩形物体及其二维空间谱和低通、带通滤波再现图像

尽管真正的复杂目标散射不像这里解释得如此简单和理想化,但是,上述一维和二维带通滤波器的响应特性的例子,为我们解释复杂目标电磁散射中心的概念提供了信号与系统理论方面的基础,可以帮助我们加深对目标在高频区散射的局部性和散射中心的客观存在性的认识。

6.6 复杂目标的高频散射机理

图 6-10 所示为典型飞机类目标的主要散射现象[2]。根据目标电磁散射的特点,目标散射主要可分为以下类型:镜面散射点;边缘(棱线)绕射;尖端散射;凹腔体等多次反射型散射;行波及蠕动波散射;天线型散射等。相应地,也有以下几类散射中心。

1. 镜面散射中心
当一光滑的表面被电磁波照射时,若入射方向与表面法向的方向一致,则产生镜面反射。

这时,在后向的散射就认为是这个散射中心产生的镜面反射。对于双站情况,即非后向散射的情况,若入射线与散射线夹角的平分线与曲面的法线重合,则认为此散射中心产生于镜面反射。在大多数情况下,镜面反射点并不是一个固定的"点",而是随入射方位的不同滑动的。镜面反射点通常仅在某一有限的方位角范围内起作用。

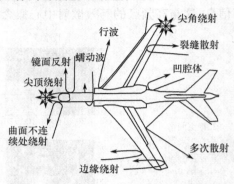

图 6-10　典型飞机类目标的主要散射现象

2. 边缘(棱线)散射中心

尖劈的边缘、锥柱的底部边缘等都属于这一类型的散射中心。在一般情况下,仅边缘上的一两个点起作用。在特殊情况下,整个边缘都起作用。例如锥体,当沿锥轴向入射时,底部边缘上的所有点都起作用,而当沿其他方向入射时,仅一两点起作用,这一两点是由入射线与锥轴所构成的平面与锥底部边缘的交点。如前所述,镜面反射点仅在某一有限的方位范围内起作用,在其他大部分方位范围下对散射回波无重要贡献。而边缘散射点则相反,它在大部分方位角内对散射回波都有贡献,并且有时其值很大。

3. 尖顶散射中心

尖锥或喇叭形目标的尖顶散射都属于这一类情况。除非锥角很大,否则这种散射中心的散射场都比较小。对有些目标而言,其边缘或顶端可能是圆滑的而不是尖锐的,如果此时的曲率半径远小于雷达波长,则一般可作为边缘或尖顶散射中心处理,反之,如果其曲率半径大于雷达波长,则在某些方位角产生镜面反射,除此之外,还产生二阶边缘绕射(由表面一阶导数连续、二阶导数不连续造成的绕射),后者对散射的贡献一般很小。

4. 凹腔体

这类散射中心包括各种飞行器喷口、进气道、开口的波导及角反射器等复杂的多次反射型散射。由于其散射结构十分复杂,除一些特殊的情况外,很难进行解析分析。

5. 行波与蠕动波

当电磁波近轴向入射到细长目标时,若入射电磁场有一个平行于轴的分量,则会产生一种类似于行波的散射场,这种行波散射场仅当目标又细又长时才会产生一定的影响。

蠕动波又称为阴影散射波或爬行波,就是入射波绕过目标的后部(未被照射到的阴影部分)然后又传播到前面而形成的散射。这种蠕动波散射场在高频区对目标总的散射场有影响,主要是在轴向入射时。

6. 天线型散射

天线散射和加载散射体的散射实际上是同一问题的两种不同提法。所谓加载散射体,是指给连接有一个或多个负载的连接端加上一定的电压、电流约束条件。因此,物体的散射场既依赖于物体的几何形状,又依赖于物体的负载。散射场的幅度和相位都会随负载而改变。因此,天线型散射也是一类复杂的散射问题。

从上述列举的散射中心可以看出,散射中心并不一定是一个"点",如开口的腔体等,在实际应用中,通常把它们作为一个散射中心来处理,而事实上它们本身又可能包含多个散射中心。因此,在实际问题的分析处理中,散射中心的概念已经远远超出了"点"的范畴。

6.7 几种简单目标的 RCS

6.7.1 完纯导体球

如图 6-11 所示,由于金属球的对称性,其单站 RCS 与视角无关,仅随球的电尺寸而变化。这就意味着散射波的横向极化实际上是零。例如,如果入射波是左旋极化波,则反射波也是。然而,由于散射波传播的方向相反,因此对于接收天线来说,就认为它是右旋极化波。一般采用圆极化的雷达系统,进行圆极化测量时要采用"左发右收"或"右发左收"这样看似"交叉极化"实为"同极化"的收发模式,正是这个道理。这一点已在式(6-55)和式(6-56)中反映出来。

理想金属导电球的后向散射场的严格解为[5]

$$\sqrt{\frac{\sigma}{\pi a^2}}\, \mathrm{e}^{\mathrm{j}\psi} = \frac{\mathrm{j}}{ka} \sum_{n=1}^{+\infty} (-1)^n (2n+1)(b_n - a_n) \tag{6-65}$$

式中

$$a_n = \frac{j_n(ka)}{h_n^{(2)}(ka)} \tag{6-66}$$

$$b_n = \frac{kaj_{n-1}(ka) - nj_n(ka)}{kah_{n-1}^{(2)}(ka) - nh_n^{(2)}(ka)} \tag{6-67}$$

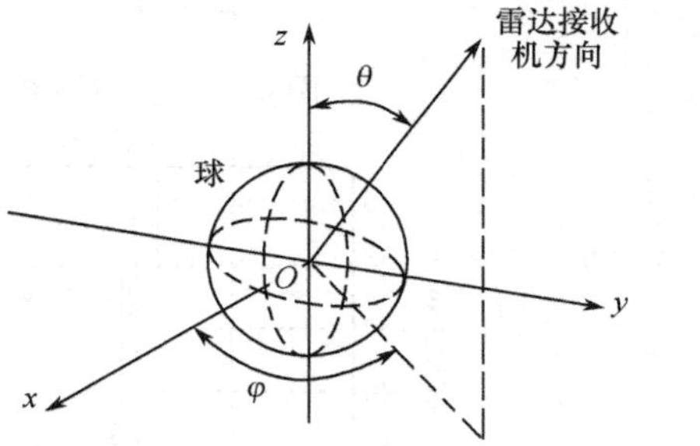

图 6-11 球坐标

式中,a 是金属球的半径,$k=2\pi/\lambda$,λ 是波长,$h_n^{(2)}$ 是 n 阶第二类球汉克尔(Hankel)函数,且

$$h_n^{(2)}(ka) = j_n(ka) - \mathrm{j}y_n(ka) \tag{6-68}$$

j_n 和 y_n 分别为第一类和第二类球贝塞尔(Bessel)函数。

图 6-12 所示为半径为 30cm 的理想金属导电球的 RCS 幅度特性、相位特性随频率的变化,同时还给出了其冲激响应(散射中心的时间响应)和一维距离像(散射中心随径向距离的变化)。

为了研究金属球的散射特征,图 6-13 所示为金属球的主要散射机理。大致来说,其散射的主要分量包括两个部分:镜面反射分量和蠕动波散射分量。在图中,一维距离像是以球心为参考原点的。因此,球的镜面反射分量位于 -30cm 处(等于球的半径)。蠕动波是绕过球光滑的阴影区表面后再返回来的散射分量,所以,该散射中心相对于镜面散射中心的距离等于球半径加上 1/4 圆周长(注意此处均为单程距离)。

金属球的蠕动波随频率的升高而急剧减小,在光学区基本上可以忽略不计。因此,在光学区金属球的 RCS 是个常数。由于这个原因,雷达设计者习惯使用已知散射截面的金属球来进行试验,以校准雷达系统。

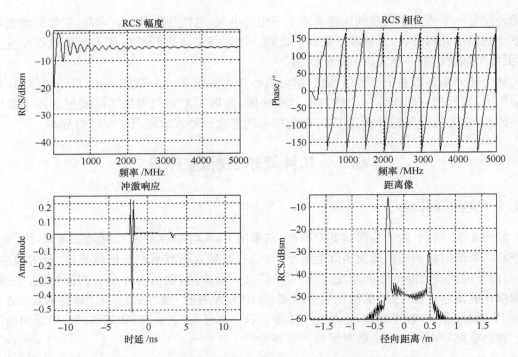

图 6-12　金属导电球的 RCS 幅度特性、冲激响应和一维距离像

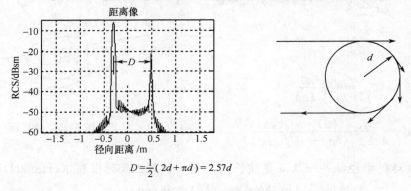

$$D = \frac{1}{2}(2d + \pi d) = 2.57d$$

图 6-13　金属球的主要散射机理

6.7.2　矩形金属平板

金属平板是一种重要的简单散射体,其主要散射机理是表面的镜面反射、边缘的绕射与多次绕射,以及表面行波的散射。考虑处于 xOy 平面上的理想导电矩形金属平板,此平板两边长分别是 $2a$ 与 $2b$,如图 6-14 所示。下面给出几种高频区解的公式[3],其中,垂直(V)和水平极化(H)分别表示入射电场垂直和平行于 xOy 平面。

1. 物理光学(PO)解

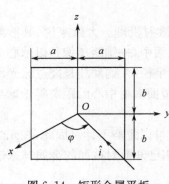

图 6-14　矩形金属平板

$$\sigma_{PO} = \frac{64\pi}{\lambda^2}a^2b^2\cos^2\varphi\left[\frac{\sin(2ka\sin\varphi)}{2ka\sin\varphi}\right]^2 \quad (6\text{-}69)$$

式(6-69)的解与极化无关。

注意到当电磁波正入射($\varphi=0°$)时,有

$$\sigma_{\mathrm{PO}}=\frac{64\pi}{\lambda^2}a^2b^2=\frac{4\pi}{\lambda^2}A^2 \tag{6-70}$$

式中,$A=4ab$ 为平板的面积。

2. 几何绕射理论(GTD)解

$$\sigma_{\mathrm{V,H}}^{\mathrm{GTD}}=\frac{4b^2}{\pi}\,|\,k_{\mathrm{V,H}}\,|^{\,2} \tag{6-71}$$

式中

$$k_{\mathrm{V}}=\cos(2ka\sin\varphi)+2jka\,\frac{\sin(2ka\sin\varphi)}{2ka\sin\varphi}-\left(1+\frac{\exp(-jk4a)}{256j\pi k^3a^3}\right)^{-1}$$

$$\left\{\frac{\exp(-j2ka)}{\sqrt{8j\pi k2a}}\frac{1}{jka\cos\varphi}-\frac{1}{8a^2k^2}\left(\frac{\exp(-jk2a)}{\sqrt{8j\pi k2a}}\right)^2\right.$$

$$\left.\left[\frac{(1-\sin\varphi)}{(1+\sin\varphi)^2}\exp(-2jka\sin\varphi)+\frac{(1+\sin\varphi)}{(1-\sin\varphi)^2}\exp(2jka\sin\varphi)\right]\right\} \tag{6-72}$$

$$k_{\mathrm{H}}=\cos(2ka\sin\varphi)-2jka\,\frac{\sin(2ka\sin\varphi)}{2ka\sin\varphi}-$$

$$\frac{8\exp(-jk2a)}{\sqrt{8\pi jk2a}}\left[1-\frac{\exp(-jk4a)}{4j\pi ka}\right]^{-1}\left\{\frac{1}{\cos\varphi}-\right.$$

$$\left.\frac{\exp(-jk2a)}{\sqrt{8j\pi k2a}}\left[\frac{\exp(2jka\sin\varphi)}{1-\sin\varphi}+\frac{\exp(-2jka\sin\varphi)}{1+\sin\varphi}\right]\right\} \tag{6-73}$$

图 6-15 所示为矩形金属平板的 RCS 随观测角 θ 的变化特性,包括 HH、VV、HV 和 VH 4 种极化的测量结果。注意理想情况下,矩形金属平板在正入射方向的交叉极化散射分量为零。测量结果为其交叉极化分量比同极化分量低 40dB 以上,与理论结果相符。

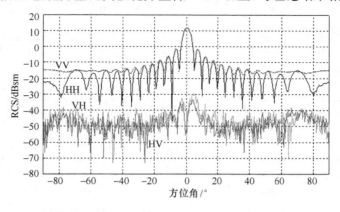

图 6-15　矩形金属平板的 RCS 随观测角 θ 的变化特性

图 6-16 所示为在偏离镜面反射方向,矩形金属平板的一维距离像和二维散射中心分布图。从这两幅图可见,在 $\theta=0°$附近,主要是镜面反射的贡献。在偏离镜面反射的位置,矩形金属平板主要有两个强散射中心,它们分别对应于沿雷达视线方向的两条棱边的绕射。

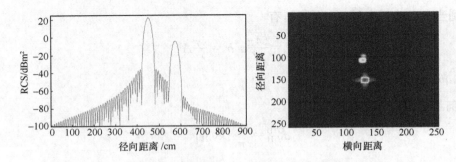

图 6-16 矩形金属平板的一维距离像和二维散射中心分布图

6.7.3 球头锥

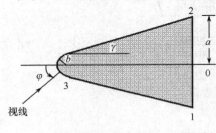

图 6-17 球头锥目标

如图 6-17 所示。根据 GTD 理论,对这种目标,一般认为有三个散射中心起主要作用,分别是球冠和底部边缘上的两点(入射面与底部边缘的交点)。球冠这个散射中心是移动的散射中心,随入射方向不同而在表面上滑动,即入射线过球心与球面的交点。另外还有一个散射中心(或起作用的因素)即球冠与锥面连接的微分不连续处,但其 RCS 不大,仅在鼻锥入射方向($\varphi=0°$)有较显著的影响。因此,一般不把它当成一个散射中心,而仅在 $\varphi=0°$ 方向将它的影响和球冠一起考虑。

选取球头锥底部中心为相位参考中心,则总的 RCS 为

$$\sigma = \left| \sum_{i=1}^{3} \sqrt{\sigma_i}\,\mathrm{e}^{\mathrm{j}\psi_i} \right|^2 \tag{6-74}$$

式中,对于 HH 和 VV 极化分别有

$$\sqrt{\sigma_1}=\frac{\sin(\pi/n)}{n}\sqrt{\frac{a}{k_0\sin\varphi}}\Big[\Big(\cos\frac{\pi}{n}-1\Big)^{-1}\mp\Big(\cos\frac{\pi}{n}-\cos\frac{3\pi-2\varphi}{n}\Big)^{-1}\Big] \tag{6-75}$$

$$\sqrt{\sigma_2}=\begin{cases}\dfrac{\sin(\pi/n)}{n}\sqrt{\dfrac{a}{k_0\sin\varphi}}\Big[\Big(\cos\dfrac{\pi}{n}-1\Big)^{-1}\mp\Big(\cos\dfrac{\pi}{n}-\cos\dfrac{3\pi-2\varphi}{n}\Big)^{-1}\Big], & 0<\varphi\leqslant\gamma \\[2mm] 0, & \gamma<\varphi<\pi/2 \\[2mm] \dfrac{\sin(\pi/n)}{n}\sqrt{\dfrac{a}{k_0\sin\varphi}}\Big[\Big(\cos\dfrac{\pi}{n}-1\Big)^{-1}\mp\Big(\cos\dfrac{\pi}{n}-\cos\dfrac{\pi-2\varphi}{n}\Big)^{-1}\Big], & \varphi\geqslant\pi/2 \end{cases} \tag{6-76}$$

$$\sqrt{\sigma_3}=\begin{cases}\sqrt{\pi}b\Big[1-\dfrac{\sin[2k_0b(1-\sin\gamma)]}{k_0b\cos^2\gamma}\Big]^{1/2}, & \varphi=0 \\[2mm] \sqrt{\pi}b, & 0<\varphi<\pi/2-\gamma \\[2mm] 0, & \varphi\geqslant\pi/2-\gamma \end{cases} \tag{6-77}$$

$$\begin{aligned} &n=1.5+\gamma/\pi \\ &\psi_1=\pi/4-2k_0a\sin\varphi \\ &\psi_2=-\pi/4+2k_0a\sin\varphi \\ &\psi_3=2k_0\big[(a\cot\gamma-b/\sin\gamma)\cos\varphi+b\big] \end{aligned} \tag{6-78}$$

在 0°附近，上式中的 $\sqrt{\sigma_1}$、$\sqrt{\sigma_2}$ 出现奇异，用下列公式计算

$$\sqrt{\sigma_1}\,\mathrm{e}^{\mathrm{j}\psi_1}+\sqrt{\sigma_2}\,\mathrm{e}^{\mathrm{j}\psi_2}=\frac{2\sqrt{\pi}a\sin\dfrac{\pi}{n}}{n}\left[\left(\cos\frac{\pi}{n}-\cos\frac{3\pi}{n}\right)^{-1}J_0(2k_0a\sin\varphi)-\right.$$

$$\left.\frac{\mathrm{j}\,\dfrac{2\tan\varphi}{n}\sin\dfrac{3\pi}{n}}{\left(\cos\dfrac{\pi}{n}-\cos\dfrac{3\pi}{n}\right)^2}J_1(2k_0a\sin\varphi)\mp\left(\cos\frac{\pi}{n}-1\right)^{-1}J_2(2k_0a\sin\varphi)\right]\qquad(6\text{-}79)$$

平滑的范围为 $0\leqslant\varphi\leqslant\gamma$。

在 $\varphi=\pi$ 附近，$\sqrt{\sigma_1}$、$\sqrt{\sigma_2}$ 出现奇异，用下列公式计算

$$\sqrt{\sigma_1}\,\mathrm{e}^{\mathrm{j}\psi_1}+\sqrt{\sigma_2}\,\mathrm{e}^{\mathrm{j}\psi_2}=2\sqrt{\pi}k_0a^2\,\frac{J_1(2k_0a\sin\varphi)}{2k_0a\sin\varphi}\mathrm{e}^{-\mathrm{j}\pi/2}\qquad(6\text{-}80)$$

平滑的范围为 $\varphi>\pi-\varphi_{\mathrm{ca}}$，$\varphi_{\mathrm{ca}}$ 由 $2k_0a\sin\varphi_{\mathrm{ca}}=2.44$ 确定。

在 $\varphi=\pi/2-\gamma$ 方向，$\sqrt{\sigma_1}$ 出现奇异，这时用物理光学的有关结果来计算这一方位的值。在其附近，若几何绕射理论的值大于 $\pi/2-\gamma$ 方向的物理光学值，则以 $\pi/2-\gamma$ 方向的物理光学值为准，向两边较低的几何绕射理论值平滑，即

$$\sqrt{\sigma_1}=\left\{\frac{4}{9}k_0\cos\gamma\cot^2\gamma\left[a^{3/2}-(b\cos\gamma)^{3/2}\right]^2\right\}^{1/2}\qquad(6\text{-}81)$$

图 6-18 所示为 $a=0.402\mathrm{m}$，$b=0.05\mathrm{m}$，$\gamma=15°$ 的球头锥目标在 10GHz 上计算的后向 RCS 随姿态角 φ 的变化曲线。图 6-19 所示为球头锥目标在不同视角下的二维散射中心分布图，可以看出三个主要散射中心加上两个镜面反射点在不同雷达视角下的作用。

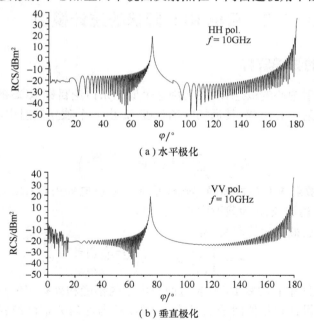

图 6-18　球头锥目标在 10GHz 上计算的后向 RCS 随姿态角 φ 的变化

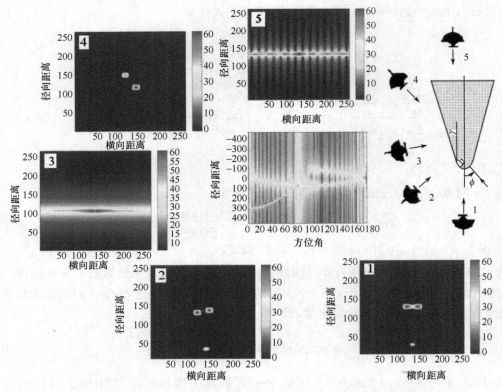

图 6-19　球头锥目标在不同视角下的二维散射中心分布图

6.8　目标 RCS 起伏的统计模型

6.8.1　RCS 起伏的物理解释

我们已经有了散射中心的概念,现在利用这个概念来讨论目标 RCS 的统计特性。假设复杂目标由 n 个独立散射中心组成,其远场电场强度 E_s 由 n 个独立散射中心的电场矢量 E_k 合成而得到,即

$$E_s = \left| \sum_{k=1}^{n} \left| E_k \right| \exp\left(\frac{\mathrm{j}4\pi d_k}{\lambda}\right) \right| \tag{6-82}$$

式中,E_k 表示第 k 个散射中心在目标局部坐标系下的散射电场矢量;d_k 为第 k 个散射中心离参考点的距离;λ 为雷达波长;n 为散射中心的数目。

根据目标雷达散射截面 σ 的定义,有

$$\sigma = \left| \sum_{k=1}^{n} \sqrt{\sigma_k} \exp\left(\frac{\mathrm{j}4\pi d_k}{\lambda}\right) \right|^2 \tag{6-83}$$

式中,$\sqrt{\sigma_k}$ 为第 k 个散射中心的复 RCS(包含散射中心的幅度和固有相位)平方根值。

现做以下两个假设:(1)相位因子 $4\pi d_k/\lambda$ 在 $[0,2\pi]$ 内均匀分布;(2)各独立散射中心具有相同的 RCS,即 $\sigma_k = \sigma_0$。

这样,σ 的概率密度分布问题等效于 σ 在两维空间 x-y 内均匀游动,其 x 分量为 $\sqrt{\sigma_0}\cos(4\pi d_k/\lambda)$,$y$ 分量为 $\sqrt{\sigma_0}\sin(4\pi d_k/\lambda)$,而接收波场强概率密度函数表达为[3]

$$p(x, y)\mathrm{d}x\mathrm{d}y = \frac{\exp[-(x^2+y^2)/n\sigma_0]}{\pi n\sigma_0}\mathrm{d}x\mathrm{d}y \qquad (6-84)$$

转换到极坐标系,有

$$p(l, \theta)\mathrm{d}l\mathrm{d}\theta = \frac{l}{\pi n\sigma_0}\exp(-l^2/n\sigma_0)\mathrm{d}l\mathrm{d}\theta$$

$$p(l)\mathrm{d}l = \frac{2l}{n\sigma_0}\exp(-l^2/n\sigma_0)\mathrm{d}l \qquad (6-85)$$

由于 $\sigma = l^2 = x^2 + y^2$,$\mathrm{d}\sigma = 2l\mathrm{d}l$,有

$$p(\sigma)\mathrm{d}\sigma = \begin{cases} \dfrac{\exp[-\sigma/n\sigma_0]}{n\sigma_0}\mathrm{d}\sigma, & \sigma > 0 \\ 0, & \sigma \leqslant 0 \end{cases} \qquad (6-86)$$

因此,由 n 个独立散射中心 σ_0 组合的目标,其 RCS 起伏的概率密度函数为

$$p(\sigma) = \frac{\exp(-\sigma/\bar{\sigma})}{\bar{\sigma}} \qquad (6-87)$$

式中,$\bar{\sigma} = n\sigma_0$。

通过以上数学推导,可理解产生 RCS 起伏的物理机理是:多个独立且具有相同雷达散射截面的散射中心组成的复杂目标,其 RCS 起伏的概率密度函数 $p(\sigma)$ 如式(6-87)所示,称为瑞利分布,这是因为其目标回波电压(电场强度)是标准瑞利分布,即

$$p(v) = \frac{2v}{\bar{v^2}}\exp(-v^2/\bar{v^2}) \qquad (6-88)$$

而实际上式(6-87)本身所表示的 RCS(相当于回波功率)分布则是指数分布。

6.8.2　χ 平方分布和 Swerling 模型

一个 RCS 的随机变量 σ 的 χ 平方概率密度函数为

$$p(\sigma) = \frac{k}{(k-1)!\,\bar{\sigma}}\left(\frac{k\sigma}{\bar{\sigma}}\right)^{k-1}\exp\left(-\frac{k\sigma}{\bar{\sigma}}\right), \sigma > 0 \qquad (6-89)$$

式中,σ 为 RCS 随机变量;$\bar{\sigma}$ 为 RCS 平均值;k 为双自由度数值,称 $2k$ 为 χ 平方分布模型的自由度数。

自从 20 世纪 50 年代斯怀林(Swerling)与马克姆(Marcum)等提出 Swerling-Ⅰ、Ⅱ、Ⅲ与Ⅳ模型以来[9,10],雷达目标本身有了很大发展,隐身目标、非良导体目标及高速飞行体等出现,经典的 4 种 Swerling 模型已经不能精确地表述各类目标的统计性能。χ 平方(Chi-square)统计模型正是为此而提出的,它是被 Weinstock、Meyer 和 Mayer[11~13]等提出的。

χ 平方统计模型属于新一代的 RCS 起伏统计模型,它具有通用性,包含更多的雷达目标类型;表达式也比较简洁,变参数只有一个,双自由度 k 值可以不是正整数,因而拟合曲线的精度较高;它包含传统的 Swerling-Ⅰ、Ⅱ、Ⅲ与Ⅳ模型。其中 Swerling-Ⅰ 为 2 自由度 χ 平方分布,Swerling-Ⅲ 为 4 自由度χ平方分布,其对应关系如表 6-3 所示。现简要讨论如下。

1. Swerling-Ⅰ

当 $k = 1$ 时,式(6-89)化为

$$p(\sigma) = \frac{1}{\bar{\sigma}}\exp\left(-\frac{\sigma}{\bar{\sigma}}\right) \qquad (6-90)$$

称为 2 自由度 χ 平方分布,即传统的 Swerling-Ⅰ分布。该式即为式(6-87),属于指数分布。

由前述可知,它表示由均匀多个独立散射中心组合的目标。它的起伏特性为慢起伏,一次扫描中脉冲间相关。典型目标如从鼻锥向观察小型喷气飞机等。

表 6-3 χ 平方分布与 Swerling 分布对应关系

χ 平方分布双自由度 k 值	斯怀林分布	χ 平方分布
1	Swerling-Ⅰ	2 自由度 χ 平方分布
N	Swerling-Ⅱ	$2N$ 自由度 χ 平方分布
2	Swerling-Ⅲ	4 自由度 χ 平方分布
$2N$	Swerling-Ⅳ	$4N$ 自由度 χ 平方分布

2. Swerling-Ⅲ

当 $k=2$ 时,式(6-89)化为

$$p(\sigma)=\frac{4\sigma}{\bar{\sigma}^2}\exp\left(-\frac{2\sigma}{\bar{\sigma}}\right) \tag{6-91}$$

称为 4 自由度 χ 平方分布,即传统的 Swerling-Ⅲ分布。它表示由一个占支配地位的强散射中心与其他均匀独立散射中心组合的目标。它的起伏特性为慢起伏,一次扫描中脉冲间相关。典型目标如螺旋桨推进飞机、直升飞机等。

3. Swerling-Ⅱ

当 $k=N$ 时,式(6-89)化为

$$p(\sigma)=\frac{N}{(N-1)!}\frac{1}{\bar{\sigma}}\left(\frac{N\sigma}{\bar{\sigma}}\right)^{N-1}\exp\left(-\frac{N\sigma}{\bar{\sigma}}\right) \tag{6-92}$$

式中,N 为一次扫描中脉冲积累个数。

式(6-92)称为 $2N$ 自由度 χ 平方分布,即传统的 Swerling-Ⅱ分布。它表示由均匀多个独立散射中心组合的目标。它的起伏特性为快起伏,一次扫描中脉冲间不相关。典型目标如喷气飞机、大型民用客机等。

4. Swerling-Ⅳ

当 $k=2N$ 时,式(6-89)化为

$$p(\sigma)=\frac{2N}{(2N-1)!}\frac{1}{\bar{\sigma}}\left(\frac{2N\sigma}{\bar{\sigma}}\right)^{2N-1}\exp\left(-\frac{2N\sigma}{\bar{\sigma}}\right) \tag{6-93}$$

式中,N 为一次扫描中脉冲积累个数。

式(6-93)称为 $4N$ 自由度 χ 平方分布,即传统的 Swerling-Ⅳ分布。它表示由一个占支配地位的强随机散射中心与其他均匀独立散射中心组合的目标。它的起伏特性为快起伏,一次扫描中脉冲间不相关。典型目标如舰船、卫星、侧向观察的导弹与高速飞行体等。

5. Marcum 模型

当 $k\rightarrow+\infty$ 时,σ 变为常值,即 Marcum 分布,它表示非起伏目标。典型目标如不受环境和噪声干扰的金属球等。

为帮助读者更好地理解不同目标起伏模型的含义,图 6-20 所示为 Swerling-Ⅰ～Ⅳ 和 Marcum 模型的雷达回波示意图,它们形象地反映了不同起伏模型回波的特点。

χ 平方分布相对传统 Swerling 模型来说,最大优点是双自由度 k 值可以不是正整数。对一具体的雷达目标,如果测得其 RCS 随姿态角变化的数据,可以通过统计处理,并用最小均方差拟合等方法得出 χ 平方分布的 k 参数值。

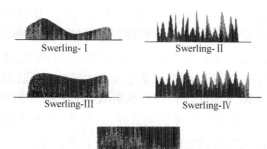

图 6-20　不同目标起伏模型的雷达回波

除上述传统 Swerling 模型和 χ 平方模型外,常用的目标统计模型还包括赖斯(Rice)模型、对数-正态(Log-normal)分布模型等。

6.8.3　Rice 分布模型

Rice 分布表示由一个稳定幅度 RCS 与多个瑞利散射中心组合的目标。一个 RCS 随机变量 σ 的 Rice 分布概率密度函数为[6]

$$p(\sigma)=\frac{1}{\psi_0}\exp\left(-s-\frac{\sigma}{\psi_0}\right)I_0\left(2\sqrt{\frac{s\sigma}{\psi_0}}\right),\quad \sigma>0 \tag{6-94}$$

式中,$s=\dfrac{\text{稳定体 RCS}}{\text{多个瑞利散射子组合平均 RCS}}$,它是一个无量纲的量;$\psi_0$ 为 σ 瑞利分布那部分分量的平均值;I_0 为零阶第一类修正贝塞尔函数。

Rice 分布具有 ψ_0 与 s 这两个统计参数,且

平均值　　　　　　　　　　　$\bar{\sigma}=\psi_0(1+s)$ 　　　　　　　　　　(6-95)

方差　　　　　　　　　　　$\sigma^2=\psi_0^2(1+2s)$ 　　　　　　　　　(6-96)

当 $s=0,k=(1,N)$ 时就演变为 Swerling-Ⅰ、Ⅱ 情况,即无稳定散射体情况;当 $s=+\infty$ 时即为非起伏目标。s 可以不是正整数,在 $0\sim+\infty$ 内任意变化,s 值表示稳定散射体在组合目标中的权重。Rice 分布能更精确地表述 Swerling-Ⅲ、Ⅳ 情况,可惜这种分布形式在数学上不易处理,因此可以把 Rice 分布拟合到 χ 平方分布处理。

6.8.4　对数-正态分布模型

对数-正态分布表示由电大尺寸的不规则外形散射体组合的目标,如大的舰船、卫星与空间飞行器等目标。一个 RCS 随机变量 σ 的对数-正态分布的概率密度函数可表示为[7]

$$p(\sigma)=\frac{1}{\sigma\sqrt{4\pi\ln\rho}}\exp\left[-\frac{\ln^2(\sigma/\sigma_0)}{4\ln\rho}\right],\quad \sigma>0 \tag{6-97}$$

式中,σ_0 为 σ 的中值(出现概率 50%);ρ 为 σ 的平均值同中值之比,即 $\rho=\bar{\sigma}/\sigma_0$。

对数-正态分布也有 σ_0 与 ρ 这两个统计参数,且

平均值　　　　　　　　　　　$\bar{\sigma}=\sigma_0\rho$ 　　　　　　　　　　　(6-98)

方差　　　　　　　　　　　$\sigma^2=(\bar{\sigma})^2(\rho^2-1)$ 　　　　　　　　(6-99)

对数-正态目标常出现比中值 σ_0 大得多的 RCS 值,虽然出现的概率很小,即随着平均中值比 ρ 值大得越多,其概率密度分布曲线的"尾巴"拖得越长,这些目标的 ρ 值大致在 $\sqrt{2}<\rho<4$

范围内(而 Swerling-I 的 $\rho=1.44$,Swerling-III 的 $\rho=1.18$)。由于对数一正态分布模型的 ρ 参数可变,因此它能拟合许多类型的目标,可惜通过这种统计模型来求雷达检测概率时不容易处理,因此一般也将它等效到 χ 平方分布来计算单个检测脉冲的信噪比,从而求出检测概率。

应该注意,复杂目标的 RCS 是对频率和姿态角敏感的。当我们谈论各种 RCS 起伏模型时,并不意味着某个目标的 RCS 起伏特性在任何频段、任何姿态下都是一成不变地符合某个单一统计分布的。例如,当很多飞机从鼻锥向观测时,其 RCS 起伏特性符合自由度在 2 附近的 χ^2 分布;但当雷达从侧向观测时,则往往符合对数一正态分布。

最后,作为例子,图 6-21 给出了用 X 波段雷达侧向观测某歼击机 RCS 起伏的概率密度统计曲线及其同几种理论统计模型的比较,注意这里横坐标是对数(dBm^2)坐标。可以看出该目标的 RCS 起伏特性非常符合对数一正态分布。

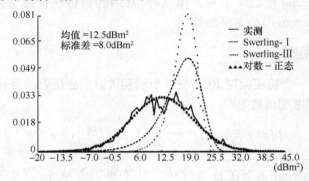

图 6-21 某歼击机侧向 RCS 起伏的概率密度统计曲线及其同几种理论统计模型的比较

6.9 目标 RCS 图像理解

目标 RCS 成像测量的基本目的是通过对目标进行一维、二维和三维高分辨率成像,对目标的电磁散射特性进行诊断和分析,以便改进目标设计,降低目标整机和部件的 RCS 电平,或者通过对目标散射机理的理解和特征提取,实现目标分类识别。

可见光谱段的波长仅为亚微米级,大多数人造目标的表面在可见光谱段属于"粗糙"表面,因而其电磁散射具有"弥散"特性,此时所得到的传感器图像可以较好地呈现物体的外形轮廓特征。与可见光图像不同,微波雷达的波长在厘米至毫米量级,因此,在雷达看来,多数人造目标具有"光滑"的表面,目标的雷达图像主要体现了复杂目标体的各种散射机理在目标空间的分布特征。目标上不同的散射机理在雷达图像中具有不同的表现形式,因此,目标的雷达散射图像同其可见光图像之间往往存在巨大的差异。而人们眼睛日常所看到的多为物体的可见光图像,人脑从人出生的那天起就开始适应了对物体可见光图像的理解和认知,图像自动处理和理解算法也是依靠人来开发的。可见,如何理解复杂目标的高分辨率雷达散射图像,是目标 RCS 成像诊断测量的重要方面。

为了更好地讨论这一问题,首先讨论金属球的一维和二维高分辨率雷达图像。

6.9.1 金属球的一维和二维散射图像

可以说,无论是在人眼看来还是在雷达看来,金属球都应该算是最简单的散射体之一了。

表面光滑的理想金属导体球对雷达观测俯仰、方位角和天线极化均不敏感。金属球的电磁散射具有解析表达式,可通过 Mie 级数渐近展开式精确计算。一些研究人员也通过宽带测量对其高分辨率雷达图像进行了研究[20,21]。

下面对一个半径为 56.42cm 的金属球的宽带散射幅度和相位用 Mie 级数解进行精确计算,并分析其一维和二维高分辨率成像特性。之所以选择半径为 56.42cm,是因为在光学区其 RCS 电平正好为 0dBsm,这样便于对成像散射中心强度特性进行比对分析。

1. 一维高分辨率距离像

如图 6-13 所示,大致来说,金属球的主要散射分量包括两个部分:镜面反射分量和表面爬行波散射分量。因此,金属球的一维高分辨率距离像(HRRP)主要由两个散射中心组成。一是较强的散射中心,为金属球的镜面反射,其散射幅度不随频率变化且等于金属球投影圆盘的面积,亦即等于金属球在光学区的 RCS,为 0dBsm。由于计算中目标参考中心选择在球心,故该镜面散射中心的位置位于球半径−56.42cm 处。二是较弱的散射中心,为金属球表面爬行波的贡献,它是绕过球光滑的阴影区表面后再返回来的散射分量,所以该散射中心相对于镜面散射中心的距离等于球半径加上 1/4 圆周长(注意此处均为单程距离),亦即在距参考中心约 88.62cm 处,如图 6-22 所示。

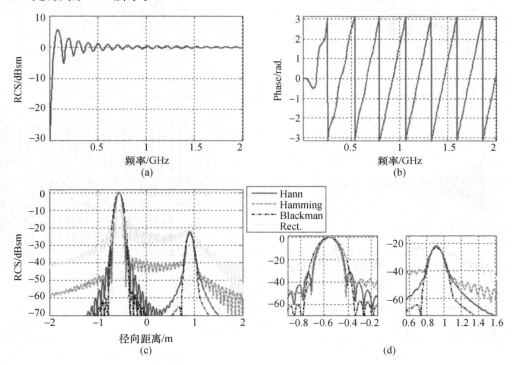

图 6-22　金属球的宽带散射幅度相位和一维 HRRP:10MHz~2GHz

图 6-22~图 6-24 所示为金属球在 10MHz~2GHz、10MHz~5GHz 和 2~10GHz 频段的散射幅度、相位随频率的变化特性及经加窗傅里叶变换后得到的一维高分辨率距离像。每幅图中的图(a)为 RCS 强度随频率的变化,图(b)为 RCS 相位随频率的变化,图(c)为一维 HRRP,图(d)中的两个小图分别为金属球 HRRP 中两个散射中心的局部放大图。其中,用不同线形给出的 4 组 HRRP 分别代表不加窗(细实线,旁瓣电平−13.4dB)、加 Hann 窗(粗实线,

旁瓣电平－32dB)、加 Hamming 窗(虚线,旁瓣电平－42dB)和加 Blackman 窗(点画线,旁瓣电平－58dB)处理的成像结果。

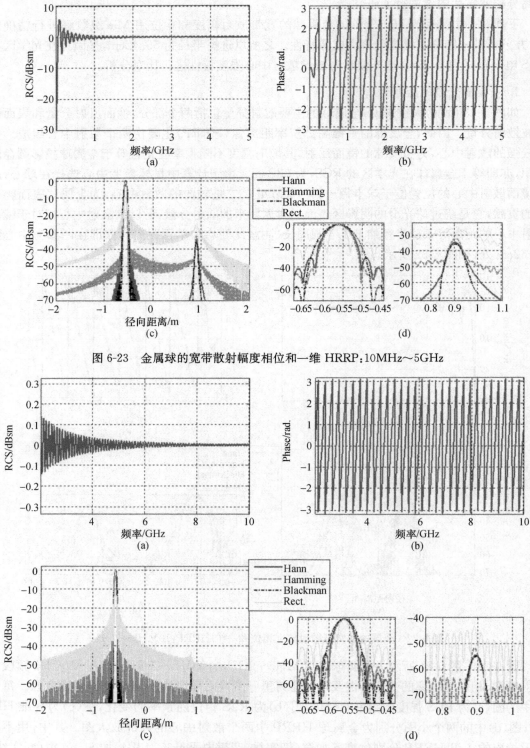

图 6-23　金属球的宽带散射幅度相位和一维 HRRP:10MHz～5GHz

图 6-24　金属球的宽带散射幅度相位和一维 HRRP:2～10GHz

由图 6-22～图 6-24 可以看到,对于金属球的两个散射中心的一维高分辨率距离像,在不同成像和处理条件下,其成像结果具有很大差异。

对于金属球的镜面反射中心,由于其散射幅度不随频率变化,无论在什么频段、采用多大带宽,以及采用哪种加窗处理,在一维 HRRP 图像中,该散射中心定标后的图像像素最大值始终为 0dBsm 左右。这表明,在一维 HRRP 中,其 RCS 值得到了正确的反映。

另一方面,对于金属球的爬行波散射中心,情况则比较复杂。

首先,不同频段下,其成像像素点的强度是不一样的,这是可以预计的。因为金属球的爬行波散射中心的散射幅度随频率升高是衰减的,故频段越高,它相对于镜面散射中心的散射强度越弱。图 6-25 所示为通过滑动窗傅里叶变换处理时频分析得到的该金属球 HRRP 随频率变化的特性,从图中可清晰看出镜面散射中心的散射幅度不随频率变化,而爬行波散射中心则随频率衰减。

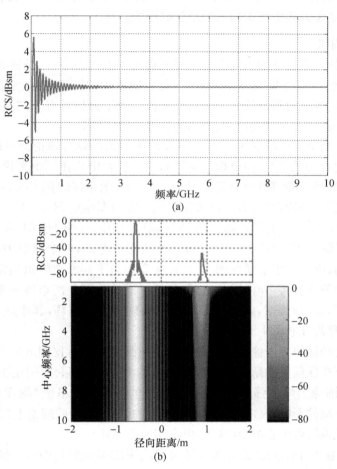

图 6-25　金属球 HRRP 随频率变化的特性

其次,注意到由于爬行波的散射幅度随频率升高而衰减,它不属于理想点散射源,因此对于采用不同窗函数加窗处理是敏感的。从图中可以发现,采用旁瓣电平越低的窗函数加窗处理,所得到的图像像素值越低,但旁瓣电平却未必越低。例如,Hamming 窗的旁瓣电平本来比 Hann 窗低约 10dB,但此处加 Hamming 窗时,爬行波的图像旁瓣反而比 Hann 窗时高得多;另外,即使已经对不同窗函数做了能量归一化定标处理,但加 Hann 窗和 Blackman 窗时,爬行波散射中心的像素强度值则比加 Hamming 窗时低。事实上,在本例中,所有情况下不加窗处理的爬行波散射幅度均为最高。显然,这是由于不同形状窗函数对低频段具有强散射的回波信号加窗处理,导致其能量损失有所不同而造成的。如此一来,给成像处理中该不该加窗、加什么窗处理带来了困扰:其一,由于在高频段金属球爬行波散射中心比镜面散射中心弱得多,如果不进行旁瓣抑制加窗处理,该散射中心就会被镜面散射中心的旁瓣所淹没;其二,如果加窗处理,则在一维 HRRP 中该散射中心的像素峰值又不那么精确,如图 6-24 所示。

金属球的一维高分辨率成像结果告诉我们,经图像定标后得到的一维距离像,对于不随频率变化的散射中心,其像素峰值可以很好地反映该散射中心的真实 RCS 值;而对于随频率变化的散射中心,其 HRRP 像素峰值不能定量反映散射中心的 RCS 电平,只能定性地反映该散射中心在成像积分谱段内的一个相对 RCS 电平。因为,像素峰值不但受到该散射中心频率特性的影响,还受到成像处理中所选择的窗函数的影响。

2. 二维散射图像

根据上面的讨论,金属球的主要散射机理包括两个散射中心:一是靠近雷达的散射中心,为镜面散射,RCS 值不随频率、姿态角变化;二是远离雷达的散射中心,为表面爬行波散射,根据时频分析结果,它的散射随着频率的升高而降低。为了分析具有不同频率特性的散射中心的二维成像特性,现在来进一步研究金属球的二维成像特性。

由于金属球的两个主要散射中心均不随方位角变化,因此,理论上可以对其进行 360°全方位测量成像。此处,为了进一步分析金属球的两个散射中心在二维图像中的幅度和位置特性,仍然采用 Mie 级数渐近展开解计算半径为 56.42cm 的金属球在 10MHz~2GHz 频段的幅度和相位,采用滤波—逆投影算法,二维成像处理中在频率维加 Hann 窗,方位维不加窗。

图 6-26(a)~(i)分别示出了计算得到 RCS 幅度、相位、一维 HRRP 及合成孔径角为 10°、30°、60°、120°、180°和 360°时的二维 ISAR 像。在所有情况下,两个散射中心在图像中均可以清晰分辨。注意到,由于对于金属球而言,在任何姿态角下其回波的幅相特性都是一样的,而且两个散射中心均偏离参考中心,因此,金属球的二维像并不是简单地表现为两个"点",而是两个圆弧。特别在 360°成像时,金属球的二维像表现为两个圆环,其中内环为镜面散射中心的像,外环为表面爬行波散射中心的像。

需要特别关注的是每幅图像中镜面散射中心的强度值。对比图 6-26(d)~(i)可以发现,两个散射中心尽管在任何姿态角下的散射幅度都是相同的,但采用不同的合成孔径角进行成像,得到散射中心图像的峰值强度则是不同的:这里采用了严格的"图像定标",既考虑了滤波—逆投影算法处理的影响,又考虑了窗函数能量的归一化,因此理论上每个散射中心的像素强度就应该代表了该散射中心的 RCS 值,但事实远非如此!

表 6-4 给出了在 6 个不同成像合成孔径角下,金属球镜面散射中心的像素强度峰值。注意到,该金属球的镜面散射中心 RCS 电平真值为 0dBsm,从以上结果可见,仅当合成孔径角为 30°以内时,图像中散射中心的强度与 RCS 真值相比误差才是小于 1dB 的。也就是说,随着成像孔径角的不断增大,定标后的散射中心强度值电平越来越低,越来越偏离该散射中心 RCS 真值!

表 6-4　不同成像合成孔径角下金属球镜面散射中心的像素强度峰值

孔径角/°	10	30	60	120	180	360
像素峰值/dBsm	−0.36	−0.76	−5.76	−11.75	−14.87	−21.58

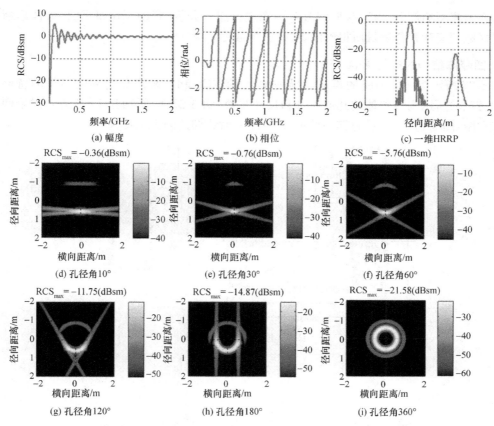

图 6-26　金属球的二维 ISAR 像随合成孔径角的变化特性

对于金属球爬行波散射中心的二维像,也有类似的情况。究其原因,是因为金属球的两个散射中心都是"发散的"。无论对于金属球的镜面散射中心还是爬行波散射中心,它们都随雷达观测角的变化而在目标表面"滑动",因此,二维成像处理结果不能在成像平面上聚焦为两个"点",而是形成两个"圆环"。另外,我们在推导 RCS 成像公式和对图像定标处理时,已经做了"理想散射点"的假设,亦即目标上单个散射中心的散射幅度及位置均不随雷达频率和观测角的变化而变化,当目标上散射中心不满足上述假设条件时,所得到的成像结果尽管反映了目标的真实散射机理,但单个散射中心在图像中不一定表现为一个"点",有可能是"发散"的,其像素峰值也不能反映真实目标的 RCS 值。

6.9.2　不同散射机理在雷达图像中的表现形式

以上金属球的一维 HRRP 和二维 ISAR 像的成像结果使我们认识到:无论对于小角度还是大角度合成孔径成像,由于在成像处理和对图像定标中已经做了"理想散射点"的假设,对于复杂目标的成像结果,仅当目标散射中心满足其散射幅度和位置均不随雷达频率和观测角变化这一假设前提条件时,最终得到的定标后图像其像素位置才能正确反映目标散射中心的正确位置,像素峰值才能反映目标散射中心的真实 RCS 值;若不满足该假设前提条件,则散射中心在图像中将在一定程度上是"发散"的,其像素峰值也不能反映真实目标的 RCS 值。可见,对于一个简单的金属球,其 ISAR 图像都如此难以解释,更不用说对复杂目标散射图像的理解了。

为了进一步分析复杂目标上各种不同的散射机理在 SAR/ISAR 图像中的表现形式,本节将给出几个典型的例子,对这些典型散射图像进行深入分析,有助于从事 RCS 成像诊断的工程师更好地理解和解释测量所得到的 RCS 成像数据。

1. 凹腔体结构的散射图像

图 6-27 所示为一端短路的矩形波导腔体[22] 的 RCS 和一维高分辨率距离像的特性。其中,图 6-27(a)所示为该腔体的几何外形和尺寸参数,图 6-27(b)所示为 RCS 随入射俯仰角的变化特性图,图 6-27(c)所示为其一维 HRRP 随入射俯仰角的变化特性。

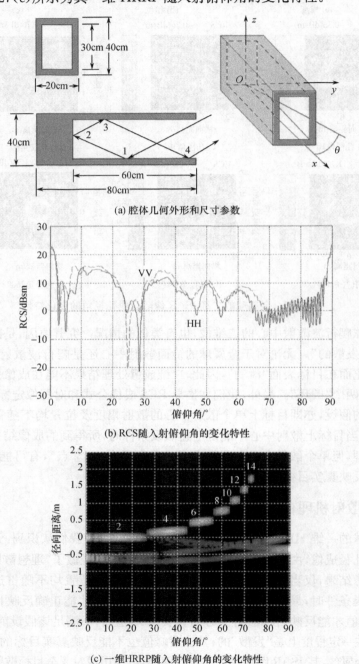

(a) 腔体几何外形和尺寸参数

(b) RCS随入射俯仰角的变化特性

(c) 一维HRRP随入射俯仰角的变化特性

图 6-27　一端短路的矩形波导腔体的 RCS 和一维高分辨率距离像的特性

本例的目标属于深腔结构,当对目标进行俯仰角扫描测量,从 0°一直变化到 90°时,无论是 RCS 特性曲线还是一维 HRRP,均可发现偶数次多次反射,对其后向散射存在重要影响。其中,在 10°~20°附近,主要贡献为 2 次反射,即由腔体内测上、下表面与底部平板之间构成的直角二面角反射器的散射;在 30°~40°附近,主要为 4 次反射构成的贡献,其反射路径已经在图 6-27(a)中示出。以此类推,随着俯仰角的增大,还存在着 6 次、8 次、10 次、12 次和 14 次反射。从 RCS 随俯仰角的起伏变化可以在一定程度上看出这种偶数次反射的结果,而在一维 HRRP 随俯仰角的变化特性图中,则可清晰地反映这种腔体多次反射的散射机理,因为随着反射次数的增加,电波的行程越来越长。因此,在一维 HRRP 随入射俯仰角的变化特性图中,不同反射次数的散射机理及其影响范围可以在径向距离上清晰分辨。

空腔结构的这种多次散射机理在二维 ISAR 像上的表现会比一维 HRRP 更为复杂、更难以解释。由于没有获得本例空腔结构的二维成像数据,我们采用另一个稍简单的例子来加以说明。

图 6-28 所示为参考文献[23]给出的一个尺寸为 12cm、一端开口而另一端短路的立方体空腔 RCS 和二维 ISAR 像计算与测量的结果。其中,图 6-28(a)为对该立方体空腔测量场景的照片;图 6-28(b)为采用弹跳射线法与物理光学法(PO)、物理绕射理论(PTD)、一致性绕射理论(UTD)相结合的 RCS 高频渐近计算结果与测量结果的比对;图 6-28(c)为射线追踪计算和实测得到的二维 ISAR 图像比对,注意计算的频率范围为 20~40GHz,测量的频率范围则为 25~40GHz,两者略有不同,成像方位角范围为 −90°~ +90°,这与图 6-28(b)中的 RCS 计算范围是一致的,只不过那里只给出了对称数据中的一半。从图 6-28 可见,无论是 RCS 还是二维 ISAR 像,高频渐近计算与实测结果之间均具有很好的一致性。

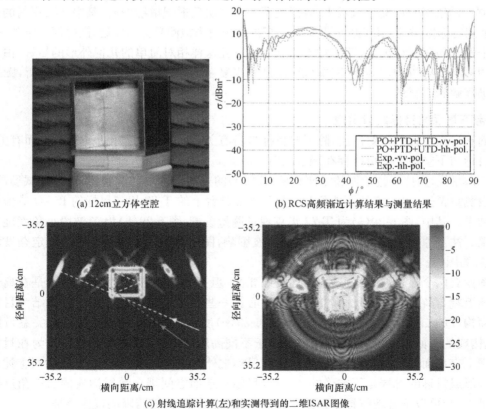

(a) 12cm立方体空腔 (b) RCS高频渐近计算结果与测量结果

(c) 射线追踪计算(左)和实测得到的二维ISAR图像

图 6-28 立方体空腔体 RCS 和二维 ISAR 图像计算与测量的结果

对于当前的立方体空腔,其二维 ISAR 像中的主要强散射中心包括以下几个。

(1) 空腔短路端两个直角尖顶处的强散射,来自在角度 0±40°范围内形成的二面角反射器偶数次反射,该二面角由内侧面和底端面所构成。这样的二面角反射器在二维图像中等效于在直角尖顶位置形成一个强散射中心,其等效关系可参见图 6-28(c)。

(2) 与空腔外轮廓基本对应的左右两个"亮边",是由空腔左右两外侧平板的镜面后向反射产生的。

(3) 在计算图像中还可以清晰地看出短路端底部镜面反射形成的"亮边",而测量结果中这条"亮边"并不明显,取而代之的是另外三个散射中心,这三个散射中心更像是角反射器型散射。这可能是因为实测中空腔位置摆放在俯仰向的水平度和垂直度不够,造成目标姿态存在一个小的俯仰角和/或横滚角,其结果形成了腔体上下内表面与短路端表面构成的角型反射机制,在不同方位角下位于不同的部位,从而在图像中产生三个散射中心。

(4) 除了在空腔大致尺寸和外形轮廓范围内的上述强散射中心,还可在横向距离远远超出目标几何外形尺寸的位置上看见另外 4 个显著的散射中心,且呈左右对称分布,其中两个位于横向距离近端,另外两个位于更远端。这是由空腔中的多次反射造成的,其形成机理可进一步解释如下。

为了便于读者理解,图 6-28(c)中的高频渐近计算图像中以射线形式示出了这 4 个散射中心的形成机理:任何入射到空腔左右两侧的雷达波经 3 次反射后,其行程都最终等效于在另一侧的直角顶点位置处出射,被雷达天线所接收;而任何入射到空腔左右两侧的雷达波经 5 次反射后,其行程最终都等效于在同一侧的直角顶点位置处出射,并被雷达天线所接收。其结果,在方位−90°~0°和 0°~90°角度范围内,各形成了一对多次反射强散射中心,其中 3 次反射的位置较靠近被测目标体,散射幅度也较强,而 5 次反射的位置离被测目标体较远,散射幅度也弱一些。

这个例子使我们认识到,即使对于像立方体空腔这样相对简单的几何外形的目标,由于存在复杂的多次反射机理,其散射图像也可以是相当复杂的,如果不借助射线追踪分析,图像甚至是很难理解和解释的。

2. 带下垫面的目标散射图像

地面和海面目标的散射回波,除了与目标自身有关,通常还与目标所处的下垫面有关,这是由于目标与下垫面之间可能存在耦合散射。

图 6-29 所示为位于佐治亚技术研究所(GTRI)的美国陆军研究实验室 RCS 测试场,采用高塔架设测量雷达,以一定的擦地角对放置于地面转台上的 T-72 坦克目标的 ISAR 成像场景和成像结果。其中,图 6-29(a)为 T-72 坦克现场测量场景,图 6-29(b)为 X 波段小角度旋转成像的结果。注意原始测量数据中包含强地杂波影响,图中的 ISAR 像是在做了固定杂波消除处理[24]后的图像。

此图像有两个显著特点:一是在雷达波照亮面,坦克的轮廓形状比较明显,二是在离开目标的距离近端,存在一个明显的孤立强散射中心。一些参考文献将该散射中心归结为目标侧面与地面构成的二面角反射[25]。但是,如图 6-29(c)所示,仔细研究其成像几何关系可以发现,如此构成的二面角反射,无论目标部件位于不同高度的何处,其最终都将等效为在目标散射部件正下方地面的反射,不应该出现在远离目标之外的距离近端。所以,文献中对上述孤立散射中心形成机理的解释是不准确的。相反,目标−地面之间耦合散射构成的二面角反射器型散射机理,却可以很好地解释雷达波照亮面一侧目标轮廓比较清晰的成像特征。

那么,这个距离近端孤立散射中心究竟是由什么散射机理造成的呢? 仔细观察 T-72 坦克

(a) T-72坦克目标

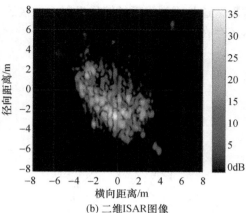

(b) 二维ISAR图像

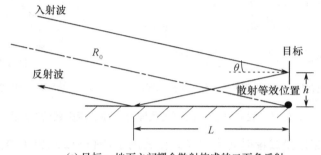

(c) 目标—地面之间耦合散射构成的二面角反射

图 6-29 T-72 坦克地面转台成像

的各种散射结构可以发现,在转塔上外挂了一个柱状圆筒,它与转塔之间可能构成二面角反射结构,与转塔、坦克车身之间甚至可能构成三面角反射器类型的散射结构。当散射体具有一定的高度时,其在二维图像中可以表现为"顶底倒置",即当三维目标散射结构位于一定的高度上时,在以一定擦地角观测的雷达看来,它的距离将比其真实距离更近,这样,该散射体在二维图像中的径向距离位置会比其真实距离更近,即出现了所谓的图像"顶底倒置",如图 6-30(a)所示。在这里,位于不同距离 $x_1 \sim x_4$、不同高度 $h_1 \sim h_4$ 的散射点,由于在雷达看来都是等距离的,故在二维像上都会落在 x_0 的位置上。由此可以判断,图 6-29(b)中的距离近端孤立散射中心,应该源自坦克转塔上外挂柱形物体与转塔、坦克车身之间所形成的复杂角形反射结构的散射回波。

   由于地面下垫面的存在,雷达—目标—下垫面三者之间还可能构成多径散射,从而造成同一散射体在二维图像上产生三个散射中心,即出现所谓的图像"重影",如图 6-30(b)所示。在这里,高于地面的散射体的直接散射回波在二维图像中表现为位于径向距离近端;经过地面一次反射(包括两条路径:雷达—目标—地面—雷达和雷达—地面—目标—雷达)的回波相当于散射体与地面之间构成二面角反射,其在二维图像中径向距离位置将位于散射体投影到正下方的地面上,因此比直接散射回波的像更远一些;经过地面两次反射(传播路径为雷达—地面—目标—地面—雷达)的回波的传播路程最长,因此在二维图像中的径向距离最远。这样,由于多径效应影响,单个散射体在二维图像中便出现了三个散射中心,也即出现了图像"重影"。有些情况下,有可能只能明显看到地面一次反射回波的像,这是因为地面两次反射的信号较弱的原因;在另外一些情况下,如平静水面上的金属结构桥梁,则甚至可以出现更多重的"重影",这是因为水面的镜像反射系数接近于1,回波中不仅存在经海面一次和二次反射的回波,还存在更高次的海面反射回波[26]。

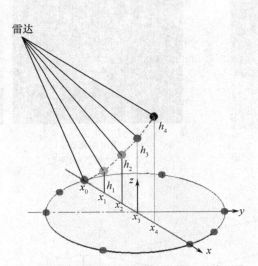

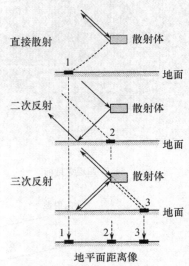

(a) 具有一定高度的散射体在地平面上的像:顶底倒置

(b) 多径散射图像:"重影"

图 6-30　雷达成像中的顶底倒置与多径效应引起的"重影"

多径效应在小擦地角成像时尤为明显。作为例子,图 6-31 示出了美国桑迪亚国家实验室采用机载 X 波段 SAR 成像雷达对地面坦克的 SAR 图像[27]。可见,在 4 英寸(10cm)分辨率下,在雷达照亮方向,目标的轮廓外形相当清晰,坦克的炮管图像出现三重"重影",可以很清晰地看出除了其自身的直接散射,还存在较强的地面一次反射和二次反射回波,这与前面关于地面目标散射机理和图像特征的分析完全一致。

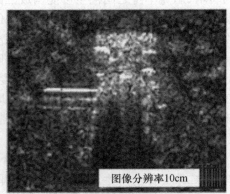

(a) 地面坦克目标

(b) 机载SAR图像

图 6-31　地面坦克的机载 SAR 图像

3. 不同成像面高度对三维目标成像的影响

对于三维目标,其二维像除与成像几何关系有关外,还与成像面高度的设置密切相关。我们仍然以佐治亚技术研究所对 T-72 坦克的地面转台成像数据来加以说明。图 6-32 所示为

T-72 坦克 360°全方位旋转成像的结果,其中图 6-32(a)～图 6-32(d)分别给出了成像面高度取 0m、1m、2.3m 和 3.3m 时的 ISAR 像。

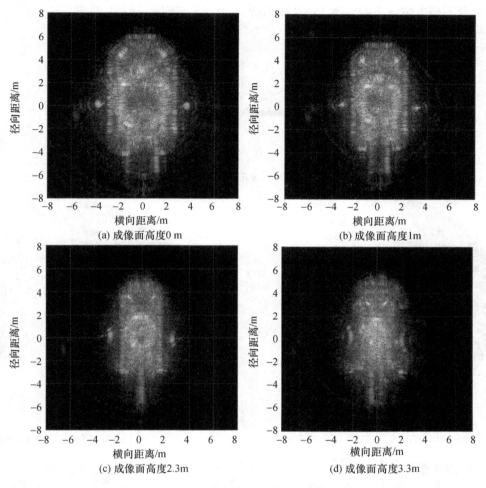

(a) 成像面高度0 m

(b) 成像面高度1m

(c) 成像面高度2.3m

(d) 成像面高度3.3m

图 6-32　T-72 坦克 360°全方位旋转成像的结果

　　仔细分析可以发现,在不同成像面高度上,图像中会对不同的散射中心聚焦。例如,在 0m 和 1m 高度上,坦克炮管都高于这个高度,因在左侧和右侧观测时均会出现"顶底倒置",最终在全方位成像图中出现"重影"。而在 2.3m 高度处,炮管则是"聚焦"的,这意味着其真实高度大致在 2.3m 附近(注意这是相对高度,与成像测量中定标体的放置高度有关)。最后,当成像面高度为 3.3m 时,炮管图像再次出现"重影",且其特征与成像面高度 1m 时的正好相反,表明此成像面高度已经高于目标真实高度。对位于坦克形体外两侧的孤立散射中心的图像也有类似的情况,其在成像面高度 0m、1m 和 2.3m、3.3m 时的表现也是相反的,这表明该散射中心一定位于 1～2.3m 之间,这与目标上的实际情况也是一致的,该散射结构比炮管的高度要低一些(注意本例中雷达波擦地角约为 15°)。

4. 行波和爬行波的影响

　　关于爬行波的影响,我们在金属球的成像例子中已有清晰的认识。下面给出一个导电细金属杆的后向散射成像例子[28],成像几何关系如图 6-33(a)所示,金属杆长 183cm,轴向入射时为方位 0°。图 6-33(b)所示为在 3～8GHz 频段内,其 RCS 幅度随频率和方位变化的极坐标图，注意图中只给出了 180°方位范围的变化特性，另一半是完全对称的，此外中心部分还给出了 4GHz 频点的 RCS 曲线。图 6-33(c)和图 6-33(d)所示为其一维 HRRP 随方位变化的极坐标图，以及不同方位角下的二维 ISAR 成像图。

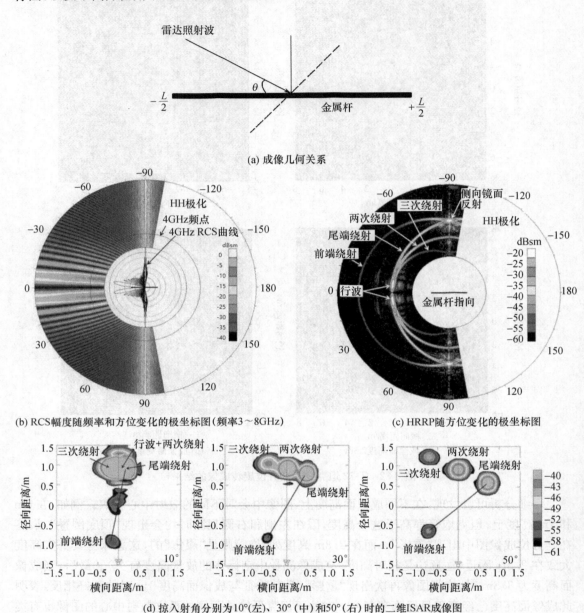

(a) 成像几何关系

(b) RCS幅度随频率和方位变化的极坐标图（频率3～8GHz）

(c) HRRP随方位变化的极坐标图

(d) 掠入射角分别为10°（左）、30°（中）和50°（右）时的二维ISAR成像图

图 6-33　导电细金属杆的后向散射成像[28]

　　在这里，雷达发射波为 HH 极化，根据表面波形成机理，在大部分方位角下表面行波都是存在的，其中在接近于轴向的方位下会激发出很强的表面行波，这在图 6-33(c)中可以清晰地看到。随着表面波在金属杆上往返多次，在两端处被反射和绕射（辐射），其 RCS 图像的表现形式相当复杂。

　　在掠入射的一个很小方位角范围内，金属杆的后向散射主要是前端（距离近端）的绕射

贡献。随着掠入射角慢慢增大,将出现一个很强的行波散射,其出现的角位置符合以下公式[28]

$$\theta = \arccos(1-0.371\lambda/L) \approx 49.35\sqrt{\lambda/L} \tag{6-100}$$

雷达频率为 4GHz 时对应的波长为 7.5cm,而金属杆长为 183cm,故此时行波散射峰值出现在 10°左右。注意:对于不同波长,行波的散射峰值出现的角度是不同的,频率越高,该角度值越小,这点从图 6-33(b)中可清晰地看到。

表面行波沿着金属杆长度方向传播,到达其一端时将产生绕射(辐射),同时也被反射,即沿表面向另一端传播,如此重复往返。这样,细金属杆的后向散射回波中主要包括以下散射机理:前端绕射、尾端绕射、行波、两次绕射、三次绕射及更高阶的绕射波,其中更高阶的绕射波仅在所激发表面波足够强时才比较明显。图 6-33(d)所示为掠入射角分别为 10°、30°和 50°时的二维成像结果。注意,3 帧图像对应的像素最大 RCS 值是不同的[28],分别为 -12.31dBsm、-30.11dBsm 和 -35.47dBsm。

5. 具有活动部件目标的 ISAR 像

作为本节的最后一个例子,图 6-34 所示为飞行中的喷气式飞机的 ISAR 成像图[29,30],此图中,雷达从飞机的鼻锥向对目标测量成像。从图中可见,由于飞机发动机旋转叶片的调制作用(称为喷气发动机调制,JEM),沿横向距离出现一条与径向距离上相当宽的"噪声带",该"噪声带"甚至把目标后部机身的散射都淹没了。通过 JEM 建模和散射与成像分析,这种现象可以得到很好的解释[31,32]。

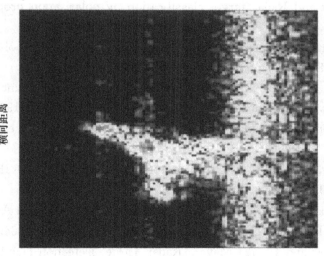

图 6-34 飞行中的喷气式飞机的 ISAR 成像图[29]

第 6 章思考题

1. 利用物理光学近似,研究金属平板、直立的金属圆柱体、二面角反射器和三面角反射器的 RCS 随频率及方位角变化的特性。

2. 利用金属球后向散射精确解代码,通过计算机仿真研究:

(a) 金属球的散射幅度和相位随频率的变化特性。

（b）通过时频分析，讨论金属球的高分辨率距离像及其随频率的变化特性。

（c）当球心与转台旋转中心完全重合时，旋转金属球的二维高分辨率 ISAR 图像特性，对小角度旋转成像、大角度旋转成像和 360°全方位旋转成像的二维高分辨率图像特性（包括空间分布、强度分布等）进行分析和讨论。

（d）当球心与转台旋转中心不重合时，重复（c）中的仿真，并同（c）中的仿真结果进行比对和分析。

（e）根据上述仿真结果，讨论不同窗函数是如何影响其一维距离像和二维 ISAR 像的。

3. 自行设计仿真参数，复现课堂上关于零相位物体和随机相位物体雷达成像特性的相关结果与结论。

参 考 文 献

[1]　G. T. Ruck, ed.. Radar Cross Section Handbook. Plenum Press, New York, 1970.

[2]　J. J. Bowman et al.. Electromagnetic and Acoustic Scattering by Simple Shapes. North-Holland Publishing, Amsterdam, 1969.

[3]　黄培康，殷红成，许小剑. 雷达目标特性. 北京：电子工业出版社，2005.

[4]　E. F. Knott et al.. Radar Cross Section, 2nd edition. Dedham, MA：Artech House, 1993.

[5]　黄培康，等. 雷达目标特征信号. 北京：宇航出版社，1993.

[6]　J. R. Copeland. Radar target classification by polarization properties. Proc. IRE, Vol. 48, No. 7, pp. 1290-1296, July 1960.

[7]　G. Sinclair. The transmission and reception of elliptically polarized waves. Proc. IRE, Vol. 38, No. 2, pp. 148-151, Feb. 1950.

[8]　R. A. Ross. Radar cross section of rectangular flat plate as a function of aspect angle. IEEE Trans. on Antennas and Propagation, Vol. 14, p. 320, 1965.

[9]　J. I. Marcum. A Statistical theory of Target Detection by Pulsed Radar. IRE Trans. Vol 6, No. 2, 1960.

[10]　P. Swerling. Probability of Detection for Fluctuating Targets. IRE Trans. Vol. IT-b, No. 2, 1960.

[11]　W. Weinstock. Target Cross Section Models for Radar System Analysis. Ph. D. Dissertation in Electrical Engineering, Univ. of Pennsylvania, 1964.

[12]　D. P. Meyer and H. A. Mayer. Radar Target Detection-Handbook of Theory and Practice. Academic Press, 1973. pp. 64-82.

[13]　P. H. R-Scholefield. Statistical Aspects of Ideal Radar Targets. Proc. IEEE Vol. 55, No. 4, 1967, pp. 587-589.

[14]　X. J. Xu and P. K. Huang. A new RCS statistical model of radar targets. IEEE Trans. on Aerospace and Electronic Systems, Vol. 33, No. 2, pp. 710-714, April 1997.

[15]　聂在平，方大纲. 目标与环境电磁散射特性建模——理论、方法与实现. 北京：国防工业出版社，2009.

[16]　J. R. Keller. Geometric theory of diffraction. J. Opt. Soc. Am., 1962, 52

(2), P. 116.

[17] R. C. Hansen. Geometric Theory of Diffraction. IEEE Press, 1981.

[18] N. C. Currie (Ed.). Radar Reflectivity Measurement: Techniques and Applications. Norwood, MA: Artech House Inc., 1989.

[19] 王被德. 雷达极化理论和应用. 电子工业部第十四研究所,1994.

[20] J. P. Skinner, B. M Kent., R. C. Wittmann, et al. Radar image normalization and interpretation,Proc. of the 19th Antenna Measurement Technique Association, AMTA '1997, pp. 303-307, 1997.

[21] J. P. Skinner, B. M. Kent, R. C. Wittmann, et al. Normalization and interpretation of radar images. IEEE Trans. on Antennas and Propagation, Vol. 46, No. 4, pp. 502-506, 1998.

[22] 崔凯. 基于快速近似方法的海上目标电磁散射特性计算[D]. 北京航空航天大学博士学位论文,2008.

[23] F. Weinmann,T. Vaupel. SBR simulations and measurements for cavities filled with dielectric material. IEEE Antennas and Propagation SocietyInternational Symposium (APSURSI), pp. 1-4, 2010.

[24] 栾瑞雪. 高背景电平下转台ISAR成像数据处理技术研究[D]. 北京航空航天大学硕士学位论文,2008.

[25] M. Soumekh. Synthetic Aperture Radar Signal Processing: With MATLAB Algorithms. New York: Wiley, pp. 487-552, 1999.

[26] J. S. Lee, T. L. Ainsworth, E. Krogagor, et al. Polarimetric analysis of radar signatures of a manmade structure [C]. 2006 7th International Symposium on Antennas, Propagation & EM Theory, ISAPE2006, pp. 1-4, 2006.

[27] http://www. sandia. gov/radar, 2005

[28] D. Hilliard, T. Kim, D. L. Mensa. Scattering effects of traveling wave currents on linear features. Proc. of the 37th Antenna Measurement Technique Association, AMTA 2015, pp. 1-6, 2015.

[29] J. F. Li. Model-Based Signal Processing for Radar Imaging of Targets with Complex Motions, PhD dissertation. the University of Texas at Austin, 2002.

[30] J. F. Li and H. Ling. Application of adaptive chirplet representation for ISAR feature extraction from targets with rotating parts,IEE Proceedings on Radar, Sonar and Navigation, Vol. 150, No. 4, pp. 284-291, 2003.

[31] M. Bell and R. A. Grubbs. JEM modeling and measurement for radar target identification,IEEE Trans. on Aerospace and Electronic Systems, Vol. 29, No. 1, pp. 73-87, 1993.

[32] 秦尧. 空中目标雷达特征信号建模研究[D]. 北京航空航天大学硕士学位论文,2006.

第7章 雷达系统与外部环境的相互作用

迄今为止,我们在讨论相关问题时均假定雷达入射波和目标回波都是在理想介质中传播的,即在第1章给出的雷达同目标与环境相互作用模型

$$s_r(t) = s_t(t) * a_f(t) * \rho(t) * h_r(t) * a_b(t)$$

中,假定传播介质前向传播和后向传播特性具有理想的冲激响应函数,即

$$a_f(t) = a_b(t) = \frac{1}{A}\delta(t)$$

式中,A 为传播衰减常数。

注意,该模型也没有考虑背景对雷达回波的影响。

对于一个实际雷达系统,由于地球、大气、降雨等各种环境的影响,入射到目标的雷达波和接收的目标回波均将受到雷达和目标周围传播环境的影响。为了精确地预测雷达的性能和目标的特性,必须考虑地球及大气对雷达系统的影响,其中包括大气的吸收和折射的影响、地球曲率的影响、地面和海面对电磁波的散射等,这正是本章所涉及的。

7.1 大气传播衰减

7.1.1 地球大气层

大气是多种气体分子和悬浮粒子的混合体,在分析各种地球大气影响之前,先来了解一下地球大气层的结构和特点。

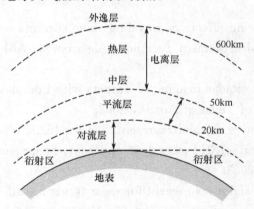

图 7-1 地球大气层的结构和特点

如图 7-1 所示,从地面往上,通常根据大气温度和密度随高度垂直分布的特征,大气层可分为对流层、平流层、中层、热层和外逸层等。各层的物理特性可能完全不同。

对流层(Troposphere)是贴近地面的一层大气,空气密度最大,约占大气圈全部空气质量的3/4。对流层从地球表面一直延伸到18～20km高度,在地球各地随纬度而变化:极地8～9km,温带10～12km,热带18～20km。对流层气温随高度的增加而降低,空气密度随高度的增加而下降。当电磁波在对流层中传播时,将发生折射现象。对流层的折射影响与大气的介电常数有关,后者是气压、温度、水蒸气及其他气体所占比例的函数。另外,雷达能量受到大气中的气体和水蒸气的损耗,这种损耗就是所说的大气衰减,当有雨水、雾、灰尘及云层存在时,大气衰减将更加严重。

对流层顶到 50～55km 高处的区域称平流层(Stratosphere),也称干扰区(Interference

zone)。平流层的气温不受地面影响。我们平时所熟知的吸收太阳紫外线的臭氧层就包含在平流层里,平流层的空气主要是水平运动的。对雷达波而言,由于空气稀薄,它的传输特性接近于自由空间,在这个区域中几乎没有折射现象。

第三层是电离层(Ionosphere),它从 50km 一直延伸到大约 600km 高空。其中,自平流层顶到 80～85km 高空称为中层(Mesosphere),其特点是气温随高度的增加而迅速下降,顶部温度低至−83℃～−113℃,因高低温度不同,空气有对流运动,又称为高空对流层。从中层顶到 800km 高空为热层,其温度随高度的增加而迅速上升,顶部温度可达 800℃。此外,从中层到热层,来自太阳的紫外辐射几乎全部被该层中的分子和原子吸收,大气处于高度电离状态,所以又称电离层。对于雷达波而言,这一层里含有大量的离子化的自由电子,这些自由电子的存在会影响电磁波在不同路径的传播。这些影响包括折射、吸收、噪声辐射、极化旋转等。电波在此层的传播特性极大地取决于入射波的频率。例如,低于 4MHz 的电磁波在电离层较低层区域被完全反射,高于 30MHz 的频率则可以穿透电离层,并且伴随传播衰减。通常,频率越高,电离层的影响越不明显。

热层以上,空气十分稀薄。由于离地面越远,受地球引力场的约束越小,一些高速运动的空气粒子将会散逸到星际空间,故本层称为外逸层。

低于地平线而又接近于地球表面的区域称为衍射区。衍射用于描述雷达波碰到物体后的弯曲特性,这在第 2 章中已经讨论过。

大气中气体分子按混合比可分为均匀不变组分和可变组分。氮气、氧气和二氧化碳是主要的不变组分,百分比含量在 80km 高空以下基本不变。氮气和氧气没有固定的电偶极矩,故没有选择性的吸收谱带,但因含量较大,是影响其他组分吸收光谱线碰撞展宽的主要因素。大气中的可变组分主要是水蒸气,其含量随温度、高度和位置而变化,对衰减的贡献较大。另一可变组分是臭氧,其含量少且分布不均匀,主要集中在 25km 高空附近。一般仅当雷达波穿过很厚的大气时才需考虑臭氧吸收的影响。

大气对微波的衰减同大气温度、气压和水汽密度等密切相关,在衰减计算中一般采用与微波测量同步测得的大气剖面资料。当没有上述测量数据时,一般可采用经验大气模型。例如,美国标准大气模型为

$$T(z) = \begin{cases} T_g - 6.5z, & z \leqslant 11\text{km} \\ T_g - 71.5, & z > 11\text{km} \end{cases} \tag{7-1}$$

$$p(z) = p_g e^{-0.143z} \tag{7-2}$$

$$e(z) = e_g e^{-z/2.2} \tag{7-3}$$

式中,$T(z)$、$p(z)$ 和 $e(z)$ 分别表示随大气高度 z 变化的温度、气压和水汽密度;T_g、p_g 和 e_g 分别为海平面上的大气温度、气压和水汽密度,单位分别为 K、mmHg(133.325Pa)和 g/m³。注意上述模型仅适用于对流层大气。

7.1.2 传播衰减

电磁波在自由空间中传播是没有能量损耗的。然而,由于在大气中有气体和水蒸气的存在,电磁波在其中传播要发生能量损耗。雷达波损失的大部分能量被气体和水蒸气吸收转化为热能,而少部分能量使气体粒子发生能级跃迁。图 7-2 所示为在海平面处不同频率的雷达波的双程衰减(dB/km)随频率的变化特性。

从图 7-2 可见,当工作频率低于 1GHz(L 波段,波长 30cm)时,除非对于超远程雷达,否则

大气衰减往往可以忽略。当工作频率高于 3GHz(S 波段,波长 10cm)时,则一般应该考虑大气衰减的影响,而且一般规律是:频率越高,大气衰减越严重。但是,也有例外的情况,例如,从图中可以看出,对毫米波吸收相对较小的"窗口"在 35GHz(Ka 波段)和 95GHz(W 波段)处。在毫米波频段,大气传播衰减的影响十分严重,因此,迄今为止,仍然很少有远距离的地基雷达工作的频率高于 35GHz。

在微波毫米波谱段,大气中的氧气和水蒸气是产生雷达波衰减的主要原因。当雷达频率同气体分子作用产生谐振时,更多的雷达波能量将被气体分子所吸收,从而形成大的衰减。图 7-3 所示为氧气和水蒸气对雷达波的衰减特性曲线。图中的实线是在大气中含氧量 20%,一个大气压条件下氧气对雷达波的衰减随频率的变化特性;虚线是当大气中含 1% 水蒸气微粒(6.5g/m³)时其对雷达波的衰减随频率的变化情况。从图中可以看出,氧气的衰减谐振峰发生在频率 60GHz 和 118GHz 附近,而水蒸气的衰减谐振峰发生在频率 22.24GHz 和 184GHz 附近。正是这两者的综合作用,使得在 35GHz 和 95GHz 两处的大气衰减较小,出现了所谓的毫米波大气传播"窗口"。

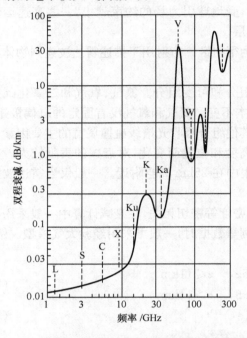 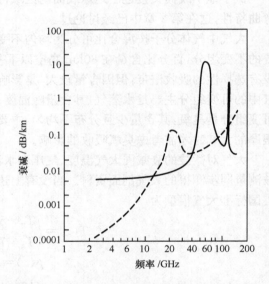

图 7-2 在海平面处的双程衰减随频率的变化特性   图 7-3 氧气和水蒸气对雷达波的衰减特性曲线

随着海拔高度的增加,大气衰减作用将减小,因此,实际雷达工作时的传播衰减与雷达作用的距离、目标高度、频率及仰角等均有关。图 7-4(a)和图 7-4(b)所示为仰角为 0°和 5°时不同频率下的双程衰减随距离的变化特性。从图中可见,雷达频率升高,衰减增大;而仰角越大,衰减则越小。

除正常大气外,恶劣气候条件下大气中的雨、雾等对电磁波也会有强的衰减作用。图 7-5 所示为各种气象条件下衰减分贝数和雷达波长的关系,其中曲线 a 是细雨(雨量为 0.25mm/h);曲线 b 是小雨(雨量为 1mm/h);曲线 c 是大雨(雨量为 4mm/h);曲线 d 是暴雨(雨量为 16mm/h);曲线 e 是小雾,对应的能见度为 600m(含水量为 0.032g/m³);曲线 f 是中雾,对应的能见度为 120m(含水量为 0.32g/m³);曲线 g 是大雾,对应的能见度为 30m(含水量为

2.3g/m³）。注意图中雨水的衰减特性用实线表示，雾的衰减特性用虚线表示。

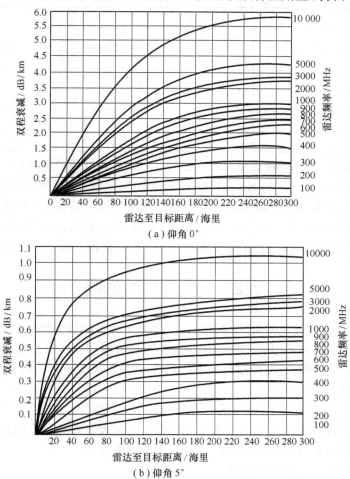

（a）仰角0°

（b）仰角5°

图 7-4　不同频率下的双程衰减随距离的变化特性

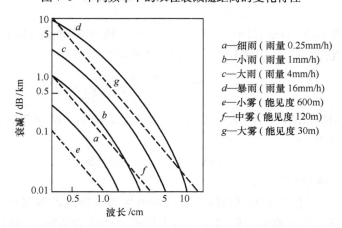

a—细雨（雨量 0.25mm/h）
b—小雨（雨量 1mm/h）
c—大雨（雨量 4mm/h）
d—暴雨（雨量 16mm/h）
e—小雾（能见度 600m）
f—中雾（能见度 120m）
g—大雾（能见度 30m）

图 7-5　各种气象条件下衰减分贝数和雷达波长的关系

　　在雷达系统设计中，常采用降雨量为 4mm/h 作为标准假设。表 7-1 所示为此时不同波段雷达波的衰减系数。

表 7-1　降雨量为 4mm/h 时不同波段雷达波的衰减系数

f(GHz)	波段	α(dB/km,单程)
3	S	0.0016
5	C	0.0073
10	X	0.061
16	Ku	0.19
30	Ka	0.74
100	W	3.1

从表中可以看出,在降雨量为 4mm/h 的条件下,S 和 C 波段的衰减很小,对于中短程雷达而言几乎可忽略不计;对于 X 和 Ku 波段的衰减较小,仅当雷达作用距离较远时需要考虑其衰减影响;而 Ka 波段的衰减已经较大了,一般不能忽略;W 波段则有极大的衰减。例如,当雷达波穿越雨水的单程距离为 5km 时,则在 S、C、X 波段雨水所造成的双程衰减不足 1dB,Ku 波段的衰减约为 2dB,Ka 波段的衰减大于 7dB,而 W 波段的衰减高达 31dB。

7.2　大气折射的影响

在自由空间中,电磁波是沿直线传播的。然而由于大气的成分随着时间、地点而改变,而且不同高度的空气密度也不相同,离地面越高,空气越稀薄,因此,当电磁波在大气中传播时,是在非均匀介质中传播的,它的传播路径不是直线,而是将发生折射,从而造成射线弯曲。

定义折射指数为

$$n = c/v \tag{7-4}$$

式中,c 为电磁波在真空中的速度,v 是介质中电磁波的速度。在地球表面附近,折射指数 n 略大于 1,随着距离的升高,折射指数将逐渐减小,越来越接近 1。

定义 $n-1=\varepsilon \ll 1$。ε 的表达式为

$$\varepsilon = \left[\frac{77.6}{T}p + \frac{3.73 \times 10^5}{T^2}e\right] \times 10^{-6} \tag{7-5}$$

式中,p 为大气压(单位为 mbar,1bar$=10^5$N/m^2;1 大气压$=1013$mbar);T 为热力学温度(单位为 K);e 为水蒸气部分的压力(单位为 mbar)。因此,有

$$n = 1 + \varepsilon = 1 + \left[\frac{77.6}{T}p + \frac{3.73 \times 10^5}{T^2}e\right] \times 10^{-6} \tag{7-6}$$

例如,若取 $p=1013$mbar(一个大气压),$T=290$K(17℃),$e=0$,可得到 $n=1.00027$。

对于美国标准大气,有[3]

$$n = 1 + 0.000316 \times \exp(-z/26500) \tag{7-7}$$

式中,z 为海拔高度,单位为英尺。

对于理想的混合大气,其折射系数随着高度的增加而平稳地单调减小。大气的折射系数 n 随高度 h 的变化率 dn/dh 称为折射斜率。由于斜率 dn/dh 为负值,电磁波在对流层上部传播比在下部传播有稍微大一些的速度,因此电磁波在对流层传播时是向下弯曲的。这种波传播射线的弯曲可以通过图 7-6 来解释。

在图 7-6 中,假设大气由许许多多折射率不同的薄层组成,每一薄层内的折射率相同。若

从下层大气向上，各层的折射率记为 n_i，$i=1,2,\cdots$，由于 $\dfrac{\mathrm{d}n}{\mathrm{d}h}<0$，有 $n_1>n_2>\cdots>n_i$。当电波入射到各薄层之间的分界面时，满足折射定律，即

$$n_1\sin\varphi_1=n_2\sin\varphi_2$$
$$n_2\sin\varphi_2'=n_3\sin\varphi_3$$
$$\cdots$$
$$n_{i-1}\sin\varphi_{i-1}'=n_i\sin\varphi_i \tag{7-8}$$

由于假定了每一薄层内的折射率相同，故在薄层内不发生折射，这样有

$$\varphi_2=\varphi_2',\varphi_3=\varphi_3',\cdots,\varphi_i=\varphi_i'$$

因此，有

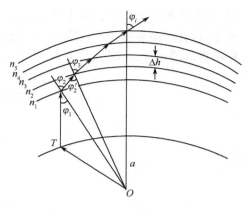

图 7-6　电波射线的轨迹

$$n_1\sin\varphi_1=n_i\sin\varphi_i \tag{7-9}$$

它反映了对流层底部的入射角与第 i 层的折射角之间的关系，电波射线的轨迹为如图 7-6 所示的折射。如果把大气层分为无穷多的小薄层，则这些折线就变为一根平滑的弯曲线。

　　根据以上分析，大气折射对雷达的影响将主要体现在两个方面：(1)引起仰角测量的误差；(2)改变雷达的直视测量距离，产生测距误差。

　　图 7-7 所示为因大气折射造成的射线弯曲而产生的仰角误差。如图所示，当雷达波束对准实际目标时，如果不计射线弯曲的影响而认为波束射线为直线，则此时天线仰角所指示的位置将比目标实际的仰角要大，从而造成测角误差。

　　对于理想的混合大气，可认为折射斜率在地球表面附近是恒定的。然而，在地球表面附近，由于温度和湿度的改变将使折射率产生显著的变化，当折射系数足够大时，电磁波将沿着地球曲面弯曲，因此雷达的水平距离将会延伸，如图 7-8 所示。在海平面上，这种距离延伸的影响在炎热的夏季尤为明显。

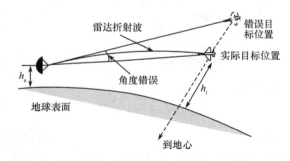

图 7-7　因大气折射造成的射线弯曲
而产生的仰角误差

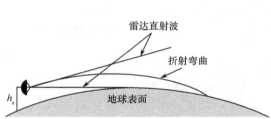

图 7-8　折射造成距离测量误差

7.3　地球曲率的影响

7.3.1　雷达直视距离

　　雷达直视距离（简称视距）问题是由于地球的曲率半径引起的，如图 7-9 所示。设雷达天线架设的高度为 h_a，目标的高度为 h_t，由于地球的表面弯曲使雷达看不到超过直视距离以外

的目标(如图 7-9 所示的阴影区内)。如果希望提高直视距离,则只有增加雷达天线的高度。当然,目标的高度越高,直视距离也越远,但目标的高度往往不受我们的控制。敌方目标更要利用雷达的弱点,由超低空飞入,处于地平线以下的目标,地面雷达是不能发现的。

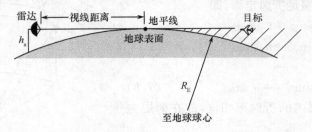

图 7-9　雷达直视距离

雷达视距由雷达天线架设高度 h_a 和目标高度 h_t 决定,而同雷达本身的性能无关。注意它和雷达最大作用距离 R_{max} 是两个不同的概念。

如图 7-10(a)所示,对于没有大气影响的半径为 R_E 的地球来说,从海拔高度为 h_a 的点到地平线的距离 d(雷达视距)可由下式给出

$$d^2 + R_E^2 = (R_E + h_a)^2 = R_E^2 + 2R_E h_a + h_a^2 \tag{7-10}$$

或

$$d = \sqrt{2R_E h_a + h_a^2} \tag{7-11}$$

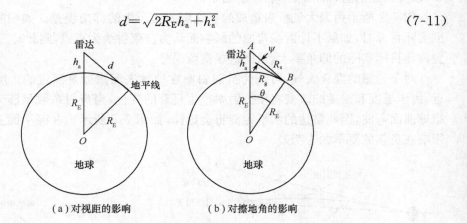

(a)对视距的影响　　　　(b)对擦地角的影响

图 7-10　地球曲率影响

如果 $h_a \ll R_E$,则

$$d \approx \sqrt{2R_E h_a} \tag{7-12}$$

当有大气存在时,电磁波传播射线将产生弯曲,如图 7-11(a)和图 7-11(b)所示。从一个高度为 h_a 的雷达向下发出的射线(如下视星载雷达),由于折射的影响,射线到达地面的距离会比没有大气时到达地面的距离要短[见图 7-11(a)]。同样,当雷达发射方向略微向上的射线时,由于折射造成的弯曲,接触地面的点会比通常的地平线远一些。这样到达地平线的距离就会比不存在大气时更远[见图 7-11(b)]。

注意,图 7-11 中对射线弯曲有所夸张,实际上,对于下视雷达,如果其擦地角不是太小,则由于雷达波在具有折射效应的大气层传播的路程很短,因此射线弯曲所造成的距离缩短效应常可忽略不计。而对于后一种情况,我们通常采取的简便算法是用等效的地球半径 αR_E 来代替实际地球半径 $R_E = 6370\text{km}$,系数 α 与大气折射系数 n 随高度的变化率 $\mathrm{d}n/\mathrm{d}h$ 有关,即

$$\alpha = \frac{1}{1 + R_E \dfrac{\mathrm{d}n}{\mathrm{d}h}} \tag{7-13}$$

通常气象条件下，$\mathrm{d}n/\mathrm{d}h$ 为负值。例如，在温度 $+15℃$ 的海面及当温度随高度变化梯度为 $-0.0065°/\mathrm{m}$ 时，大气折射系数的梯度为 $-0.039 \times 10^{-6}/\mathrm{m}$，可得到此时有 $\alpha \approx 4/3$，这样的大气条件下，等效的地球半径为 $R_E' = \frac{4}{3} R_E = 8495\mathrm{km}$。

雷达的高度越高，大气的这种折射效应越小，所以通常取 $1 \leqslant \alpha \leqslant 4/3$。

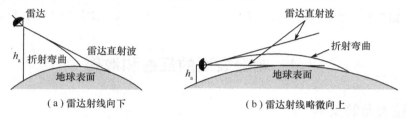

（a）雷达射线向下　　　　　　　　　（b）雷达射线略微向上

图 7-11　射线弯曲对雷达距离的影响

7.3.2　擦地角的计算

在机载和星载雷达中，常常要计算发射波束的擦地角，此时地球的曲率对这一擦地角的计算具有重要影响。设想一部高度为 h_a 的雷达观测地面上一点 B，两者相距 R_g（地表圆弧），如图 7-10(b)所示。

对于平面地球，擦地角可简单计算为

$$\psi = \arctan(h_a/R_g) \tag{7-14}$$

对于球形地球，首先计算斜距 R_s，运用余弦定理且近似地有 $\theta = R_g/R_E$，则

$$R_s^2 = (R_E + h_a)^2 + R_E^2 - 2(R_E + h_a)R_E \cos\theta \tag{7-15}$$

根据正弦定理，可得 $\angle ABO$ 为

$$\sin(\angle ABO) = \frac{\sin\theta}{R_s} \cdot (R_E + h_a), \quad \angle ABO > \pi/2 \tag{7-16}$$

有

$$\psi = \angle ABO - \frac{\pi}{2} \tag{7-17}$$

例如，对 $h_a = 10\mathrm{km}$ 和 $R_g = 200\mathrm{km}$，采用 $R_E = \frac{4}{3} R_E = 8495\mathrm{km}$，则 ψ（球形地球）$= 0.93°$，而 ψ（平面地形）$= 1.98°$，可见，在计算擦地角时，地球曲率一般不应忽略。

7.3.3　地球曲率产生的发散

当雷达波照射地球表面时，由于受到地球曲率的影响，反射波是发散的，如图 7-12 所示，图中实线代表球形地面的反射波束，虚线代表平面的反射波束。此时的反射与平面的情况不同，其全反射系数要受到地球的发散因子 D 的影响。

由于反射的能量被发散，所以雷达能量密度将减小。散射因子可以通过几何条件推出。一个广泛采用的发散因子的近似表达式如下

$$D \approx \frac{1}{\sqrt{1 + \dfrac{2r_1 r_2}{R_E'(r_1 + r_2)\sin\psi}}} \tag{7-18}$$

式中的参数如图 7-13 所示，R'_E 为地球等效半径。发散因子 D 是一个小于 1 的数。

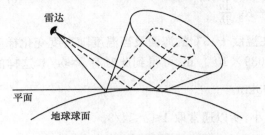
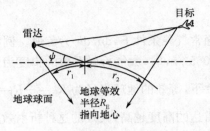

图 7-12　地球曲面产生的发散　　　　图 7-13　式(7-18)中各参数的定义

7.4　粗糙表面的反射和散射

7.4.1　粗糙表面的反射

我们曾在第 2 章讨论了平面波入射到光滑平面的菲涅耳反射系数，重写如下

$$\Gamma_V = \frac{\varepsilon\sin\psi - \sqrt{\varepsilon - \cos^2\psi}}{\varepsilon\sin\psi + \sqrt{\varepsilon - \cos^2\psi}}$$

$$\Gamma_H = \frac{\sin\psi - \sqrt{\varepsilon - \cos^2\psi}}{\sin\psi + \sqrt{\varepsilon - \cos^2\psi}}$$

$$(7\text{-}19)$$

式中，ψ 为擦地角，它同入射角 θ 之间的关系为 $\theta = \pi/2 - \psi$，如图 7-14 所示。

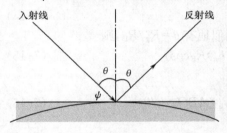

图 7-14　雷达波的入射和反射

与表面粗糙度有关的系数。

当雷达信号照射到真实地球表面而发生反射时，反射系数的幅度和相位将会不同于上式所给定的情况。实际上，反射的幅度会产生衰减，相位也会发生变化。影响这种变化的因素主要有两个：(1)由于地球曲率而产生的发散；(2)表面的粗糙程度。因此，粗糙地球表面的反射系数 Γ_r 可以表示为

$$\Gamma_{r(H,V)} = \Gamma_{(H,V)} \cdot D \cdot \rho_s \qquad (7\text{-}20)$$

式中，$\Gamma_{(H,V)}$ 由式(7-19)确定，D 由式(7-18)确定，ρ_s 为

定义粗糙度因子 Γ 为

$$\Gamma = \frac{\sigma_h \sin\psi}{\lambda} \qquad (7\text{-}21)$$

式中，σ_h 为表面高度的标准差，ψ 为擦地角，λ 为雷达波长，则有[16]

$$\rho_s = \begin{cases} \exp(-8\pi^2\Gamma^2), & 0 \leqslant \Gamma \leqslant 0.1 \\ \dfrac{0.812537}{1 + 8\pi^2\Gamma^2}, & \Gamma > 0.1 \end{cases} \qquad (7\text{-}22)$$

或用以下计算公式[4,5]

$$\rho_s = \exp(-8\pi^2\Gamma^2) \cdot I_0(4\pi^2\Gamma^2) \qquad (7\text{-}23)$$

式中，$I_0(\cdot)$ 为球面贝塞尔函数。

在一些参考文献中也给出了另一个简化公式，称为埃蒙特(Ament)公式[6]

$$\rho_s = e^{-2\left(\frac{2\pi\sigma_h\sin\psi}{\lambda}\right)^2}$$

(7-24)

一般认为,式(7-22)和式(7-23)的计算结果比较准确。当计算出的 ρ_s 小于 0.4 时,埃蒙特公式给出的计算结果偏小。

图 7-15 所示为由计算机产生的高斯随机粗糙表面示例。一个表面是否粗糙,取决于其最大高度差 h 与雷达波长的比值大小,同时也与擦地角有关。一般地,如果

$$h\sin\psi < \frac{\lambda}{8}$$

(7-25)

则认为该表面属于光滑表面;反之,则认为它是粗糙面。对于高斯随机表面,通常取 $h=3\sigma_h\sim4\sigma_h$。注意到若取 $h=4\sigma_h$,则式(7-25)意味着光滑表面粗糙度因子 $\Gamma < 1/32$。

图 7-15　高斯随机粗糙表面示例

7.4.2　郎伯反射体

考虑这样一个"理想"粗糙表面,其粗糙度比雷达波长大得多。在这种情况下,表面的散射几乎是各向同性或是弥散的,因此,该表面的反射回波强度正比于 $\cos\theta$,θ 为入射角,这是因为从反射方向看去,表面的投影面积与 $\cos\theta$ 成正比。这一关系式称为郎伯(Lambert)定律,这样的反射体称为郎伯反射体。如图 7-16 所示,可通过计算从电磁波入射方向看去的表面投影面积推出上述结论。

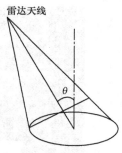

图 7-16　郎伯反射体

7.5　多路径效应

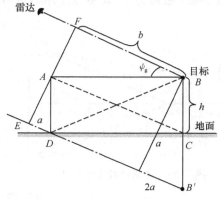

图 7-17　多路径效应示例 1

多路径指的是雷达发射—目标—接收传播路径的非单一性。雷达发射波在照射到感兴趣的目标前,可能先照射到环境中的其他物体或表面,经过再次反射后才照射到目标;或者目标散射回波在返回到雷达前先碰到其他物体,经再次反射才回到雷达处。现通过两个简单的例子来分析这种多路径现象。

先来看第一个例子。假设机载雷达观测某一垂直立柱上的角反射器,如图 7-17 所示。B 代表目标所在位置,C 代表垂直立柱的基点,B' 代表目标在地下的镜像点,ψ_g 为擦地角,D 为镜面反射点,在该点处入射角与反射角相等。线段 EF 垂直于入射线,从 EF 到雷达的距离为 R_g。这里有三条可能的反射路径,每条路

径的长度都不相同,具体如下。

①　直接路径,FBF:$L_1=2b$;

②　一次反射路径(两条),FBDE 或 EDBF:$L_2=b+(a+b)+a=2b+2a$;

③　两次反射路径,EDBDE:$L_3=a+2(a+b)+a=2b+4a$。

此处 $a=h\sin\psi_g$。注意上述路径长度略去了距离 R_g。

在多路径条件下,雷达接收到的目标信号为来自上述 4 条路径信号的矢量叠加

$$E_0=E_{01}e^{-jkL_1}+2\Gamma_r E_{02}e^{-jkL_2}+\Gamma_r^2 E_{03}e^{-jkL_3} \tag{7-26}$$

式中,E_{01}、E_{02}、E_{03} 分别代表未考虑传播路径影响时目标散射的复电场;Γ_r 表示地面对电磁波的反射系数,由式(7-20)给出,它是一个复数,其幅度一般为 $0\sim1$;$k=\dfrac{2\pi}{\lambda}$ 为波数。注意 E_{02} 是双站散射,双站角为擦地角的两倍。

因此,如果雷达发射一个持续时间很短的脉冲,可以将各不同路径产生的时延分辨,则在雷达回波中将显示多个"回波脉冲":除真实目标(直接路径)外,还有两个分别在柱基(一次反射路径)和等效为原目标在地下的镜像点处的目标(二次反射路径),如图 7-18(a)所示。这种"重影"现象也可在高分辨率二维雷达图像中看到,图 7-18(b)示出了机载合成孔径雷达对地面坦克的高分辨率成像结果,从中可以清晰看到多路径造成的图像"重影"现象。

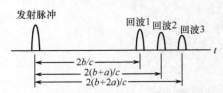

(a)多路径造成单个点目标出现多个雷达回波

(b)多路径造成的两维高分辨率雷达像出现"重影"

图 7-18　多路径产生的多个目标回波

如果雷达脉冲比较宽,不足以分辨这三条路径的时延,则这些回波将相互叠加,产生相位干涉,从而目标回波将随路径的变化而产生很大的起伏。在实际应用中,为了提供目标 RCS 的定标参考基准,常采用安放在立柱上的角反射器作为雷达测量的定标体。因此,在测量过程的设计中一定要考虑有可能出现的多路效应影响。

作为多路效应的第二个例子,我们来研究雷达散射截面测试场中常用的地面平面场,这种测试场用于对各种复杂目标 RCS 的精确测量,如图 7-19 所示。目标架设在距地面 h_t 处,雷达位于距目标远处(通常为 1km 至数千米),天线高度为 h_a。

很明显,存在一条路径满足 $\psi(\text{入射})=\psi(\text{反射})$,$O$ 点是沿此路径的入射线入射到地面的点,O 点到雷达的地面距离为 d_1,到目标的地面距离为 d_2,$R=d_1+d_2$。如果入射线的擦地角很小(实际应用中正是如此),那么反射线会有一个 $180°$ 的相移。如果我们设计使得反射路径的距离比直射距离多 $m\cdot\dfrac{\lambda}{2}$,m 为奇数,即

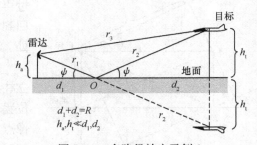

图 7-19　多路径效应示例 2

$$r_1+r_2=r_3+m\cdot\lambda/2 \tag{7-27}$$

则在理想情况下(反射系数为 $\Gamma_r = -1$,而且距离 R 足够远,使得不同路径下的双站散射效应可以忽略),由于直达波和所有地面反射波同相叠加,由式(7-26)有

$$|\boldsymbol{E}_0| = |\boldsymbol{E}_{01}e^{-j\kappa L_1} + 2\Gamma_r \boldsymbol{E}_{02}e^{-j\kappa L_2} + \Gamma_r^2 \boldsymbol{E}_{03}e^{-j\kappa L_3}| = 4|\boldsymbol{E}_{01}| \qquad (7\text{-}28)$$

目标处的入射电场强度将等于其在自由空间的场强的 2 倍,同时目标的散射回波也会有类似的情况。因此,雷达天线接收的目标回波场强为自由空间的 4 倍,而雷达接收的能量将为自由空间情况下的 16 倍。可见,利用多路径效应,这种地面平面场提供了一个 16 倍(或 12dB)的功率增益,可以大大提高测量信噪比。容易推导出,此时要求

$$h_a h_t \approx m \cdot \frac{\lambda}{4}R \qquad (7\text{-}29)$$

事实上,由于当反射路径的距离比直射距离长 $\lambda/2$ 的奇数倍时,几条路径的场强都会产生同相叠加,在雷达一目标之间的地面距离不改变时,调整天线和目标的高度意味着改变波束的擦地角 ψ。在特定雷达波长下,由于雷达与其在地面下的镜像之间的同相或反相叠加,将形成如图 7-20 所示的干涉模式,即相当于有效天线方向图会在俯仰方向呈现一系列很强的主波瓣。地面平面场一般利用同相叠加形成的第一个或第二个波瓣峰值,因为此时所要求的目标架设高度较低。

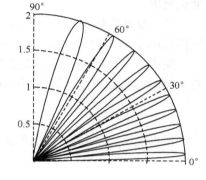

图 7-20 干涉模式

应该指出,尽管后一个例子是以地面平面测试场为例的,但是,类似的情形常常发生在雷达低仰角跟踪时(如雷达跟踪海面上低飞的目标)。此时由于多路径效应,随着雷达同目标之间距离的变化(等效为仰角的变化),雷达回波强度呈现与图 7-20 相似的振荡特性,此时会严重地影响雷达对目标的跟踪。

7.6 地 杂 波

雷达所照射的目标一定是处在某个特定的环境中的,环境对雷达波的散射回波称为背景杂波,如地杂波、海杂波等。注意目标和背景的概念是相对的,例如,当我们要探测与识别地面上行驶的车辆时,各种车辆是"目标",地面则是"背景";如果我们测量的是地面本身的散射特性(如地球微波遥感),则此时地面就是"目标"。在讨论雷达目标探测与识别等问题时,也必须同时考虑环境杂波的影响。

7.6.1 散射系数

在表征目标(主要指人造目标)的雷达散射特性时,我们采用 RCS 的概念。与此不同,在表征环境杂波或面目标时,一般采用散射系数 σ° 的概念,它定义为单位面积的 RCS,即

$$\sigma^\circ = \frac{\sigma}{A} \qquad (7\text{-}30)$$

式中,σ° 为散射系数,σ 为被照射面积的雷达散射截面(m^2),A 为雷达波束所照射的面积大小(m^2)。因此,散射系数 σ° 是一个无量纲的物理量。

之所以要引入散射系数这样一个物理量,是因为通常情况下,雷达所感兴趣的人造目标的尺寸是有限的,此时用雷达散射截面可以很好地反映目标对雷达波的散射能力。同一般人造

目标不一样,在讨论环境杂波时,我们所面临的一般不是一个有限尺寸的环境(或称为面目标),而往往是这种环境比雷达天线波束所照射的面积大得多(如海面),雷达波束永远只能照射到该"面目标"的一小部分区域。此时,如果仍然使用雷达散射截面的概念,则这一物理量将随着雷达天线波束照射面积的大小而变化,显然,它不能反映环境散射的本质特征。

此外,还应注意以下两点。

(1) 在有些文献中,人们也使用另一种散射系数的定义,即

$$\gamma = \frac{\sigma^\circ}{\sin\psi} \tag{7-31}$$

式中,ψ 为擦地角。当 ψ 很大(接近 90°)时,$\sin\psi \approx 1$,从而有 $\gamma \approx \sigma^\circ$;而当掠入射即 ψ 很小时,$\sin\psi \approx \psi$(弧度),一般掠入射时的 σ° 也很小,其结果 γ 随擦地角变化的动态范围会远小于 σ° 的变化范围。

(2) 散射系数同 7.4 节中的表面反射系数不同,反射系数永远不大于 1,而散射系数则既可能远小于 1,又可能远大于 1。举例说明如下。

假设有一块"无限大"的金属平板,它是我们当前所感兴趣的"面目标"。当雷达波以擦地角 90° 照射时,如果雷达波束照射的面积为 A,根据式(6-70),此时的 RCS 为

$$\sigma = \frac{4\pi}{\lambda^2} A^2 \tag{7-32}$$

根据定义,此时的后向散射系数为

$$\sigma^\circ = \frac{4\pi}{\lambda^2} A \tag{7-33}$$

例如,当 $\lambda = 10\text{cm}$,雷达波束照射面积为一圆盘且半径仅为 10m 时,σ° 则高达 $40000\pi^2$!

7.6.2 照射面积 A 的计算

由于散射系数是用照射面积归一化的散射截面,因此在环境散射系数的测量中,需要计算雷达波束的照射面积。

如图 7-21 所示。当雷达天线的波束宽度很小,相比之下雷达脉冲所覆盖的距离门要比天线波束所覆盖的距离大得多[一般在大擦地角情况下满足这一条件,见图 7-21(a)]时,雷达的照射面积就等于天线波束所照射的二维面积(近似为一个椭圆),因此照射面积的计算公式如下

$$A = \frac{\pi}{4} R^2 \frac{\theta\varphi}{\sin\psi} \tag{7-34}$$

式中,ψ 为擦地角,θ 和 φ 分别为天线方位和俯仰向的波束宽度,R 为雷达天线距照射区域的距离。

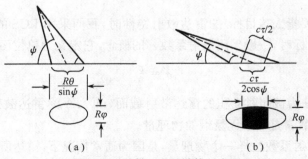

图 7-21 照射面积的计算示意图

当天线波束所覆盖的距离比脉冲距离门所覆盖的距离更大[一般发生在小擦地角情况,见图 7-21(b)]时,有效照射面积方位向取决于天线方位向的波束宽度,而距离向则取决于雷达脉冲宽度,因此照射区域可近似成一个矩形,照射面积的计算公式为

$$A = R\varphi \frac{c\tau}{2\cos\psi} \tag{7-35}$$

式中,τ 为雷达脉冲宽度,c 为传播速度。

在工程应用中,如果很难判断到底属于上述哪一种情况,则一般对两种情况分别计算,取其较小者。

还应注意,尽管散射系数是一个经照射面积归一化了的量,但不应认为它同照射面积完全无关。事实上,从前面例子的式(7-33)可见,散射系数仍然是与照射面积相关的。

7.6.3　地面后向散射系数与表面粗糙度的关系

σ° 与表面粗糙度的关系很密切。如前面所指出的,表面是否光滑或粗糙不但取决于表面的高度起伏特性,而且还与雷达波长及擦地角有关。某一表面在 L 波段下被认为是光滑的,在 Ku 波段下就可能是粗糙的。对于光滑表面,镜面反射是其主要的散射机理;而对于粗糙表面,漫反射的贡献则更大。粗糙度不同的表面的散射方向图可用图 7-22 形象地描绘,而表面后向散射系数 σ° 随擦地角的变化特征则示于图 7-23 中。

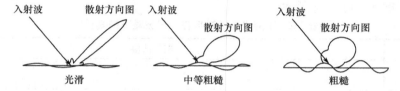

图 7-22　粗糙度不同的表面的散射方向图

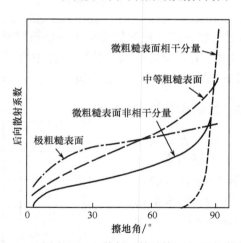

图 7-23　不同表面后向散射系数随擦地角的变化特征

从图中可见,在近垂直入射时,镜面反射的贡献大,所以光滑表面的后向反射系数很大;而在掠入射时,光滑表面的漫反射很弱,所以其后向散射系数很小。

7.6.4 地面后向散射系数随擦地角的变化

由图 7-23 还可以看出，σ 随擦地角也有较大的变化，一般情况下，平坦表面的后向 σ 随擦地角的变化可分成三个区："近掠入射区"（near grazing incidence）、"平直区"（plateau region）、"近垂直入射区"（near vertical incidence），如图 7-24 所示。注意这三个区的边界不是固定的，同雷达波长等诸多因素有关，而且只是针对较平坦表面而言的，不是所有表面的后向散射系数 σ 都可明显地分成以下三个区。

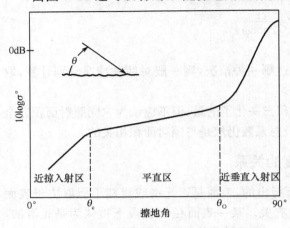

图 7-24　后向散射系数 σ° 随擦地角的变化

（1）在近掠入射区，σ 随入射角的增大而急速增大，近掠入射区和平直区的临界角一般用 θ_c 表示。当满足

$$\sin\theta_c < \frac{\lambda}{4\pi\sigma_h} \qquad (7\text{-}36)$$

时，认为是近掠入射区，式中，σ_h 为表面高度起伏的均方根值，λ 为雷达波长。不同表面粗糙度在不同波段下的 θ_c 如表 7-2 所示。

表 7-2　不同表面粗糙度在不同波段下的 θ_c（°）

σ_h(m)	波长（波段）				
	70cm （UHF）	23cm （L）	10cm （S）	3cm （X）	8mm （Ka）
0.1	33.9	10.5	4.6	1.4	0.37
0.3	10.7	3.5	1.5	0.5	0.12
1.0	3.2	1.0	0.5	0.1	0.04

（2）在平直区，后向散射系数 σ° 随擦地角的变化相对比较缓慢。

（3）最后，在近垂直入射时，镜面反射逐渐成为回波的主要贡献分量，从而使得 σ° 随擦地角的增大而急剧增大，直到 90°垂直入射时达到最大值。

7.6.5 地面后向散射系数随频率的变化

从上面的分析可以看出，雷达波长也是影响后向散射系数 σ° 的一个重要因素。一般情况下波长越短，表面相对越粗糙，漫反射越大，所以在擦地角不是很大时，表面的后向散射系数 σ° 随频率的增大（波长的变短）而递增，如图 7-25所示。

在平直区，σ° 随频率的增大而增大，而在近垂直入射区，σ° 随频率的增大有可能递减，这是因为随着粗糙度的增加，在近垂直入射时的相干散射分量会急剧减小。

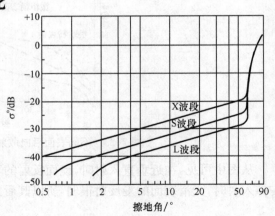

图 7-25　后向散射系数随擦地角的变化

7.6.6 地面后向散射系数的极化特性

雷达波的极化方式对后向散射系数 $\sigma°$ 也会产生影响。极化方式的影响效果与地面的类型和入射的角度也有很大关系。对于草地和森林，无论是垂直极化还是水平极化或圆极化，差别都不是很大。而对于较平坦的表面(如公路)，垂直极化后向散射要比水平极化时的强。

此外，地杂波的后向散射系数还与含水量、风速等因素有关。

7.6.7 地面后向散射系数半经验模型

已有多种半经验或理论模型用于预测地面后向散射系数[7]。这里主要给出两种模型：一种是美国佐治亚理工学院(GIT)所属的技术研究所(GTRI)等研究机构根据测量数据，通过经验拟合得到的雷达后向散射系数模型，称为 GIT 模型，适合于小擦地角应用；另一种是乌拉比(Ulaby)等人对不同类型的地物大量测量该模型数据，进行统计和拟合得到的半经验模型，称为乌拉比模型，该模型的适用范围更广一些。

1. GIT 模型

美国佐治亚技术研究所等研究机构根据测量数据，通过经验拟合总结出一种小擦地角下的雷达后向散射系数模型，可表示为

$$\sigma° = A(\varphi + C)^B \exp[-D/(1 + 0.03\sigma_h)] \tag{7-37}$$

式中，φ 为擦地角；σ_h 为表面高度的标准差(cm)；系数 A、B、C、D 为常数。

表 7-3 列出了一些典型地面对应的系数值(约束条件为擦地角小于 20°)。经与实测数据对比，该模型在其适用范围内具有较好的精度。

表 7-3 典型地面对应的系数值

地面类型	A				B	C	D
频率(GHz)	15	9.5	5	3	所有频率	所有频率	所有频率
土壤	0.05	0.025	0.0096	0.0045	0.83	0.0013	2.3
草地	0.079	0.039	0.015	0.0071	1.5	0.012	0
庄稼	0.079	0.039	0.015	0.0071	1.5	0.012	0
森林	0.019	0.003	0.0012	0.00054	0.64*	0.002	0
沙地	0.05	0.025	0.0096	0.0045	0.83	0.0013	2.3
岩石	0.05	0.025	0.0096	0.0045	0.83	0.0012	2.3

注：0.64* 表示 15GHz 时，$B = 0.64$；其他情况，$B = 0.7$。

2. 乌拉比(Ulaby)模型

乌拉比等人[17]给出了不同地物在准镜面反射区和平稳区的后向散射系数，包括不同地面类型、入射角、极化方式和波段下后向散射系数的平均值。地面类型分为以下 9 种。

● 土壤和岩石：裸露的和植被稀疏的土地。

● 森林：森林和果园。

● 草地。

● 灌木：灌木、茂密的植物和庄稼。

● 低矮植被：草地、灌木和湿地。

● 道路：各种人造表面。

● 城区：居住区、商业区和工业区。

● 干雪。

● 湿雪。

具体地物类型描述如下[17]。

（1）裸露的和植被稀疏的土地

该类型包括暴露的岩床、砂砾层、荒漠路段和植被稀疏的土壤（如干旱环境下的土壤），也包括刚耕种过尚无植被覆盖的土壤。详细描述：暴露的岩石和多石的表面、平整的土壤（粗糙度的均方差 rms<1cm）、中等度粗糙土壤（1cm<rms<3cm）、粗糙土壤（rms>3cm）和有残留作物（比如树根）的土壤。但这部分数据并没有根据土壤表层湿度和土壤结构而进行进一步划分。

（2）植被覆盖的土地

土地包括自然生长的植被和庄稼。通常植被种类细分为以下 4 种：森林、灌木、草地和沼泽地。①森林：包括常绿针叶林、落叶和不落叶的阔叶林。②灌木和茂密的植物：包括自然生长的草本灌木、大棵谷物（玉米和高粱）、豆类、块根农作物（胡萝卜、洋葱、土豆、甜菜根）和饲料作物（如紫花苜蓿、棉花等）。③草地：包括天然牧场、草原、干草和矮小谷类。前三者归为两类：较高的草（高度大于 20cm）和较矮的草（高度小于 20cm），而矮小谷类主要指的是各种麦类（大麦、燕麦、黑麦和小麦），谷类从播种到收割，高度一般不超过 1m。并且，一般认为草下的土壤是平整的。④湿地：包括沼泽地和被淹的农田。

（3）雪

该地物类型指的是任何被连续雪层覆盖的地表（可被植被覆盖），但被雪覆盖的建筑不包含在里面。雪下的地形结构对散射数据影响不大，因为散射主要来自雪层内部。根据湿度来对雪层进行分类，湿度定义为雪层为液态时的体积百分数。当液态水含量大于 1% 时，归类为湿雪，否则归类为干雪。

（4）城区地表

一般指的是人工建造的表面或是被建筑覆盖的地表。将城区分为居住区、商业区和工业区。车载散射计所获得的数据大多是道路的，而市区建筑物可视为点目标，其尺寸、形状和建造的材料都会影响后向散射系数的数值，这些地区的散射既不是均匀的又不是完全随机的，并且这些建筑的体积很大，所以车载散射计很难找到一个合适的位置来获得准确的数值，仅有的一些数据是由机载散射计得到的。事实上，都市区杂波是现代雷达所面临的最为复杂的杂波种类之一，通常将之归类为"各向异性杂波"和"离散杂波"，很难用半经验模型来表征。

对各种类型的地物后向散射测量数据进行整理和统计处理，获得后向散射系数 σ° 的平均值，并通过拟合方法得到 σ° 平均值与雷达入射角之间的半经验关系式，即

$$\sigma^\circ(\text{dB}) = P_1 + P_2 \exp(-P_3\theta) + P_4 \cos(P_5\theta + P_6) \tag{7-38}$$

标准偏差为

$$s(\theta) = M_1 + M_2 \exp(-M_3\theta) \tag{7-39}$$

式中，θ 以弧度为单位。不同情况的参数值参考表 7-4～表 7-11，对于没有拟合参数值的那些波段，我们对现有的 σ° 数据进行线性内插，给予这两种思路，可得到 $\Delta\theta$ 范围内比较完整的 σ° 随入射角的变化曲线。

乌拉比模型的测量与统计各波段数据及其频率范围为：L 波段（1～2GHz），S 波段（2～4GHz），C 波段（4～8GHz），X 波段（8～12GHz），Ku 波段（12～18GHz），Ka 波段（30～

40GHz），W 波段（90～100GHz）。极化方式为 HH（水平—水平）、VV（垂直—垂直）和 HV（水平—垂直）三种。表 7-4～表 7-11 给出了三种极化组合下的模型参数列表，表中 θ_{min} 和 θ_{max} 分别表示观测入射角的最小值和最大值。

表 7-4　土壤和岩石 σ° 平均值与标准偏差的模型参数[17]

波段	极化	角度范围		后向散射系数参数						标准偏差参数		
---	---	θ_{min}	θ_{max}	P_1	P_2	P_3	P_4	P_5	P_6	M_1	M_2	M_3
L	HH	0	50	−85.984	99.0	0.628	8.189	3.414	−3.412	5.600	−5×10⁻⁴	−9.0
	HV	0	50	−30.200	15.261	3.560	−0.424	0.0	0.0	4.675	−0.521	3.187
	VV	0	50	−94.360	99.0	0.365	−3.398	5.0	−1.739	4.618	0.517	−0.846
S	HH	0	50	−91.20	99.0	0.433	5.063	2.941	−3.142	4.644	2.883	15.0
	HV	0	40	−46.467	31.788	2.189	−17.990	1.340	1.583	4.569	0.022	−6.708
	VV	0	50	−97.016	99.0	0.270	−2.056	5.0	−1.754	14.914	−9.0	−0.285
C	HH	0	50	−24.855	26.351	1.146	0.204	0.0	0.0	14.831	−9.0	−0.305
	HV	0	50	−26.700	15.055	1.816	−0.499	0.0	0.0	4.981	1.422	15.0
	VV	0	50	−24.951	28.742	1.045	−1.681	0.0	0.0	4.361	4.080	15.0
X	HH	0	80	4.337	6.666	−0.107	−29.709	0.863	−1.365	1.404	2.015	−0.727
	HV	0	70	−99.0	96.734	0.304	6.780	−2.056	3.142	3.944	0.064	−2.764
	VV	10	70	−42.553	48.823	0.722	5.808	3.000	−3.142	3.263	11.794	8.977
Ku	HH	0	60	−95.843	94.457	0.144	−2.351	−3.556	2.080	14.099	−9.0	−0.087
	HV	10	50	−99.0	46.475	−0.904	−30.0	2.986	−3.142	5.812	2.0×10⁻⁴	−9.0
	VV	0	60	−98.320	99.0	0.129	−0.791	5.0	−3.142	13.901	−9.0	−0.273
Ka	HH											
	HV	数据不足										
	VV											
W	HH											
	HV	数据不足										
	VV											

表 7-5　森林 σ° 平均值和标准偏差的模型参数[17]

波段	极化	角度范围		后向散射系数参数						标准偏差参数		
---	---	θ_{min}	θ_{max}	P_1	P_2	P_3	P_4	P_5	P_6	M_1	M_2	M_3
L	HH											
	HV	数据不足										
	VV											
S	HH											
	HV	数据不足										
	VV											
C	HH											
	HV	数据不足										
	VV											
X	HH	0	80	−12.078	1.0×10⁻⁶	−10.0	4.574	1.171	0.583	13.144	−9.0	−0.073
	HV	0	80	88.003	−99.	−0.050	1.388	6.204	−2.003	12.471	−9.0	−0.125
	VV	0	80	−11.751	1.0×10⁻⁶	−10.0	3.596	2.033	0.122	0.816	3.349	0.347

波段	极化	角度范围		后向散射系数参数						标准偏差参数		
		θ_{min}	θ_{max}	P_1	P_2	P_3	P_4	P_5	P_6	M_1	M_2	M_3
Ku	HH	0	80	−39.042	1.0×10^{-6}	−10.0	30.0	0.412	0.207	13.486	−9.0	−0.154
	HV	0	80	−40.926	1.0×10^{-6}	−10.0	30.0	0.424	0.138	12.614	−9.0	−0.124
	VV	0	80	−39.612	1.0×10^{-6}	−10.0	30.0	0.528	0.023	13.475	−9.0	−0.154
Ka	HH	数据不足										
	HV											
	VV											
W	HH	数据不足										
	HV											
	VV											

表 7-6　草地 σ° 平均值和标准偏差的模型参数[17]

波段	极化	角度范围		后向散射系数参数						标准偏差参数		
		θ_{min}	θ_{max}	P_1	P_2	P_3	P_4	P_5	P_6	M_1	M_2	M_3
L	HH	0	80	−29.235	37.550	2.332	−2.615	5.0	−1.616	−9.0	14.268	−0.003
	HV	0	80	−40.166	26.833	2.029	−1.473	3.738	−1.324	−9.0	13.868	0.070
	VV	0	80	−28.022	36.590	2.530	−1.530	5.0	−1.513	−9.0	14.239	−0.001
S	HH	0	80	−20.361	25.727	2.979	−1.130	5.0	−1.916	3.313	3.076	3.759
	HV	0	80	−29.035	18.055	2.80	−1.556	4.534	−0.464	0.779	3.580	0.317
	VV	0	80	−21.198	26.694	2.828	−0.612	5.0	−2.079	3.139	3.413	3.042
C	HH	0	80	−15.750	17.931	2.369	−1.502	4.592	−3.142	1.706	4.009	1.082
	HV	0	80	−23.109	13.591	1.508	−0.757	4.491	−3.142	−9.0	14.478	0.114
	VV	0	80	−93.606	99.0	0.220	−5.509	−2.964	1.287	2.796	3.173	2.107
X	HH	0	80	−33.288	32.980	0.510	−1.343	4.874	−3.142	2.933	1.866	3.876
	HV	20	70	−48.245	47.246	10.0	−30.0	−0.190	3.142	−9.0	12.529	0.008
	VV	0	80	−22.177	21.891	1.054	−1.916	4.555	−2.866	3.559	1.143	5.710
Ku	HH	0	80	−88.494	99.0	0.246	10.297	−1.360	3.142	2.000	1.916	1.068
	HV	40	70	−22.102	68.807	4.131	−4.570	1.952	0.692	3.453	−2.926	3.489
	VV	0	80	−16.263	16.074	1.873	1.296	5.0	−0.695	−9.0	12.773	0.032
Ka	HH	10	70	−99.0	92.382	0.038	1.169	5.0	−1.906	3.451	−1.118	1.593
	HV											
	VV	10	70	−99.0	91.853	0.038	1.100	5.0	−2.050	2.981	−2.604	5.095
W	HH	数据不足										
	HV											
	VV											

表 7-7　灌木 σ° 平均值和标准偏差的模型参数[17]

波段	极化	角度范围		后向散射系数参数						标准偏差参数		
		θ_{min}	θ_{max}	P_1	P_2	P_3	P_4	P_5	P_6	M_1	M_2	M_3
L	HH	0	80	−26.688	29.454	1.814	0.873	4.135	−3.142	−9.0	14.931	0.092
	HV	0	80	−99.0	99.0	0.086	−21.298	0.0	0.0	0.747	−0.044	−2.826
	VV	0	80	−81.371	99.0	0.567	16.200	−1.948	3.142	−9.0	13.808	0.053

波段	极化	θmin	θmax	P_1	P_2	P_3	P_4	P_5	P_6	M_1	M_2	M_3
					后向散射系数参数						标准偏差参数	
S	HH	0	80	−21.202	21.177	2.058	−0.132	−5.0	−3.142	1.713	3.205	1.729
	HV	0	80	−89.222	44.939	0.253	30.0	−0.355	0.526	12.735	−9.0	−0.159
	VV	0	80	−20.566	20.079	1.776	−1.332	5.0	−1.983	2.475	2.308	3.858
C	HH	0	80	−91.950	99.0	0.270	6.980	1.922	−3.142	1.723	3.376	1.729
	HV	0	80	−99.0	91.003	0.156	3.948	2.239	−3.142	13.237	−9.0	−0.159
	VV	0	80	−91.133	99.0	0.294	8.107	2.112	−3.142	1.684	2.308	3.858
X	HH	0	80	−99.0	97.280	0.107	−0.538	5.0	−2.688	2.038	4.238	2.997
	HV	20	70	−28.057	0.0	0.0	13.575	1.0	−0.573	3.301	−0.001	−4.934
	VV	0	80	−99.0	97.682	0.113	−0.779	5.0	−2.076	2.081	4.025	2.997
Ku	HH	0	80	−99.0	98.254	0.098	−0.710	5.0	−2.225	1.941	4.096	2.930
	HV	40	70	−30.403	0.0	0.0	19.378	1.0	−0.590	−9.0	11.516	0.020
	VV	0	80	−99.0	98.741	0.103	−0.579	5.0	−2.210	2.192	3.646	3.320
Ka	HH	20	70	−41.170	27.831	0.076	−8.728	0.869	3.142	2.171	4.391	4.618
	HV											
	VV	20	70	−43.899	41.594	0.215	−0.794	5.0	−1.372	2.117	2.880	4.388
W	HH	数据不足										
	HV											
	VV											

表 7-8　低矮植被 $\sigma°$ 平均值和标准偏差的模型参数[17]

波段	极化	θmin	θmax	P_1	P_2	P_3	P_4	P_5	P_6	M_1	M_2	M_3
					后向散射系数参数						标准偏差参数	
L	HH	0	80	−27.265	32.390	2.133	1.438	−3.847	3.142	1.593	4.246	0.063
	HV	0	80	−41.60	22.872	0.689	−1.238	0.0	0.0	0.590	4.864	0.098
	VV	0	80	−24.614	27.398	2.265	−1.080	5.0	−1.999	4.918	0.819	15.0
S	HH	0	80	−20.779	21.867	2.434	0.347	−0.013	−0.393	2.527	3.273	3.001
	HV	0	80	−99.0	85.852	0.179	3.687	2.121	−3.142	13.195	−9.0	−0.148
	VV	0	80	−20.367	21.499	2.151	−1.069	5.0	−1.950	2.963	2.881	4.740
C	HH	0	80	−87.727	99.0	0.322	10.188	−1.747	3.142	2.586	2.946	2.740
	HV	0	80	−99.0	93.293	0.181	5.359	1.948	−3.142	13.717	−9.0	−0.169
	VV	0	80	−88.593	99.0	0.326	9.574	1.969	−3.142	2.287	3.330	2.674
X	HH	0	80	−99.0	97.417	0.114	−0.837	5.0	−2.984	2.490	3.514	3.217
	HV	10	70	−16.716	10.247	10.0	−1.045	5.0	−0.159	−9.0	13.278	0.066
	VV	0	80	−99.0	97.370	0.119	−1.171	5.0	−2.728	2.946	2.834	2.953
Ku	HH	0	80	−99.0	97.863	0.105	−0.893	5.0	−2.657	2.538	2.691	2.364
	HV	0	70	−14.234	3.468	10.0	−1.552	5.0	−0.562	−9.0	13.349	0.090
	VV	0	80	−99.0	97.788	0.105	−1.017	5.0	−3.142	1.628	3.117	0.566

波段	极化	角度范围		后向散射系数参数						标准偏差参数		
		θ_{min}	θ_{max}	P_1	P_2	P_3	P_4	P_5	P_6	M_1	M_2	M_3
Ka	HH	10	80	−99.0	79.050	0.263	−30.0	0.730	2.059	2.80	3.139	15.0
	HV											
	VV	1	80	−99.0	80.325	0.282	−30.0	0.833	1.970	2.686	−0.002	−2.853
W	HH	数据不足										
	HV											
	VV											

表 7-9 干雪 $\sigma°$ 平均值和标准偏差的模型参数[17]

波段	极化	角度范围		后向散射系数参数						标准偏差参数		
		θ_{min}	θ_{max}	P_1	P_2	P_3	P_4	P_5	P_6	M_1	M_2	M_3
L	HH	0	70	−74.019	99.0	1.592	−30.0	1.928	0.905	−9.0	13.672	0.064
	HV	0	70	−91.341	99.0	1.202	30.0	1.790	−2.304	5.377	−0.571	3.695
	VV	0	70	−77.032	99.0	1.415	−30.0	1.720	0.997	4.487	−0.001	−5.725
S	HH	0	70	−47.055	30.164	5.788	30.0	1.188	−0.629	3.572	−2.0×10⁻⁵	−9.0
	HV	0	70	−54.390	13.292	10.0	−30.0	−0.715	3.142	13.194	−9.0	−0.110
	VV	0	70	−40.652	18.826	9.211	30.0	0.690	0.214	−9.0	12.516	0.075
C	HH	0	70	−42.864	20.762	10.0	30.0	0.763	−0.147	4.398	0.0	0.0
	HV	0	70	−25.543	16.640	10.0	−2.959	3.116	2.085	13.903	−9.0	−0.085
	VV	0	70	−19.765	19.830	7.089	1.540	−0.012	13.370	−9.0	−0.016	
X	HH	0	75	−13.298	20.048	10.0	4.529	2.927	−1.173	2.653	0.010	−2.457
	HV	20	75	−18.315	99.0	10.0	4.463	3.956	−2.128	2.460	1.0×10⁻⁵	−8.314
	VV	0	70	−11.460	17.514	10.0	4.891	3.135	−0.888	12.339	−9.0	−0.072
Ku	HH	0	75	−36.188	15.340	10.0	30.0	0.716	−0.186	3.027	−0.033	0.055
	HV	0	75	−16.794	20.584	3.263	−2.243	5.0	0.096	12.434	−9.0	0.077
	VV	0	70	−10.038	13.975	10.0	−6.197	1.513	3.142	12.541	−9.0	−0.032
Ka	HH	0	75	−84.161	99.9	0.298	8.931	2.702	−3.142	−9.0	13.475	0.058
	HV											
	VV	0	70	−87.531	99.0	0.222	7.389	2.787	−3.142	−9.0	13.748	0.076
W	HH											
	HV											
	VV	0	75	−6.296	5.737	10.0	5.738	−2.356	1.065	3.364	0.0	0.0

表 7-10 湿雪 $\sigma°$ 平均值和标准偏差的模型参数[17]

波段	极化	角度范围		后向散射系数参数						标准偏差参数		
		θ_{min}	θ_{max}	P_1	P_2	P_3	P_4	P_5	P_6	M_1	M_2	M_3
L	HH	0	70	−73.069	95.221	1.548	30.0	1.795	−2.126	−9.0	14.416	0.109
	HV	0	70	−90.980	99.0	1.129	30.0	1.827	−2.308	4.879	0.349	15.0
	VV	0	70	−75.156	99.0	1.446	30.0	1.793	−2.179	5.230	−0.283	−1.557

波段	极化	角度范围		后向散射系数参数						标准偏差参数		
		θ_{min}	θ_{max}	P_1	P_2	P_3	P_4	P_5	P_6	M_1	M_2	M_3
S	HH	0	70	−45.772	25.160	5.942	30.0	0.929	−0.284	12.944	−9.0	−0.079
	HV	0	70	−42.940	9.935	15.0	30.0	0.438	0.712	3.276	1.027	8.958
	VV	0	70	−39.328	18.594	8.046	30.0	0.666	0.269	1.157	2.904	0.605
C	HH	0	70	−31.910	17.749	11.854	30.0	0.421	0.740	−9.0	13.0	−0.031
	HV	0	70	−24.622	15.102	15.0	−3.401	2.431	3.142	13.553	−9.0	−0.036
	VV	0	70	4.288	15.642	15.0	30.0	0.535	1.994	4.206	0.015	−2.804
X	HH	0	70	10.020	7.909	15.0	30.0	0.828	2.073	3.506	0.470	15.0
	HV	0	75	4.495	10.451	15.0	−30.0	−0.746	1.083	11.605	−9.0	0.104
	VV	0	70	10.952	6.473	15.0	30.0	0.777	2.081	4.159	0.150	1.291
Ku	HH	0	75	9.715	11.701	15.0	30.0	0.526	2.038	−9.0	13.066	−0.042
	HV	0	75	−79.693	99.0	0.981	30.0	−1.458	2.173	5.631	−1.058	1.844
	VV	0	70	−9.080	13.312	15.0	−4.206	2.403	3.142	−9.0	14.014	0.043
Ka	HH	0	70	43.630	−13.027	−0.860	29.130	1.094	2.802	−8.198	15.0	−0.082
	HV											
	VV	0	70	−33.899	7.851	15.0	30.0	0.780	−0.374	5.488	1.413	0.552
W	HH											
	HV											
	VV	40	75	−22.126	99.0	2.466	0.0	0.0	0.0	4.134	15.0	3.991

表 7-11 道路 σ° 平均值和标准偏差的模型参数[17]

波段	极化	角度范围		后向散射系数参数						标准偏差参数		
		θ_{min}	θ_{max}	P_1	P_2	P_3	P_4	P_5	P_6	M_1	M_2	M_3
L	HH											
	HV	数据不足										
	VV											
S	HH											
	HV	数据不足										
	VV											
C	HH											
	HV	数据不足										
	VV											
X	HH	0	70	−94.472	99.0	0.892	30.0	1.562	−1.918	4.731	−0.007	−3.983
	HV											
	VV	0	70	−59.560	39.284	1.598	30.0	1.184	−1.178	4.260	−0.002	−4.807
Ku	HH	10	70	−90.341	82.900	0.030	1.651	5.0	0.038	5.490	0.001	−6.350
	HV											
	VV	10	70	−38.159	30.320	0.048	1.913	4.356	0.368	6.263	−0.840	0.064

波段	极化	角度范围		后向散射系数参数						标准偏差参数		
		$\theta_{\min}$	$\theta_{\max}$	P_1	P_2	P_3	P_4	P_5	P_6	M_1	M_2	M_3
Ka	HH	10	70	−94.900	99.0	0.694	30.0	1.342	−1.718	7.151	−5.201	0.778
	HV											
	VV	10	70	−84.761	99.0	0.797	−30.0	1.597	1.101	3.174	0.001	−0.095
W	HH	数据不足										
	HV											
	VV											

7.7 海 杂 波

由于风浪的影响和海面状况、海水介电常数、海水温度等诸多不确定性,海面的散射问题也比较复杂,其后向散射系数 σ° 与擦地角、波长、风向等诸多因素有关。

7.7.1 海面后向散射系数随擦地角及条件的变化

海面的后向散射系数 σ° 与入射角(或擦地角)的关系同地杂波的情况相似,也可以大致分为近掠入射区、平直区、近垂直入射区三个区。

在擦地角很小时(在近掠入射区),σ° 是随波长的增大(频率降低)而递减的,一般认为 σ° 随 λ^{-1} 变化,有时实验数据还表明 σ° 的变化速度甚至能达到与 λ^{-4} 成比例。

在平直区和近垂直入射区,σ° 随波长的变化又有所不同。图 7-26(a) 和图 7-26(b) 给出了一组 P、X 波段的典型测量数据统计结果。从图中可以看出:

(1) 对于 VV 极化,在 5°～90° 擦地角范围内,σ° 随频率的变化是不明显的;

(2) 对于 HH 极化,在擦地角不是很大时,如 5°～50° 的范围内,频率越高(波长越短),σ°_{HH} 越大,表现为 X 波段数值大于 P 波段数值;当擦地角大于 50° 时,X 波段数值与 P 波段数值则相差不大,即大擦地角下,σ°_{HH} 也表现出与频率的大致无关性。

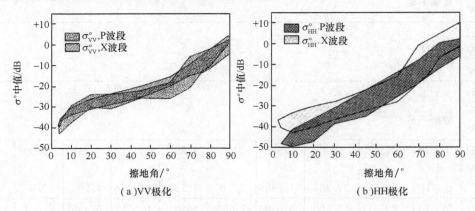

(a) VV极化　　　　　　　　　(b) HH极化

图 7-26　不同频率下的 σ°

需要指出,在各种文献研究 σ° 随频率的变化时,不同研究人员通过不同的测量试验得到的结果也不尽相同,这是因为 σ° 会受其他诸多环境因素的影响,而那些环境因素又具有很大的随机性。

7.7.2 海面后向散射系数的极化特性

对于不同的雷达波长和不同的海况条件,海面的后向散射系数 σ° 与极化方式的关系也不尽相同。普遍的观点如下。

在平直区:(1)对于平静的海面,VV 极化的 σ° 要强于 HH 极化,大致强 20dB;(2)对于波动较大的海面,VV 极化和 HH 极化的 σ° 值相差不大;(3)在海面波动很大时,HH 极化的 σ° 也有可能比 VV 极化的大;(4)一般地,在平直区,σ_{VV} 与 σ_{HH} 的比值会随波长的增大而增大。

在近垂直入射区:HH 极化和 VV 极化下的后向散射系数差别不大,而且随雷达波段、波浪的大小的变化一般也不是很大。

7.7.3 海面后向散射系数与风速及风向的关系

海面的 σ° 随风速的变化特性主要体现在:(1)在擦地角较小时,有风的海面比无风的海面的后向散射系数 σ° 要大,但在风速大于 20 海里/小时后,σ° 的变化不再明显;(2)在近垂直入射时,在高频波段,σ° 随风速的增加而略有减小;在低频波段,σ° 随风速无明显变化。

海面的后向散射系数 σ° 和风向的关系也很大。一般认为迎风时的散射最强,顺风时稍弱,侧风时的散射最弱,如图 7-27 所示。

图 7-28 通过一组理论计算结果更详细地示出了 σ° 与方位角的关系。图中的横坐标 φ 为方位角,定义雷达波束迎风时 $\varphi=0°$,顺风时 $\varphi=180°$,正侧风时 $\varphi=90°$。从图中还可以看出 σ° 随风速和极化变化的特点。

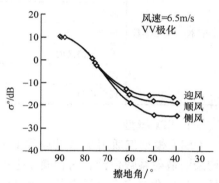

图 7-27　海面后向散射系数 σ° 和风向的关系

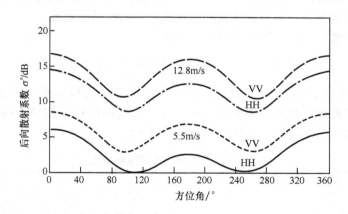

图 7-28　海杂波 σ° 随方位角的变化

7.7.4 海面后向散射系数半经验模型

常见的用于海面后向散射系数计算的半经验模型有 SIT 模型、GIT 模型、TSC 模型和

HYB 模型等,这 4 种模型考虑了入射角、海况、风向角、雷达波长和极化等参量,具有一定的实用性。表 7-12 所示为 4 种半经验模型的比较[18]。

表 7-12 SIT、GIT、TSC 及 HYB 4 种半经验模型的比较

模型 参数		SIT	GIT	TSC	HYB
载频范围,GHz		9.3, 17	1～100	0.5～35	0.5～35
极化方式		HH, VV	HH, VV	HH, VV	HH, VV
环境参数	平均波浪高度(m)	否	0～4	Douglas 海况(0～5)	Douglas 海况 (0～5)
	风速(节,knot,1knot=1.852km/h)	<40	3～30		
几何参数	擦地角(°)	0.2～10	0.1～10	0～90	0～30
	风向视角(°)	0, 90	0～180	0～180	0～180
所需输入模型参数	雷达波长	是	是	是	是
	极化	是	是	是	是
	海况	否	否	是	是
	风速	是	是	否	否
	平均波浪高度	否	是	否	否
	擦地角	是	是	是	是
	风向视角	是	是	是	是

1. SIT 模型

SIT 模型仅适用于 X 波段和 Ku 波段、擦地角范围为 0.2°～10°及逆风与侧风条件下的平均杂波散射系数估计。这种模型把平均杂波散射系数作为风速、擦地角及极化方式的函数,并且认为海杂波完全由风引起的毛细波浪产生。因此,它认为采用风速参数比使用海况参数进行估计更可靠,尤其是在风速很小的情况下。具体原因是仅在风已经在海面上稳定了几小时,即完全发育好的海面上时,风速才与海况有关。当风停止吹动时,波浪高度仍然保持一定时间,而风所产生的毛细波浪却瞬间消失。因此在风速已经减小而波浪高度保持不变的情况下,利用海况来预测平均杂波散射系数要比利用风速来预测时的值更低。

SIT 模型后向散射系数计算的数学表达式为[12]

$$\sigma°(\text{dB}) = \alpha + \beta\log\frac{\psi}{\psi_0} + \left(\delta\log\frac{\psi}{\psi_0} + \gamma\right)\log\frac{U}{U_0} \tag{7-40}$$

式中,ψ 和 U 分别为雷达擦地角和风速;ψ_0 和 U_0 为参考擦地角和风速;$\alpha、\beta、\gamma、\delta$ 为从实测数据导出的常数。SIT 模型 X 波段各参数列于表 7-13 中。表中 HH 和 VV 分别表示水平极化和垂直极化,U/D 表示逆风和顺风方向,X 表示侧风方向。

表 7-13 SIT 模型 X 波段各参数

风 向	极 化	$\psi_0(°)$	U_0(节,knot)	α(dB)	β(dB)	γ(dB)	δ(dB)
U/D	HH	0.5	10	−50	12.6	34	−13.2
X				−53	6.5	34	0
U/D	VV			−49	17	30	−12.4
X				−58	19	50	−33

2. GIT 模型

GIT 模型适用于 $1\sim100\mathrm{GHz}$ 载频、擦地角范围为 $0.1°\sim10°$ 及全方位风向视角条件下的平均杂波散射系数估计，该模型把平均杂波散射系数作为擦地角、风速、平均波浪高度、风向视角、波长及极化方式的函数。GIT 模型[20]的一个重要特征是使用了波浪高度和风速参数来综合描述海面，该模型认为海杂波是多路径干扰因子、风向因子和风速因子三个因子作用的结果。其中多径干扰因子是由高斯分布波浪高度经过理论推导得出的，其余两个因子则由测量数据用经验公式拟合而得出。

GIT 模型 HH 极化和 VV 极化的后向散射系数分别由下式计算

$$\sigma°_{HH}(\mathrm{dB})=\begin{cases}10\cdot\lg(c_1\lambda\psi^{c_2}A_mA_wA_u),& f\leqslant10\mathrm{GHz}\\10\cdot\lg(c_3\psi^{c_4}A_mA_wA_u),& f>10\mathrm{GHz}\end{cases}\tag{7-41}$$

$$\sigma°_{VV}(\mathrm{dB})=\sigma°_{HH}-z_1\ln(h_{wave}+z_2)+z_3\ln(\psi+z_4)+z_5\ln(\lambda)+z_6\tag{7-42}$$

式中，$c_i(i=1,2,3,4)$ 和 $z_i(i=1,2,\cdots,6)$ 是根据经验得到的常数，列于表 7-14 中；ψ 为雷达擦地角；A_m、A_w 和 A_u 分别为多路径因子、风速因子和风向因子。

表 7-14　GIT 模型的常数

频率范围	c_1	c_2	c_3	c_4	z_1	z_2	z_3	z_4	z_5	z_6
$1\sim3\mathrm{GHz}$	3.9×10^{-6}	0.4			1.73	0.015	2.46	0.0001	3.76	22.2
$3\sim10\mathrm{GHz}$					1.05	0.015	1.27	0.0001	1.09	9.70
$10\sim100\mathrm{GHz}$			5.78×10^{-6}	0.547	1.38	0	1.31	0	3.43	18.55

(1) 多路径因子

$$A_m=\frac{r^4}{1+r^4}\tag{7-43}$$

$$r=(14.4\lambda+5.5)\frac{\psi\cdot h_{wave}}{\lambda}\tag{7-44}$$

式中，h_{wave} 为平均浪高(m)。

(2) 风向因子

$$A_u=\exp[u_1\cos\psi(1-2.8\psi)(\lambda+u_2)^{u_3}]\tag{7-45}$$

对于 $1\sim10\mathrm{GHz}$ 频段，$u_1=0.2$，$u_2=0.02$，$u_3=-0.4$；对于 $10\sim100\mathrm{GHz}$ 频段，$u_1=0.25$，$u_2=0$，$u_3=-0.33$。

(3) 风速因子

$$A_w=1.94U\Big/\left(1+\frac{U}{15}\right)^q\tag{7-46}$$

$$q=\begin{cases}1.1(\lambda+0.02)^{-0.4},& 1\mathrm{GHz}\leqslant f\leqslant10\mathrm{GHz}\\1.93\lambda-0.04,& 10\mathrm{GHz}<f\leqslant100\mathrm{GHz}\end{cases}\tag{7-47}$$

对于充分发展的海浪，此处风速 U 一般可取

$$U=8.67h_{wave}^{0.4}\tag{7-48}$$

当风速与浪高之间关系有所不同时，则输入实际风速值。

注意，上述计算公式中 $\lg(\cdot)$ 为以 10 为底的对数函数，而 $\ln(\cdot)$ 为自然对数函数。

3. TSC 模型

TSC 模型[21]适用于 $0.5\sim35\mathrm{GHz}$ 载频、擦地角范围为 $0.1°\sim90°$ 及全方位风向视角条件下的平均杂波散射系数估计。与前两种模型不同的是，该模型采用 Douglas 海况参数来描述

海面。TSC 模型在函数形式上与 GIT 模型相似,而且性能也比较接近,可以利用 Douglas 海况参数来计算波浪高度和风速参数,但不能独立输入波浪高度和风速这两个参数。该模型不像 GIT 模型那样平均散射系数随着距离的增加(擦地角的减小)而迅速衰落,原因是在模型推导时对实测数据进行了修正,同时把实测数据视为全方位视角回波值的平均量,即把它近似视为横向视角回波值。

TSC 模型的输入是雷达频率(或波长)、极化方式(HH 或 VV)、道格拉斯(Douglas)海况等级、擦地角和风向角,而风速和浪高是海况的函数,并不作为独立的变量输入。表 7-15 所示为 Douglas 海况等级划分。注意,此划分与国际标准海况等级的划分存在较大的差异,实际应用中不应将两者混淆。

表 7-15　Douglas 海况等级划分

海况等级	等　级	浪高(m)	风速(节,knot)
1	微浪	0~0.30	0~6
2	轻浪	0.30~0.91	6~12
3	中浪	0.91~1.52	12~15
4	大浪	1.52~2.44	15~20
5	巨浪	2.44~3.66	20~25
6	狂浪	3.66~5.10	25~30(大风)
7	狂涛	5.10~12.2	30~50
8	怒涛	12.20	>50(狂风)

在 TSC 模型中,后向散射系数 $\sigma°$ 与擦地角因子、风速因子和风向因子三个因子有关。下面给出具体的模型公式。$\sigma°$ 可由下面公式计算。

HH 极化:

$$\sigma°_{HH}(dB)=10 \cdot \lg[1.7\times10^{-5}\psi^{0.5}G_uG_WG_A/(\lambda+0.05)^{1.8}] \tag{7-49}$$

VV 极化:

$$\sigma°_{VV}(dB)=\begin{cases} \sigma°_{HH}(dB)-1.73\ln(2.507\sigma_z+0.05)+3.76\ln\lambda+ \\ 2.46\ln(\sin\psi+0.0001)+19.8, \qquad\qquad f<2GHz \\ \sigma°_{HH}(dB)-1.05\ln(2.507\sigma_z+0.05)+1.09\ln\lambda+ \\ 1.27\ln(\sin\psi+0.0001)+9.65, \qquad\qquad f\geqslant2GHz \end{cases} \tag{7-50}$$

(1) 擦地角因子

$$G_A=\sigma_a^{1.5}/(1+\sigma_a^{1.5}) \tag{7-51}$$

$$\sigma_a=14.9\psi(\sigma_z+0.25)/\lambda \tag{7-52}$$

$$\sigma_z=0.115S^{1.95} \tag{7-53}$$

式中,λ 是雷达波长(m);ψ 是擦地角(弧度);S 是海况等级;σ_z 是海面高度的标准差。

(2) 风速因子

$$G_W=[(U+4.0)/15]^A \tag{7-54}$$

$$U=6.2S^{0.8} \tag{7-55}$$

$$A=2.63A_1/(A_2A_3A_4) \tag{7-56}$$

$$A_1=[1+(\lambda/0.03)^3]^{0.1} \tag{7-57}$$

$$A_2=[1+(\lambda/0.1)^3]^{0.1} \tag{7-58}$$

$$A_3 = [1 + (\lambda/0.3)^3]^{Q/3} \tag{7-59}$$

$$A_4 = 1 + 0.35Q \tag{7-60}$$

$$Q = \psi^{0.6} \tag{7-61}$$

（3）风向因子

在原始的 TSC 模型中,给出的风向因子为

$$G_u = \begin{cases} 1, & \phi = \pi/2 \\ \exp\left[\dfrac{0.3\cos\phi\exp(-\psi/0.17)}{(\lambda^2 + 0.005)^{0.2}}\right], & \text{其他} \end{cases} \tag{7-62}$$

式中,ϕ 是雷达视线与逆风方向的夹角(弧度)。

研究表明,该模型是存在缺陷的。它的最低值出现在顺风方向,而实测数据的最小值应该出现在侧风方向。为了修正这一缺陷,多数人把式中的 $\cos\phi$ 取为绝对值,其结果 σ° 最小值将出现在侧风方向,但逆风和顺风的区别却又被消除了。经过进一步研究我们建议,在原公式中乘以因子 $[1 - B\sin^2(\phi)]$ 来对原模型进行修正,即

$$G_u = \begin{cases} 1 - B\sin^2(\phi), & \phi = \pi/2 \\ [1 - B\sin^2(\phi)] \cdot \exp\left[\dfrac{0.3\cos\phi \cdot \exp(-\psi/0.17)}{(\lambda^2 + 0.005)^{0.2}}\right], & \text{其他} \end{cases} \tag{7-63}$$

式中,B 可随着实测数据进行调整,一般大于 0.25 即可。

注意到上述结果尚未包含镜面反射分量,需要在最终结果中计入该分量

$$\sigma^\circ_{\text{specular}}(\text{dB}) = 10 \cdot \lg\left\{\mu\cot^2(\beta\pi/180)\exp\left[-\frac{\tan^2(\theta)}{\tan^2(15^\circ)}\right]\right\} \tag{7-64}$$

$$\mu = 10^{\frac{-5 + 12.5\lg\left(\frac{\lambda}{0.5}\right)}{10}} \tag{7-65}$$

$$\beta = \begin{cases} 10.1 + 1.65S, & S \leqslant 2 \\ 13.4 + 0.7S, & \text{其他} \end{cases} \tag{7-66}$$

式中,λ 是雷达波长,单位为 m;β 的单位是度($^\circ$)。

这样,TSC 海杂波模型最终的散射系数计算公式为

$$\sigma^\circ_{\text{HH,VV}}(\text{dB}) = \begin{cases} \sigma^\circ_{\text{HH}}(\text{dB}) + \sigma^\circ_{\text{specular}}(\text{dB}), & \text{HH 极化} \\ \sigma^\circ_{\text{VV}}(\text{dB}) + \sigma^\circ_{\text{specular}}(\text{dB}), & \text{VV 极化} \end{cases} \tag{7-67}$$

4. HYB 模型

HYB 模型同样适用于 $0.5 \sim 35\text{GHz}$ 载频、全方位风向视角条件下的平均杂波散射系数估计,但 HYB 模型适用的擦地角范围为 $0.1^\circ \sim 30^\circ$。它也是利用 Douglas 海况参数来描述海面的。这种模型也是把实测数据视为全方位视角回波值的平均,即把它近似视为横向视角回波值,而且在推导模型时对实测数据也进行了修正。同时在该模型中引入了在海况为 5、擦地角为 0.1°、垂直极化及逆风视角情况下的参考散射系数来计算其他任意情况下的实际散射系数。模型中对于临界角的定义及对于极化方式的修正均来源于参考文献[20]中 GIT 模型的论述。

HYB 模型的后向散射系数计算式为

$$\sigma^\circ(\text{dB}) = \sigma^\circ_{\text{ref}} + K_g + K_s + K_p + K_d \tag{7-68}$$

式中,$\sigma^\circ_{\text{ref}}$ 为 5 级海况、擦地角为 0.1°、VV 极化和逆风条件下的参考散射系数;K_g、K_s、K_p 和 K_d 分别为擦地角因子、海况因子、极化因子和风向因子。

(1) 擦地角因子

参考擦地角 $\psi_r = 0.1°$。临界角 ψ_t 为

$$\psi_t = \arcsin\left(\frac{0.0632\lambda}{\sigma_h}\right) \tag{7-69}$$

式中，$\sigma_h = 0.031S^2$ 为浪高的均方根值(m)。

若 $\psi_t \geqslant \psi_r$，则

$$K_g = \begin{cases} 0, & \psi < \psi_r \\ 20 \cdot \lg\left(\frac{\psi}{\psi_r}\right), & \psi_r \leqslant \psi \leqslant \psi_t \\ 20 \cdot \lg\left(\frac{\psi_t}{\psi_r}\right) + 10 \cdot \lg\left(\frac{\psi}{\psi_t}\right), & \psi_t < \psi < 30° \end{cases} \tag{7-70}$$

若 $\psi_t < \psi_r$，则

$$K_g = \begin{cases} 0, & \psi \leqslant \psi_r \\ 10 \cdot \lg\left(\frac{\psi}{\psi_r}\right), & \psi > \psi_r \end{cases} \tag{7-71}$$

(2) 海况因子

$$K_s = 5(S-5) \tag{7-72}$$

(3) 极化因子

对于 VV 极化，$K_p = 0$；对于 HH 极化，

$$K_p = \begin{cases} 1.7\ln(h_{av}+0.015) - 3.8\ln(\lambda) - 2.5\ln(\psi/57.3+0.0001) - 22.2, & f < 3\text{GHz} \\ 1.1\ln(h_{av}+0.015) - 1.1\ln(\lambda) - 1.3\ln(\psi/57.3+0.0001) - 9.7, & 3\text{GHz} \leqslant f \leqslant 10\text{GHz} \\ 1.4\ln(h_{av}) - 1.3\ln(\psi/57.3) - 3.4\ln(\lambda) - 18.6, & f > 10\text{GHz} \end{cases} \tag{7-73}$$

式中，$h_{av} = 0.08S^2$ 表示平均波高(m)。

(4) 风向因子

$$K_d = [2 + 1.7 \cdot \lg(0.1/\lambda)](\cos\varphi - 1) \tag{7-74}$$

式中，$\varphi = 0$ 表示逆风。

上述 4 种半经验模型的共同特点是：

(1) 平均杂波散射系数随海况、载频及擦地角的增大而增大；

(2) 在低擦地角的情况下，模型对擦地角依赖性大；

(3) 当视角偏离逆风方向时，平均杂波散射系数减小；

(4) 垂直极化值一般比水平极化值大。

必须注意：作为半经验模型，上述 4 种海杂波模型均是基于单次或多次测量而拟合出来的，当其与其他实测数据做比较时，缺陷也是很明显的。因此，这类模型仅适用于精度要求不高的一般性仿真，不应该直接用做实际雷达系统的性能评估模型。

作为例子，图 7-29 给出了 X 波段 4 种平均杂波散射系数估计模型的比较，其中图 7-29(a) 为垂直极化，图 7-29(b) 为水平极化。仿真条件为：载频 9.3GHz，二级海况(风速约为 5.4m/s)，逆风方向，雷达擦地角为 4 种模型各自的适用范围。由图可以看出，平均杂波散射系数随着擦地角的增大而增大，垂直极化比水平极化略高，而且 SIT 和 GIT 模型给出的值要低于 TSC 和 HYB 模型给出的值。在擦地角小于 1°的情况下，GIT 模型估计值下降得较快，近似与擦地角的四次方成正比，其他三种模型的估计值下降得较慢，近似与擦地角的二次方成正比。

在较高的擦地角和较高的海况情况下,此4种模型符合得较好。造成这种情况的主要原因是开发这些模型所使用的数据源不同。具体包括两个方面:一是在获取 TSC 和 HYB 模型的数据测量中使用的是低功率雷达,因此仅那些具有高杂噪比的杂波才提供了有效数据;另一个是在于 GIT 模型考虑了低擦地角情况下的多路径效应,而其他三种模型对实测数据进行了修正,这意味着如果不考虑传播因子的影响,GIT 模型与其他模型的结果也会是一致的。

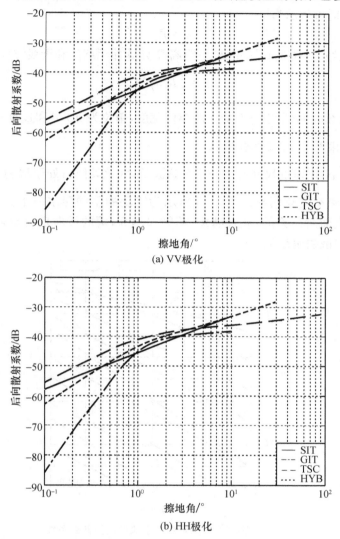

图 7-29 X波段4种平均杂波散射系数估计模型的比较(二级海况,风速约为 5.4m/s)

7.8 体散射杂波

此处所讨论的体散射主要指空间的雨、雪、雾等对雷达波的吸收和散射。其中关于雨或雪对雷达波的吸收已经在 7.1.2 节中介绍过。

雨滴的后向散射特性跟发射频率、极化、雨滴的数量和雨滴的大小有关。因为雨滴近似为球体,所以根据雨滴直径 D 和波长 λ 的比值便可能会有三种散射状态: D/λ 很小的瑞利区、

$D/\lambda \approx 1$ 的谐振区和 D/λ 比值很大的光学区。

雨滴的散射同金属球散射的情况十分相似:(1)在瑞利区,随着频率的增大,雨滴的后向散射将急剧增加;(2)在谐振区,频率的微小变化便会导致其后向散射变化很大;(3)在光学区,雨滴的后向散射同频率的关系不密切,只跟雨滴的大小有关;(4)此外,注意到此处讨论的是雨滴的体散射,显然,降雨率越大,其后向散射越强。

雨滴的后向散射可表示为

$$\sigma = \eta V \tag{7-75}$$

式中,η 为体散射系数,单位是 m^2/m^3;V 是距离 R 处脉冲距离门和天线波束共同构成的体积

$$V = \frac{\pi}{4} R^2 \theta \varphi \frac{c\tau}{2} \tag{7-76}$$

式中,τ 为距离门持续时间(所以 $\frac{c\tau}{2}$ 对应于距离门宽度,单位为 m),θ 和 φ 分别表示雷达天线在方位和俯仰向的波束宽度(单位为弧度)。

在大多数情况下,雨滴的尺寸都远小于雷达波长,因此其散射处于瑞利区,此时 $\eta \sim \frac{1}{\lambda^4}$,故雨滴的后向散射随频率变化明显。图 7-30 所示为实测的不同降水率下典型的体散射系数。从图中可见,正如上面所讨论的,波长越短,即频率越高,雨的后向散射越强。从图还可以看出,降雨率越大后向散射也越强。

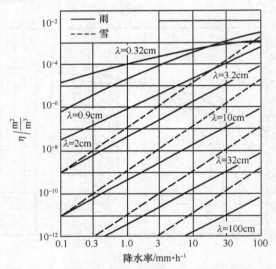

图 7-30　实测的不同降水率下典型的体散射系数

7.9　地、海杂波统计模型

同目标 RCS 的统计模型一样,地、海杂波的起伏特性也可通过统计概率分布来建模。本节讨论应用于地、海杂波的几种典型的统计模型[22],主要包括瑞利(Rayleigh)分布模型、韦布尔(Weibull)分布模型、对数—正态分布模型与复合 K 分布模型。

7.9.1　瑞利分布模型

瑞利分布模型是一个单参数的统计模型,其概率密度函数(PDF)可以表示为

$$p_R(x) = \frac{2x}{w^2} \exp\left[-\left(\frac{x}{w} \right)^2 \right] \tag{7-77}$$

式中，单参数 w 决定了瑞利分布的形状，w 在取不同值时瑞利分布的概率密度函数曲线如图 7-31 所示，w 越小，PDF 曲线越尖锐。

瑞利分布的累积分布函数（CDF）可以表示为

$$F_R(x) = 1 - \exp\left[-\left(\frac{x}{w} \right)^2 \right] \tag{7-78}$$

采用最大似然（ML）法，w 的估计值为

$$\hat{w} = \frac{1}{n} \sum_{i=1}^{n} x_i^2 \tag{7-79}$$

式中，n 为总的观测样本数，x_i 是杂波的幅度样本。

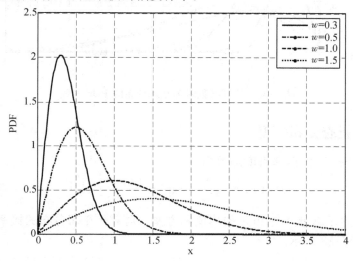

图 7-31　不同参数时瑞利分布的 PDF 曲线

7.9.2　韦布尔分布模型

韦布尔分布[23]含有两个参数，事实上，瑞利分布是它的一个特例。韦布尔分布的概率密度函数可以表示为

$$p_W(x) = \frac{r}{\omega} \left(\frac{x}{\omega} \right)^{r-1} \exp\left[-\left(\frac{x}{\omega} \right)^r \right] \tag{7-80}$$

式中，r 和 ω 分别为韦布尔分布的形状参数和尺度参数。当 $r=2$ 时，韦布尔分布退化为瑞利分布；r 越小，分布曲线越尖锐。r 和 ω 两个参数确定了韦布尔分布的形状。图 7-32 所示为不同参数时韦布尔分布的 PDF 曲线。

韦布尔分布的累积分布函数可以表示为

$$F_W(x) = 1 - \exp\left[-\left(\frac{x}{\omega} \right)^r \right] \tag{7-81}$$

采用最大似然法估计韦布尔分布的参数，可得

$$\hat{r} = \left\{ \frac{6}{\pi^2} \frac{n}{n-1} \left[\frac{1}{n} \sum_{i=1}^{n} (\ln x_i)^2 - \left(\frac{1}{n} \sum_{i=1}^{n} \ln x_i \right)^2 \right] \right\}^{-\frac{1}{2}} \tag{7-82}$$

$$\hat{\omega} = \exp\left[\frac{1}{n}\sum_{i=1}^{n}\ln x_i + 0.5772\hat{r}^{-1}\right] \tag{7-83}$$

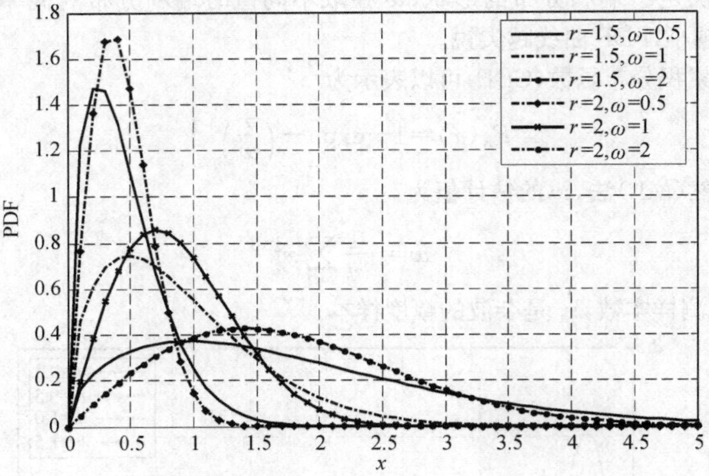

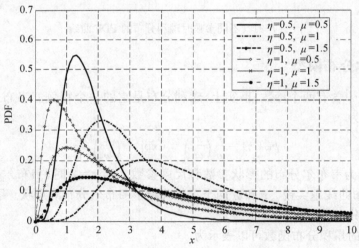

图 7-32　不同参数时韦布尔分布的 PDF 曲线

7.9.3　对数－正态分布模型

对数－正态分布[24]的概率密度函数为

$$p_{\mathrm{LN}}(x) = \frac{1}{\sqrt{2\pi}\eta x}\exp\left\{-\frac{[\ln x - \mu]^2}{2\eta^2}\right\} \tag{7-84}$$

式中，μ 和 η^2 分别为正态分布的 $\ln x$ 的均值和方差。对数－正态分布的概率密度曲线由这两个参数决定，如图 7-33 所示。

图 7-33　不同参数的对数－正态分布的 PDF 曲线

对数－正态分布的累积分布函数为

$$F_{\mathrm{LN}}(x) = \Phi\{[\ln x - \mu]/\eta\} \tag{7-85}$$

式中，

$$\Phi(x) = \int_{-\infty}^{x} \frac{1}{\sqrt{2\pi}} \exp\left(-\frac{t^2}{2}\right) dt \tag{7-86}$$

同样,采用最大似然法来估计对数—正态分布的参数,有

$$\hat{\mu} = \frac{1}{n} \sum_{i=1}^{n} \ln(x_i) \tag{7-87}$$

$$\hat{\eta}^2 = \frac{1}{(n-1)} \sum_{i=1}^{n} \left[\ln(x_i) - \hat{\mu}\right]^2 \tag{7-88}$$

7.9.4　复合 K 分布模型

复合 K 分布[25]适用于描述高分辨率雷达的非均匀杂波,多用于对海杂波描述,是目前能较好地反映雷达杂波特性的概率模型之一。复合 K 分布由慢变化量和快变化量两个分量构成,符合该分布的杂波幅度可以表示为这两个相互独立的随机变量的乘积

$$X = \sqrt{X_G} \cdot X_R \tag{7-89}$$

式中,慢变化量 X_G 是符合伽马(Gamma)分布的调制分量,则 $Y = \sqrt{X_G}$ 服从广义 χ 分布,其概率密度函数可以表示为

$$p(y) = \frac{2c^{2v} y^{2v-1}}{\Gamma(v)} \exp(-c^2 y^2) \tag{7-90}$$

$\Gamma(v)$ 是伽马函数,v 和 c 分别为其形状参数和尺度参数。快变化量 X_R 服从瑞利分布

$$p(x|y) = \frac{x\pi}{2y^2} \exp\left(-\frac{x^2\pi}{4y^2}\right) \tag{7-91}$$

因此,复合 K 分布的海杂波的幅度可以表示为

$$p_K(x) = \int_0^{+\infty} p(x|y) p(y) dy = \frac{2c}{\Gamma(v)} \left(\frac{cx}{2}\right)^v K_{v-1}(cx) \tag{7-92}$$

式中,$K_{v-1}(\cdot)$ 为第二类修正的贝塞尔函数。形状参数 v 决定了 K 分布的尖锐程度,其值越小(一般认为 $v > 0.1$),曲线越尖锐;$v \to +\infty$ 时则趋向于瑞利分布。c 是一个正的常数,表征了回波信号的功率特性:c 越小,回波信号的功率越大。K 分布的概率密度曲线可以完全由形状参数和尺度参数来表征,如图 7-34 所示。

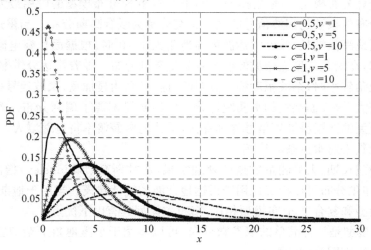

图 7-34　不同参数的 K 分布的 PDF 曲线

K 分布的累积分布函数可以表示为

$$F_{K}(x) = 1 - \frac{2}{\Gamma(v)} \left(\frac{cx}{2} \right)^v K_v(cx) \tag{7-93}$$

由于复合 K 分布的最大似然法的解析解不易求出,不同的文献中给出了多种其他的 K 分布参数估计方法,大致可以分为三类[22]:第一类基于最大似然估计,该类方法估计精度高,但是由于不能得到最大似然估计的解析表达式,只能通过搜索或最优化方法求解,计算量大;第二类是矩估计方法,计算量相对较小,但要求原始数据量较大;第三类是混合估计方法,包括将矩估计与最大似然估计相结合的方法,以及将矩估计与神经网络相结合的方法等。下面介绍由瓦茨(Watts)提出的二/四阶样本矩方法[26]。

设海杂波的样本数为 n,其 r 阶原点矩可以表示为

$$m_r = \frac{1}{n} \sum_{i=1}^{n} x_i^r \tag{7-94}$$

式中,$x_i(i=1,2,\cdots,n)$ 为雷达杂波幅度。可以采用下面的表达式来估计 K 分布的形状参数和尺度参数

$$\hat{v} = \left(\frac{m_4}{2m_2^2} - 1 \right)^{-1} \tag{7-95}$$

$$\hat{c} = 2\sqrt{\frac{\hat{v}}{m_2}} \tag{7-96}$$

当海杂波序列的样本数较大时,采用二/四阶样本矩方法可简单、有效地估计出 K 分布的参数;但如果样本较少,采用矩估计方法的误差就会偏大。

7.9.5　统计模型的应用

在早期的地、海杂波测量中,雷达的距离分辨率较低,单个分辨单元内的散射点个数很多,根据中心极限定理,可认为杂波幅度服从瑞利分布。当雷达的距离分辨率增大或擦地角减小时,杂波的统计分布曲线将出现长拖尾现象,其统计分布呈现出明显的非高斯特性。为了更好地描述这种 PDF 具有长拖尾现象的海杂波的统计分布特性,先后建立了对数-正态、韦布尔、K 分布等多种统计分布模型。在实际应用中,韦布尔和 K 分布模型的应用最为广泛。

具有瑞利分布的杂波的回波信号的两个正交分量为联合高斯分布。当雷达分辨单元远大于地物起伏尺度或海浪波长,或者雷达波束擦地角大于 10°时,根据面目标电磁散射机理和中心极限定理可知,在宏观尺度上杂波幅度大致满足瑞利分布。随着雷达分辨率的提高,或者是当雷达波束擦地角较小时,杂波幅度统计分布的"拖尾"会明显加重,杂波信号标准偏差与均值的比值也随之增大,该表面杂波的真实统计分布已经明显偏离了瑞利分布。若此时仍然采用基于瑞利分布模型的匹配滤波等信号处理算法,雷达的虚警概率将显著增大。因此,须采用非高斯概率分布函数来对雷达杂波建模。

基于对地杂波长期、大量测量数据的处理结果,比林斯勒(Billingsley)指出[13],对于小擦地角条件下,韦布尔分布可以很好地用于雷达地杂波的统计建模。当用于地杂波建模时,与对数-正态分布模型和复合 K 分布模型相比,韦布尔模型具有以下优点。

(1)韦布尔模型是一种简单的双参数分布,可以适用于小擦地角下杂波空间幅度统计中常常发生的统计直方图拖尾情况。

(2)在多数情况下(尽管存在例外),韦布尔分布模型可以比对数-正态分布模型、K 分布

模型更好地拟合测量数据的统计直方图。

（3）与对数－正态分布模型和 K 分布模型相比，韦布尔分布模型的解析表达式更加简单和易于处理。

（4）当杂波功率符合形状参数为 r 的韦布尔分布时，若转换成杂波电压量统计，则其仍然满足形状参数为 $r/2$ 的韦布尔分布。

（5）随着形状参数的减小，韦布尔分布的概率密度拖尾也随之减小，并在 $r=2$ 时退化为瑞利分布（此时，功率统计为指数分布，电压统计为瑞利分布）。这种变化特性与雷达观测中增大擦地角和分辨单元尺寸时，概率密度拖尾变小且在大擦地角时均匀的杂波符合瑞利分布的现象相一致。

另一方面，复合 K 分布对于海面的物理散射机理具有很好的解释，并可以严格地从数学上推导得到，同时与试验测量数据也吻合得很好。它不仅描述了杂波的幅度统计分布特性，还有效地表征了杂波的相关特性。此外，K 分布的一个最大优点是能够利用球不变随机过程来很容易地独立处理时域和空域相关特性，这种时域和空域二维相关特性对于现代雷达中的空－时自适应信号处理（STAP）等至关重要，因此受到了普遍的重视，并在海杂波的统计建模中得到广泛应用。

应该指出，当雷达擦地角进一步减小时，海面的宽带散射回波信号中可能出现尖峰现象。此时，在互补累积密度函数（Cumulative Density Function，CDF），即 1-CDF 较小时，韦布尔分布和 K 分布均与实际海杂波的概率密度分布出现偏离。为此，人们在 K 分布的基础上，又提出了 KK 分布[27]和 KA 分布[28]，这两者将海尖峰加入到了模型中，以很好地描述具有尖峰现象的海杂波统计分布曲线。但 KK 分布和 KA 分布的模型数学形式复杂，实际应用中多有不便。近年来派瑞托（Pareto）分布[29]逐渐被广泛地应用于海杂波统计分布特性描述中，它相较于 K 分布有更长的拖尾，与实际海杂波的统计分布曲线吻合得更好。派瑞托分布不仅能够同时很好地描述大、小擦地角下的海杂波统计分布特性，而且其不需要引入额外的分量，数学形式简单，在海杂波统计分布特性描述和建模中具有优势。

7.10　杂波的内部调制谱

前几节对于杂波的讨论主要集中在静态杂波或只考虑了杂波强度随风速等的起伏，没有考虑由于风速等原因造成像树林、海面一类环境的自身运动产生的内部调制的频谱特性，这种杂波频谱的展宽对于动目标指示（MTI）雷达的杂波改善因子具有极其重要的影响。用于描述杂波的这种调制谱特性的模型主要有三个，即高斯（Gaussian）谱模型、幂次律（Power-Law）模型和指数律（Exponential）模型。

7.10.1　高斯谱模型

高斯谱模型假设杂波的功率谱密度符合以下高斯函数[8]，即

$$W(f)=W_0 e^{-\frac{f^2}{2\sigma_c^2}}=W_0 e^{-\frac{f^2\lambda^2}{8\sigma_v^2}} \tag{7-97}$$

式中，W_0 为杂波功率谱密度在 $f=0$ 处的峰值；σ_c 为以 Hz 为单位的杂波谱标准偏差；σ_v 为以 m/s 为单位的杂波谱标准偏差（两者之间差一个因子 $2/\lambda$，即 $\sigma_c=\dfrac{2\sigma_v}{\lambda}$）。

巴顿[9]给出的杂波频谱 σ_v 的取值范围如下。

● 带植被的小山：$0.01\sim0.32$m/s。

● 海杂波:$V/8$,V 是风速(m/s)。

● 雨和箔条云团:$1\sim2$m/s。

纳斯安松(Nathanson)给出的受风速影响的树林的 σ_v 为[10]

$$\sigma_v(平均)=0.00115V^{1.12} \tag{7-98}$$

$$\sigma_v(90\%)=0.021V^{1.10} \tag{7-99}$$

式中,V 为风速(m/s)。上述 σ_v 的取值在雷达频率 $3\sim24$GHz 和风速 $1\sim25$m/s 范围内适用。

高斯模型是最早提出来的模型,它具有数学上的简洁性。但是,随着雷达灵敏度的提高,人们发现杂波功率谱随着频率的升高,其衰减幅度并不如高斯模型所预测的那样快,在杂波功率谱低于零多普勒峰值 $15\sim20$dB 附近开始,高斯模型就不再精确了。因此,人们提出了幂次律模型。

7.10.2 幂次律模型

该模型由 Fishbein 首先提出,归一化的幂次律功率谱模型为

$$P(f)=\frac{1}{1+(f/f_c)^n} \tag{7-100}$$

式中,f_c 为杂波频谱的特征频率,它定义为杂波谱密度下降到其零多普勒峰值的 $1/2$ 时的频率点,即

$$f_c=k_1\exp(k_2V) \tag{7-101}$$

式中,$k_1=1.33$Hz,$k_2=0.1356$,V 为风速(单位为节,knot,1knot$=1.852$km/h)。在 X 波段,$n=3$。

我国的雷达专家郦能敬先生[12]对上述模型进行了扩展,指出 f_c 随波段的不同而变化,n 则和雷达频率及风速均有关,并根据 L 波段的测量结果总结出当风速从 $0\sim3$m/s 变到 $13\sim15$m/s 时,n 从 3.3 下降到 2.2,f_c 从 0.8 增大到 1.9。

研究表明,当杂波谱密度值进一步下降到低于零频峰值 40dB 左右时,上述模型所预测的杂波谱密度衰减过慢。针对这一问题,MIT 林肯实验室的比林斯勒[13]提出了指数律模型。

7.10.3 指数律模型

指数律模型将杂波功率分成直流和交流两部分,总的功率谱密度是

$$P_{tot}(v)=\frac{r}{r+1}\delta(v)+\frac{1}{r+1}P_{ac}(v) \tag{7-102}$$

式中,v 是多普勒速度(m/s),$-\infty<v<+\infty$;r 为杂波谱中直流功率与交流功率之比;$\delta(v)$ 为狄拉克冲激函数,反映直流分量的谱形;$P_{ac}(v)$ 则反映了交流频谱分量的形状。

注意在上述模型中,使用的是多普勒速度变量 v 而不是频率 f,而且应同时满足 $\int_{-\infty}^{+\infty}P_{ac}(v)\mathrm{d}v=1$,$\int_{-\infty}^{+\infty}\delta(v)\mathrm{d}v=1$ 和 $\int_{-\infty}^{+\infty}P_{tot}(v)\mathrm{d}v=1$。

交流频谱分量由双边指数函数表示

$$P_{av}(v)=\frac{\beta}{2}\exp(-\beta|v|),-\infty<v<+\infty \tag{7-103}$$

式中,β 为指数形状因子,且

$$\beta=\frac{1}{0.105(\lg V+0.476)} \tag{7-104}$$

V 为风速(单位为节)。

直流功率与交流功率的比值 r 与风速 V 及雷达频率 f_0 有关,且为

$$r = 394V^{-1.55}f_0^{-1.21} \tag{7-105}$$

式中,风速 V 的单位为节,频率 f_0 的单位为 GHz。

研究表明,对于受风速影响的植被和树林的杂波谱,由式(7-102)～式(7-105)构成的指数率模型的有效范围可一直到杂波谱交流分量低至零频峰值 60～80dB 的情况。

为了对上述三种杂波频谱解析模型进行对比,图 7-35 给出了利用前面讨论的三种模型对同一杂波交流谱的预测结果[3,13],其中高斯模型的形状参数取 $g = \dfrac{1}{2\sigma_v^2}$。

最后,作为例子,图 7-36 给出了典型的树林杂波谱随风速的变化特性曲线,其测量结果源自林肯实验室的 L 波段杂波测量雷达[13]。

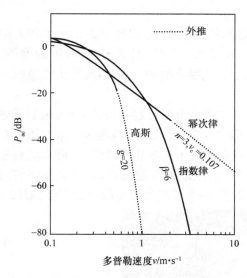

图 7-35 三种杂波频谱解析模型的比较　　图 7-36 树林杂波谱随风速的变化特性曲线

7.11 外 部 噪 声

在雷达和其他通信系统中,噪声和干扰的影响多少有些类似。但是,它们在性质上是不相同的。噪声一般是由一系列随机电压组成的,这些电压的相位或频率是不相关的,有时这些电压是尖峰脉冲。而干扰通常是周期性的和有规则的,尽管也存在随机干扰。仔细观察可发现,噪声电压像脉冲波,有一些很高的峰值,但它们的出现是随机性的,并且是连续不断的。噪声源大致可分为自然噪声和人为噪声两大类。

自然噪声是指宇宙辐射、大气噪声及电子电路噪声。在这里只简要介绍前两者,而电路本身的热噪声已经在第 3 章中讨论过。宇宙噪声主要来源于太阳和银河系辐射源产生的电磁辐射;大气噪声则主要来源于雷电辐射。

7.11.1 大气噪声

大气噪声又称为天电干扰。它主要来源于雷电辐射,它是雷闪放电所辐射的电磁脉冲,其机理较为复杂。简单地说,一次雷闪放电可分为先导放电与主放电两个阶段。先导放电是重复频率为 10～40kHz 的一些短脉冲,其峰值电流约为几百安培,总持续时间约为 1ms,辐射频谱的最大值在 30kHz 左右。接着是主放电,其脉冲峰值电流可高达几万至几十万安培,但持续时间只有 $100 \sim 200\mu s$,辐射频谱的最大值在 5kHz 左右。因此,雷闪放电是一种自然的大功率宽频带无线电脉冲的辐射源,其峰值辐射功率可高达 10^6 MW,频谱为几赫兹至几十兆赫兹,但能量主要集中于低频段。

大气噪声是大量的在不同地方产生的雷电辐射的总结果,通常用单位带宽的噪声电平统计值来表示。它除与频率有关外,还与地区、季节、昼夜时间、太阳内部活动及气象条件等有关。实验研究表明,大气噪声电平一般随着频率的升高而逐渐减低,这是因为频谱密度与频率数值成反比。因此,在较高的雷达频段,大气噪声的影响通常较小。

7.11.2　宇宙噪声

宇宙噪声是指宇宙空间的辐射源所辐射而传到地球的电磁波,它主要是由银河系和太阳发出的。这种噪声具有很宽的频谱,噪声强度与频率成反比。但是,对低于 30MHz 的频段,由于电离层的反射和散射作用,宇宙噪声电平通常低于大气噪声电平。因此,实际上在地面上观察到的宇宙噪声,一般是在 30MHz 以上的噪声。

由于射电天文学的成就,目前对宇宙辐射源在宇宙空间的分布已经查清楚,并且编制了详细的标有等照度线的图表,而且银河系的无线电辐射非常稳定,最大的无线电辐射来自银河系的中心区域,如图 7-37 所示。从图中可见,无论是在亚毫米波还是在甚高频谱段,最大的射频辐射均出自银河系的中心区域。事实上,由于银河系中心区域的温度最高,根据电磁辐射的 Plank 定理,其在任何谱段上的辐射均比周围区域的要强,在微波毫米波频段当然不会例外。

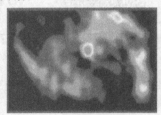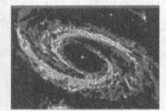

（a）亚毫米波谱段　　　　　　　（b）VHF谱段

图 7-37　银河系的无线电辐射

宇宙噪声随频率的增大而急剧减少。大量实测数据表明:宇宙干扰决定了 $20 \sim 200$MHz 频率区间中的接收条件。一般来说,当频率大于 200MHz 时,接收系统的主要噪声是电路噪声;当频率小于 20MHz 时,宇宙噪声可忽略不计,此时主要应考虑大气噪声。

以上分析没有计及太阳的无线电辐射。太阳是一个等效为 5900K 的辐射体,其产生的射频噪声在平时比较小。然而,当太阳射电(太阳黑子)爆发时,它的噪声干扰就不能忽略,此时宇宙噪声将随着太阳噪声的增大而显著增强。

参考文献[15]对本章相关内容具有更全面详尽的讨论,感兴趣的读者可参考该书的相关章节,此处不再赘述。

第 7 章思考题

1. 试讨论:如果要实现低飞目标的探测,要求雷达具备哪些方面的良好特性?
2. 多径效应使得雷达的探测距离最大可增大多少? 最小可减小多少?

3. 为了计入地球大气对于雷达波传播距离的影响,一般在计算中对地球半径乘以一个不小于 1 的因子 k,且 $k = \dfrac{1}{1 + d \cdot \dfrac{dn}{dh}}$。式中,$d$ 为地球半径;$\dfrac{dn}{dh}$ 表示大气折射率随高度的变化率。

试问:

(a) 当 $\dfrac{dn}{dh}$ 取什么值时,$k \to +\infty$?

(b) $k \to +\infty$ 时的物理意义是什么?

4. 假设地球为圆球形状,若地球半径为 d,天线架设高度为 h,计入大气折射影响因子 k。

(a) 试证明,该雷达的水平线视距为 $R = \sqrt{2kdh}$;

(b) 若地球半径为 6370km,$k = 4/3$,则高度为 3km 的雷达的最大水平线视距是多少?

(c) 在(b)题中,若 $k = 1.8$,则此时雷达的水平线视距增大到多少?

5. 试讨论:如果一部雷达在自由空间的探测距离恰好等于其地平线视距 R,为什么该雷达很有可能会探测不到地平线处的目标?

6. 试推导:RCS 测量地面平面场的条件式(7-29)。

7. 如何理解杂波散射系数 σ° 既可能远小于 1,又可能远大于 1?

参 考 文 献

[1] B. R. Mahafza. Radar Systems Analysis and Design Using Matlab. Chapman & Hall/CRC,2000.

[2] R. J. Sullivan. Microwave Radar:Imaging and Advanced Concepts. Artech House,Norwood,MA,2000.

[3] M. I. Skolnik. Introduction to Radar,3rd edition,McGraw-Hill,2001.

[4] A. R. Miller,R. M. Brown,and E. Vegh. New deriveation for the rough surface reflection coefficient and the distributeon of sea-wave elevations. Proc IEE,Pt. H,Vol. 131,pp. 114-116,1984.

[5] A. R. Miller and E. Vegh. Family of curves for the rough surface reflection coefficient. Proc IEE,Pt. H,Vol. 133,pp. 483-489,1986.

[6] W. S. Ament. Toward a theory of reflection by a rough surface. Proc. IRE,Vol. 41,pp. 142-146,1953.

[7] M. W. Long. Radar Reflectivity of Land and Sea ,3rd Edition. Norwood,MA:Artech House,2001.

[8] F. E. 乌拉比,R. K. 穆尔,冯健超. 黄培康,汪一飞,译. 雷达遥感和目标的散射、辐射理论. 北京:科学出版社,1987.

[9] D. K. Barton. Modern Radar Analysis. Norwood MA:Artech House,1988.

[10] F. E. Nathanson. Radar Design Principles,2nd edition. New York:McGraw-Hill,1991.

[11] W. S. Graveline and O. R. Rittenbach. Clutter attenuation analysis. Reprinted in D. C. Schleder,MTI Radar,Dedham MA:Artech House,1978.

[12] N. J. Li. A study of land cluter spectrum. Proc. 2nd Inter. Symp. on Noise & Clutter Rejection in Radars and Imaging Sensors, 1990.

[13] J. B. Billingsley. Low Angle Radar Land Clutter: Measurements and Empirical Models. William Andrew Publishing, 2002

[14] 王汴梁,等. 电波传播与通信天线. 北京:解放军出版社,1985.

[15] 焦培南,张忠治. 雷达环境与电波传播特性. 北京:电子工业出版社,2007.

[16] C. I. Bread. Coherent and Incoherent Scattering of Microwaves from the Ocean. IRE Transactions on Antennas and Propagation, Vol. 9, 1961, pp. 470-483.

[17] F. T. Ulaby, et. al. Handbook of Radar Scattering Statistics for Terrain. Artech House, 1989.

[18] 许小剑,李晓飞,刁桂杰,姜丹. 时变海面雷达目标散射现象学模型. 北京:国防工业出版社,2013.

[19] I. Antipov. Simulation of sea clutter returns. DSTO Electronic and Surveillance Research Laboratory, ADA352675, 1998.

[20] M. M. Horst, F. B. Dyer and M. T. Tuley. Radar sea clutter model, URSI Digest, Int. IEEE AP/S URSI Symp. , pp. 6-10, 1978.

[21] Technology Service Corporation. Section 5. 6. 1: Backscatter from sea. Radar Workstation, Vol. 2, pp. 177-186, 1990.

[22] 王佳宁. 时变海面宽带电磁散射特性建模及仿真. 北京航空航天大学博士学位论文,2016.

[23] A. Farina, A. Russo, F. Scannapieco, et al. . Theory of radar detection in coherent Weibull clutter, IEE Proc. Pt. F, Vol. 134, No. 2, pp. 174-190, 1987.

[24] E. Conte, G. Galati and M. Longo. Exogenous modeling of non-Gaussian clutter. J. Inst. Electron. Radio Eng. , Vol. 57, No. 4, pp. 191-197, 1987.

[25] L. J. Marier. Correlated K-distributed clutter generation for radar detection and track. IEEE Trans. on Aerospace and Electronic Systems, Vol. 31, No. 4, pp. 568-580, 1995.

[26] S. Watts. Radar detection prediction in sea clutter using the compound K-distribution model. IEE Proc. Communications, Radar and Signal Processing, Vol. 132, No. 7, pp. 613-620, 1985.

[27] D. Middleton. New physical-statistical methods and models for clutter and reverberation: the KA distribution and related probability structures. IEEE J. Oceanic Eng. , Vol. 24, No. 3, pp. 261-284, 1999.

[28] L. Rosenberg, D. J. Crisp and N. J. Stacy. Analysis of the KK-distribution with medium grazing angle sea clutter. IET Radar Sonar Navigation, Vol. 4, No. 2, pp. 209-222, 2010.

[29] M. Farshchian and F. L. Posner. The Pareto distribution for low grazing angle and high resolution X-band sea clutter. Proc. IEEE Int. Radar Conf. , pp. 789-793, 2010.

第8章 雷达尺度参数测量和目标跟踪

雷达是用电磁波对目标进行探测、定位、测轨和识别的一种遥感设备。雷达探测告诉我们目标在哪里及目标有什么特征,这是雷达的目标测量功能。雷达可以随着时间的推移,观测出目标的运动轨迹,同时预测下一个时间目标会出现在什么位置,这是雷达的目标跟踪功能。本章讨论雷达对目标的测距、测速、测角等尺度参数测量及雷达对目标的跟踪。

8.1 雷达测距

8.1.1 目标距离测量

如第3章所指出的,脉冲雷达对于目标距离的测量,是通过测量雷达发射脉冲和目标回波脉冲之间的时延来实现的。由于目标的回波信号往返于雷达和目标之间,它将滞后于发射脉冲一个时间间隔 t_R,如图8-1所示。

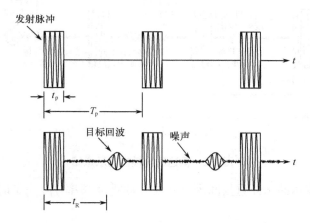

图8-1 脉冲雷达测距原理示意图

如果目标到雷达之间的距离为 R,则根据雷达波从天线辐射到达目标处,并由目标反射回到雷达天线处的往返双程传播距离等于传播速度乘以传播的时间间隔(这里讨论的是单站雷达的情形),即

$$2R = ct_R \qquad (8\text{-}1)$$

故有

$$R = \frac{1}{2}ct_R \qquad (8\text{-}2)$$

式中,R 为目标同雷达之间的单程距离(单位为 m);t_R 为雷达发射脉冲同接收到的回波脉冲之间的时间间隔,即雷达波往返于雷达和目标之间所造成的时延(单位为 s);c 为电波传播速度。

8.1.2 最大不模糊距离

雷达一旦将脉冲信号能量辐射到空间,则为了保证测距不模糊,在下一个脉冲发射前,就必须留有足够的时间以便所有的目标回波在此之前全部返回到雷达接收天线。因此,发射脉冲的重复频率(PRF)将由最远处的目标距离所决定。如果脉冲重复间隔 T_p 太短,则距离远处的目标回波可能在下一个(甚至几个)脉冲发射出去后,才能返回到雷达天线处,而这个回波可能会被误认为是由距离近处目标对第二个(或其后某个)发射脉冲所产生的散射回波,这样就产生了所谓的距离模糊(range ambiguity)。

图 8-2 所示为雷达距离模糊的示意图,图中示出了当存在近、远两个距离不同的目标时,可能产生的距离模糊情形。在图 8-2 中,经过一个脉冲重复间隔后,在雷达发射第二个脉冲时,近处目标的回波已经到达雷达天线处,而远处的目标回波尚未到达。等到第二个脉冲发射后又经过一段时延,远处目标对第一个脉冲的散射回波才到达雷达。可见,当有多个目标存在且存在距离模糊时,将在不同时延上产生多个目标回波脉冲,此时雷达无法判断哪个回波来自近处目标,哪个回波来自远处的目标。在图 8-2 中,经过双程时延 t_R 的远处目标的回波会被认为是在时延 $t_E = t_R - T_p$ 距离近处的目标回波,因此产生了距离模糊。

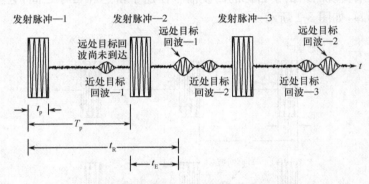

图 8-2 雷达距离模糊的示意图

根据图 8-1,当雷达的脉冲重复间隔 T_p(或脉冲重复频率 f_p)一定时,可得到的最大不模糊距离 R_{umax} 为

$$R_{u\,max} = \frac{1}{2}cT_p = \frac{c}{2f_p} \tag{8-3}$$

图 8-3 所示为最大不模糊距离随脉冲重复频率的变化关系曲线。例如,当雷达 PRF f_p = 1kHz 时,对应的最大不模糊距离 $R_{u\,max}$ = 150km。

应该注意,实际单天线雷达系统中不模糊距离 R_u 的真正计算方法应为

$$\frac{c}{2}t_p < R_u \leqslant \frac{c}{2}T_p$$

当目标距离雷达太近而处于发射脉冲持续时间内,即目标距离 $R \leqslant \frac{c}{2}t_p$ 时,雷达此时收发开关置于发射开接收关状态,此时目标的回波因而被"遮挡",也是接收不到的,此距离称为雷达的"距离盲区"。

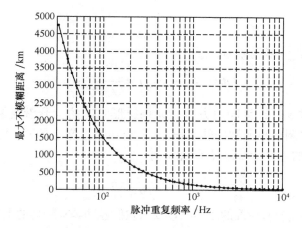

图 8-3　最大不模糊距离随脉冲重复频率的变化关系曲线

8.1.3　测距精度

对于常规脉冲测距雷达,雷达测距精度取决于其对时延的测量精度。因此,测距的均方根误差 δR 为

$$\delta R = \frac{c}{2} \delta t_R \tag{8-4}$$

式中,δt_R 为时延测量的均方根误差。

在实际雷达系统中,时延一般是通过对接收信号视频脉冲的上升沿进行定位而测得的。如图 8-4 所示,如果发射脉冲是一个具有一定上升时间和下降时间的梯形脉冲,假设其上升时间为 t_{rise}。

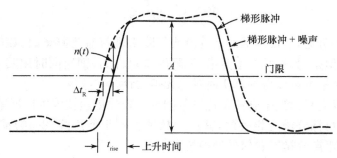

图 8-4　通过视频脉冲的上升沿测量时延

当存在噪声的影响时,回波视频脉冲如图 8-4 中的虚线所示,叠加噪声产生的结果是:在给定门限值时,上升沿的位置在时间轴上将发生移动(产生时延测量误差),记为 Δt_R。假设无噪声的理想脉冲的幅度为 A,其上升沿的斜率 S_{l0} 为

$$S_{l0} = A / t_{rise} \tag{8-5}$$

如图 8-4 所示,有噪声的脉冲的斜率可表示为

$$S_{ln} = n(t) / \Delta t_R \tag{8-6}$$

式中,$n(t)$ 为门限与脉冲上升沿相交处的噪声电压;Δt_R 为时延测量误差。当信噪比很高时,可以假定无噪声的脉冲和有噪声的脉冲之间的上升斜率相等,这样有

$$\frac{A}{t_{\text{rise}}}=\frac{n(t)}{\Delta t_{\text{R}}} \tag{8-7}$$

由此可得时延测量的均方根误差 δt_{R} 为

$$\delta t_{\text{R}}=\sqrt{\text{var}(\Delta t_{\text{R}})}=\frac{t_{\text{rise}}}{\sqrt{A^2/\,\overline{n}^{\,2}}} \tag{8-8}$$

式中,var(•)表示求方差,$\overline{n}^{\,2}$ 为噪声方差。如果梯形脉冲的上升沿足够陡,可以近似视为矩形脉冲,由于当正弦调制的矩形脉冲的信噪比(平均功率意义上的)为 S/N 时,矩形视频脉冲信号与噪声功率之比的关系为 $2S/N$,因此又有

$$\delta t_{\text{R}}=\frac{t_{\text{rise}}}{\sqrt{2S/N}} \tag{8-9}$$

式(8-8)和式(8-9)表明,精确的时延测量要求发射脉冲具有陡峭的上升沿和高的脉冲峰值。由于假设用脉冲的上升沿来定时,所以脉冲宽度的影响未以显式的形式反映在以上两式之中。

如果视频脉冲的上升沿受到矩形中频滤波器的带宽 B 的限制,近似有 $t_{\text{rise}}\approx 1/B$。令 $S=E/\tau$,$N=N_0B$,代入式(8-9)则有

$$\delta t_{\text{R}}=\sqrt{\frac{\tau}{2BE/N_0}} \tag{8-10}$$

式中,τ 为脉冲宽度;B 为矩形滤波器的频谱宽度;E 为信号能量;N_0 为噪声功率谱密度。

当同时用脉冲上升沿和下降沿进行时延测量,且脉冲上升沿、下降沿处的(高斯)噪声是不相关的,则通过求平均,式(8-8)中的噪声方差将减小一半,故上述均方根误差可以减小为 $\frac{1}{\sqrt{2}}$,即

$$\delta t_{\text{R}}=\sqrt{\frac{\tau}{4BE/N_0}} \tag{8-11}$$

此外,从图 8-4 可见,当仅用脉冲上升沿或下降沿进行时延测量时,该时延测量值同门限的选取关系很大。但是,如果脉冲上升沿、下降沿是对称的,则当同时用其上升沿和下降沿来进行时延测量时,理论上可以得到真实时延的无偏估计。

还应该指出,以上只讨论了脉冲雷达测距问题。现代雷达技术中广泛采用宽带雷达波形,由于此时的测距同目标分辨是相关的,其测距精度也不再能用式(8-10)或式(8-11)来表示,而是同雷达波形的距离分辨率和信号处理技术有关。

基于似然比、逆概率等多种统计分析的方法均证明[3,4],时延测量的均方根误差满足如下关系式

$$\delta t_{\text{R}}=\frac{1}{\beta\,\sqrt{2E/N_0}} \tag{8-12}$$

式中,E 为信号能量;N_0 为噪声功率谱密度;β 为系统的有效带宽,它定义为

$$\beta^2=\frac{\int_{-\infty}^{+\infty}(2\pi f)^2\,|\,S(f)\,|^2\text{d}f}{\int_{-\infty}^{+\infty}|\,S(f)\,|^2\text{d}f}=\frac{1}{E}\int_{-\infty}^{+\infty}(2\pi f)^2\,|\,S(f)\,|^2\text{d}f \tag{8-13}$$

式中,$S(f)$ 为雷达波形的频谱(或 $|\,S(f)\,|^2$ 为波形的功率谱)。

注意到这里的有效带宽同我们已经熟悉的半功率点(3dB)带宽或等效噪声带宽都不是一

回事。在式(8-13)中，$S(f)$是中心频率为 0 的视频频谱（包含正频率和负频率分量），因此$(\beta/2\pi)^2$是$|S(f)|^2$的归一化二阶中心矩。

从式(8-13)可得到以下结论：**在相同信噪比条件下，信号频谱 $S(f)$ 的能量越朝两端汇聚，则其有效带宽 β 就越大，时延（距离）的测量精度越高。**

注意到单频连续波雷达的有效带宽 $\beta=0$，因此它没有距离测量能力。但是，根据式(8-12)，在采用两个或多个点频的连续波时，系统就具有测量能力。

容易证明，对于带宽为 B 的具有理想矩形频谱的雷达波形，有

$$\beta=\frac{1}{\sqrt{3}}\pi B$$

因此有

$$\delta t_{\mathrm{R}}=\frac{\sqrt{3}}{\pi}\frac{1}{\sqrt{2E/N_0}}\cdot\frac{1}{B} \tag{8-14}$$

式(8-14)表明，理想矩形谱的带宽越宽，其测时延的精度就越高。

8.2　雷　达　测　速

8.2.1　多普勒频率及速度的测量

在第 3 章已经初步讨论了运动目标的多普勒效应。如图 8-5 所示，当运动目标以速度 V 向雷达靠近时，若目标速度矢量同雷达视线间的夹角为 θ，则其相对于雷达的径向速度为 $V_{\mathrm{T}}=V\cos\theta$，因此，目标所产生的多普勒频率 f_{d} 为

$$f_{\mathrm{d}}=\frac{2V_{\mathrm{T}}}{\lambda}=\frac{2}{\lambda}V\cos\theta \tag{8-15}$$

在图 8-5 中，如果雷达固定不动，目标以径向速度 V_{T} 向雷达靠近，则通过测量多普勒频率，可以测得运动目标的径向速度为

$$V_{\mathrm{T}}=\frac{1}{2}\lambda f_{\mathrm{d}} \tag{8-16}$$

式中，λ 为雷达波长，f_{d} 为测定的目标多普勒频率。

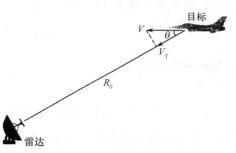

图 8-5　以速度 v 接近雷达的目标

如果雷达和目标均在运动，则 V_{T} 对应的是雷达－目标之间的距离变化率，取决于目标与雷达之间的相对速度[11]。

大多数现代雷达为相参雷达，因而能够精确地测量回波脉冲的相对相位。通过对多普勒频移的测量，不但能获得目标的相对径向速度，并且可由此区分移动目标、固定目标或杂波。但雷达通常不能直接从单个脉冲测量出目标的多普勒频移，而是需要有一个脉冲积累的过程，这些内容将在第 9 章讨论脉冲多普勒雷达时做更深入的分析。

单频连续波不能直接测距，因为此时没有测量目标时延的"时间基准"。与此不同，目标多普勒频率的测量既可以用脉冲波形，又可以通过连续波雷达来实现。最简单的连续波多普勒测量雷达示意图如图 8-6 所示。

在图中，雷达发射机通过天线发射一个载频为 f_0 的单频连续波信号，该信号入射到运动的目标后被目标反射，并附加了一个多普勒频移 f_{d}（其正负号取决于目标是朝向还是远离雷

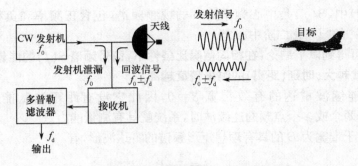

图 8-6　最简单的连续波多普勒测量雷达示意图

达运动)。在接收机中,目标的回波信号同从发射机泄漏到接收机的信号混频,通过多普勒滤波器可以提取出其差频信号,即目标的多普勒频率。

8.2.2　机载雷达目标的多普勒频率分析

1. 飞行目标的多普勒频率

如果飞行目标正对着载机飞来,如图 8-7 所示,则飞行目标的多普勒频率为

$$f_d = 2\frac{V_R + V_T}{\lambda} \tag{8-17}$$

式中,V_R 为雷达载机的速度,V_T 为目标的速度。

如果飞行目标远离雷达载机,如图 8-8 所示,则目标飞机回波的多普勒频率为

$$f_d = 2\frac{V_R - V_T}{\lambda} \tag{8-18}$$

因此,如果雷达的速度大于目标的速度,有 $V_R - V_T > 0$,则 f_d 为正;反之,若 $V_R - V_T < 0$,则 f_d 为负;如果两者速度相同,则 f_d 等于零,不存在多普勒速度(频率)。

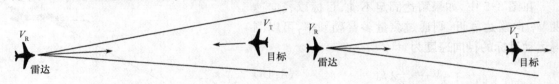

图 8-7　雷达与目标相向飞行　　　　　　图 8-8　雷达尾追飞行目标

更为一般的情形是,目标运动方向和雷达的运动方向不在一条直线上,此时目标到雷达的距离变化率为雷达速度与目标速度在雷达视线方向的分量之和,如图 8-9 所示。

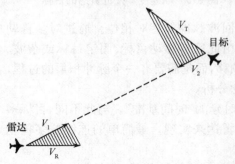

图 8-9　雷达与目标运动的一般情形

$$V_{RT} = V_1 + V_2 \tag{8-19}$$

式中,V_{RT} 为在雷达视线方向上,载机－目标之间的相对距离变化率;V_1 为载机在雷达视线方向的速度分量,V_2 为目标在雷达视线方向上的速度分量。则多普勒频率为

$$f_d = 2\frac{V_{RT}}{\lambda} = 2\frac{V_1 + V_2}{\lambda} \tag{8-20}$$

因此,目标的多普勒频率可以在很宽的范围内变化。如果雷达迎头接近目标,则多普勒频率最大;如果雷

达尾追接近目标,则多普勒频率最小;中间的情形介于两者之间,其值取决于雷达的视线方向与目标运动方向中的夹角。

2. 地面回波的多普勒频率

雷达波束照射产生的地面回波的多普勒频率也同径向速率与雷达波长的比成正比。唯一的区别是,回波的径向速率仅取决于雷达自身的速度,如图 8-10 所示。地面单元回波的多普勒频率为

$$f_d = 2\frac{V_R}{\lambda}\cos\Theta \tag{8-21}$$

式中,f_d 为地面回波的多普勒频率,V_R 为雷达的速度,Θ 为雷达速度与雷达照向地面单元视线的夹角,λ 为雷达的发射波长。

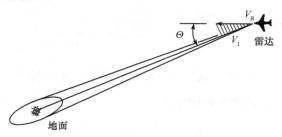

图 8-10　地面单元的回波

如果将角度 Θ 分解为方位角 Θ_A 与俯视角 Θ_E,如图 8-11 所示,则地面单元的多普勒频率为

$$f_d = 2\frac{V_R}{\lambda}\cos\Theta_A\cos\Theta_E \tag{8-22}$$

式中,Θ_A 为地面单元的方位角;Θ_E 为地面单元的俯视角。

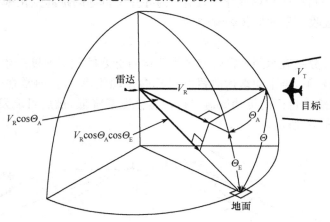

图 8-11　Θ 分解为方位角与俯视角

实际情况通常是载机雷达照射到一大片地面,得到的多普勒频率并不是由单个地面单元产生的,而是很多地面单元回波共同作用的结果,而且不同地面单元对应的方位和俯仰角度也不一样。因此,回波的多普勒频率是具有一定宽度的频谱。

事实上,不仅地面杂波单元回波的矢量叠加使得杂波的多普勒频率具有一定的谱宽,通常的扩展目标由于并不是一个理想的运动点目标,其回波多普勒也必存在一定的谱宽,而这正是雷达之所以能通过相对运动来合成孔径获得对目标的横向高分辨率的根本原理所在。关于地

面杂波回波的多普勒谱,将在第 9 章中进一步讨论,关于扩展目标的多普勒展宽及成像原理将在第 10 章中详细讨论。

3. 机载半主动导引头测得的目标多普勒频率

机载半主动导引头是由载机发射并通过载机的雷达信号引导导弹实现对目标跟踪的,如图 8-12 所示。导引头测得的目标多普勒频率与雷达测得的目标多普勒频率是不同的。雷达—目标—导弹的距离变化率为

$$\dot{d}=-(V_R+2V_T+V_M) \tag{8-23}$$

式中,V_M 为导弹的速度,其他参数同前。

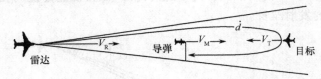

图 8-12 机载半主动雷达接收目标对雷达的回波

此时,导引头收到回波的多普勒频率为

$$f_{dM}=2\frac{V_R+2V_T+V_M}{\lambda} \tag{8-24}$$

上面的公式仅适用于雷达、导弹和目标在一条直线上运动,而且导弹处于载机雷达照射到目标的视线上的情形。

更一般的情况如图 8-13 所示,此时雷达—目标—导弹的距离变化率为

$$\dot{d}=\dot{R}_{R-T}+\dot{R}_{M-T}$$

式中,$\dot{R}_{R-T}$ 为雷达—目标的距离变化率,$\dot{R}_{M-T}$ 为导弹—目标的距离变化率。

因此,导引头接收信号的多普勒频率为

$$f_{dM}=f_{dR-T}+f_{dM-T} \tag{8-25}$$

式中,f_{dR-T} 和 f_{dM-T} 分别表示照射雷达和导引头同目标之间相对速度产生的多普勒频率。

在真实交战场景下,半主动雷达测得的目标多普勒频率 f_{dM},通常在开始阶段相对较大,随着导弹的持续跟踪和目标的机动躲避飞行,f_{dM} 会逐渐降低,最后可能发展到导弹尾追目标飞机的情形,如图 8-14 所示。

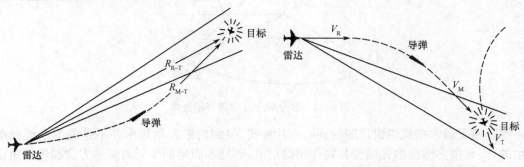

图 8-13 半主动雷达跟踪发射—截击　　　　图 8-14 导弹截击目标而多普勒频率
　　　　目标的一般情形　　　　　　　　　　　　　随着减小的情形

8.2.3　最大不模糊多普勒频率(速度)

雷达在测相位差时,测得的相位是以 2π 折叠的。如果来自一个移动目标的两个序贯脉冲之间的相位差是 $\delta\varphi=2\pi n$, n 是不等于零的正整数或负整数,那么该相位是不能同 $\delta\varphi=0$ 相互区分开的,故导致相位的模糊。这种相位模糊进而导致相应的多普勒速度模糊,称为多普勒盲速。因此,产生盲速的条件是

$$\delta\varphi=2\pi n=\frac{4\pi V\delta t}{\lambda} \tag{8-26}$$

式中,δt 等于脉冲重复间隔 T_p,$\delta t=T_p=1/f_p$;f_p 为雷达的脉冲重复频率。

所以,对于任何脉冲重复间隔,都存在一个盲速序列,盲速值为

$$V_{\text{blind}}=\frac{n\lambda}{2\delta t}=n\frac{f_p\lambda}{2},n=0,\pm1,\pm2,\cdots \tag{8-27}$$

因此,雷达测速的最大不模糊速度间隔 $V_{u\max}$ 为

$$V_{u\max}=\frac{f_p\lambda}{2} \tag{8-28}$$

必须注意,最大不模糊多普勒频率是与雷达载频无关的。若目标速度产生的最大多普勒频率为 $f_{d\max}$,不模糊测速要求雷达系统的脉冲重复频率满足

$$f_p\geqslant f_{d\max} \tag{8-29}$$

但是,虽然对于给定的脉冲重复频率来说,最大不模糊距离是独立于雷达载频的,但最大不模糊速度间隔 $V_{u\max}$ 则与雷达频率有密切关系。在给定脉冲重复频率 f_p 的条件下,载频频率越高(波长越短),$V_{u\max}$ 变得越小,速度模糊越严重。

消除多普勒盲速的方法有多种,可用的方法包括使雷达工作在更低的频段、采用更高的脉冲重复频率、采用多个不同的脉冲重复频率和/或多个雷达载频对速度解模糊等。

此外,还应注意区分是否要求同时测量目标的速度和方向的问题。根据前面的讨论,相参雷达是依靠对脉冲串回波的相参积累来实现高分辨率测速或测多普勒频率的。如第 5 章图 5-17 所示,假设单个脉冲的脉宽为 t_p,脉冲重复周期为 T_p,则 N 个脉冲的总持续时间为 NT_p。相应地,在频谱域,单根谱线的宽度为 $\frac{2}{NT_p}$,其半宽度决定了测多普勒频率的分辨率,为 $\frac{1}{NT_p}$;谱峰之间的间距为 $\frac{1}{T_p}$,它决定了最大不模糊多普勒频率的大小,由于频谱分布的周期性折叠特性,当需要同时测量目标的速度大小和方向,即需要同时测量正负多普勒频率时,最大不模糊多普勒频率不再是 $f_{u\max}\leqslant f_p=\frac{1}{T_p}$,而是

$$-\frac{f_p}{2}\leqslant f_{u\max}\leqslant+\frac{f_p}{2} \tag{8-30}$$

相应地,对于测速,则有

$$-\frac{\lambda}{4}f_p\leqslant V_{u\max}\leqslant+\frac{\lambda}{4}f_p \tag{8-31}$$

因此,当要求同时测量目标的速度和方向时,若目标速度产生的最大多普勒频率为 $f_{d\max}$,不模糊测速要求雷达系统的脉冲重复频率满足

$$f_p\geqslant2f_{d\max} \tag{8-32}$$

还应指出,在相参雷达系统中,目标的正负多普勒频移是通过 I/Q 双通道正交接收机测

量得到的,如图 8-15 所示[11]。由于角频率是相位随时间的变化率,当 Q 通道信号相位滞后 I 通道90°时,有 $d\phi = \phi_2 - \phi_1 > 0$,故多普勒频移为正;反之,当 Q 通道信号相位超前 I 通道 90°时,有 $d\phi = \phi_2 - \phi_1 < 0$,故多普勒频移为负。

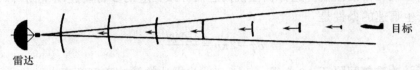

(a) 脉冲串回波

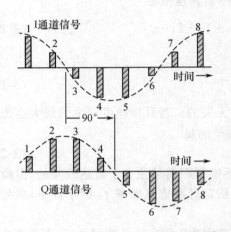

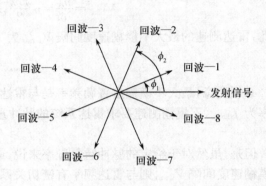

(b) 正多普勒频移: Q 通道信号相位滞后90°

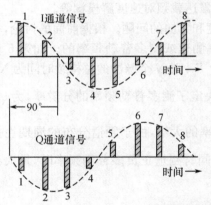

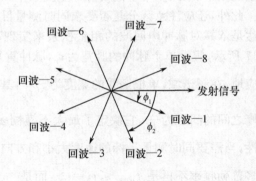

(c) 负多普勒频移: Q 通道信号相位超前90°

图 8-15　通过 I/Q 双通道正交接收机测量正负多普勒频移原理示意图

8.2.4　雷达测频(测速)精度

雷达测速的精度取决于雷达测多普勒频率的精度。根据式(8-21),测速均方根误差 δV 可表示为

$$\delta V = \frac{\lambda}{2}\delta f \tag{8-33}$$

式中，δf 为雷达测频的均方根误差。参考文献[1]引述 Manasse 的研究结论，证明多普勒测频的均方根误差 δf 为

$$\delta f = \frac{1}{\alpha \sqrt{2E/N_0}} \tag{8-34}$$

式中

$$\alpha^2 = \frac{\int_{-\infty}^{+\infty} (2\pi t)^2 s^2(t)\,\mathrm{d}t}{\int_{-\infty}^{+\infty} s^2(t)\,\mathrm{d}t} \tag{8-35}$$

式中，$s(t)$ 是作为时间函数的输入信号；参数 α 称为信号的有效持续时间。注意到 δf 同参数 α 的关系表达式与测距中 δt_R 同参数 β 的表达式之间具有完全相似性。

易知，关于测频精度有以下结论：**在相同信噪比条件下，信号 $s(t)$ 在时间上能量越朝两端汇聚，则其有效持续时间越长，频率（速度）的测量精度越高。**

容易证明，对于脉宽为 τ 的理想矩形脉冲，有 $\alpha = \dfrac{\pi\tau}{\sqrt{3}}$，因此

$$\delta f = \frac{\sqrt{3}}{\pi} \frac{1}{\sqrt{2E/N_0}} \tag{8-36}$$

式(8-36)表明，理想矩形脉冲持续时间 τ 越长，其测频（测速）精度就越高。

8.3 雷达"测不准"原理介绍

8.3.1 雷达时间信号同其频谱之间的关系

根据式(8-13)和式(8-35)中对 β 和 α 的定义，并利用施瓦兹不等式，可以证明有以下不等式成立[5,13,14]，即

$$\beta\alpha \geqslant \pi \tag{8-37}$$

式(8-37)是时间信号同其频谱之间满足傅里叶变换关系的必然结果。它表明：雷达信号的频谱越宽，信号的持续时间就越短；反之亦然。所以，时间波形和它的频谱不可能同时为任意小或任意大。

现对式(8-37)证明如下。

短时傅里叶变换是用一个窗函数 $g(t-\tau)$ 与信号 $f(t)$ 相乘实现在 τ 附近开窗和平移，然后再施以傅里叶变换。一些文献中也称之为盖博（Gabor 变换）。该变换定义如下：对于 $f(t) \in L^2(R)$，有

$$Gf(\omega,\tau) = \int_{-\infty}^{+\infty} f(t) g(t-\tau) \mathrm{e}^{-\mathrm{j}\omega t}\,\mathrm{d}t \tag{8-38}$$

在盖博变换中，人们希望得到合适的时窗和频窗，以便提取信号的精确信息。例如，采用高斯窗函数

$$g_\mathrm{a}(t) = \frac{1}{2\sqrt{\pi a}} \mathrm{e}^{\frac{-t^2}{4a}} \tag{8-39}$$

其傅里叶变换 $G_\mathrm{a}(\omega)$ 为

$$G_\mathrm{a}(\omega) = \int_{-\infty}^{+\infty} g_\mathrm{a}(t) \mathrm{e}^{-\mathrm{j}\omega t}\,\mathrm{d}t = \mathrm{e}^{-a\omega^2} \tag{8-40}$$

所以有

$$\int_{-\infty}^{+\infty} Gf(\omega,\tau)\mathrm{d}\tau = \int_{-\infty}^{+\infty}\int_{-\infty}^{+\infty} f(t)g_a(t-\tau)\mathrm{e}^{-j\omega t}\mathrm{d}t\mathrm{d}\tau$$

$$= \int_{-\infty}^{+\infty} f(t)\mathrm{e}^{-j\omega t}\left(\int_{-\infty}^{+\infty}\frac{1}{2\sqrt{\pi a}}\mathrm{e}^{\frac{-(t-\tau)^2}{4a}}\mathrm{d}\tau\right)\mathrm{d}t$$

$$= \int_{-\infty}^{+\infty} f(t)\mathrm{e}^{-j\omega t}\left(\frac{1}{2\sqrt{\pi a}}\sqrt{4\pi a}\right)\mathrm{d}t = F(\omega) \tag{8-41}$$

相应的重构公式为

$$f(t) = \frac{1}{2\pi}\int_{-\infty}^{+\infty}\int_{-\infty}^{+\infty} G_a(\omega)g(t-\tau)\mathrm{e}^{-j\omega t}\mathrm{d}\omega\mathrm{d}t \tag{8-42}$$

由于窗口的傅里叶变换是能量守恒的,即

$$\int_{-\infty}^{+\infty} |g(t)|^2\mathrm{d}t = \frac{1}{2\pi}\int_{-\infty}^{+\infty}\int_{-\infty}^{+\infty} |G(\omega)|^2\mathrm{d}\omega\mathrm{d}t \tag{8-43}$$

根据帕赛瓦尔(Parsevel)定理,有

$$\int_{-\infty}^{+\infty} f(t)\,g_{\omega,t}^*(t)\mathrm{d}t = \frac{1}{2\pi}\int_{-\infty}^{+\infty} F(\omega)\,G_{\omega,t}^*(\omega)\mathrm{d}\omega \tag{8-44}$$

式中,$g_{\omega,t}^*(t)$ 和 $G_{\omega,t}^*(\omega)$ 分别是 $g_{\omega,t}(t)$ 和 $G_{\omega,t}(\omega)$ 的复共轭函数。

如果把 $|g(t)|^2$ 和 $|G(\omega)|^2$ 作为窗口函数在时域和频域的重量分布,t_0 和 ω_0 分别为时窗和频窗的"重心",σ_{g_t} 和 σ_{G_ω} 分别表示 $g_{\omega,t}(t)$ 和 $G_{\omega,t}(\omega)$ 的均方差,则

$$t_0 = \frac{1}{|g(t)|^2}\int_{-\infty}^{+\infty} t\,|g(t)|^2\mathrm{d}t \tag{8-45}$$

$$\omega_0 = \frac{1}{|G(\omega)|^2}\int_{-\infty}^{+\infty} \omega\,|G(\omega)|^2\mathrm{d}\omega \tag{8-46}$$

做归一化处理,并令 $|g(t)|^2 = \frac{1}{2\pi}|G(\omega)|^2 = 1$,则有

$$\sigma_{g_t}^2 = \frac{1}{|g(t)|^2}\int_{-\infty}^{+\infty} (t-t_0)^2\,|g(t)|^2\mathrm{d}t = \int_{-\infty}^{+\infty} (t-t_0)^2\,|g(t)|^2\mathrm{d}t \tag{8-47}$$

$$\sigma_{G_\omega}^2 = \frac{1}{|G(\omega)|^2}\int_{-\infty}^{+\infty} (t-t_0)^2\,|G(\omega)|^2\mathrm{d}\omega = \frac{1}{2\pi}\int_{-\infty}^{+\infty} (\omega-\omega_0)^2\,|G(\omega)|^2\mathrm{d}\omega \tag{8-48}$$

设 $t_0=0,\omega_0=0$,则

$$\sigma_{g_t}^2\sigma_{G_\omega}^2 = \int_{-\infty}^{+\infty} t^2\,|g(t)|^2\mathrm{d}t\,\frac{1}{2\pi}\int_{-\infty}^{+\infty} \omega^2\,|G(\omega)|^2\mathrm{d}\omega \tag{8-49}$$

对于窗口函数,假设 $\lim\limits_{|t|\to+\infty} t|g(t)|^2 = 0$,而且 $g(t)$ 的导数 $g'(t)$ 的傅里叶变换为 $\omega G(\omega)$,所以有

$$\frac{\mathrm{d}}{\mathrm{d}t}(t|g(t)|^2) = |g(t)|^2 + t\frac{\mathrm{d}}{\mathrm{d}t}|g(t)|^2 = |g(t)|^2 + 2tg'(t)g(t) = 0 \tag{8-50}$$

即

$$tg'(t)g(t) = -\frac{1}{2}|g(t)|^2 \tag{8-51}$$

利用施瓦兹不等式(5-7),有

$$\sigma_{g_t}^2\sigma_{G_\omega}^2 = \int_{-\infty}^{+\infty} t^2\,|g(t)|^2\mathrm{d}t\,\frac{1}{2\pi}\int_{-\infty}^{+\infty} \omega^2\,|G(\omega)|^2\mathrm{d}\omega$$

$$= \int_{-\infty}^{+\infty} |tg(t)|^2\,\frac{1}{2\pi}\int_{-\infty}^{+\infty} 2\pi\,|g'(t)|^2\mathrm{d}t$$

$$\geqslant \left| \int_{-\infty}^{+\infty} t\,g'(t)g(t)\mathrm{d}t \right|^2 = \left| \int_{-\infty}^{+\infty} -\frac{1}{2} \mid g(t) \mid^2 \mathrm{d}t \right|^2 = \frac{1}{4} \qquad (8\text{-}52)$$

即有

$$\sigma_{g_t}^2 \sigma_{G_\omega}^2 \geqslant \frac{1}{4} \qquad (8\text{-}53)$$

比较式(8-13)和式(8-35)中的 β、α 与式(8-47)和式(8-48)中的 σ_{g_t}、σ_{g_ω} 的定义式，式(8-53)中

$$\sigma_{g_t} = \frac{\alpha}{2\pi}, \quad \sigma_{g_\omega} = \beta$$

代入式(8-53)中，有

$$\beta^2 \alpha^2 = 4\pi^2 \sigma_{g_t}^2 \sigma_{G_\omega}^2 \geqslant 4\pi^2 \frac{1}{4} = \pi^2 \qquad (8\text{-}54)$$

即

$$\beta\alpha \geqslant \pi$$

此即式(8-37)，证毕。

8.3.2　雷达"测不准"原理

在量子物理学中，有一个定理称为海森堡(Heisenberg)测不准原理[6]，该定理指出：一个物体(如粒子)的位置和速度不可能同时被精确测量。早期，式(8-37)有时也称为"雷达测不准原理"[1]，但是，其意义同海森堡测不准原理正好相反。根据式(8-12)和式(8-36)，有

$$\delta t_R \delta f = \frac{1}{\beta\alpha(2E/N_0)} \qquad (8\text{-}55)$$

将不等式(8-37)代入式(8-55)，得到

$$\delta t_R \delta f \leqslant \frac{1}{\pi(2E/N_0)} \qquad (8\text{-}56)$$

式(8-56)指出：**当信噪比一定时，理论上可以通过选取 $\beta\alpha$ 值尽可能大的信号，以达到对时延和频率测量的任意高的测量精度。$\beta\alpha$ 大的信号同时具有长的持续时间和大的等效带宽。**

一些简单的雷达脉冲信号，其 $\beta\alpha$ 值大多为 $\pi \sim 1.5\pi$(例如，矩形脉冲为 π，上升沿为脉宽 $1/2$ 的梯形脉冲为 1.4π)。所以，若要获得 $\beta\alpha$ 值大的信号，一般需要在单个脉冲内进行频率(相位)调制，以使其等效带宽远远大于脉冲持续时间的倒数，而这正是脉冲压缩波形所能达到的。

如果把式(8-56)表示成雷达测距和测速误差，则有

$$\delta R \delta V \leqslant \frac{c\lambda}{4\pi(2E/N_0)} \qquad (8\text{-}57)$$

式中，λ 为雷达波长，c 为传播速度。

式(8-57)表明：在同样信噪比条件下，雷达波长越短，可以同时达到的测距和测速精度越高。

根据式(8-57)，在雷达同时测距和测速中，没有任何理论上的"测不准"问题，所以不要同量子物理中的"测不准"原理混淆。在量子力学中，观测者不能对波形做任何控制。相反，雷达

工程师可以通过选择信号的 $\beta\alpha$ 值、信号的能量及在某种程度上控制噪声电平等来改善测量精度。雷达传统上的精度限制其实不是理论上的必然，而是由于受到实际系统复杂性、系统成本或现阶段的制造工艺水平等的限制而造成的。

8.4　雷达测角

8.4.1　波束切换和圆锥扫描

为了理解雷达测角的基本原理，先来做如下想象思维：假如一个雷达操作员用一部固定雷达的抛物面天线去测量一个静止目标的仰角位置 θ。操作员可能会首先找到一个使雷达回波最大的天线位置，这样目标就位于雷达天线的视线上，对应于天线增益 G 最大。如果天线在俯仰方向上稍稍偏离视线位置，回波的信号将不会发生剧烈变化，这是因为此时波束方向图的斜率 $\dfrac{\mathrm{d}G}{\mathrm{d}\theta}$ 很小（在视线位置上时有 $\dfrac{\mathrm{d}G}{\mathrm{d}\theta}=0$）。但是，如果天线移动到目标远离其视线方向，则可能使回波产生剧烈变化，因为此时的 $\dfrac{\mathrm{d}G}{\mathrm{d}\theta}$ 很大，而增益 G 则很小。因此，存在一个偏离视线的最佳角位置 θ_{opt}，在该处，当目标偏离天线视线时，其回波将产生最大的变化量。雷达操作员可以将目标锁定在该处的波束位置，这样，当目标有一个小的角位置变化时，就可以产生大的回波变化，即雷达具有最好的测角灵敏度。

波束切换技术正是利用了上述特点，如图 8-16 所示。在这里，孔径天线上装有两个馈源，这两个馈源都是偏置的，使得其最大增益方向偏离视线 $\pm\theta_{\mathrm{opt}}$。用这样两个馈源交替地发射和接收脉冲信号，当目标具有恒定的 RCS 且位于视线上时，从两个馈源收到的回波信号之差为 0。如果目标偏离视线，则根据这两个接收信号的差值可以确定目标的一维角位置。

因此，如果天线上装有 4 个偏置的馈源，则根据上述波束切换原理，雷达可以在俯仰和方位上同时实现目标的角度测量，此时的天线 4 个波束如图 8-17 所示。

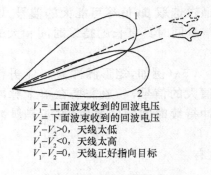

$V_1=$ 上面波束收到的回波电压
$V_2=$ 下面波束收到的回波电压
$V_1-V_2>0$，天线太低
$V_1-V_2<0$，天线太高
$V_1-V_2=0$，天线正好指向目标

图 8-16　波束切换技术

图 8-17　天线 4 个波束

上述思想可以进一步推广为圆锥扫描二维测角，如图 8-18 所示。此时，单个馈源绕着抛物天线的电轴旋转，这样就可以在俯仰和方位二维上确定目标偏离视线的角度。不难理解，圆锥扫描天线的误差信号为正弦信号，其幅度正比于目标偏离视线的角度，相位则反映了偏离视线的角位置方向。

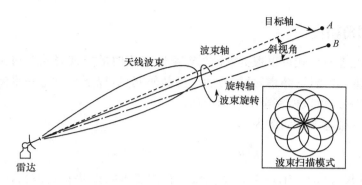

图 8-18　圆锥扫描二维测角

8.4.2　单脉冲雷达

波束切换技术和圆锥扫描二维测角技术有两个明显的缺点：（1）目标 RCS 起伏会造成测角误差；（2）容易受到敌方对测角的恶意干扰。因此，人们发明了单脉冲雷达，它利用两个（4个）馈源同时发射和接收，只需收发一个脉冲就可以完成对目标的测角，故名单脉冲雷达。

单脉冲雷达既可用幅度比较法测量角度，又可用相位比较法测量角度，分别称为比幅单脉冲和比相单脉冲体制。

图 8-19 所示为一维测角单脉冲雷达的简化原理框图。单脉冲雷达天线由两个放置在同一平面上的馈源组成，经对接收信号的和、差组合后，形成一个和通道（Σ）和一个差通道（方位 Δ_{az} 或俯仰 Δ_{el}）。接收机需要两个相同的接收通道。通过角误差信号可求解出目标的角度。

单脉冲雷达也可以实现目标二维角度的测量，图 8-20 所示为二维单脉冲雷达测角的原理。二维单脉冲雷达天线由 4 个放置在同一平面上的馈源组成，经对接收信号的和、差组合后，形成一个和通道（Σ）和两个差通道（Δ_{az}，Δ_{el}）。接收机需要三个相同的接收通道。

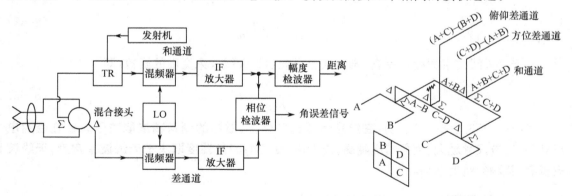

图 8-19　一维测角单脉冲雷达的简化原理框图　　图 8-20　二维单脉冲雷达测角的原理

单脉冲雷达测角在原理上同波束切换技术无异，所不同的只是原来的波束切换现在变为多个馈源同时收发，并通过接收信号处理来完成对目标回波的求和及求差。这样，理论上雷达不必再使用多个脉冲，而只要发射单个脉冲并对和通道及两个差通道（俯仰和方位）进行信号处理，就可完成目标的二维测角。

8.4.3 雷达测角精度

雷达测角精度理论公式可以根据前面讨论测距精度时的类似思路来讨论,因为就数学上而言,空间域(角度)和谱域(频率)是相似的。为简便起见,以下只讨论一维测角的情况,对于二维测角,另外的一维可以做完全类似的处理。

假定天线的一维电压方向图为

$$g(\theta) = \int_{-D/2}^{D/2} A(z) e^{j\frac{2\pi}{\lambda} z \sin\theta} dz \tag{8-58}$$

式中,D 为天线的尺寸(沿 z 轴);$A(z)$ 为天线孔径照度函数;λ 为雷达波长;θ 为偏离天线视线垂线的角度($\theta = 0°$ 时与天线视线垂直)。

式(8-58)为一逆傅里叶变换,它与时间信号同其频谱构成的傅里叶变换对相似,即

$$s(t) = \int_{-\infty}^{+\infty} S(f) e^{j2\pi ft} df \tag{8-59}$$

所以,如果把天线方向图 $g(\theta)$ 同时间信号 $s(t)$、孔径照度函数 $A(z)$ 同 $S(f)$ 对应起来,则这种对应关系为

$$\sin\theta \Leftrightarrow t, z/\lambda \Leftrightarrow f$$

根据这种可比性,类似于式(8-12)和式(8-13),对于测角均方根误差 $\delta\theta$ 有类似的公式,即

$$\delta\theta = \frac{1}{\gamma \sqrt{2E/N_0}} \tag{8-60}$$

式中,等效孔径宽度 γ 定义为

$$\gamma^2 = \frac{\int_{-\infty}^{+\infty} (2\pi z/\lambda)^2 |A(z)|^2 dz}{\int_{-\infty}^{+\infty} |A(z)|^2 dz} \tag{8-61}$$

当孔径照度函数为均匀(矩形函数)时,有 $\gamma = \dfrac{\pi D}{\sqrt{3}\lambda}$,故此时的理论测角误差为

$$\delta\theta = \frac{\sqrt{3}\lambda}{\pi D \sqrt{2E/N_0}} \tag{8-62}$$

若定义天线波束宽度 $\theta_B = \dfrac{\lambda}{D}$,则上式也可表示为天线波束宽度的函数,即

$$\delta\theta = \frac{\sqrt{3}}{\pi} \frac{\theta_B}{\sqrt{2E/N_0}} \tag{8-63}$$

式(8-62)和式(8-63)表明:**在给定信噪比条件下,雷达的测角精度取决于天线孔径的电尺寸 D/λ,电尺寸越大,测角精度越高;或者说,雷达的测角精度取决于天线波束宽度,天线波束越窄,其测角精度越高。**

8.4.4 雷达测距、测速和测角的共同点

根据前面几节的讨论,尽管雷达测距、测速和测角的手段是各不相同的,但是它们都使用了一个相同的概念,即发现一个输出波形的最大值,如图 8-21 所示。在雷达测距(时延)中,该波形代表目标的时间波形;在测角中,它可以代表扫描天线方向图的扫描输出;而在测径向速度(多普勒频率)中,它可以被视为可调谐滤波器的多普勒频率输出信号波形。当信号达到最大值时,该位置就确定了目标的距离、角度或径向速度。

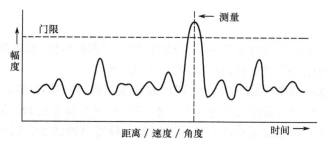

图 8-21　雷达测距、测速和测角的共同点

8.5　雷 达 跟 踪

前面介绍了雷达目标的检测与目标参数的测量,由于雷达天线通过扫描来获得较大的侦察空域,因此,雷达观测一个目标的时间是有限的。当雷达发现目标时,对目标进行连续的序贯检测,使得天线的每次扫描对目标的探测都是相关的且结果具有可融合性,这就需要对目标进行跟踪。

雷达测量目标的参数(距离、方位和速度),随着时间的推移,观测出目标的运动轨迹,同时预测出下一个时间目标会出现在什么位置,是雷达的目标跟踪功能。

通过提供的目标先验信息,雷达跟踪除了改善目标的探测环境,还可以提高目标距离、速度、方位或俯仰角测量的质量。

8.5.1　雷达跟踪的分类

跟踪雷达一般可有以下 4 种体制。

(1)单目标跟踪(Single Target Tracker,STT):设计用于以高数据率连续跟踪单个目标,典型军用导弹制导武器的控制雷达的数据率在 10 Hz 左右。单目标跟踪器通过得到目标的角误差信号,并利用一个闭环伺服(closed-loop servo)系统来使目标的角误差信号最小,从而达到对目标跟踪的目的。

(2)自动检测与跟踪(Automatic Detection and Track,ADT):这种体制的雷达天线做旋转扫描,雷达的观测速率取决于天线的转速(一般几秒钟一转),其数据率显然低于单目标跟踪器,但它的优点是可以同时跟踪大批目标(如多至数百甚至上千个飞机目标)。由于天线位置不受跟踪数据处理的控制,所以这是一种开环(open-loop)跟踪器。几乎所有现代民用空中交通管制雷达和军用对空监视雷达中,都使用这种雷达跟踪体制。

(3)相控阵雷达跟踪(Phased array Radar Tracking,PRT):使用电调向相控阵雷达,能够以高数据率同时跟踪大批量的目标。这种多目标跟踪建立在时间分割的基础上,因为电调向天线的波束可以从一个角度快速扫描到另一个角度(可快至毫秒量级),它综合了单目标跟踪器的高数据率和自动检测跟踪器的多目标跟踪的优点,在现代防空武器系统中被广泛使用。

(4)边扫描边跟踪(Track While Scan,TWS):这种体制的雷达在快速扫过特定的扇形区域的同时完成目标跟踪,在所覆盖的区域可以跟踪多个目标,其数据率中等。传统上,这种雷达广泛作为早期的防空雷达、飞机着陆雷达及机载截获雷达等。在早期,前述自动检测与跟踪体制也称为边扫描边跟踪(两者也的确很相似)。

本书只讨论单目标的距离跟踪和角度跟踪,如果有必要也可用相参雷达实现目标的速度跟踪或多普勒频移跟踪。限于篇幅,本书不做专门介绍。

8.5.2 距离跟踪

早期雷达的距离跟踪是通过人工跟踪实现的,它有很多局限性,如不能用在无人操纵的导弹系统中实现自动跟踪,所以很快被自动跟踪技术所代替。

自动距离跟踪原理如图 8-22 所示。主要由时间鉴别器、控制器和跟踪脉冲产生器三部分组成。时间鉴别器的作用是将跟踪脉冲与回波脉冲在时间上加以比较,鉴别出它们的时间差 Δt。设回波脉冲相对于基准发射脉冲的延迟时间为 t,跟踪脉冲的延迟时间为 t',则时间差为

$$\Delta t = t - t' \tag{8-64}$$

时间鉴别器的输出电压 u_e 为

$$u_e = K_1 \Delta t = K_1 (t - t') \tag{8-65}$$

式中,K_1 为常数,由时间鉴别器的特性决定。

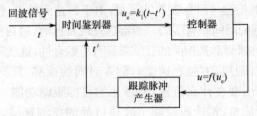

图 8-22 自动距离跟踪原理

当跟踪脉冲与回波脉冲重合时,输出的误差电压为 0。两者不重合时,将输出误差电压 u_e,其大小与误差时间成正比,其正负极性根据跟踪脉冲是超前还是滞后于回波脉冲而定。控制器根据误差信号的大小,使跟踪脉冲产生器产生所需延迟时间的跟踪脉冲。跟踪脉冲移动距离门使误差信号向趋于零的状态变化,从而实现对目标距离的自动跟踪。

8.5.3 角度跟踪

和雷达测角方法一样,角度跟踪也可分为锥扫跟踪和单脉冲跟踪。

锥扫雷达的角跟踪原理如图 8-23 所示。天线用两个独立的电动机驱动,能够在方位和俯仰方向定位。通过使馈源偏离抛物面焦点,从而形成斜视的天线波束。抛物面天线的馈源可设计成后馈的方式,以便机械驱动。

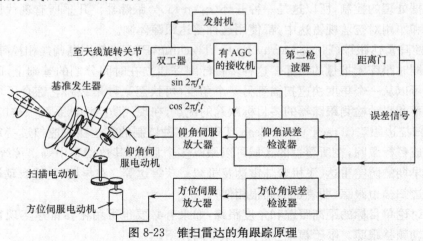

图 8-23 锥扫雷达的角跟踪原理

有两个天线旋转关节可使天线做方位、俯仰的运动：一路旋转关节可使天线做方位运动，另一路旋转关节供天线做俯仰运动。接收到的回波信号通过两路旋转关节（图 8-23 中未画出）馈送到接收机。接收机除具有锥扫的有关特征外，实质上也是一部超外差式接收机。接收机通过扫描一个距离门搜索并锁定一个目标，然后不断对目标进行距离跟踪。误差信号从雷达接收机第二检波器输出的视频信号中提取。

典型的圆锥扫描频率接近 30 转/秒。扫描马达既提供天线波束的圆锥扫描，又驱动双相基准信号产生器输出相位正交的圆锥扫描信号，信号频率为锥扫频率 f_s。这两路信号作为提取方位、俯仰误差信号的基准参考信号。

来自距离门的误差信号在角误差检波器内与方位、俯仰参考信号进行比较。角误差检波器是一个相位检波器，相位检波器是一个非线性器件，对输入信号与基准信号进行混频。角误差检波器输出的直流信号的幅度正比于角误差信号，信号的正负极性表示误差的方向。角误差信号被放大后，驱动天线方位、俯仰伺服系统的电动机。目标的角度位置由天线轴的方位角和俯仰角确定。

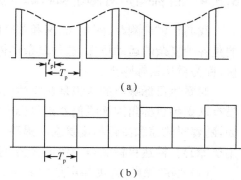

图 8-24　锥扫调制脉冲串与展宽后的脉冲

视频信号是一串被锥扫频率调制的脉冲串，为了增加锥扫频率信号的能量和进行模数转换，通常在低通滤波器前通过采样保持电路对脉冲进行展宽。锥扫调制脉冲串与展宽后的脉冲如图 8-24 所示。

为了避免角度测量精度下降并进行正确的滤波，脉冲重复频率必须要比锥扫频率高得多。在锥扫的一个周期内至少需要 4 个脉冲（以获得上、下和左、右的比较），因此，脉冲频率至少是锥扫频率的 4 倍，超过 10 倍将更好。

单脉冲雷达也可以用于雷达跟踪，在两个正交的角坐标内产生角误差信号，这个角误差信号在闭环的伺服系统中以机械方式驱动跟踪天线的视轴，使天线波束对准目标方向。图 8-25 所示为一维角坐标单脉冲跟踪雷达简化框图，它同图 8-19 的区别只是增加了用于完成角跟踪的伺服系统和驱动电路。

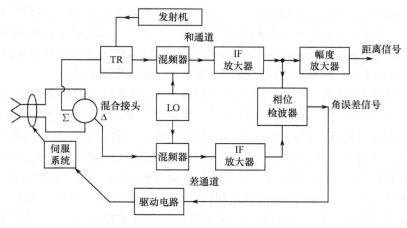

图 8-25　一维角坐标单脉冲跟踪雷达简化框图

图 8-25 中,混合接头是一个两端口输入、两端口输出的四端口微波器件。两个相邻天线馈源连接到混合接头的两个输入端,和通道信号与差通道信号从混合接头的两个输出端输出。双工器用来保护接收机。接收时,和与差信号都在外差式接收机中变频为中频信号,并被放大。

和、差通道输出的中频信号被送到相位检波器,输出角误差信号。角误差信号的幅度正比于 $|\theta_T - \theta_o|$,θ_T 为目标所在角位置,θ_o 为视轴角或交叉角。误差信号的正负极性表示相对视轴的偏离方向。

角误差信号被反馈到天线的伺服系统,使天线波束对准目标方向,从而达到对目标跟踪的目的。

8.5.4 目标噪声对测量和跟踪的影响

我们在讨论测距、测角、测速和跟踪时,一直假定目标为理想的点目标。实际雷达所面临的是各种复杂的运动目标,这种复杂形体目标的运动或姿态角变化会导致雷达目标回波的起伏,称为雷达目标噪声。

对雷达目标噪声的认识是在雷达的不断发展中逐步深入的。例如,20 世纪 50 年代,人们没有认识到目标角闪烁线偏差是目标产生的,也没有理解它与雷达角跟踪体制和距离无关;又如,随着对测速和测距精度要求的提高,目标的多普勒噪声和距离噪声成为达到精度极限值的主要障碍。雷达目标噪声大致可分为:幅度噪声、角闪烁噪声、多普勒噪声和距离噪声等[9]。

(1) 幅度噪声:幅度噪声是指由组成复杂目标的各散射中心矢量相加引起的回波信号幅度的起伏。虽然称为噪声,但也可以是周期性分量。按其产生的机理,可分为刚体目标颤动、非刚体目标颤动和目标中的活动部件调制三类。幅度噪声包含数 Hz 至数 kHz 的很宽的频谱范围,以不同的机理影响着各种类型的雷达,其中包括预警雷达的检测概率、跟踪雷达的角跟踪精度、搜索雷达的扫描参数及作为目标识别特征等。

(2) 角闪烁噪声:角闪烁的概念是与雷达目标为扩展目标紧密相连的。凡目标尺度能与波长相比拟,具有两个或两个以上等效散射中心的任何扩展目标,都会产生角闪烁噪声。这种噪声用偏离目标几何中心的线偏差值来度量,该线偏差值与观察它的雷达距离无关,同雷达工作频率、目标运动的速度也几乎无关。当然,角闪烁噪声的功率谱分布密度会直接受射频及姿态运动速率影响,由于角闪烁噪声的线偏差值与雷达作用距离无关,因此对远程雷达来说,角闪烁噪声所形成的雷达角跟踪误差很小。但是,对弹载导引头来说,角闪烁噪声将是寻的制导的主要误差源。例如,当导引头与目标相距 2km 时,目标产生 2m 的角闪烁噪声均方根线偏差就会使导弹产生 1mrad 的角偏差,这一般是不允许的,因此在飞行器导引头设计时,总把雷达目标视为扩展目标,非常小心地计算角闪烁噪声对制导精度的影响。

(3) 多普勒噪声:任何一个具有径向运动的点目标,其雷达回波均会被多普勒频率调制,点目标相对雷达做非线性径向运动(如目标机动或加速度飞行),就会产生多普勒频率调制,雷达设计者对此可通过轨迹计算,求出多普勒调制解析式。多普勒噪声的形成机理可以包括三个方面:一是扩展目标回波的相位波前畸变所产生,它与角闪烁噪声紧密相关联;二是目标上活动部件调制所产生;三是扩展目标回波幅度起伏调制所产生的多普勒谱线调制。

(4) 距离噪声:根据前面的讨论,雷达测距的精度主要取决于发射波形带宽和工作信噪比。扩展目标产生的距离噪声将影响精密跟踪雷达测距精度的极限值。扩展目标增加的距离噪声还将限制多普勒跟踪系统的谱线截获。而在宽带雷达中,时域的高分辨率可极大地抑制距离噪声。

第 8 章思考题

1. 一部 X 波段(10GHz)脉冲雷达,已知其最大不模糊速度为 $V_{u\max}=600\mathrm{m/s}$,假设该雷达脉宽 $\tau \ll T_p$。试求解:

(a) 这部雷达的最大不模糊距离 $R_{u\max}$;

(b) 如果这部雷达的工作频率换为 K_u 波段(15GHz),而其他参数保持不变,计算其最大不模糊速度 $V_{u\max}$、Δv 和最大不模糊距离 $R_{u\max}$。

2. 一部 L 波段地基对空监视雷达,工作频率为 1300MHz。它对于 RCS 为 $\sigma=1\mathrm{m}^2$ 的目标的最大检测距离为 200nmi(nmi 为海里,1nmi=1.8532km);天线尺寸为宽 12m×高 4m,天线孔径效率为 $\eta=0.65$;接收机最小可检测信号为 $-100\mathrm{dBm}$。试确定:

(a) 天线有效孔径 A_e 和天线增益 $G(\mathrm{dB})$;

(b) 发射机的峰值功率;

(c) 实现 200nmi 最大不模糊距离的脉冲重复频率;

(d) 如果脉冲宽度为 $2\mu\mathrm{s}$,发射机的平均功率;

(e) 占空因子;

(f) 水平波束宽度。

3. 月球作为一个雷达目标可进行如下描述:到月球的平均距离为 $3.844\times10^8\mathrm{m}$;实验测量的雷达散射截面为 $6.64\times10^{11}\mathrm{m}^2$;月球半径为 $1.738\times10^6\mathrm{m}$。试求解:

(a) 雷达脉冲到月球的往返时间;

(b) 要使得没有距离模糊的雷达脉冲重复频率;

(c) 为了探索月球表面的特性,需要有一个比(b)题计算结果更高的脉冲重复频率。如果要观察从月球前半球来的回波,求脉冲的重复频率;

(d) 如果天线直径为 18.3m,孔径效率为 0.6,雷达频率为 430MHz,接收机最小可检测信号为 $1.5\times10^{-16}\mathrm{W}$,求发射机的峰值功率。你对这一答案感到意外吗?为什么?

(e) 如果月球表面是完全光滑、导电的表面,求其雷达散射截面(dBsm)。如何理解测量得到的月球散射截面(题中所给出的值)与该值不同?

4. 用于获得目标径向速度的方法通常有两种:一种是由多普勒频移 $f_d=2v_r/\lambda$ 求得径向速度;另一种是采用距离随时间变化的速率 $\Delta R/\Delta t$ 来求得速度。这两种方法测量速度的精度不同。试问:

(a) 用脉宽为 τ、射频频率为 f_0 的长准矩形脉冲测量多普勒频移时,径向速度误差 δv_d 的表达式是什么?

(b) 在根据距离变化率求取目标的径向速度时,在时间 τ 内测得的距离为 R_1 和 R_2,则速度为 $v_r=(R_1-R_2)/\tau$,其中 τ 与用多普勒方法测量速度时的脉宽一致。那么此时的径向速度误差 δv_r 的表达式是什么?测量时采用的脉冲是半功率带宽为 B 的高斯脉冲,其时延误差为

$$\delta T_R = \frac{1.18}{\pi B \sqrt{2E/N_0}}$$

假定(a)题和(b)题的两种方法的 $2E/N_0$ 相同。

(c) $\delta v_d/\delta v_r$ 的比值是多少?

(d) 根据(c)题的结论,你认为用哪种方法测量速度的精度更高?

（e）假设总的 $2E/N_0$ 相同，在什么条件下两种方法的测量精度相同？

参 考 文 献

[1]　M. I. Skolnik. Introduction to Radar Systems, 3rd edition. McGraw Hill, 2001.

[2]　R. J. Sullivan. Microwave Radar: Imaging and Advanced Concepts. Norwood, MA: Artech House, 2000.

[3]　D. Slepian. Estimation of signal parameters in the presence of noise. IRE Trans. on PGIT, Vol. 3, March 1954, pp. 68-88.

[4]　A. J. Mallinckrodt and T. E. Sollenberger. Optimum pulse-time determination. IRE Trans. on PGIT, Vol. 3, pp. 151-159, March 1954.

[5]　C. E. Cook and M. Bernfeld. Radar Signals: An Introduction to Theory and Application. Boston MA: Artech House, 1993.

[6]　Encyclopaedia Britannica. Vol. 12, 15th Edition, Chicago, IL, 1991.

[7]　S. Blackman, and P. Popoli. Design and Analysis of Modern Tracking Systems. Norwood, MA: Artech House, 1998.

[8]　D. K. Barton and H. R. Ward. Handbook of Radar Measurements. Norwood, MA: Artech House, 1984.

[9]　黄培康，殷红成，许小剑. 雷达目标特性. 北京：电子工业出版社，2005.

[10]　P. Lacomme, J. P. Hardange, J. C. Marchais and E. Normant. Air and Spaceborne Radar Systems: An Introduction, Scitech Publishing. Inc. 2001.

[11]　G. W. Stmson. Introduction to Airborne Radar, 2nd edition. Scitech Publishing. Inc. 1998.

[12]　丁鹭飞，耿富录. 雷达原理. 西安：西安电子科技大学出版社，2002.

[13]　毛士艺，李少洪. 脉冲多普勒雷达. 北京：国防工业出版社，1990.

[14]　H. L. VanTrees. Detection, Estimation and Modulation Theory, Part I. Jonh Wiley and Sons, Inc. , 2001.

第 9 章　脉冲多普勒雷达与处理

9.1　基　本　概　念

利用目标与雷达之间相对运动产生的多普勒效应,进行目标信息提取和处理的雷达称为多普勒雷达。如果这种雷达发射的是连续射频信号,称为连续波多普勒雷达;如果雷达发射脉冲调制的射频信号,则称为脉冲多普勒(Pulsed Doppler,PD)雷达。注意这里的"脉冲多普勒雷达"是一个广义的概念。根据雷达利用目标回波多普勒频移抑制杂波的方法及能力的不同,一般又可分为动目标显示(Moving Target Indication,MTI)雷达和 PD 雷达。

MTI 技术发端于地面雷达,用于区分地面固定杂波和空中飞行器。它利用运动目标回波信号具有多普勒频移,而固定的地面背景杂波的多普勒频移为零这一特性来抑制杂波,从而使运动目标得以检测和显示。MTI 实际上也是一种脉冲多普勒雷达系统,一般具有较低的脉冲重复频率(PRF,简称为"重频"),以使它不会产生任何距离模糊,但结果是其多普勒模糊严重。

当将雷达安装在运动平台上,如舰船、飞机或航天器时,杂波与雷达有相对运动,杂波的多普勒频移不再为零,多普勒频谱发生展宽现象。此时需要采用时间平均杂波相参机载雷达(Time-Averaged-Clutter Coherent Airborne Radar,TACCAR)技术对杂波的多普勒频移进行补偿,采用偏置相位中心天线(Displaced Phase Center Antenna,DPCA)对多普勒频谱的展宽进行补偿。采用 TACCAR 和 DPCA 两种技术补偿平台运动的雷达称为 AMTI 雷达。AMTI雷达中的 A 字代表 Airborne,以前主要指飞机,现在则泛指任何采用上述两种运动补偿方法的运动雷达平台[1]。

在 MTI 雷达杂波对消的基础上,再通过窄带多普勒滤波器构成的多普勒滤波器组对杂波进一步抑制的雷达系统称为动目标检测(Moving Target Detection,MTD)雷达。这种雷达也采用低重频,因而一般没有距离模糊,且在频域上进行滤波,具有速度选择能力。所以,MTD雷达也可以认为是一类以低重频方式工作的 PD 雷达。

PD 雷达是在 MTI 技术的基础上发展起来的,经历了 MTI、AMTI 和多普勒滤波器组技术的发展,能够实现对雷达目标回波频谱的单根谱线进行频域滤波,具有对目标进行速度分辨的能力。由于 PD 雷达一般采用多普勒滤波器组,可以更精细地滤除杂波,从而将具有不同运动速度的目标从杂波中分离出来。

MTI 雷达和 PD 雷达都是利用目标与雷达之间相对运动而产生的多普勒效应进行目标信息提取和处理的雷达,但它们消除杂波的方式不一样。MTI 雷达消除杂波的技术相对比较简单,而固定目标所形成的背景杂波十分复杂,仅靠 MTI 一般难以充分地抑制杂波和实现对目标的检测。这也是 PD 雷达与早期 MTI 雷达的主要区别。但是,随着多普勒滤波器组和数字处理技术在 MTI 与 PD 雷达中均得到广泛的应用,两者之间的区分边界便变得模糊了。

MTI 雷达与 PD 雷达在发射机类型和信号处理技术上曾经有大的差异。例如,在 MTI 雷达的发展初期,发射机通常采用磁控管,PD 雷达通常用诸如速调管之类的高功率放大器发射机,现今无论是 MTI 雷达还是 PD 雷达,都采用相同类型的高功率放大器;早期 MTI 雷达采用模拟延迟线对消器,而 PD 雷达则多采用模拟滤波器组,现今这两种雷达都采用数字处理,而且 MTI 也采用滤波器组(如 MTD 雷达)。可见,设备上的差异已不再是区分彼此的标准。

　　MTI 雷达与 PD 雷达的基本差异是彼此所采用的脉冲重复频率和占空因子。一般 MTI 以低重频方式工作,而 PD 雷达则可以低、中和高重频方式工作。PD 雷达低重频方式没有距离模糊,但是通常会有大量的多普勒频率模糊;PD 雷达高重频方式没有速度模糊,但有严重的距离模糊;PD 雷达中重频方式则通常既有距离模糊,又有速度模糊。由于 PD 雷达更多地采用中、高重频工作方式,通常会接收到比 MTI 雷达更多的杂波,为了获得足够的信杂比,PD 雷达需要更大的杂波改善因子。通常,MTI 雷达的杂波改善因子为 20～30dB,经过改进的数字 MTI 雷达的改善因子可达 30～40dB[4]。PD 雷达比 MTI 雷达能够更好地抑制固定杂波。可称为 PD 雷达低重频方式的 MTD 雷达,其杂波改善因子可达 40～50dB,一般 PD 雷达的改善因子应在 50dB 以上。

　　应该指出,今天的技术发展已经使得 MTI 与 PD 雷达之间的差异越来越不明显,甚至开始将 MTI 和 PD 雷达通称为"脉冲多普勒雷达"。例如,一部先进机载 PD 雷达可以兼具低、中、高重频工作模式,同时还具有合成孔径/逆合成孔径高分辨率成像等工作模式。

9.2　运动平台和目标的多普勒特性

9.2.1　PD 雷达的多普勒频移

　　在第 8 章中曾经讨论了最简单的连续波多普勒频率测量雷达,这种雷达不能简单地推广到有脉冲调制的多普勒雷达,因为在多普勒接收机中需要一个参考频率信号,才能提取出目标的多普勒频移。如果直接用图 8-6 中的电路,给 CW 信号加开关脉冲调制,则当发射信号关闭时,接收参考信号也同样被关闭,因此无法完成目标多普勒频率的提取。为此,可以把该电路做一些改进,即发射机发射信号加脉冲调制,而注入接收机的参考信号仍为连续波,如图 9-1 所示。这样,当收到脉冲回波时,参考信号仍然存在,因此接收机可以将回波信号中的目标多普勒频移信息提取出来。

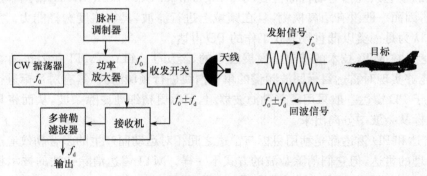

图 9-1　脉冲多普勒雷达示意图

假定雷达发射信号为

$$s_t(t) = A_t \sin(2\pi f_0 t) \tag{9-1}$$

式中,A_t 为发射信号的幅度,f_0 为发射信号的频率。参见图 8-5,当距离 R_0 远处的目标相对雷达有一个径向速度 V_R 时,目标回波信号为

$$s_r(t) = A_r \sin[2\pi f_0(t - T_R)] \tag{9-2}$$

式中，A_r 为回波的幅度，

$$T_R = \frac{2R}{c} = \frac{2R_0 - 2V_R t}{c} \tag{9-3}$$

为双程时延。

所以，接收信号可表示为

$$s_r(t) = A_r \sin\left[2\pi f_0\left(1 + \frac{2V_R}{c}\right)t - \frac{4\pi f_0 R_0}{c}\right] \tag{9-4}$$

其频率同发射信号之间相差一个多普勒频率

$$f_d = 2f_0 V_R / c = 2V_R / \lambda$$

当接收机为外差式接收机时，用参考信号

$$s_{ref}(f) = A_{ref}\sin(2\pi f_0 t) \tag{9-5}$$

对该接收信号混频后，鉴相器输出的差频信号为

$$s_d(t) = A_d\cos\left(2\pi f_d t - \frac{4\pi R_0}{\lambda}\right) \tag{9-6}$$

式中，A_d 为输出信号幅度，$f_d = 2V_R / \lambda$ 为目标速度引起的多普勒频率。

分三种情况对式（9-6）所示的回波信号进行讨论。

（1）对于静止的点目标，$f_d = 0$，所以输出信号为常数；

（2）对于固定位置上的分布式杂波，由于余弦函数的最大、最小值取 ± 1，所以，不同距离上的杂波输出信号可正可负；

（3）对于运动的点目标，该信号则为一随时间做规则变化的函数。

如图 9-2 所示为 PD 雷达发射信号与鉴相器输出信号示意图。雷达发射一串脉宽为 t_p 的脉冲串，如图 9-2（a）所示，如果雷达脉冲的持续时间很长，有 $f_d > 1/t_p$，则在一个脉宽时间内该信号将产生多于一次的振荡，如图 9-2（b）所示，此时雷达可以在一个脉冲周期内检测出该目标的多普勒频率。反之，如果 $f_d < 1/t_p$，则鉴相器的输出是一个随时间缓慢变化的信号，如图 9-2（c）所示，此时雷达不能在一个脉冲周期内鉴别该多普勒频率，需要对多个回波脉冲处理后才能提取出目标的多普勒频率。图 9-2（c）所示为实际雷达中的典型情况。注意此处雷达的输出信号是双极性（带正负号）的视频信号。

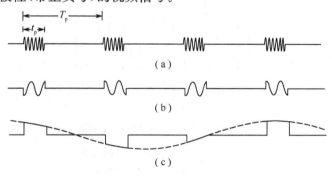

图 9-2　PD 雷达发射信号与鉴相器输出信号

脉冲多普勒雷达正是利用上述运动目标回波多普勒频率的时变特点，实现抑制静止杂波和从强杂波中检测与指示运动目标的。

9.2.2　PD 雷达的回波

对于地面固定的雷达站，由于雷达与地面杂波之间没有相对运动，如果忽略刮风导致的地

物背景运动,则一般可认为地杂波的多普勒频率为零。而机载雷达由于载机的运动,不运动的地物和一些固定目标的回波信号都会产生多普勒频移,机载条件下的回波信号频谱结构也就更为复杂。这时,若要有效地检测空中和地面目标,其难度要比地面雷达困难得多。

机载雷达是脉冲多普勒体制应用最为广泛和重要的领域。下面以机载 PD 雷达为例,扼要地介绍 PD 雷达工作在高重频方式时的回波。本章 9.6~9.8 节将对 PD 雷达的回波做更进一步的分析。

假如机载 PD 雷达处于图 9-3 所示的工作情形,当 PD 雷达发射一串如图 9-2(a)所示的脉冲时,在频域形成类似于图 9-4(a)所示的谱线,谱线的间隔等于雷达的 PRF。图 9-4(b)所示为接收信号的载频 f_0 及两相邻谱线 $f_0 \pm f_p$,f_p 为雷达的 PRF。由于雷达对目标照射的时间有限,以及杂波调制谱等影响,接收回波的频谱将不会是纯粹的线谱。其中除了包含目标的回波,还含有地面杂波。下面对载频附近的各种杂波频谱分量进行介绍。

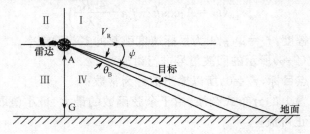

图 9-3　机载 PD 雷达工作示意图

地面杂波可分为三类:主瓣回波(主杂波)、旁瓣回波和高度回波。

主瓣回波是雷达天线的主瓣照射地面产生的回波,也简称为主杂波。主杂波的杂波幅度相对较大,它位于旁瓣杂波区域内的某个位置,如图 9-4(b)所示。

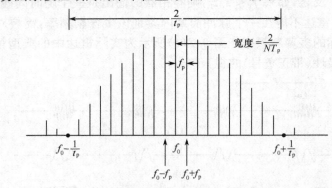

(a)由 N 个脉冲构成的脉冲串的频谱

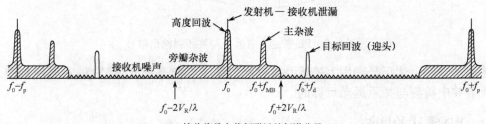

(b)接收信号在载频附近的频谱分量

图 9-4　PD 雷达回波信号的频谱

主杂波的多普勒中心频率 f_{MB} 为

$$f_{MB} = \frac{2V_R}{\lambda}\cos\psi \qquad (9\text{-}7)$$

式中，V_R 为载机的速度，ψ 为雷达天线的下视角，λ 为雷达的波长。

由于天线主瓣照射的地面不是一个点，而是一定区域的地面范围，所以主杂波的多普勒占有一定的频谱宽度。主杂波的宽度 ΔF_{MB} 为

$$\Delta F_{MB} = \frac{2V_R}{\lambda}\cos\left(\psi - \frac{\theta_B}{2}\right) - \frac{2V_R}{\lambda}\cos\left(\psi + \frac{\theta_B}{2}\right) \approx \frac{2V_R}{\lambda}\theta_B\cos\psi \qquad (9\text{-}8)$$

式中，θ_B 为天线波束的宽度，如图 9-3 所示。其他参数同前。

如果天线波束进行扫描，则主杂波的多普勒频率将发生变化，因此其位置也在改变。如图 9-5 所示，如果方位扫描角为 $\pm\beta$，则主杂波的频谱中心在 $\frac{2V_R}{\lambda}\cos\psi$ 和 $\frac{2V_R}{\lambda}\cos\psi\cos\beta$ 之间。

如果地面散射具有均匀散射特性，则主杂波的特性与热噪声的相近，在接收机的中频输出端，主杂波是带宽为 $\frac{2V_R}{\lambda}\theta_B\cos\psi$ 的窄带高斯随机分布。但实际的地面散射系数往往是不均匀的，当波束沿地面移动时，产生闪烁效应，这种效应表现为对杂波的幅度调制。

高度杂波：是雷达正下方地面的旁瓣回波，如图 9-3 中 AG 所示。由于是垂直照射，距离又近，高度杂波的强度大于一般旁瓣杂波。因为高度杂波与载机的相对径向速度为零，所以其没有多普勒频移，位置在载频频率附近。由于多普勒折叠的影响，该回波在 $f_0 \pm nf_p$ 处重复出现，如图 9-4(b) 所示。此外，该信号分量中也可能存在雷达发射机泄漏的影响。

旁瓣杂波：天线的旁瓣会在一个很大的入射角范围内（从 $0°$ 到几乎接近 $90°$）对环境照射，因此，如果雷达的绝对速度为 V_R，则这种旁瓣杂波的多普勒将以 f_0 为中心向 $\pm 2V_R/\lambda$ 两端扩展。在图 9-4(b) 中，旁瓣杂波的谱假设在 $f_0 \pm 2V_R/\lambda$ 范围内均匀分布。实际上不会完全均匀，一般是远离载频处的杂波较弱。在 PD 雷达低重频方式，由于不存在距离模糊，天线的旁瓣杂波幅度很快从大幅度的高度杂波衰减下来，一般幅度较低；在 PD 雷达高重频方式中，因为存在大量距离模糊混叠，天线旁瓣杂波一般很强；而 PD 雷达中重频方式旁瓣杂波的幅度介于两者之间。

无杂波区：在图 9-4(b) 中，存在一个区域没有杂波的影响，只有接收机噪声影响，该区域称为无杂波区。这一区域的多普勒频率较高，这相当于是雷达对正前方高速接近的目标进行探测的情况，如图 9-3 所示的前半球逼近的飞机。

以上的分析没有讨论图 9-5 所示的雷达天线在一定角度范围内扫描的情况，此时的回波多普勒特性更为复杂，留待本章 9.5 节中讨论。

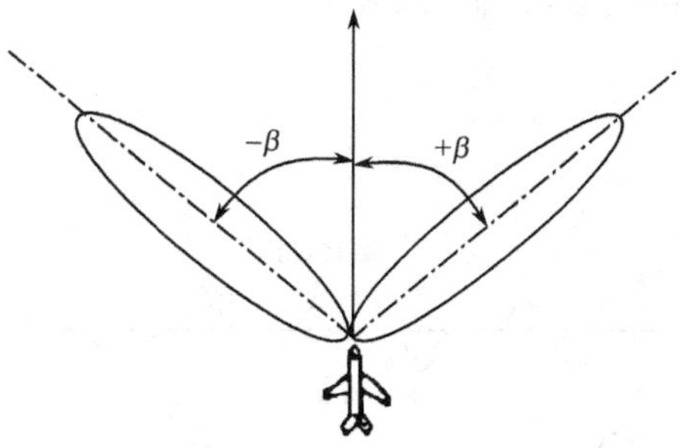

为了更好地理解载机同目标之间相对速度所造

图 9-5　雷达天线在 $\pm\beta$ 角度范围内扫描

成的多普勒影响，我们进一步分析不同情况下机载 PD 雷达的目标回波。机载雷达探测的目标大多是低空的飞机或巡航导弹，图 9-6 所示为 5 种飞行状态的目标回波与杂波谱之间相对位置关系示意图。

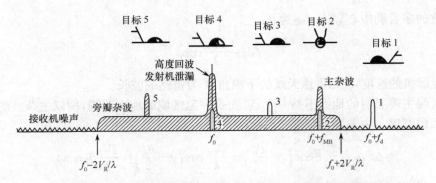

图 9-6　5 种飞行状态的目标回波在杂波谱之间相对位置关系示意图

目标 1 以 V_{t1} 的速度从飞机的前半球迎面飞来,其回波的多普勒频移为 $\dfrac{2(|V_R|+|V_{t1}|)}{\lambda}$ $\cos\varphi$。通常情况下 φ 很小,所以目标 1 的回波频移大于旁瓣杂波的最大频移 $\dfrac{2|V_R|}{\lambda}$。因此,从频谱域上看,目标 1 出现在无杂波区。

目标 2 以 V_{t2} 的速度从与载机垂直的方向飞过,由于目标同载机之间的径向速度为零,其回波的多普勒频移为 $\dfrac{2|V_R|}{\lambda}\cos\varphi$。因此,从频谱上看,目标 2 正好出现在主杂波区内。

目标 3 以 V_{t3} 的速度与载机同向飞行,且 $|V_R|>|V_{t3}|$,即载机尾追目标且与目标的距离逐渐减小。这时目标 3 的回波多普勒频移为 $\dfrac{2(|V_R|-|V_{t1}|)}{\lambda}\cos\varphi$,其值小于主杂波的多普勒频移 $\dfrac{2|V_R|}{\lambda}\cos\varphi$,但大于零。因此,目标 3 的谱线位于主杂波和高度杂波的谱线之间。

目标 4 以 V_{t4} 的速度与载机同向飞行,且 $|V_R|=|V_{t4}|$,即雷达载机与目标相对速度为零。因此,目标 4 的谱线与高度杂波的谱线重合。

目标 5 以 V_{t5} 的速度与载机同向飞行,且 $|V_R|<|V_{t5}|$,即载机尾追目标且与目标间的距离逐渐增大。这时目标 5 的回波多普勒频移 $\dfrac{2(|V_R|-|V_{t5}|)}{\lambda}\cos\varphi<0$。因此,目标 5 的谱线位于高度杂波的谱线左侧。

9.2.3　杂波对消

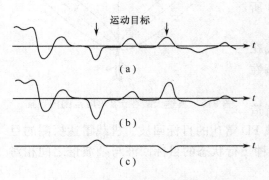

图 9-7　静止杂波对消原理示意图

杂波对消是 PD 雷达抑制杂波的一个基本方法。杂波对消相当于一个高通滤波器,滤除多普勒频率低的静止杂波,而让与载机有相对运动的多普勒频率较高的目标回波通过。如图 9-7 所示,图 9-7(a)和(b)分别给出了脉冲多普勒雷达在两次相继的扫描测量中鉴相器输出的回波信号。对于静止的杂波,这两次测量的回波基本上保持不变,而对于运动的目标,由于其多普勒效应产生了随时间变化的输出信号,当将这两个在时间上有一定延时的输出信号相减时,静止杂波被对消,而时变的运动目标回波信号因不会被完全抵消而得到保留,如图 9-7(c)所示。这就是动目标指示的基本原理。

9.3 测距和测速模糊的解算

MTI 雷达一般在低重频方式下工作。根据不同的需求,PD 雷达可采用低重频、中重频和高重频的工作方式。地面和舰载远程雷达采用的是低重频方式,机载 PD 雷达为了获得上视、下视、全方位和全高度攻击能力,同一部雷达可能采用低、中、高几种不同的重频工作方式。采用低重频方式,没有距离模糊,但有严重的多普勒频率模糊;采用高重频方式,没有多普勒频率模糊,但有严重的测距模糊;当采用中重频方式时,既有测距模糊,又有测速模糊。一般来说,模糊问题是不可避免的,因此,必须设法解决通常情形下测距和测速的模糊问题,即扩大测距和测速的不模糊范围。

脉冲多普勒雷达的最大不模糊距离和速度有以下的限制[4]

$$R_{max} \cdot V_{max} = \frac{\lambda c}{8} \tag{9-9}$$

式中,λ 为雷达波长,c 为光速。此式表明:λ 越大,最大不模糊距离和最大不模糊速度的乘积越大。但选用较长的波长会使雷达设备的体积增大,这在机载雷达中更是不现实的。

可采用对发射信号某种形式的调制来扩大测距和测速的不模糊范围。在对接收到的信号进行解调时,可通过运算进行解模糊。常用的调制方法有以下几种:连续分档地改变脉冲重复频率;对射频载波进行线性或非线性调制;采用某种形式脉冲调制,如脉冲宽度调制、脉冲位置调制和脉冲幅度调制等。

下面重点介绍参差 PRF 解距离模糊和速度模糊的基本原理。

9.3.1 测距模糊的解算

参差 PRF 测距方法利用几种重复频率不同的脉冲信号进行测距,首先用一个重复频率测出对应的模糊距离,再用另一个重复频率测出模糊距离,然后将测量到的模糊距离进行解模糊计算处理,即可得到没有模糊的真实距离。

工程上应用得最多的是双重频和三重频参差 PRF 测距系统。此处以双重频参差测距为例。

假设某一目标距雷达的真实距离为 R_u。当雷达以重复频率 PRF1 工作时,雷达的最大不模糊距离为 $R_{u\,max1}$,雷达探测目标的模糊距离为 $R_{aparent1}$。当雷达以重复频率 PRF2 工作时,雷达的最大不模糊距离为 $R_{u\,max2}$,雷达探测目标的模糊距离为 $R_{aparent2}$。假如因模糊目标到雷达的距离产生了 n 次折叠,如图 9-8 所示,则根据图 9-8,可得到如下方程

$$\begin{cases} R_u = nR_{u\,max1} + R_{aparent1} \\ R_u = nR_{u\,max2} + R_{aparent2} \end{cases} \tag{9-10}$$

解方程组(9-10),可得

$$n = \frac{R_{aparent1} - R_{aparent2}}{R_{u\,max2} - R_{u\,max1}} = \frac{\Delta R_{aparent}}{\Delta R_{u\,max}} \tag{9-11}$$

式中,$\Delta R_{u\,max} = |R_{u\,max2} - R_{u\,max1}|$ 为雷达两个重频方式时的最大不模糊距离之差,$\Delta R_{aparent} = |R_{aparent2} - R_{aparent1}|$ 为雷达两个重频方式测距时测得的目标的模糊距离之差。

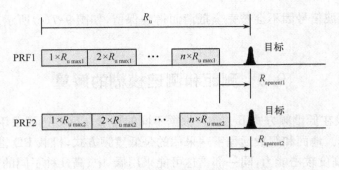

图 9-8 双重频参差测距原理示意图

则目标到雷达的真实距离为

$$R_u = \frac{\Delta R_{\text{aparent}}}{\Delta R_{u\,\max}} R_{u\,\max 1} + R_{\text{aparent}1} \tag{9-12}$$

雷达双重频参差测距的方法可推广到三重频参差测距，这里不再赘述。有兴趣的读者可依此方法自行推导。

9.3.2 "幻影"问题

当雷达采用双重频参差方式解测距模糊时，可能会出现一个新的问题，那就是"幻影"现象。当两个目标处在雷达同样的方位角与俯仰角，而且这两个目标与载机的径向速度很接近时，不能用多普勒频率进行分离，这时就会产生"幻影"现象，如图 9-9 所示。在这种情形下，雷达以 PRF1 方式测距，再改用 PRF2 方式测距，其中一个目标或两个目标都将移动到不同的距离单元，这时，我们分不清是哪个目标移到了哪个距离单元。每个目标都有两个距离，一个是真实目标的距离，一个是"幻影"的距离。

为了能将产生"幻影"的现象讲清楚，现在来看一个具体的例子。

设雷达以 PRF1 方式工作时，雷达的最大不模糊距离为 10km，距离单元的长度为 0.25km，占用雷达 40 个距离单元；雷达以 PRF2 方式工作时，雷达的最大不模糊距离为 10.25km，距离单元的长度仍为 0.25km，占用雷达 41 个距离单元。则目标到雷达的真实距离每折叠一次，雷达用 PRF2 测得的模糊距离就比 PRF1 测得的模糊距离短 0.25km，即目标在距离单元上的位置向左移动 1 个距离单元。如果折叠 n 次，则向左移动 n 个距离单元。

假设有 A、B 两个目标，雷达以 PRF1 方式工作时，雷达在第 24、26 个距离单元出现目标 A、B。模糊距离分别为 $24 \times 0.25 = 6$km、$26 \times 0.25 = 6.5$km。当雷达换用 PRF2 方式工作时，雷达在第 22、24 个距离单元出现目标，如图 9-10 所示。

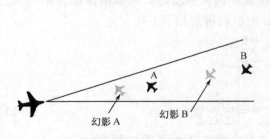

图 9-9 双重频 PD 雷达测距时出现
"幻影"的示意图

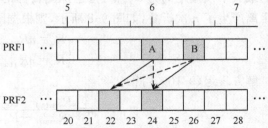

图 9-10 雷达采用双重频测距产生"幻影"示例

这时,出现了问题。我们没有直接的方法知道,用 PRF2 测距时出现的两个目标是 A、B 两个目标都向左移动了两个距离单元,还是目标 A 没有移动,仍然在第 24 个距离单元,而目标 B 向左移动了 4 个距离单元,而移到了第 22 个距离单元。

因此,每个目标都有两个可能的距离:如果是 A、B 两个目标分别向左移动了 2 个距离单元,则目标的真实距离为

$$目标 A:(2×10)+6=26km$$
$$目标 B:(2×10)+6.5=26.5km$$

另一方面,如果目标 A 保持不动,而目标 B 向左移动了 4 个距离单元,则得到两个目标的真实距离为

$$目标 A:(0×10)+6=6km$$
$$目标 B:(4×10)+6.5=46.5km$$

因此,雷达可能会认为有 4 个目标存在,其中两个是真实的目标,另外两个是"幻影",但究竟哪两个是"幻影"呢?通过再增加一个 PRF3,可以识别出"幻影"。

假如雷达以 PRF3 方式工作时,其最大不模糊距离为 9.75km,距离单元长度仍为 0.25km,占用雷达 39 个距离单元,如图 9-11 所示。

当雷达以 PRF3 方式测距时,两个目标分别出现在第 26、28 个距离单元。第 26 个距离单元比目标 A 原始位置(用 PRF1 方式测距)向右移动了

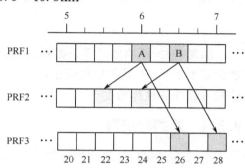

图 9-11　用三重频方式测距识别"幻影"

2 个距离单元;第 28 个距离单元比目标 B 原始位置(用 PRF1 方式测距)向右移动了 2 个距离单元。由于雷达以 PRF2 方式测距时,第 22 个距离单元比目标 A 原始位置向左移动了 2 个距离单元,第 24 个距离单元比目标 B 原始位置向左移动了 2 个距离单元,如图 9-11 所示,因此,可以断定两个目标移动的距离单元都是 2 个,两个目标真实距离分别是 26km、26.5km。另外两个距离上出现的目标是"幻影"。

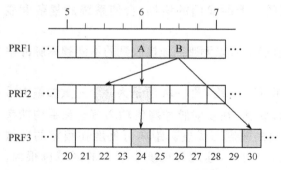

图 9-12　用三重频方式测距推导目标距离

那么再来考虑,假如 26km、26.5km 位置上出现的目标是"幻影",当雷达以 PRF3 方式测距时,目标 A、B 应出现在什么位置?

对于目标 A,由于用 PRF1、PRF2 两种方式测距,目标位置没有移动,即 $n=0$,目标 A 没有距离模糊,因此雷达用 PRF3 测距时,目标 A 仍然出现在第 24 个距离单元上。对于目标 B,由于 $n=4$,因此雷达用 PRF3 测距时,目标 B 出现的位置比目标 B 原始位置向右移动了 4 个距离单元,如图 9-12 所示。

以上从两个方面说明了雷达用三重频方式测距可以避免"幻影"现象的产生。

9.3.3　测速模糊的解算

多重参差 PRF 信号也可以用来消除测速模糊。这时,用多普勒滤波器组在每个重复频率

下测出模糊速度,再用与上节介绍的解测距模糊相似的方法,计算目标的真实速度。

某些情况下,多重参差 PRF 解测距模糊方法的应用受到限制。例如,用固定点的 FFT 作为多普勒滤波器组时,对应于不同的重复频率,FFT 的点数是不变的,因而子滤波器的带宽不同。这相当于多普勒频率的分辨单元不同,因此上面的方法也就不适用了。

另一种常用解测速模糊的方法是利用距离跟踪的粗略微分数据来消除测速模糊。设模糊多普勒频移 f_{da} 与真实目标的多普勒频移 f_{du} 相差 K 倍重频,因此无模糊多普勒频率为

$$f_{du} = Kf_p + f_{da} \tag{9-13}$$

式中,K 由距离跟踪回波测得的距离微分 $\dot{R}$ 对应的多普勒频率 f_{dR} 和模糊速度 f_{da} 算出

$$K = \text{Int}\left(\frac{f_{dR} - f_{da}}{f_p}\right) \tag{9-14}$$

式中,$\text{Int}(\cdot)$ 表示取整运算。对应目标的不模糊速度为

$$V_u = \frac{\lambda f_{du}}{2} \tag{9-15}$$

通常,根据距离跟踪系统得到的 f_{dR} 的误差较大,但只要 f_{dR} 与真实的不模糊多普勒频移的误差小于 $f_p/2$,就可以得到正确的结果。对上述相关计算过程进行适当改进,可以提高算法的可靠性和计算精度[4]。

9.3.4 遮挡的消除

PD 雷达测距、测速的另一个问题是遮挡。在高重频情况下,距离是高度模糊的。当目标回波由一个重复周期移动到相邻的另一个重复周期时,会发生发射脉冲对回波信号的遮挡现象。严重时回波可能被发射脉冲全部遮挡住。频率域也有类似的情况,如果目标回波的多普勒频率落入主瓣杂波区,就会产生频率的遮挡。遮挡会使雷达的距离性能和检测性能下降,严重时会出现盲距和盲速。

在多重 PRF 雷达系统中,如果忽略收发开关的恢复时间,由于距离门与距离分辨单元相同,遮挡发生在一个距离单元内;而在频率域,主瓣杂波的抑制带要选得足够宽,以便能滤除最宽的主瓣杂波。显然,频率域的遮挡区域比多普勒分辨单元大得多。从减小距离遮挡概率的角度来讲,增加距离门的数目是有利的。但距离门的增加,会使系统的复杂度显著增加。

对于多重 PRF 雷达系统,把在某一距离(速度)上可以无遮挡地接收到的不同频率脉冲串的数目称为距离(速度)可见度。

图 9-13 所示为一个三重中重频 PD 雷达的距离可见度,图 9-14 所示为一个三重参差中重频 PD 雷达,在发射脉冲峰值功率恒定和平均功率恒定时的速度可见度。距离可见度在很宽的区域内小于等于 2,速度可见度小于 3 的区域也很大。因此,在用三重参差 PRF 系统测距和测速时,遮挡现象很严重。图 9-15 所示为该系统在发射脉冲串峰值功率恒定和平均功率恒定时的距离—速度二维可见度。图中的阴影部分是距离和速度可见度同时小于 3 的区域。

能同时实现分辨模糊和消除遮挡的方法有两

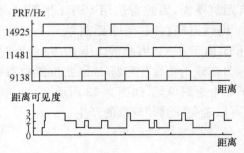

图 9-13　三重中重频 PD 雷达的距离可见度

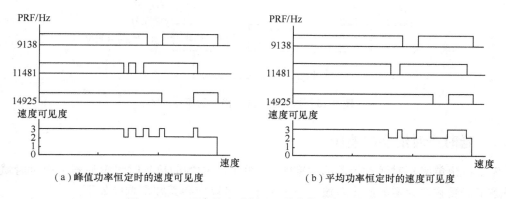

（a）峰值功率恒定时的速度可见度　　　　　（b）平均功率恒定时的速度可见度

图 9-14　三重参差中重频 PD 雷达的速度可见度

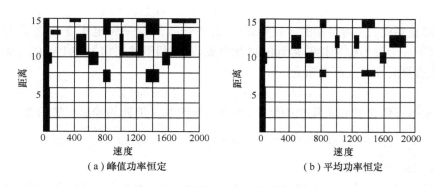

（a）峰值功率恒定　　　　　　　（b）平均功率恒定

图 9-15　距离－速度二维可见度

种。一种是多主－多子法，即采用多组多重 PRF 信号，每组都可以单独分辨模糊。雷达先以某一组信号测距和测速，一旦发现有遮挡现象，雷达就改变其工作状态，发射另一组信号。另一种是多主－无子法，即雷达发射 N 种重复频率信号，在收到回波时，选用其中的 k 个（$k <N$，一般为 3）无遮挡的脉冲串来分辨模糊和测距、测速。

多主－无子跟踪方案会使设备量增多，并且信号处理复杂。对多数中重频雷达，在目标距离和速度未知的搜索状态可以使用多主－无子跟踪方案。而在目标捕获以后的跟踪状态合理选择 PRF 就可以减少 PRF 的重数，并增加每种 PRF 信号的目标照射时间。

9.4　延时线对消器

通过延时线对消器（delay-line canceller）可实现两次测量信号的相减，其原理框图如图 9-16所示。在这里，先对雷达输出的双极性视频信号做 A/D 采样，延时线的延迟时间正好等于一个雷达脉冲重复周期 T_p，这样减法器的输入信号正好是两个相邻雷达回波的视频信号，其输出仍然是双极性的视频信号。但是，正如图 9-7 所示的那样，固定的不随时间变化的杂波信号被抵消，而运动目标的信号由于随时间变化，因而不能完全抵消而被保留了下来，形成 MTI 输出。由于这里只使用了一级延时线，因此这种对消器被称为单级延时线对消器。

延时线对消器得名于早期的雷达，那时对信号的延时是通过模拟信号延时线（多为声表面波器件）来完成的。现代 MTI 雷达一般采用数字延时和数字信号处理技术，但其名称一直沿用至今。延时线对消器对于 MTI 雷达的性能具有重要影响。

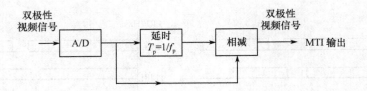

图 9-16　单级延时线对消器的原理框图

9.4.1　延时线对消器的响应

先来讨论单级延时线对消器的频率响应,图 9-16 中的简单延时线对消器是通过时域滤波器滤除多普勒频率为零的静止杂波的一个例子。可以推导其频率响应如下。

在时间 t,对于距离 R_0 远处的运动目标,鉴相器的输出信号为

$$s_1(t) = A\cos(2\pi f_d t - \varphi_0) \tag{9-16}$$

式中,A 为回波幅度,f_d 为目标的多普勒频率,$\varphi_0 = 4\pi R_0/\lambda$ 为一恒定相位,λ 为雷达波长。

对雷达下一个发射脉冲接收得到的目标回波,其鉴相器输出信号与上述信号类似,只是相差一个脉冲重复周期 T_p,可表示为

$$s_2(t) = A\cos[2\pi f_d(t - T_p) - \varphi_0] \tag{9-17}$$

因此,根据三角公式和差化积的公式,整理后延时线对消器的输出可表示为

$$s(t) = s_2(t) - s_1(t) = 2A\sin(\pi f_d T_p)\cos\left[2\pi f_d\left(t - \frac{T_p}{2}\right) - \varphi_0'\right] \tag{9-18}$$

式中,$\varphi_0' = \varphi_0 + \pi/2$。

可见,延时线对消器的输出信号仍然是频率为 f_d 的余弦信号,但是有一个附加的幅度调制 $2\sin(\pi f_d T_p)$。因此,对消器输出信号的幅度不但取决于输入信号幅度,而且还取决于目标多普勒频移 f_d 和雷达的脉冲重复周期 T_p。这样,单级延时线对消器的频率响应为

$$H(f) = 2\sin(\pi f T_p) \tag{9-19}$$

其幅频特性如图 9-17 所示。

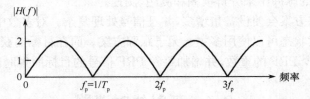

图 9-17　单级延时线对消器的频率响应

从图 9-17 可见,正如所要求的那样,单级延时线对消器可以消除多普勒频率为零的杂波,但是,这种简单的多普勒滤波器同时还具有以下两个特点。

(1) 在雷达脉冲重复频率的整数倍处,滤波器的频率也为零,这意味着如果运动目标的多普勒频率是雷达脉冲重复频率的整数倍,则该目标的回波信号也会被对消掉,其结果是产生了多普勒盲速。

(2) 杂波的多普勒频谱一般不会是理想的 δ 冲激函数,所以,除 $f_d = 0$ 外的其他杂波分量会通过延时线对消器的通带,因而不可能被滤除干净。其结果是未被对消的杂波将对动目标检测产生干扰。

9.4.2 杂波衰减因子

实际的雷达环境一般存在内部运动等,不可能是真正"固定"的。实际的雷达系统,由于其稳定本振(STALO)和相干(COHO)频率源也不可能是绝对稳定的。这两方面的原因决定了雷达接收到的分布式杂波信号,其多普勒频谱不可能是理想的 δ 冲激函数,而是有一定的频谱宽度,如图 9-18 中的阴影部分所示。

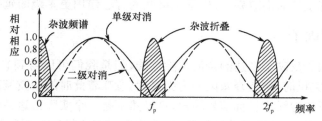

图 9-18 单级与二级对消器的频率响应

关于各种杂波谱模型,我们已经在第 7 章中做过介绍。为简便起见,假设杂波的功率谱密度符合高斯模型,即

$$W(f)=W_0\mathrm{e}^{-\frac{f^2}{2\sigma_c^2}}=W_0\mathrm{e}^{-\frac{f^2\lambda^2}{8\sigma_v^2}} \tag{9-20}$$

式中,W_0 为杂波功率谱密度在 $f=0$ 处的峰值,σ_c 为以 Hz 为单位的杂波谱标准偏差,σ_v 为以 m/s 为单位的杂波谱标准偏差(两者之间差一个因子 $2/\lambda$,即 $\sigma_c=2\sigma_v/\lambda$)。

从图 9-18 可以看到,由于杂波谱的展宽,单级延时线对消器(图中实线)的输出信号中会产生严重的杂波泄漏。σ_c 越大,这种泄漏就越严重,因此将影响对强杂波中运动目标的检测。为了定量地描述这种影响,定义杂波衰减(Clutter Attenuation,CA)因子为

$$C_A = \frac{\int_0^{+\infty} W(f)\mathrm{d}f}{\int_0^{+\infty} W(f)\mid H(f)\mid^2\mathrm{d}f} = \frac{C_{\mathrm{in}}}{C_{\mathrm{out}}} \tag{9-21}$$

式中,$H(f)$ 为延时线对消器的频率响应,C_{in} 和 C_{out} 分别为输入和输出杂波功率。

对于单级延时线对消器,代入式(9-19)和式(9-20),得到

$$C_A = \frac{\int_0^{+\infty} W_0\exp(-f^2/2\sigma_c^2)\mathrm{d}f}{\int_0^{+\infty} W_0\exp(-f^2/2\sigma_c^2)4\sin^2(\pi f T_p)\mathrm{d}f}$$

$$= \frac{1}{2[1-\exp(-2\pi^2 T_p^2\sigma_c^2)]} \tag{9-22}$$

当式(9-22)中的指数项很小时,根据近似式 $\mathrm{e}^{-x}\approx 1-x(x\ll 1)$,有

$$C_A\approx\frac{f_p^2}{4\pi^2\sigma_c^2}=\frac{f_p^2\lambda^2}{16\pi^2\sigma_v^2} \tag{9-23}$$

式中,$f_p=1/T_p$。

对于大多数应用来说,单级对消器不足以满足动目标检测的要求。如果采用二级延时线对消器,由于其频率响应为

$$H(f) = 4\sin^2(\pi f T_p) \tag{9-24}$$

该频率响应在图 9-18 中用虚线表示。将式(9-24)和式(9-20)代入式(9-21),可得到二级延时线对消器的杂波衰减因子为

$$C_A \approx \frac{f_p^4}{32\pi^4 \sigma_c^4} = \frac{f_p^4 \lambda^4}{512\pi^4 \sigma_v^4} \tag{9-25}$$

为了进一步改善杂波对消效果,可以采用级联的方法使用更多级的延时线对消器。

9.4.3 MTI 改善因子

尽管杂波衰减因子反映了雷达的杂波消除性能,但是我们可以看到它存在的一个主要缺陷,即当雷达接收机关机时,杂波衰减因子为无穷大,意味着此时的杂波衰减性能最好。但是,接收机关机同时也意味着没有目标信号输出,这显然不是一个实际雷达系统所希望的。可见,需要定义别的参数来度量 MTI 雷达的性能,这个参数就是 MTI 改善因子(improvement factor),它定义为输出信号杂比(信杂比,SCR)同输入信号杂比之间的比值,即

$$I_f = \frac{(S/C)_{out}}{(S/C)_{in}} = \frac{C_{in}}{C_{out}} \frac{S_{out}}{S_{in}} \tag{9-26}$$

式中,C_{in}、C_{out} 分别为输入和输出杂波功率,S_{in}、S_{out} 分别为输入、输出信号功率。MTI 改善因子同杂波衰减因子之间的关系为

$$I_f = C_A G \tag{9-27}$$

式中,G 为信号的平均增益。同杂波衰减因子相比,G 一般较小。例如,对于单级延时线对消器,$G=2$,此时 MTI 改善因子为

$$I_{f1} \approx \frac{1}{2\pi^2 (\sigma_c/f_p)^2} = \frac{\lambda^2}{8\pi^2 (\sigma_v/f_p)^2} \tag{9-28}$$

对于二级延时线对消器,$G=4$,此时 MTI 改善因子为

$$I_{f2} \approx \frac{1}{8\pi^4 (\sigma_c/f_p)^4} = \frac{\lambda^4}{128\pi^4 (\sigma_v/f_p)^4} \tag{9-29}$$

更一般地,对于 n 级延时线对消器,有[1]

$$I_{fn} \approx \frac{2^n}{n!} \left(\frac{1}{2\pi\sigma_c/f_p} \right)^{2n} \tag{9-30}$$

9.4.4 杂波中的可见度(SCV)

在 MTI 雷达中,还经常使用另一个参数来表示雷达从强杂波中检测动目标的能力,这就是杂波中的可见度(SubClutter Visibility,SCV),它定义为杂波改善因子 I_f 同所要求的最小输出信杂比 $(S/C)_{o\min}$ 之间的比值,即

$$SCV = \frac{I_f}{(S/C)_{o\min}} \tag{9-31}$$

对于给定的最小输出信杂比要求,SCV 同 I_f 具有相同的意义。

9.4.5 多级延时线对消器及其实现结构

我们来研究图 9-19(a)中的二级延时线对消器,其归一化频率响应为 $\sin^2(\pi f T_p)$。

图 9-19(b)所示为一个与二级延时线对消器具有相同频率响应的对消器,它使用了三个脉冲,故称为三脉冲对消器。这三个脉冲的权值分别为+1、−2、+1,即其输出为

$$s(t)-2s(t+T_{\mathrm{p}})+s(t+2T_{\mathrm{p}})$$

它与二级延时线对消器的输出

$$s(t)-s(t+T_{\mathrm{p}})-[s(t+T_{\mathrm{p}})-s(t+2T_{\mathrm{p}})]$$

完全一样。因此两者具有完全一致的频率响应。

事实上,权值为+1、−3、+3、−1 的 4 脉冲对消器具有归一化的频率响应 $\sin^3(\pi f T_{\mathrm{p}})$;五脉冲对消器的权值为+1、−4、+6、−4、+1。如果 n 为延时线的级数,则对应地有 $n+1=N$ 脉冲对消器,其归一化频率响应为 $\sin^n(\pi f T_{\mathrm{p}})$;其权值由 $(1-x)^n$ 的二项式展开系数所确定,为

$$w_i=(-1)^{i-1}\frac{n!}{(n-i+1)!\ (i-1)!} \tag{9-32}$$

这种 N 脉冲对消器具有一般横向滤波器的结构,如图 9-20 所示。N 越大,杂波衰减效果越好。但与此同时,留给目标的通带也越窄。这从图 9-18 中可以清晰地看出。

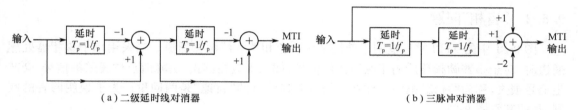

（a）二级延时线对消器　　　　　　　　　　　（b）三脉冲对消器

图 9-19　三脉冲对消器同二级延时线对消器

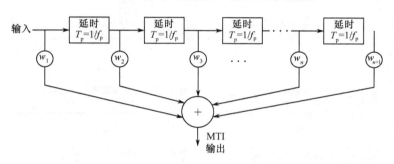

图 9-20　$N=n+1$ 脉冲对消器的结构

9.5　MTI 雷达

9.5.1　MTI 雷达工作原理

MTI 雷达利用多普勒效应来检测运动目标,具备多普勒处理和相参处理能力,因此,结合脉冲多普勒雷达(见图 9-1)和相参雷达(见图 3-16)原理框图,可以给出 MTI 雷达系统的简化框图如图 9-21 所示。注意图 3-16 中的"正交混频器"在这里用单个"鉴相器"来代替,它表示 I 或 Q 中的一个通道。在下一节中,将讨论 I/Q 双通道接收的情况。

鉴相器输出接收信号的多普勒回波信号,送至延时线对消器。延时线对消器起高通滤波的作用,将具有多普勒频移的运动目标回波信号与不想要的静止杂波信号分开。

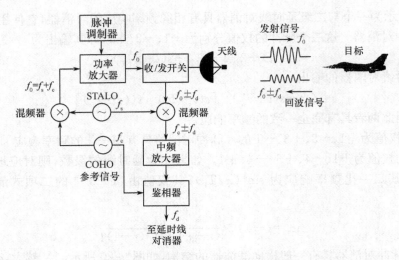

图 9-21　MTI 雷达系统的简化框图

9.5.2 "盲相"问题

图 9-21 中的 MTI 雷达框图中使用了单个鉴相器和滤波器通道。当采用单个鉴相器处理通道时,对于多普勒频移后的正弦波回波信号,如果不能在其正、负峰值点位置采集信号,会产生信号损失,称为"盲相"损耗。注意它同以前讨论过的"盲速"是两回事。为了说明两者的区别,我们来看图 9-22。

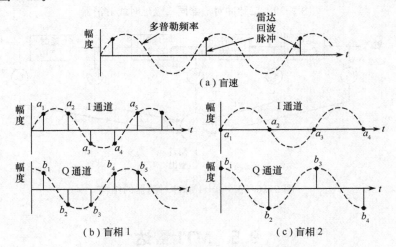

图 9-22　盲速与盲相的区别示意图

图 9-22(a)示出了"盲速"的情况。在图 9-22(a)中,由于目标的多普勒频率正好同雷达的 PRF 相同,雷达以 PRF 为采样频率采集到的回波信号在各个脉冲周期上相同,因此最终的离散信号等效为一个直流分量,而且这时即便用 I、Q 双通道采集,也不能准确获得目标的真实多普勒频率,这是"盲速"的结果。

图 9-22(b)和(c)示出了两种"盲相"的情况。在图 9-22(b)中,如果仅用 I、Q 中的任意单个通道,均会产生信号损耗,但当采用 I、Q 双通道时,信号可以得到完全恢复。在图 9-22(c)中,由于目标多普勒频率正好是 PRF 的 1/2,此时 I 通道无输出,而 Q 通道可以采集到所有的正、负峰值,

因此,如果仅用单个 I 通道,则目标将被丢失,但采用 I、Q 双通道时,信号则可以完全恢复。

由前述可见,"盲相"是由于采用单个鉴相器通道引起的。雷达采用 I、Q 双通道接收时,可以解决这一问题。

9.5.3 多普勒滤波器组

传统的杂波对消可以消除大部分静止杂波,而对于与载机之间存在相对运动且载机的径向速度同目标的径向速度又有区别的其他杂波,用杂波对消技术则无法将它们区分。此时,根据目标与杂波的多普勒频率的差异,用多普勒滤波器或多普勒滤波器组可以进一步地消除杂波,以实现更可靠的目标提取。多普勒滤波器组由一组邻接的窄带多普勒滤波器构成。同单个多普勒滤波器相比,多普勒滤波器组具有以下优点。

(1) 在多普勒滤波器组中,可以将多个径向速度不同的运动目标逐个分离出来。当需要滤除像飞鸟、雨暴等一类非零多普勒杂波时,这一点尤为重要。在图 9-23 中,目标同杂波具有不同的多普勒频移,图 9-23(a)使用单个多普勒滤波器,由于滤波器的频率分辨率差,故无法将目标与杂波区分开来;图 9-23(b)使用多普勒滤波器组,由于每个窄带滤波器的频率分辨率高,可以将这些目标与运动杂波分离开,避免了运动杂波对目标检测的干扰。

(2) 可以测得目标的径向速度。尽管可能存在速度模糊,但是,正如改变 PRF 可以解距离模糊一样,通过改变雷达的 PRF,也可以解目标速度模糊。

在没有速度模糊的情况下,目标的多普勒频率(目标速度)可以通过多普勒滤波器组中的某一个滤波器的输出来确定,如图 9-24 所示。当目标出现在两个多普勒滤波器的邻接处时,可通过两个滤波器输出差异,在两个滤波器的中心频率之间插值来确定目标的多普勒频率。在将多普勒频谱转换成滤波器的多普勒频率时,必须对发射机的中心频率进行精确跟踪。测量多普勒频率,需要对目标回波频率相对于中心频率 f_0 在多普勒滤波器中的位置进行计数。

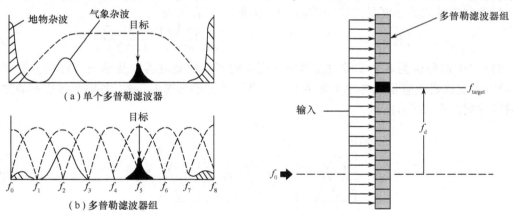

图 9-23　单个多普勒滤波器与多普勒滤波器组　　图 9-24　用多普勒滤波器组确定目标的多普勒频率

(3) 同 MTI 延时线对消器相比,多普勒滤波器组具有更窄的通带,因此可以滤除更多的噪声并进行相干积累。不过,一般来说,这种相干积累对 SNR 的改善不是在 MTI 雷达中使用多普勒滤波器组的主要原因,因为当积累次数不是太大时,由此构成的相干积累比非相干积累的 SNR 改善相差不是很多。

使用多普勒滤波器组的代价是增加了系统的复杂性。为了减小杂波影响,需要采用低旁瓣的多普勒滤波器,这实现起来比较困难,而且需要使用较多的脉冲个数才能达到所要求的滤波器特性。

　　具有 N 个输出的横向滤波器（N 个脉冲和 $N-1$ 条延迟线），各脉冲经不同的复数加权，即同时对回波的幅度加权和相位补偿，如图 9-25 所示。该滤波器组覆盖的频率范围为 $0\sim f_p$（或 $-f_p/2\sim +f_p/2$），f_p 为雷达的重频。横向滤波器的每个抽头之间的延时为 $T_p=1/f_p$。在图 9-25 所示的横向多普勒滤波器组简图中，没有画出每个抽头的 N 个并行输出，N 个输出中，每个对应一个滤波器。N 个抽头中，每个抽头的第 k 输出权重为

$$w_{i,k}=\mathrm{e}^{\mathrm{j}[2\pi(i-1)k/N]} \tag{9-33}$$

式中，$i=1,2,\cdots,N$ 表示 N 个抽头，k 是 0 到 $N-1$ 间对应不同权重集的指数，每个指数对应不同的滤波器。

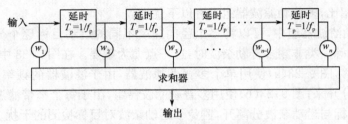

图 9-25　横向多普勒滤波器组简图

　　权重为式（9-33）的滤波器的冲激响应为

$$h_k=\sum_{i=1}^{N}\delta[t-(i-1)T]\mathrm{e}^{\mathrm{j}[2\pi(i-1)k/N]} \tag{9-34}$$

式中，$\delta(t)$ 是单位冲激响应函数。冲激响应的傅里叶变换是滤波器的频率响应函数，因此

$$H_k(f)=\sum_{i=1}^{N}\mathrm{e}^{\mathrm{j}2\pi(i-1)[fT-k/N]} \tag{9-35}$$

　　频率响应函数的幅度是滤波器的幅度通带特性，可表示为

$$|H_k(f)|=\left|\mathrm{e}^{\mathrm{j}2\pi(i-1)[fT-k/N]}\right|=\left|\frac{\sin[\pi N(fT-k/N)]}{\sin[\pi(fT-k/N)]}\right| \tag{9-36}$$

　　图 9-26(a) 所示为 8 个窄带滤波器邻接而成的多普勒滤波器组及单个多普勒滤波器的幅频特性，注意这里没有示出各单个多普勒滤波器幅频特性的旁瓣特性，各单个多普勒滤波器的幅频特性如图 9-26(b) 所示。

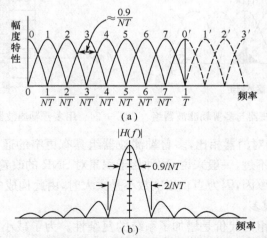

图 9-26　多普勒滤波器组及单个多普勒滤波器的幅频特性

现代雷达多采用数字式 MTI 处理器,此时的多普勒滤波器组可通过数字滤波器来实现。

9.5.4 数字 MTI 处理器

在 20 世纪 70 年代以前,由于采用模拟电声器件实现延时线对消器,很难实现比较复杂的多普勒滤波。现代雷达多采用数字信号处理技术,通过复杂的数字多普勒滤波器组完成 MTI 处理,这种数字 MTI 处理的主要优点包括:

(1) 通过 I、Q 正交检波处理,补偿所谓的"盲相"带来的信号损失;

(2) 获得比模拟器件更大的动态范围;

(3) 精确的数字定时可以消除模拟延时线的时延变化和误差;

(4) 数字处理可以很容易实现与雷达 PRF 之间的时间同步,而在模拟延时线中很难做到这一点;

(5) 同模拟 MTI 处理相比,数字处理的灵活性使得在实际雷达系统中,容易实现具有不同特性的多普勒滤波器组,而且数字 MTI 处理更加稳定、可靠。

采用 I、Q 双通道的数字 MTI 处理器原理性框图如图 9-27 所示,其中频以前的电路同图 9-21。

来自中频放大器的目标多普勒回波信号经 I、Q 正交双通道鉴相器检波,得到的信号经 A/D 转换器采样和数字化后,通过采用数字信号处理的多普勒滤波器组完成 MTI 处理。多普勒信号的强度可以通过求取 I、Q 信号的模值 $\sqrt{I^2+Q^2}$ 而得到。为了不同的目的,有时也采用 $|I|+|Q|$、$|I|+|Q|/2$ 或 $|I|/2+|Q|$ 及 $\max\{|I|,|Q|\}$ 等。

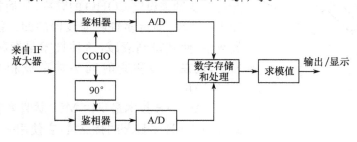

图 9-27 数字 MTI 处理器原理性框图

9.5.5 运动平台的 MTI 雷达

如 9.2 节所讨论的,当雷达安装在一个运动平台(如舰船、飞机、航天飞机、卫星等)上时,杂波的多普勒频移将不再为零。此时,杂波的多普勒频移取决于杂波单元同运动平台之间的相对速度,因此,将随着雷达平台的速度、雷达探测杂波单元的方位和俯仰角等而发生变化。如果不考虑杂波的多普勒频移因素,将会使 MTI 的改善因子严重恶化。因此,运动平台的 MTI 雷达需要采用特殊的技术,补偿因平台运动而产生的杂波多普勒频谱的变化,在此基础上再进行杂波对消处理。

如果 MTI 雷达安装在像舰船一类慢速运动的平台上,且雷达天线也做慢速扫描,则当平台速度和天线的指向均已知时,一般可以开环的方式通过改变相干参考振荡器(COHO)的频率来补偿杂波多普勒频率的影响,即可将 COHO 信号同一个频率等于杂波多普勒频率的调谐振荡器混频,从而补偿杂波造成的非零多普勒频移。此外,如果杂波的多普勒频移不大,也可通过加宽多普勒滤波器组的凹口的方式来滤除这种杂波的非零多普勒频率。但是,对于机载雷达,这种方法并不适用,因为此时的杂波多普勒频率可能很大且随时间的变化很快,不能用开环的方式来补偿。在后一种情况下,必须采用闭环补偿方法。

除了杂波的多普勒中心频率,杂波的谱宽也会影响运动平台上的 MTI 雷达性能。杂波谱的变宽是由于雷达天线的波束宽度有限造成的,因为当雷达波束宽度有限时,来自不同雷达分辨单元的杂波具有不同的多普勒频率。例如,从波束中心的某个散射点来的回波和从波束 3dB 功率点处的一个散射点来的回波,就会有不同的多普勒频率。

非零多普勒频率和多普勒频谱展宽均会对 MTI 性能造成严重影响,需要采用不同的技术加以补偿:对前者的补偿一般采用所谓的时间平均杂波相参机载雷达(TACCAR),对后者的补偿则采用所谓的偏置相位中心天线(DPCA)技术。采用 TACCAR 和 DPCA 技术的 MTI 雷达一般称为 AMTI 雷达。

9.5.6 杂波多普勒中心频率的补偿

如图 9-28 所示,当用安装在运动平台的雷达观测静止杂波时,杂波的多普勒中心频率为

$$f_c = \frac{2V\cos\theta}{\lambda} \tag{9-37}$$

式中,V 为运动平台的速度;λ 为雷达波长;θ 为载机速度向量同雷达到杂波单元视线之间的夹角,它包括方位向和俯仰向两个分量。为了简化对问题的讨论,这里只考虑方位向分量。

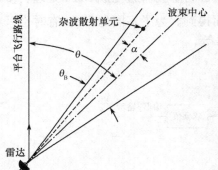

图 9-28　运动平台上雷达观测
静止杂波的几何关系

位于波束中心的那些杂波散射单元的多普勒频谱由式(9-37)所确定。因此,可以根据这些杂波回波信号本身的多普勒来设定 COHO 的频率,从而补偿杂波的多普勒中心频率,使得多普勒滤波器的凹口能对准杂波多普勒频谱,使其得到衰减,这种技术早期称为杂波锁定的 MTI,现在一般称为时间平均杂波相参机载雷达,即 TACCAR。

TACCAR 技术最早由 MIT 林肯实验室提出。早期的 TACCAR 最显著的特点是,它使用一个由锁相环控制的压控振荡器(VCO),该压控振荡器的输出频率等于在特定距离间隔内杂波的平均多普勒频率。同时,这种技术也可以补偿雷达系统中其他器件造成的频率漂移。

事实上,当雷达固定时,各种运动的杂波(如海杂波、气象杂波、干扰箔条杂波等),由于其自身的速度也有非零多普勒频率,TACCAR 技术同样适用于此类杂波的多普勒频率补偿。采用数字处理的现代 MTI 雷达,通过自适应多普勒滤波技术,可以在对消运动杂波多普勒的同时,在零多普勒频率处设置凹口以对消静止杂波,从而可同时对消运动和静止杂波的影响。

9.5.7 杂波多普勒展宽的补偿

当杂波散射单元不在天线波束中心位置上,如偏离波束中心 α 角时,根据图 9-28,其多普勒频率将不再是 $f_c = 2V\cos\theta/\lambda$,而是会产生一个附加的多普勒频率偏移,TACCAR 技术不能将这个频率偏移补偿掉。这种多普勒展宽可以通过对式(9-37)微分得到,即

$$\Delta f_c = \frac{2V}{\lambda}\Delta\theta\sin\theta \tag{9-38}$$

当天线波束宽度为 θ_B 时,有 $\Delta\theta_{max}=\theta_B$,因此

$$\Delta f_{cmax}=\frac{2V}{\lambda}\theta_B\sin\theta \tag{9-39}$$

可见,杂波的多普勒展宽不但同天线波束宽度有关,也是方位角 θ 的函数。当天线指向平台的运动方向(前视)时,$\theta=0°$,此时所产生的多普勒中心频率最大。当天线指向同平台运动方向垂直的方向(正侧视)时,多普勒中心频率为零,但多普勒展宽达到最大。

图 9-29 所示为杂波多普勒中心频率和多普勒展宽随 θ 的变化。图中假设机载雷达的速度为 400kt(1kt=1 海里/小时=1.8532 千米/小时),波束宽度为 7°。杂波谱的宽度和杂波谱的中心频率都与雷达的波束和平台速度矢量的夹角 θ 有关。

在图 9-29(a)中,假定雷达的 PRF 足够高,因此不存在杂波多普勒频率模糊产生的折叠问题。图中所示为理想化的情况。例如,在 $\theta=0°$ 时,杂波多普勒频谱为单根谱线,在实际雷达系统中,纵使此时的平台运动不会造成多普勒展宽,实际系统中的其他因素也会产生一定的多普勒频谱展开,因此不可能是理想的单根谱线。

在图 9-29(b)中,给出的是当雷达 PRF 较低(360Hz)时,在 $\theta=90°$ 情况下所产生的多普勒频谱折叠。此重频下的最大不模糊距离为 225 海里。图 9-29 显示出,当雷达平台运动时,其杂波多普勒频谱占据了较大的频谱空间。为了使 MTI 处理有效,必须压缩杂波多普勒频谱的展宽。

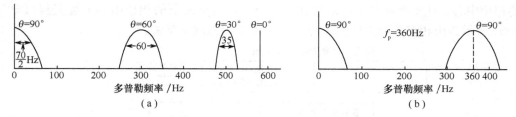

图 9-29　杂波多普勒中心频率和多普勒展宽随 θ 的变化

设想一下,在雷达平台运动时,如果对于杂波抵消处理而言,我们能让雷达天线看起来仍是静止的,则上述杂波多普勒频谱展宽的影响将不复存在。采用两个完全相同的天线,安放在沿平台速度方向的不同位置处,当雷达平台的速度符合特定的条件时,就可以做到这一点,如图 9-30 所示。

如果雷达平台上首尾安装两副正侧视天线,分别称之为前天线和尾天线,两副天线的相位中心沿平台速度方向相距为 VT_p,其中 V 为平台速度,T_p 为脉冲重复间隔。

当雷达连续地发射脉冲信号时,如果前天线发射并接收第 n 个脉冲信号,随着雷达平台的移动,当尾天线到达前天线收发信号的相同位置时,尾天线发射第 $n+1$ 个脉冲并接收回波信号。第 n 个和第 $n+1$ 个脉冲分别由两副天线在空中同一位置发射脉冲,并接收回波信号。对于雷达而言,可以视为不同时刻由一个静止的天线发射了两个脉冲并接收两个回波信号。可见,这样的两个多普勒回波信号可以用延时线对消器进行处理而不会受到平台运动的影响。

但是,上述方法在实际应用中存在以下问题:雷达的 PRF 必须同载机速度完全同步,而且,如果天线要在方位向扫描,则这两个天线之间的距离随方位角的余弦而变化。在 $\theta=0°$ 时两个天线的位置重合,而在 $\theta=90°$ 时两个天线相距最远。事实上,即便在 $\theta=90°$ 时,两个天线波束也会有部分重合。

实现上述设想的方法之一是采用单个侧视相控阵列天线。处理第一个脉冲时,使用其中

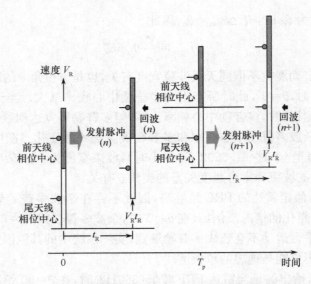

图 9-30 用两副相同天线实现在同一个位置发射和接收信号

的一部分阵列,处理第二个脉冲时,使用另外一部分阵列,其中两者之间会有部分阵元相重叠。这样,对于第一个脉冲,天线的相位中心会比实际相位中心超前一些,而对于第二个脉冲,则天线的相位中心会比实际相位中心落后相同的量。这就是所谓的相位中心偏置天线(DPCA)。图 9-31 所示为由相控阵列天线实现两单元 DPCA 的原理示意图。

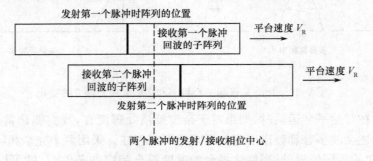

图 9-31　两单元 DPCA 的原理示意图

实现 DPCA 的另一种更简单的方法是采用机械旋转的天线,产生两个重叠的斜视波束,对这两个波束的输出信号进行适当的组合也可以实现 DCPA。限于篇幅,不再赘述。

9.6　PD 雷达低重频方式

PD 雷达是能够实现对雷达回波信号单根谱线进行滤波(频域),具有对目标进行速度分辨能力的雷达系统。PD 雷达比 MTI 雷达能更好地抑制背景杂波。

在原有 MTI 雷达杂波对消的基础上,增加多普勒滤波器组和自适应门限处理(恒虚警)模块,可进一步地提高雷达抑制各种杂波干扰的能力。由于采用了多普勒滤波器组,可对杂波的多普勒频谱进行较细致的滤除,这是 PD 雷达的低重频工作方式。这种雷达也称为动目标检测(MTD)雷达,也有称为多普勒 MTI 滤波雷达或 MTD/PD 雷达。无论怎样称谓,它的工作原理是一样的。

PD 雷达低重频工作方式常用于空一地目标探测。

9.6.1　低重频 PD 雷达的回波

在 9.2.2 节中对 PD 雷达的回波进行了粗略的介绍，这里对 PD 雷达低重频方式的回波信号进行更详细的分析。图 9-32 所示为 PD 雷达低重频方式回波的距离剖面，图 9-32(a) 为雷达照射与目标空间示意图，图 9-32(b) 为真实的距离剖面，图 9-32(c) 为雷达观测到的距离剖面。目标 A、B、C 在雷达的最大不模糊距离之内。目标 A、B 的回波只受较弱的旁瓣杂波的影响，不利用多普勒效应，通过雷达回波的幅度就可探测出来。目标 C 淹没在主瓣杂波之中，不通过多普勒效应无法探测。目标 D 在感兴趣的最大距离之外，超出了雷达的最大不模糊距离，回波信号应予以剔除。

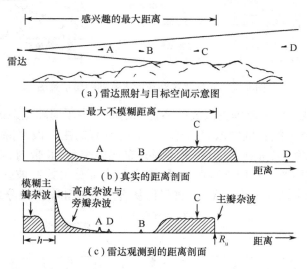

图 9-32　PD 雷达低重频方式回波的距离剖面

9.6.2　低重频 PD 雷达的目标检测

低重频 PD 雷达的不模糊作用距离很大，在不同的距离范围内，其回波的多普勒剖面可能相差很大。图 9-32 中不同距离回波的多普勒剖面示意图如图 9-33 所示。

目标 C 雷达回波的多普勒剖面在图 9-33 的右下方，目标 C 所在的距离范围有主杂波。这个距离上多普勒剖面的最大特点是主杂波谱以脉冲重复频率 f_p 为周期重复。主杂波谱虽然有一定的宽度，但由于其被以 PRF 为步长的线隔开，所以人们依然称为"主杂波谱线"。由于目标 C 的多普勒频率与主杂波的多普勒频率不同，可以在相邻的 PRF 线之间进行杂波对消处理，将目标 C 从热噪声背景中提取出来。此时的旁瓣杂波很弱，其幅度小于热噪声。从图中可以看出，如果目标 C 的多普勒频率再小一点，它就可能淹没在主杂波中。

目标 A 与雷达的距离较近，旁瓣杂波的幅度比噪声的幅度高。尽管目标 A 伴随着同样距离远的杂波，但目标 A 的回波强度还是比杂波的强度高的。通过对旁瓣杂波进行多普勒滤波，可增大目标 A 的信噪比。目标 A 的多普勒剖面在图 9-33 的中下方。

目标 B 与雷达的距离比目标 A 远，目标 B 所在的距离范围比主杂波的距离近，只受旁瓣杂波的影响，且旁瓣杂波的幅度小于热噪声的幅度，属于"无杂波区"。只要目标 B 的回波幅度比热噪声的幅度高就可以检测到，而不管其多普勒频率是多少。

目标 D 超出了最大不模糊距离,是在下一个脉冲间隔中才收到的回波,虽然其幅度高于旁瓣杂波的幅度,但通过解距离模糊可以算出目标 D 的真实距离而将目标 D 剔除。

高度杂波谱的宽度一般超过低重频的 PRF。从多普勒剖面可以很明显地将高度与相同距离范围内的其他旁瓣杂波区分开来。当使用多普勒滤波器对高度杂波进行滤波后,强度超过剩余杂波的目标可以检测出来。图 9-33 的左下图为滤除高度杂波的多普勒剖面。

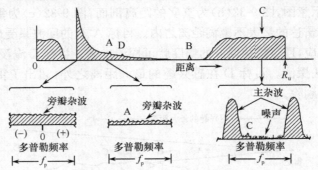

图 9-33　不同距离回波的多普勒剖面示意图

图 9-34 所示为某一距离范围主杂波的多普勒剖面。为了消除主杂波,不仅要将中央主杂波谱消除,而且要将整个接收机中放(IF)通带 B_{IF} 内所有的主杂波消除。这些主杂波与中央主杂波具有同样的频宽,以重频 f_p 为频率间隔分布在整个 IF 通带内(在消除主杂波时,也有可能消除一些目标的回波),只留下旁瓣杂波、噪声和大部分目标回波。根据目标回波的幅度或多普勒频率与旁瓣杂波和噪声的差异,将目标从旁瓣杂波和噪声中分离出来。

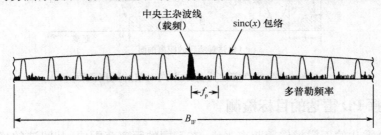

图 9-34　某一距离范围主杂波的多普勒剖面

9.6.3　最佳滤波器

从杂波中检测信号,在理论上有个极限,即所谓的最佳检测。如果杂波为正态分布,其最佳检测即是匹配滤波器。如果目标频谱为 $S_T(f)$,杂波功率谱为 $KC(f)+N_0$,则根据第 5 章的理论,最佳滤波器的传递函数 $H(f)$ 为

$$H(f)=\frac{S_T^*(f)\mathrm{e}^{-\mathrm{j}2\pi f t_0}}{KC(f)+N_0} \tag{9-40}$$

式中,$S_T^*(f)$ 为目标频谱 $S_T(f)$ 的共轭;$KC(f)$ 为有色杂波,主要是地物杂波;N_0 为杂波中的均匀分量,它包含系统不稳定引起的杂波分量和接收机的内部噪声;t_0 为滤波器的时延。

可将 $H(f)$ 滤波器由两个级联的滤波器来实现,即

$$H(f)=H_1(f)H_2(f) \tag{9-41}$$

式中,$H_1(f)=\dfrac{1}{KC(f)+N_0}$ 为"白化"滤波器,用来抑制杂波;$H_2(f)=S_T^*(f)e^{-j2\pi ft_0}$ 为"匹配"滤波器,用来匹配信号。

通常 $H_2(f)$ 还可以进一步由两个级联滤波器来实现,即

$$H_2(f)=H_{21}(f)H_{22}(f) \tag{9-42}$$

式中,$H_{21}(f)$ 用来匹配单个脉冲,$H_{22}(f)$ 用来对脉冲串进行相参积累。

根据上述公式,最佳滤波器由 $H_1(f)$、$H_{21}(f)$、$H_{22}(f)$ 三级级联滤波器组成,如图 9-35 所示。

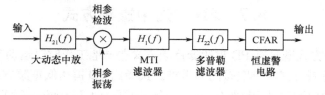

图 9-35　三级级联滤波器组成

9.6.4　PD 雷达低重频方式的信号处理

图 9-36 所示为 PD 雷达低重频方式信号处理的简化框图。为了保证线性匹配滤波的最佳接收,整个通道必须工作在线性状态,因此采用动态范围宽的中频放大器。中频信号经相参检测转换成零中频信号,通过 I/Q 通道进行信号处理。当用数字信号处理时,应先通过模数转换,将 I/Q 双通道的零中频的信号转换成数字视频信号。采用多个距离门可以将不同距离范围的雷达回波分开处理,提高雷达的探测性能。每一距离门的信号经由杂波对消器组成的 MTI 滤波后,地物杂波得到一定的抑制。通过窄带多普勒滤波器组,不仅可以进一步地抑制地物杂波,而且对气象杂波、人为施放的各种消极干扰都有很好的抑制作用。对于具有均匀频谱的杂乱分量,只有很小一部分能通过多普勒滤波器组。因此,PD 雷达低重频方式与 MTI 雷达相比,信噪比得到很大改善。

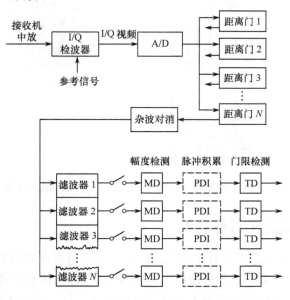

图 9-36　PD 雷达低重频方式信号处理的简化框图

每个多普勒滤波器组的输出信号再经过幅度检测（Magnitude Detection，MD），如果滤波器的积累时间小于雷达照射目标的时间，还须对信号进行检波后积累（Post Detection Integration，PDI）。最后经门限检测，如果输出信号的幅度超过检测门限（Threshold Detection，TD），则说明有目标存在。

窄带滤波器组通常由 FFT 实现。由于 PD 雷达低重频方式的 PRF 低（数百到数千 Hz），所以滤波器组包含的滤波器数目不多，通常取 8～16 个，但也有多到 32 个，少到 4 个的。

9.7 PD 雷达中重频方式

PD 雷达中重频方式既具有 PD 雷达低重频方式空—地工作时对运动目标的检测功能，又能满足 PD 雷达高重频方式空—空探测的需求。选择比 PD 雷达低重频方式高的重频，是为了改善主杂波滤波和地面运动目标检测（Ground Moving Target Detection，GMTD）的能力。选择比 PD 雷达高重频方式低的重频，是为了满足空—空情形下尾追目标时的旁瓣杂波抑制功能。

9.7.1 中重频 PD 雷达的回波

图 9-37 所示为 PD 雷达中重频方式探测目标的空间示意图和距离剖面图。由于雷达的最大不模糊距离小于雷达的作用距离，因此有距离模糊的现象。在图 9-37 中，雷达探测的距离剖面因距离模糊而发生了三次折叠，目标回波全部淹没在杂波的回波之中。除了遇到像舰船这样具有强散射特性的大目标有可能从强海杂波背景中检测出来，一般的目标只能通过对回波的多普勒分辨来检测。

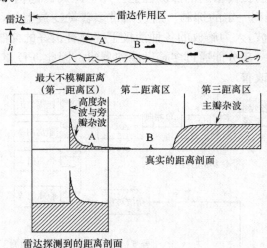

图 9-37　中重频方式时探测目标的空间示意图和距离剖面图

9.7.2 中重频 PD 雷达的目标检测

PD 雷达中重频方式回波的多普勒剖面与 PD 雷达低重频方式的相同，也由以重频 f_p 为间隔的一串主杂波谱线组成。在相邻的两个主杂波谱线之间，出现大部分的旁瓣杂波和目标回波。剩余的旁瓣杂波和目标回波与主杂波回波混杂在一起。雷达在对回波的多普勒频谱进行处理时，通常将中央主杂波谱线的频率差频到零频再进行处理，如图 9-38 所示。

图 9-38　将中央主杂波谱线的频率差频到零频

　　PD 雷达中重频方式主杂波的多普勒剖面与低 PRF 方式时的相似。它们之间最大的差别是：在其他条件相同的情况下，PD 雷达中重频方式的主杂波谱线更稀疏。由于谱线的宽度与重频无关，这样就更有利于将目标从"清晰"的底部噪声中分离出来。尽管主杂波谱线有一定的宽度，也可以根据多普勒频率的差异，消除大部分雷达杂波，将目标分离出来。

　　由于 PD 雷达中重频方式的距离模糊较严重，对旁瓣杂波的消除比 PD 雷达低重频方式复杂。将主杂波消除后，在第一不模糊距离区，主杂波滤除的距离剖面如图 9-39 所示。可以看到像锯齿样的旁瓣杂波，由于第二、第三距离区的旁瓣杂波被折叠到第一距离区，因此雷达杂波的幅度较强，如图 9-39 所示。只有距离较近目标 A 的回波幅度才有可能超过杂波，而目标 B、C、D 的回波则淹没在折叠的杂波和噪声之中。

　　由于不同距离的杂波单元与雷达的角度不同，因此其多普勒频率也不同。根据不同距离旁瓣杂波多普勒频率的不同，可以充分地消除旁瓣杂波，从而将目标 B、C、D 检测出来，如图 9-40 所示。

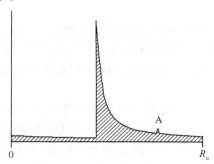

图 9-39　主杂波滤除的距离剖面

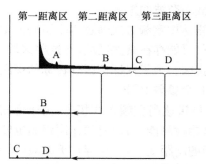

图 9-40　PD 雷达中重频方式的杂波抑制

9.7.3　中重频 PD 雷达的信号处理

　　PD 雷达中重频方式的信号处理与 PD 雷达低重频方式的很相似，如图 9-41 所示。但它们还有三个主要差别：第一，由于需要解距离模糊，为了防止 A/D 转换器饱和，增加了数字自动增益（DAGC）控制模块；第二，为了进一步消除旁瓣杂波，滤波器组的多普勒滤波器的通带更窄；第三，需要有解距离模糊和速度模糊的处理模块（图 9-41 中未画出）。

9.7.4　PD 雷达中重频方式的一些说明

　　与 9.8 节将要讲述的 PD 雷达高重频方式相比，PD 雷达在中重频方式时，高度杂波可以用距离门或滤波方法消除，而在高重频 PD 雷达中则只能通过滤波来消除。PD 雷达中重频方式对多普勒频率接近载频的低速目标也允许用距离门进行检测，而在高重频系统中，这种目标

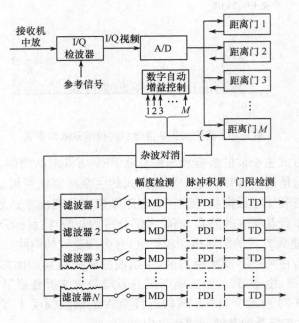

图 9-41　PD 雷达中重频方式信号处理框图

则可能被滤掉。由于 PD 雷达中重频方式的占空比较小,因此 PD 雷达中重频方式的多目标分辨能力和测距精度均比 PD 雷达高重频方式的好。同样,PD 雷达中重频方式要求其天线旁瓣较低,以减小杂波的影响。

　　PD 雷达中重频方式通过多个不同的 PRF 来实现解距离模糊与速度模糊。但是,在中重频情况下,可能存在某些区域,在这些区域中主波束杂波的影响太强,使得目标检测根本不可能,称为盲区。为了保证盲区外目标的探测,通常采用三个以上的 PRF,中重 PD 雷达系统常采用 7~8 个参差 PRF。

　　与 PD 雷达高重频方式相比,由于旁瓣区的杂波电平较低,PD 雷达中重频方式具有更好的低速目标检测能力,此时的作用距离也较远。另外,由于 PRF 较低,使得其多普勒剖面杂波谱线之间的间距变小,不再存在无杂波区,而且,PRF 的进一步降低会使旁瓣杂波区域产生重叠。但一般情况下,和高重频方式相比,这一点还不至于完全抵消中重频方式杂波较小的优点。这就是工程设计中需要采用技术折中的奥妙所在。

9.8　PD 雷达高重频方式

　　PD 雷达高重频方式时,目标回波的多普勒频率不模糊,但目标的距离会有严重的模糊。PD 雷达高重频方式有三个重要特点:第一,由于没有目标多普勒频率的模糊,且与杂波的多普勒频率不同,因此,可以很好地消除主杂波,而不损失目标的回波;第二,由于采用高 PRF,所以相邻杂波谱线的间隔较大,并且它们中间有较大的无杂波区,因此,容易区分高速接近(前半球攻击)的目标;第三,通过增大 PRF 值,而不是增大脉冲宽度来提高发射机的占空比,由此,不需要大量的脉冲压缩或很高的峰值功率,就可以提高发射机的平均发射功率。

　　我们知道,随着信杂比的增大,雷达的作用距离将加大。通过增大发射机的占空比,可以增大信号的功率,并且在很强的杂波背景下,能探测到很远距离的迎头威胁目标。但是,严重的旁瓣杂波干扰使得低速接近(后半球尾追)的目标,因距离模糊而淹没在杂波之中。

9.8.1 高重频PD雷达的回波

为了能够清晰地说明目标回波与地杂波之间的区别,以及从地杂波和杂波噪声中分离出目标,我们分析典型情况下目标回波与杂波的距离剖面,如图9-42所示。

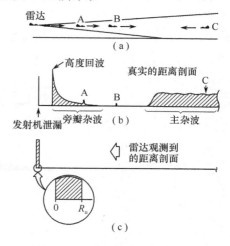

图中PD雷达以高重频方式照射到A、B和C三个目标,其中目标A、B与飞机的同向飞行,目标A的速度小于飞机的速度,相当于飞机速度的一半;目标B的速度与飞机的速度相同;目标C在很远的距离向飞机迎头高速逼近。图9-42(b)为真实的距离剖面,图9-42(c)为雷达探测到的距离剖面。从图9-42(c)可以看出,由于雷达工作于高PRF方式,所以雷达的最大不模糊距离很小。由于PD雷达高重频方式时的最大不模糊距离小,所有主杂波、所有旁瓣杂波、高度回波、发射机泄漏和地杂波噪声都叠加在这一小段距离上。目标A、B和C的回波都淹没在这些杂波之中。将所有目标从这些杂波中提取出来和将所有目标区分开来的唯一途径是采用多普勒频率分辨。

图9-42　PD雷达高重频方式
目标回波与杂波的距离剖面

9.8.2 高重频PD雷达的目标检测

图9-43所示为PD雷达高重频方式目标回波与杂波的多普勒剖面。与PD雷达低重频方式和PD雷达中重频方式一样,所有回波的多普勒谱以PRF为等间隔重复。但杂波谱的宽度小于PRF,杂波谱之间没有重叠现象,这是它们之间的重要区别。另外,杂波谱两端的幅度都是降低的。对图9-43中央频段的回波多普勒剖面进行了标识。旁瓣杂波区域的宽度随飞机的速度而变化,主杂波的宽度与天线下视角和飞机的速度有关。

低速尾追目标A高于旁瓣杂波,其位置在主杂波与高度回波之间;高速迎头逼近目标C在两个回波谱之间可以清晰地分辨出来;与飞机同向同速飞行的目标B淹没在高度杂波之中。

旁瓣杂波、无杂波区域、多普勒为零的高度杂波和发射机泄漏等多普勒频率的变化较大,如果希望从这些信号中将目标分离出来,必须对主杂波进行消除。如果移除强杂波干扰,目标回波就可以像PD雷达中重频方式那样通过多普勒滤波器组分离出来。

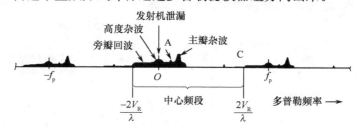

图9-43　目标回波与杂波的多普勒剖面

在分离目标C之类的迎头逼近目标和类似于目标A的尾追目标时,这些多普勒滤波器组所起的作用是不一样的。对于迎头逼近目标C,由于处于"无杂波区",只要其幅度高于周围的噪声,就可以从所有杂波中分离出来,且信噪比越高,雷达的作用距离越远,如图9-44(a)所示。

对于低速尾追目标 A,由于部分旁瓣杂波的多普勒频率与其相同,就不可能从杂波中彻底区分出来,如图 9-44(b)所示。目标 A 只有在其回波幅度高于旁瓣杂波的幅度时,雷达才可以检测出来。由于尾追目标的信杂比较低,所以对尾追目标的作用距离一般较短。

在相同条件下,PD 雷达高重频方式由于距离模糊更严重,杂波更强,所以探测尾追目标的作用距离比 PD 雷达中重频方式时的短。

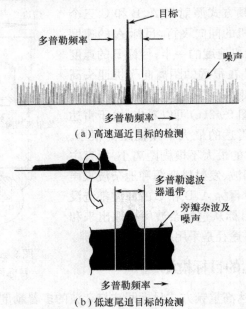

图 9-44　高重频 PD 雷达多普勒滤波器组检测目标

9.8.3　高重频 PD 雷达的信号处理

PD 雷达高重频方式的信号处理与 PD 雷达中重频方式的相似。图 9-45 所示为 PD 雷达高重频方式信号处理简化框图。由于 PD 雷达高重频方式的占空比接近 50%,所以没有必要设置很多的距离门来区别不同距离的回波。事实上,接收机盲区提供了一个距离门,没有必要再增加距离门。同时,增加距离门也是种浪费,因为每增加一个距离门,后续的杂波对消与多普勒滤波器处理模块就随之增多。与 PD 雷达中重频方式一样,为了防止 A/D 转换器饱和,将数字自动增益控制加到 A/D 转换器前面的放大器。

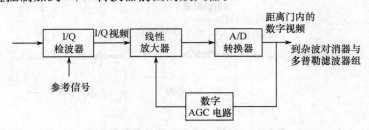

图 9-45　PD 雷达高重频方式信号处理简化框图

根据 Morris 的结果[2],在其他指标相同时,对于迎头方向的高速目标,PD 雷达高重频方式的探测距离可比中重频方式时大 50%,但中重频方式对 3km 高空以下低速目标的探测性能则明显优越。在现代作战飞机中,机载雷达同时采用高重频方式和中重频方式两种模式交替工作的雷达并不少见,这样可以发挥各自的优点。这类雷达一般具有多种模式,例如,在雷达向上观测不受杂波影响时,采用低重频模式且无须多普勒处理。当高重频和中重频模式交替工作时,将耗费更多的时间,因此需要提高发射机功率和天线扫描速率以减小检测判决时间,否则就必须牺牲探测距离或延长判决时间。

9.8.4　PD雷达高重频方式的一些说明

PRF 的选取:PD雷达高重频方式的 PRF 要高到足以避免可能的多普勒模糊和杂波谱折叠,因此可以通过分析实际工作场景的频谱分布来确定。如果多普勒滤波器组的中心频率始终维持在主杂波频率处,则最小的 PRF 为 $4V_T/\lambda$,V_T 是目标的最大地面速度。此时要求主瓣多普勒频率已知且可调谐跟踪。如果使用固定频率多普勒滤波器组,且其中心频率固定在 f_0 处,则 PRF 要求为 $4V_T/\lambda+2V_R/\lambda$,$V_R$ 为平台的速度。而且,后者所要求的滤波器个数更多。

高重频 PD 雷达一般使用三个不同的 PRF 来解距离模糊,这使得其功率孔径积同不需发射冗余波形的雷达相比需要提高到三倍。因此,当作用距离给定时,在其他因素相同的条件下,其发射机的平均功率要比低 PRF 的 AMTI 雷达大得多。而且,高 PRF 和高占空比还使之对多目标的分辨率下降。PD 雷达高重频方式比 MTI 雷达系统更为复杂,成本也更高。从另一个角度看,由于不存在多普勒模糊和具有良好的多普勒处理能力,高重频 PD 雷达具有更好的径向速度测量精度。对于飞机目标探测,当不考虑距离模糊,仅靠多普勒信息探测目标时,雷达的作用距离可以很远,这种工作模式称为速度搜索模式,在多功能机载雷达中,常用于初始阶段的远距离目标探测。

机载对空监视雷达既可以采用 AMTI 技术(如美国海军的 UHF 波段 E2 机载雷达),又可采用 PD 雷达(如美国空军的 E3 机载告警与控制系统,AWACS,S 波段雷达),两者可以达到彼此相当的性能,但 E2 AMTI 系统的成本则明显低于 E3 高重 PD 系统,不过 AMTI 很难在较高的微波频段实现,而高重频 PD 雷达则是军用飞机、作战/攻击机等所必需的。

9.8.5　PD雷达不同重频工作方式的比较

PD 雷达在不同脉冲重复频率时具有显著不同的特点,且应用范围也不相同。为了对不同重频方式时的性能特点及应用范围有较清晰的认识,本节用两个表格对它们进行了总结。表 9-1 所示为不同 PD 和 AMTI 雷达典型的 PRF 与占空比取值。注意,表中所给数值仅作为示例。表 9-2 所示为高、中、低 PRF 三种重频方式的比较。

表 9-1　PRF 与占空比取值

雷　　达	PRF	占空比
X 波段 PD 雷达高重频方式	100~300kHz	<0.5
X 波段 PD 雷达中重频方式	10~30kHz	0.05
X 波段 PD 雷达低重频方式	1~3kHz	0.005
UHF 波段低重频 AMTI	300Hz	低

表 9-2　高、中、低三种重频方式的比较

高重频 PD 雷达	中重频 PD 雷达	低重频 PD 雷达
无多普勒模糊，无盲速，距离模糊严重	有距离和多普勒模糊	无距离模糊，有严重多普勒模糊（盲速）
可采用三个不同的 PRF 解距离模糊	不存在无杂波区，故检测高速目标的能力不如高重频系统	需采用 TACCAR 和 DPCA，以消除平台运动的影响
发射机泄漏和高度回波可用滤波器消除	较少的距离模糊使得旁瓣杂波较小，因此比高重频雷达探测远距离上的低速目标的能力强	因为地面曲率影响，远距离探测时可工作在无杂波区
主杂波用调谐滤波器消除	对于机载应用，如果只用一个雷达系统，一般选用中重频雷达以达到对高速和低速目标检测性能上的折中	旁瓣杂波不像脉冲多普勒雷达那样严重
在无杂波区可探测到远距离上的高速接近的飞行器	高度回波可通过距离门来消除	最佳工作波段为 UHF 和 L 波段；盲速和平台运动补偿困难，使其难以用于更高的微波频率
由于近距离上旁瓣杂波折叠的影响，对低速目标的探测能力差	需要多个距离门，但是单个距离门内的多普勒滤波器较少	射频频率低造成较宽的天线波束
通常用一个距离门和一大组多普勒滤波器组	为消除杂波盲区的影响，需用 7～8 个不同 PRF，以保证任何情况下至少有三个可用于解距离模糊	由于没有距离模糊，不必采用冗余波形来解距离模糊
由于高重频时天线旁瓣杂波影响严重，需要一个大得多的杂波改善因子才能使其性能同低重频系统相比	大量冗余波形的使用意味着发射机较大	同脉冲多普勒雷达相比，性能相同时需要较小的功率孔径积
必须使用超低副瓣天线，以使天线旁瓣杂波尽可能小	测距精度和距离分辨率优于高重频系统	通常比脉冲多普勒雷达系统简单，造价较低
测距精度和分辨不同距离上多目标的能力劣于其他雷达	必须使用低副瓣天线，以减小天线旁瓣杂波	AMTI 不能用于 X 波段雷达下视杂波中的目标检测，但当无杂波影响（如上视）时，可采用低重模式

第 9 章思考题

1. 试推导脉冲多普勒雷达的最大不模糊距离与速度的关系式(9-9)。

2. 对于具有 N 个 PRF 的雷达系统，对应于每个重频的最大不模糊距离记为 $R_{ui}, i=1,2,3,\cdots,N$。这里 $R_{ui}=m_i \Delta r$，Δr 为距离分辨单元，m_i 为距离单元的个数。如果任意两个 m_i 没有公约数，试证明：理论上最大不模糊距离为（忽略遮挡效应与测量误差）

$$R_{ui} = \Delta r \prod_{i=1}^{N} m_i$$

3. 一部 L 波段(1250MHz)雷达的 PRF 为 340Hz，检测以 12 节(1 节＝1 海里/小时，1 海里＝1.8532 千米)径向速度移动的暴风雨。为使问题简化，假设暴风雨的多普勒谱宽为一条窄谱线（虽然这不符合实际情况）。试求解：

（a）若雷达采用单级延迟线对消器，对应于暴风雨的径向速度，使得滤波器的输出响应最大，则单级延迟线对消器会将暴风雨回波衰减多少 dB？

（b）如果采用双级延迟线对消器，使得滤波器的输出响应最大，暴风雨回波的衰减为多少 dB？

4. 一部机场监视雷达工作在 S 波段(2.8GHz)，它的 MTD 处理器有一组 8 个相邻的滤波器，MTD 采用两个不同的脉冲重复频率来发现与气象杂波位于同一个滤波器内的运动目标。设两个 PRF 中的一个为 1100Hz，气象杂波有一个径向速度为 0～25 节(1 节＝1 海里/小时)的频谱。当一架飞机以 250 节的径向速度飞行时，多普勒频率混叠使得它与气象杂波位于相同的滤波器(位于 2 号滤波器的中心频率附近,假设 1 号滤波器的中心指定为零多普勒频率),被气象杂波淹没而不能检测。试求解:

(a) 如采用改变 PRF 的办法来发现目标,为了将混叠的飞机速度完全从 2 号滤波器的主响应中移出,放到 4 号滤波器中间,第二个 PRF 应为多少?

(b) 第一个 PRF 到第二个 PRF 的百分比变化为多少?

(c) 如不采用改变 PRF 的办法来发现目标,当 PRF 保持 1100Hz 时,为了发现目标(仍将目标移到第 4 个滤波器的中间),射频频率应改为多少?

5. 简要回答以下问题:

(a) 从杂波中检测运动目标,在同样的检测性能下,为什么高 PRF 脉冲多普勒雷达比低 PRF 的 MTI 雷达要求更大的改善因子?

(b) 为什么高 PRF 脉冲多普勒雷达通常比具有同样性能的 AMTI 雷达需要更高的平均功率?

(c) 为什么高 PRF 脉冲多普勒雷达不像 AMTI 一样要求 DPCA?

6. 用于检测 2000 海里以外商业飞机的一部 HF 超视距雷达,如果工作频率为 15MHz,PRF 为 30Hz,采用多普勒处理分离运动目标与杂波。它是 MTI 雷达、脉冲多普勒雷达? 还是其他什么雷达? 为什么?

参 考 文 献

[1]　M. I. Skolnik. Introduction to Radar Systems, 3rd edition. McGraw Hill, 2001.

[2]　G. V. Morris. Airborne Pulsed Doppler Radar. Norwood MA:Artech House, 1989.

[3]　王小谟,张光义,贺瑞龙,王德纯. 雷达与探测. 北京:国防工业出版社,2000.

[4]　毛士艺,李少洪. 脉冲多普勒雷达. 北京:国防工业出版社,1990.

[5]　J. B. Billingsley. Low Angle Radar Land Clutter:Measurements and Empirical Models. William Andrew Publishing, 2002.

[6]　M. W. Long. Airborne Early Warning System Concepts. Boston. MA: Artech House, 1992.

[7]　P. Lacomme, J. C. Marchais, J. P. Hardange and E. Normant. Air and Spaceborne Radar Systems. William Andrew Publishing, 2001.

[8]　G. W. Stimson. Introduction to Airborne Radar. SciTech Publishing, INC, 1999.

[9]　G. V. 莫里斯,等著. 季节,许伟武,等译. 机载脉冲多普勒雷达. 北京:航空工业出版社,1990.

第 10 章　高分辨率雷达成像与处理

　　早期雷达的分辨率很低,其分辨单元通常远大于目标,因而雷达将观测对象(如飞机、车辆等)视为"点"目标来测定其位置和运动参数。当雷达的径向分辨率和横向分辨率都很高,其分辨单元远远小于目标尺寸时,就可以对目标成像。如果在高程上也有足够高的分辨率,雷达还可以实现三维成像。从雷达图像来识别目标显然要比"点"回波识别可靠得多。

　　本章首先讨论宽带雷达信号具有的径向距离高分辨率和由合成孔径带来的横向距离高分辨率,即雷达的一维高分辨率。然后介绍合成孔径雷达(SAR)和逆合成孔径雷达(ISAR)二维高分辨率成像的基本原理。最后扼要介绍干涉合成孔径成像雷达(InSAR)实现高程测量,从而实现雷达三维成像的原理。

10.1　雷达的径向距离高分辨率

　　图 10-1 所示为雷达对径向目标探测的示意图,雷达发射脉冲的宽度为 t_p,目标的长度为 L。当 $t_p > L/c$(c 为电磁波的传播速度)时,相对于目标而言,雷达发射脉冲是一个长脉冲。此时雷达把目标视为一个"点"目标,目标的回波基本上也呈现为一个长脉冲。当 $t_p \ll L/c$ 时,相对于目标而言,雷达发射脉冲是一个短脉冲或窄脉冲。此时,雷达把目标视为扩展目标,目标的回波将呈现多峰值性,每个峰值的位置同目标的局部散射中心的位置相对应,其幅度由散射中心的后向散射系数决定。把目标多散射中心随径向距离的分布称为目标的一维高分辨率距离像(High Resolution Range Profiles,HRRP),简称距离像。

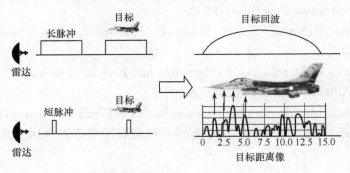

图 10-1　雷达对径向目标探测的示意图

　　在实际雷达系统中,距离高分辨率既可以由短脉冲波形来获得,又可以通过对长脉冲进行调频或调相并通过脉冲压缩处理来达到。第 5 章曾经导出,如果雷达波形的带宽为 B,则其径向距离分辨率(瑞利分辨率)δ_r 为

$$\delta_r = \frac{c}{2B} \tag{10-1}$$

式中,c 为传播速度。

　　最常见的脉冲压缩波形是线性调频(Linear Frequency Modulation,LFM)波形和步进频

率波形(Step Frequency Waveform，SFW)，如图 10-2(a)和图 10-2(b)所示。其中 LFM 波形我们已经熟悉，SFW 一般由一串子脉冲组成，其中每个子脉冲具有固定频率，子脉冲之间的载频则呈线性变化。其他适合脉冲压缩的波形还包括：非线性调频[见图 10-2(c)]、调相(PM)或离散相位编码脉冲(如第 5 章中介绍的巴克码脉冲)，以及步进线性调频[见图 10-2(d)]等[1~2]。

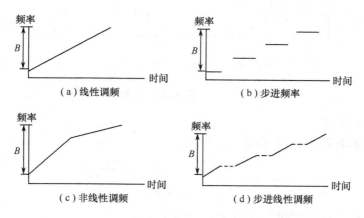

图 10-2　几种宽带脉冲频率随时间变化示意图

本节重点讨论如何利用 LFM 和 SFW 波形来获得雷达目标的一维距离像。

10.1.1　步进频率波形与合成高分辨率距离像

图 10-3 所示为步进频率雷达系统的简单框图。雷达发射的脉冲信号以 N 个($N \gg 1$)单频脉冲串为一组，脉冲串组中每个脉冲的频率比前一个脉冲的频率高 Δf(当然，也可以低一个 Δf)，且每秒钟雷达发射 $\dfrac{1}{T_R}$ 组脉冲，T_R 为脉冲串重复周期，每个脉冲的宽度为 t_p，脉冲重复周期为 T_p，$T_R = NT_p$。步进频率脉冲串组的波形如图 10-4 所示[1]。

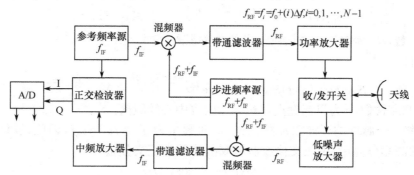

图 10-3　步进频率雷达系统的简单框图

在一个脉冲串组中，第 i 个脉冲的频率为

$$f_i = f_0 + i\Delta f, \quad i = 0, \cdots, N-1 \tag{10-2}$$

因此，由 N 个脉冲组成的脉冲串信号总的带宽为

$$B = (N-1)\Delta f \tag{10-3}$$

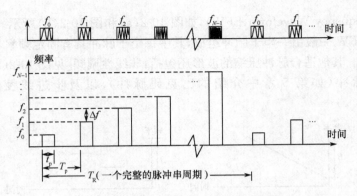

图 10-4　步进频率脉冲串组的波形

当 $N \gg 1$ 时，$B \approx N\Delta f$。

假设在一个脉冲串周期内，雷达发射信号为

$$S_T(t) = \begin{cases} Ae^{j(2\pi f_i t + \theta_i)}, & iT_p \leqslant t \leqslant iT_p + t_p \\ 0, & \text{其他} \end{cases} \tag{10-4}$$

式中，A 为常数；θ_i 为一初始相位，$i = 0, 1, 2, \cdots, N-1$。

在某个时刻 t，位于距离 R_t 远处的点目标（如图 10-5 所示）的回波信号为

$$S_{ri}(t) = A' e^{j\{2\pi f_i[t - \eta(t)] + \theta_i\}}, \quad iT_p + \eta(t) \leqslant t \leqslant iT_p + t_p + \eta(t) \tag{10-5}$$

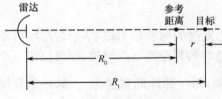

图 10-5　SFW 雷达观测点目标

式中，A' 为常数，$\eta(t)$ 为双程时延，其值为

$$\eta(t) = \frac{2(R_t - Vt)}{c} \tag{10-6}$$

式中，c 为传播速度，V 为目标径向速度。

在雷达接收机中，收到的回波信号同下列参考信号进行混频处理

$$S_{ref}(t) = Ke^{j\left[2\pi f_i\left(t - \frac{2R_0}{c}\right) + \theta_i\right]}, \quad iT_p \leqslant t \leqslant iT_p + t_p \tag{10-7}$$

式中，K 为常数，R_0 为雷达距离门所设定的参考距离。

因此，有

$$S_{IQ}(t) = S_{ri}(t)S_{ref}^*(t) = A_{IQ}e^{j2\pi f_i \frac{2(R_0 - R_t) - 2Vt}{c}} = A_{IQ}e^{-j4\pi f_i \frac{r + Vt}{c}} \tag{10-8}$$

式中，A_{IQ} 为幅度常数，r 为目标偏离雷达参考距离中心的距离。

如果对第 i 个脉冲的回波在 t_i 处采样，此时频率为 $f_i = f_0 + i\Delta f$，因此，经低通滤波器滤除 f_0 对应的高频分量后，由正交检波器提取出的 I、Q 正交分量为

$$\begin{cases} X_I(t_i) = A_i\cos\psi_i(t_i) \\ X_Q(t_i) = A_i\sin\psi_i(t_i) \end{cases} \tag{10-9}$$

式中，A_i 为幅度常数，且

$$\psi_i(t_i) = -2\pi f_{vi}\left(\frac{2r}{c} + \frac{2Vt_i}{c}\right) \tag{10-10}$$

式中，$f_{vi} = i\Delta f$。

式（10-9）中的一对正交分量可用复数的形式表示为

$$X(f_{vi}) = A_i e^{j\psi_i}, \quad i = 0, 1, 2, \cdots, N-1 \tag{10-11}$$

式中，$\psi_i = \psi_i(t_i)$。

为了简化问题的分析，现假设目标的速度 $V = 0$，则

$$\psi_i = -2\pi f_{vi} \frac{2r}{c} \tag{10-12}$$

因此有

$$X(f_{vi}) = A_i e^{-j\frac{4\pi f_{vi}r}{c}}, \quad i = 0, 1, 2, \cdots, N-1 \tag{10-13}$$

如果一个扩展目标由 M 个散射中心组成，各个散射中心的复散射幅度为 $\sqrt{\sigma_0}, \sqrt{\sigma_1}, \cdots,$ $\sqrt{\sigma_{M-1}}$，相对于参考距离中心的距离分别为 $r_0, r_1, \cdots, r_{M-1}$，如图 10-6 所示，则第 m 个散射中心的回波为

$$X_m(f_{vi}) = A_i \sqrt{\sigma_m} e^{-j\frac{4\pi f_{vi}}{c}r_m}, \quad m = 0, 1, 2, \cdots, M-1; i = 0, 1, 2, \cdots, N-1 \tag{10-14}$$

目标总的回波信号是各单个散射中心信号的相量和，即

$$\begin{aligned} X_M(f_{vi}) &= \sum_{m=0}^{M-1} X_m(f_{vi}) \\ &= \sum_{m=0}^{M-1} A_i \sqrt{\sigma_m} e^{-j\frac{4\pi f_{vi}}{c}r_m}, \\ & i = 0, 1, \cdots, N-1 \end{aligned} \tag{10-15}$$

图 10-6　SFW 雷达观测扩展目标

如果选取 $N > M$（频率步进个数大于目标散射中心个数），且将径向距离划分为 N 个分辨单元，并定义

$$A(r_k) = \begin{cases} A_k \sqrt{\sigma_k}, & \text{如果 } r_k \text{ 处有目标散射中心} \\ 0, & \text{如果 } r_k \text{ 处没有目标散射中心} \end{cases} \quad k = 0, 1, 2, \cdots, N-1$$

可见，$A(r_k)$ 定义了目标散射中心沿着径向距离（关于复散射强度和位置）的分布特性。此时，式（10-15）可写为

$$X_M(f_{vi}) = \sum_{k=0}^{N-1} A(r_k) e^{-j\frac{4\pi r_k}{c}f_{vi}}, \quad i = 0, 1, \cdots, N-1 \tag{10-16}$$

可见，在 SFW 雷达中，随步进频率变化的目标回波同目标的一维距离像之间构成一对离散傅里叶变换（DFT）关系。因此，为了得到各个距离单元上目标散射中心的分布，可以通过一维逆离散傅里叶变换（IDFT）来实现，即

$$A(r_k) = \frac{1}{N} \sum_{i=0}^{N-1} X_M(f_{vi}) e^{j\frac{4\pi f_{vi}}{c}r_k}, \quad k = 0, 1, \cdots, N-1 \tag{10-17}$$

注意到在 SFW 系统中，对频率步进的间隔 Δf 的选取是有要求的。根据采样定理，如果目标的最大尺寸为 L_{max}，为了不引起距离像混叠，要求

$$\Delta f \leqslant \frac{c}{2L_{max}} \tag{10-18}$$

式中，c 为传播速度。此外，还要求单个雷达脉冲的持续时间要足够长从而覆盖整个目标，即 $t_p > 2L_{max}/c$，因此，也要求 $\Delta f \leqslant 1/t_p$。

10.1.2　LFM 波形和展宽处理

图 10-7 所示为简化的 LFM 雷达系统框图。假设雷达发射向上调频信号（如图 10-8 所示），可表示为

$$S_{\text{Tx}}(n,t)=A_0\,\text{rect}\Big(\frac{\hat{t}}{t_{\text{p}}}\Big)\text{e}^{\text{j}[2\pi f_{\text{c}}t+\pi\gamma\hat{t}^{2}]},\quad(\hat{t}=t-nT_{\text{p}}) \tag{10-19}$$

式中,$\text{rect}(\cdot)$为门函数;t_{p}为LFM脉冲宽度;n代表脉冲数量,$n=0,1,2,\cdots$;T_{p}为脉冲重复周期;$\hat{t}=t-nT_{\text{p}}$,t为起始时间。因为脉冲之间的载频相干,所以式中t无指数,而$\hat{t}$有指数。

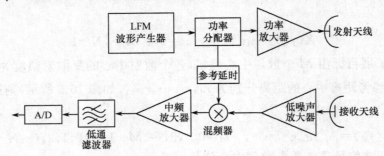

图 10-7 简化的 LFM 雷达系统框图

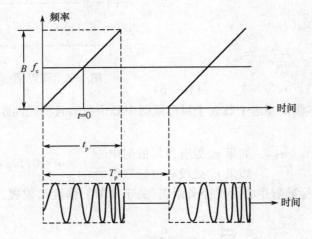

图 10-8 向上调频信号

如果雷达对距离为R_{t}远处的点目标照射(见图10-5)并接收其回波信号,则该点目标的回波信号为

$$S_{\text{Rx}}(n,t)=A\,\text{rect}\Big(\frac{\hat{t}-2R_{\text{t}}/c}{t_{\text{p}}}\Big)\text{e}^{\text{j}2\pi f_{\text{c}}(t-2R_{\text{t}}/c)}\,\text{e}^{\text{j}\pi\gamma(\hat{t}-2R_{\text{t}}/c)^{2}} \tag{10-20}$$

式中,A为一常数。

假设在距离R_0处有一参考理想点目标,其回波信号为

$$S_{\text{ref}}(n,t)=\text{e}^{\text{j}2\pi f_{\text{c}}(t-2R_0/c)}\,\text{e}^{\text{j}\pi\gamma(\hat{t}-2R_0/c)^{2}} \tag{10-21}$$

以此为参考延时,将目标回波与参考目标信号混频后,得到的中频回波信号为

$$\begin{aligned}
S_{\text{IF}}(n,t)&=S_{\text{Rx}}(n,t)\cdot S_{\text{ref}}^{*}(n,t)\\
&=A\cdot\text{rect}\Big(\frac{\hat{t}-2R_{\text{t}}/c}{t_{\text{p}}}\Big)\text{e}^{-\text{j}\frac{4\pi\gamma}{c}\big(\frac{f_{\text{c}}}{\gamma}+\hat{t}\big)(R_{\text{t}}-R_0)}\,\text{e}^{\text{j}\frac{4\pi\gamma}{c^{2}}(R_{\text{t}}-R_0)^{2}}\\
&=A\cdot\text{rect}\Big(\frac{\hat{t}-2R_{\text{t}}/c}{t_{\text{p}}}\Big)\text{e}^{\text{j}\Phi(n,\hat{t})}
\end{aligned} \tag{10-22}$$

式中

$$\Phi(n,\hat{t}) = -\frac{4\pi\gamma}{c}\left(\frac{f_c}{\gamma} - \frac{2R_0}{c} + \hat{t}\right)r + \frac{4\pi\gamma}{c^2}r^2 \tag{10-23}$$

式中,$r = R_t - R_0$ 为点目标到参考距离中心之间的距离。该相位的第一部分同 r 成正比,第二部分称为残余视频相位(RVP)。

现假设目标由 M 个散射中心组成,目标参考中心在距离 R_0 处,各散射中心相对目标参考中心的距离为 r_k,$k = 0,1,2,\cdots,M-1$,目标在径向距离上的尺度为 $L = r_{M-1} - r_0$,如图 10-9 所示。

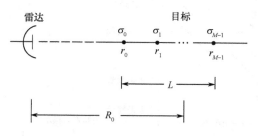

图 10-9 LFM 雷达观测 M 个点目标

经接收机处理后,目标总的中频回波信号为

$$S_{IF}(n,t) = \sum_{k=0}^{M-1}\sqrt{\sigma_k} \cdot \text{rect}\left(\frac{\hat{t} - 2(R_0 + r_k)/c}{t_p}\right)e^{j\Phi_k(n,\hat{t})} \tag{10-24}$$

注意,式中忽略了一个幅度常数因子,且

$$\Phi_k(n,\hat{t}) = -\frac{4\pi\gamma}{c}\left(\frac{f_c}{\gamma} - \frac{2R_0}{c} + \hat{t}\right)r_k + \frac{4\pi\gamma}{c^2}r_k^2 \tag{10-25}$$

同样,相位的第一项与第 k 个散射中心相对于目标参考中心 R_0 的距离 r_k 成正比,第二项为残余视频相位。

现在来分析单个点目标中频回波信号的频率,它为

$$f_\Delta = \frac{1}{2\pi}\frac{\mathrm{d}\Phi}{\mathrm{d}\hat{t}} = -\frac{2\gamma}{c}r \tag{10-26}$$

因此,从最近处散射中心 σ_0 来的回波的频率为

$$f_{\Delta 1} = -\frac{2\gamma}{c}r_0 \tag{10-27}$$

从最远处散射中心 σ_{M-1} 来的回波的频率则为

$$f_{\Delta M} = -\frac{2\gamma}{c}r_{M-1} \tag{10-28}$$

所以,收到目标信号的中频带宽为

$$B_{IF} = f_{\Delta 1} - f_{\Delta M} = \gamma\frac{2L}{c} \tag{10-29}$$

式中,$L = r_{M-1} - r_0$ 为目标的最大尺寸。

如图 10-10 所示,我们知道,LFM 波形的射频带宽为

$$B_{RF} = \gamma t_p \tag{10-30}$$

因此,有

$$\frac{B_{IF}}{B_{RF}} = \frac{2L}{ct_p} = \frac{L}{ct_p/2} \tag{10-31}$$

如果雷达发射脉冲的脉宽远远大于被测目标的尺度,即 $ct_p/2 \gg L$,则有 $B_{IF}/B_{RF} \ll 1$。

也就是说，经过图 10-10 所示的 LFM 雷达系统处理，在接收机中，处理目标信号的时间间隔为 $t_p + 2L/c \approx t_p$，而信号带宽则压缩为 $B_{IF} = \gamma \dfrac{2L}{c}$，这使得对 A/D 转换器的速度要求大大降低。所以，这种接收处理也叫"展宽"(stretch)处理。

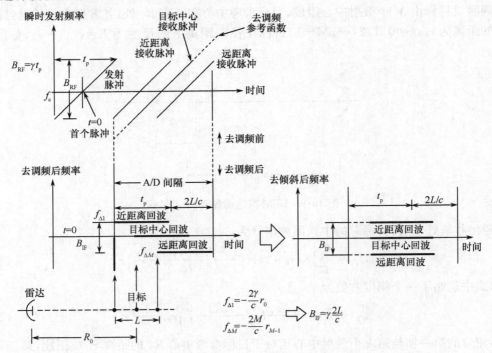

图 10-10　LFM 信号的去调频和去倾斜处理

现在回过头来研究目标回波信号的相位。若记 $f_{\Delta k} = -\dfrac{2\gamma}{c} r_k$，则由式(10-25)有

$$\Phi_k(n, \hat{t}) = 2\pi f_{\Delta k} \left(\frac{f_c}{\gamma} - \frac{2R_0}{c} + \hat{t} \right) + \frac{\pi f_{\Delta k}^2}{\gamma} \tag{10-32}$$

式(10-32)表明：对于 LFM 雷达系统，目标回波相位由两部分组成，第一项为同目标相对于参考中心的距离 r_k 成线性变化的相位，它反映了目标散射中心的位置信息，第二项为非线性残余相位，对成像处理无贡献，需要在处理中予以消除。

消除非线性残余相位的过程称为"去倾斜"(Deskew)处理，其含义可从图 10-10 看出，这是因为不同距离上的目标，其回波存在一个时延，即

$$t_k = \frac{2r_k}{c} = -\frac{f_{\Delta k}}{\gamma} \tag{10-33}$$

其变化率正好同 LFM 的调频斜率大小相同、符号相反。因此，如果对回波乘以一个相位因子 $e^{-j\frac{\pi f_{\Delta k}^2}{\gamma}}$，则可完成去倾斜过程，所得到的最终信号相位为

$$\Phi_k'(n, \hat{t}) = \Phi_k(n, \hat{t}) - \frac{\pi f_{\Delta k}^2}{\gamma}$$

$$= 2\pi f_{\Delta k} \left(\frac{f_c}{\gamma} - \frac{2R_0}{c} + \hat{t} \right) = 2\pi f_{\Delta k} t \tag{10-34}$$

式中，$t = \dfrac{f_c}{\gamma} - \dfrac{2R_0}{c} + \hat{t}$。

对于由 M 个散射中心组成的扩展目标,经上述处理的目标回波信号可表示为(忽略一个常数因子)

$$S_{\text{IF}}(n,\hat{t}) = \sum_{k=0}^{M-1} \sqrt{\sigma_k} \cdot \text{rect}\left(\frac{\hat{t}-2(R_0+r_k)/c}{t_p}\right) e^{j\Phi_k(n,\hat{t})} \qquad (10\text{-}35)$$

在 A/D 采样时间间隔内,有

$$\text{rect}\left(\frac{\hat{t}-2(R_0+r_k)/c}{t_p}\right) = 1 \qquad (10\text{-}36)$$

因此,有

$$S_{\text{IF}}(n,t) = \sum_{k=0}^{M-1} \sqrt{\sigma_k} \cdot e^{j2\pi f_{\Delta k}t} \qquad (10\text{-}37)$$

式(10-37)表明:经混频和去倾斜处理后,LFM 雷达单个发射脉冲对应的接收回波同目标散射中心随径向距离的分布(一维距离像)之间是傅里叶逆变换关系。因此,对 LFM 雷达的目标回波信号做傅里叶变换,可以得到目标的一维高分辨率距离像。

10.2 雷达的横向距离分辨率

我们已经知道,当雷达同目标之间存在径向相对速度时,会产生一个多普勒频率。这是把目标视为点目标的情况。

考虑一个扩展目标,如图 10-11 所示,若图中目标的径向速度为 V,而且飞机的机身轴线正好同雷达视线重合,则机身的多普勒频率为 $f_{d0} = 2V/\lambda$。现在来看挂在机翼下的发动机的多普勒,由于发动机同雷达视线之间存在一个小夹角 θ,因此,其多普勒频率为 $f_{d1} = 2V\cos\theta/\lambda$,与 f_{d0} 不同。但是,由于夹角 θ 很小,故在很短的瞬间,雷达是很难将 f_{d1} 同 f_{d0} 分辨开的。

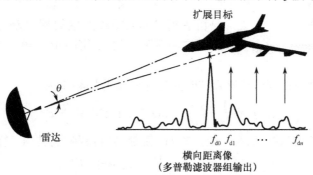

图 10-11 扩展目标的横向距离像

现在考虑这样一种情况,即目标与雷达之间不但存在相对径向速度,同时还存在一个同雷达视线正交方向的速度分量。这样,如果雷达对目标跟踪观测,在雷达看来,将相当于存在一个目标绕自身某个轴旋转的速度分量。其结果是,不同横向距离上的目标散射中心具有不同的多普勒频率。如图 10-11 所示,目标有一个垂直纸面向外的转动分量,则在雷达看来,除目标的径向速度外,目标左侧的部件会有一个等效后撤的速度分量,因此其多普勒频率小于 f_{d0};而目标右侧部件则存在一个附加的向雷达接近的运动分量,因此其多普勒频率大于 f_{d0}。这样,如果雷达用一组多普勒滤波器组接收该扩展目标的多普勒回波,经过一定的相干处理时间间隔,可得到如图 10-11 所示的扩展的多普勒频谱。

目标旋转运动造成的这种多普勒频率变化,正是合成孔径雷达和逆合成孔径雷达能提高其横向距离(角)分辨率的基础。因此,我们先通过讨论旋转目标情况,来研究雷达的横向分辨率问题。

10.2.1　旋转目标的多普勒

如图 10-12 所示,设一个理想点目标以 O 点为圆心,以 d 为半径做旋转运动,角速度为 Ω。旋转中心到雷达的距离为 R_0。

在 t 时刻,目标到雷达的距离为 R,即

$$R=\sqrt{R_0^2+d^2-2R_0 d\sin(\Omega t)} \tag{10-38}$$

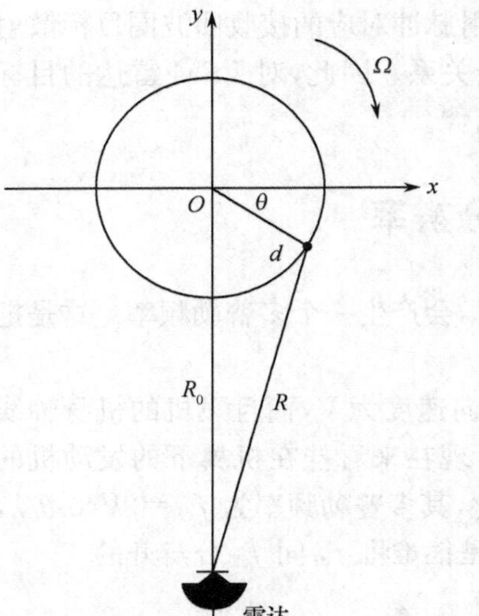

当 $R_0 \gg d$ 时,经泰勒(Taylor)展开有

$$R\approx R_0-d\sin(\Omega t)=R_0-d\sin\theta \tag{10-39}$$

式中,$\theta=\Omega t$。

假设发射信号为(幅度归一化)

$$s_t(t)=e^{j\omega_0 t} \tag{10-40}$$

忽略目标在双程传播过程中的移动,则雷达接收回波信号为

$$s_r(t)=e^{j(\omega_0 t-4\pi R/\lambda)} \tag{10-41}$$

将式(10-39)代入式(10-41),得

$$s_r(t)=e^{j[\omega_0 t+\varphi(t)]} \tag{10-42}$$

式中

$$\varphi(t)=-4\pi\frac{R_0}{\lambda}+4\pi\frac{d\sin(\Omega t)}{\lambda} \tag{10-43}$$

是雷达到目标的距离产生的相位差,其中第一项是雷达到目标中心距离产生的固定相位,第二项是与 d 及 Ω 有关的变量。

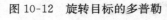

图 10-12　旋转目标的多普勒

将式(10-43)两边对 t 求导,得到随时间变化的多普勒频率为

$$f_t=\frac{1}{2\pi}\frac{\mathrm{d}\varphi(t)}{\mathrm{d}t}=2\Omega\frac{d}{\lambda}\cos(\Omega t)=\frac{2\Omega}{\lambda}x \tag{10-44}$$

如果将式(10-43)和式(10-44)表示成 θ 的函数,则得到随旋转角 θ 变化的多普勒频率,即

$$\varphi(\theta)=-4\pi\frac{R_0}{\lambda}+4\pi\frac{d\sin(\theta)}{\lambda} \tag{10-45}$$

$$f_\theta=\frac{1}{2\pi}\frac{\mathrm{d}\varphi(\theta)}{\mathrm{d}\theta}=2\frac{d}{\lambda}\cos(\theta)=\frac{2}{\lambda}x \tag{10-46}$$

在式(10-45)和式(10-46)中,$x=d\cos(\Omega t)=d\cos\theta$。

通过这两式可以看出,在雷达波长一定的情况下,旋转目标的横向位置变化引起多普勒频率的变化,两者之间成正比关系,所以,雷达可以根据这种多普勒频率的变化来实现对目标横向距离的分辨。

为了进一步讨论这种分辨率,现在来看两个点目标做旋转运动的情况。

10.2.2　横向距离分辨率

如图 10-13 所示,在不同横向距离上的两个理想点目标 P_1、P_2,以 O 点为圆心,以 d_1、d_2

为半径做旋转运动,角速度都为 Ω。旋转中心到雷达的距离为 R_0。在 t 时刻,目标到雷达的距离分别为 R_1、R_2。发射信号仍由式(10-40)给定,但这里直接表示为旋转角的函数,即

$$s_t(\theta) = e^{j\omega_0 \theta} \tag{10-47}$$

式中,$\theta = \Omega t$。

当 $R_1 \gg d_1$、$R_2 \gg d_2$ 时,有

$$R_1 \approx R_0 - d_1 \sin\theta \tag{10-48}$$

$$R_2 \approx R_0 - d_2 \sin\theta \tag{10-49}$$

从目标 P_1、P_2 返回的接收信号分别为

$$
\begin{aligned}
s_{r1}(t) &= e^{j(\omega_0 t - 4\pi R_1/\lambda)} \\
&= e^{j(\omega_0 t - 4\pi R_0/\lambda + 4\pi d_1 \sin\theta/\lambda)}
\end{aligned} \tag{10-50}
$$

$$
\begin{aligned}
s_{r2}(t) &= e^{j(\omega_0 t - 4\pi R_2/\lambda)} \\
&= e^{j(\omega_0 t - 4\pi R_0/\lambda + 4\pi d_2 \sin\theta/\lambda)}
\end{aligned} \tag{10-51}
$$

忽略对处理无贡献的载频和距离常数项,有

$$s_{r1}(\theta) = e^{j4\pi d_1 \sin\theta/\lambda} \tag{10-52}$$

$$s_{r2}(\theta) = e^{j4\pi d_2 \sin\theta/\lambda} \tag{10-53}$$

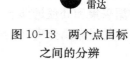

图 10-13　两个点目标
之间的分辨

假设对 P_1、P_2 处的回波信号进行匹配滤波接收。接收机对 P_1 处目标匹配。这样得到的输出为

$$
\begin{aligned}
v_1(\Delta\theta_m) &= \int_0^{\Delta\theta_m} s_{r1}(\theta) s_{r1}^*(\theta) \, d\theta \\
&= \int_0^{\Delta\theta_m} |s_{r1}(\theta)|^2 \, d\theta = \Delta\theta_m
\end{aligned} \tag{10-54}
$$

$$
\begin{aligned}
v_2(\Delta\theta_m) &= \int_0^{\Delta\theta_m} s_{r2}(\theta) s_{r1}^*(\theta) \, d\theta \\
&= \int_0^{\Delta\theta_m} e^{j\frac{4\pi}{\lambda}(d_2 - d_1)\sin\theta} \, d\theta
\end{aligned} \tag{10-55}
$$

式中,$\Delta\theta_m$ 为目标最大旋转角度。当 $\Delta\theta_m \ll 1$ 时,$\sin\theta \approx \theta$,因此有

$$
\begin{aligned}
v_2(\Delta\theta_m) &\approx \int_0^{\Delta\theta_m} e^{j\frac{4\pi}{\lambda}(d_2 - d_1)\theta} \, d\theta \\
&= e^{j\frac{2\pi}{\lambda}\Delta d} \frac{\sin\left(\frac{2\pi}{\lambda}\Delta d \Delta\theta_m\right)}{\frac{2\pi}{\lambda}\Delta d}
\end{aligned} \tag{10-56}
$$

式中,$\Delta d = d_2 - d_1$ 为目标 P_1 与 P_2 之间最初的横向距离差。这是一个 sinc 函数。

根据瑞利分辨准则,当匹配目标的输出 $v_1(\theta)$ 达到最大时,如果失配目标的输出 $v_2(\theta)$ 过第一零点,则两个目标可以分辨。因此,由 $\frac{2\pi}{\lambda}\Delta\theta_m \delta_c = \pi$,此时的横向距离分辨率为

$$\delta_c = \frac{\lambda}{2\Delta\theta_m} \tag{10-57}$$

注意,式(10-57)是在 $\Delta\theta_m \ll 1$ 的假设下导出的。事实上,当 $\Delta\theta_m = 360°$ 时,式(10-56)变为

$$v_2(\Delta\theta_m) = \int_0^{2\pi} e^{j\frac{4\pi}{\lambda}\Delta d \sin\theta} \, d\theta = 2\pi J_0\left(4\pi \frac{\Delta d}{\lambda}\right) \tag{10-58}$$

式中，$J_0(x)=\dfrac{1}{2\pi}\displaystyle\int_0^{2\pi}\mathrm{e}^{\mathrm{j}x\sin\varphi}\mathrm{d}\varphi$ 为零阶第一类 Bessel 函数，其第一个零点发生在 $x=2.405$ 处，所以，在目标 360°旋转的条件下，横向距离分辨率为

$$\delta=\frac{2.405}{4\pi}\lambda\approx0.2\lambda \tag{10-59}$$

式（10-59）表明，当 $\Delta\theta_m=360°$，即目标绕旋转中心转一圈时，横向分辨率大约为雷达波长的 1/5。注意到此时目标已经转过一周，无所谓哪个方向是"横向"，哪个方向是"径向"，所以，事实上应该是对目标的二维分辨率均由式（10-59）给出。获得这一极高分辨率的前提条件是被成像目标的多散射中心为各向同性，且散射中心无迁移现象，从而可在 360°范围内均匀合成圆雷达孔径。

然而，以下两个原因决定了无论是在合成孔径还是在逆合成孔径成像雷达中，小角度旋转成像更具有实用价值，因为：(1) 实际的复杂雷达目标常常不可能满足各向同性且无迁移现象这一限制，因此事实上一般得不到理论推导得出的名义分辨率，而且目标旋转 360°成像所要求的数据采集和处理量都十分庞大；(2) 随着雷达信号技术的发展，利用宽带信号本身就可以得到对目标的径向高分辨，而当雷达载频较高时，横向高分辨一般又只要求有一个较小的目标转角。

10.3　转台目标的距离－多普勒成像

10.3.1　三维扩展目标的散射分布函数

第 6 章介绍了散射中心的概念。在本章前两节，为了所讨论问题的简洁性，均假设复杂目标是由一组有限个离散的散射中心组成的，每个散射中心的散射特性可以用其复散射幅度（对应于电场量纲）$\sqrt{\sigma_k}(k=0,1,2,\cdots,M-1)$ 来表示。为了便于后续二维和三维成像中的一般性讨论，现在将第 6 章中扩展目标散射分布函数的概念引入到对雷达成像问题的讨论中来。

根据第 6 章中的定义，在波数空间，以三维扩展目标的"目标中心"为相位参考点的散射分布函数定义为

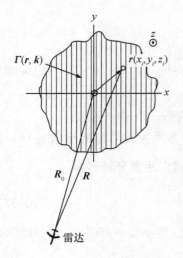

图 10-14　目标三维成像几何关系

$$\boldsymbol{\Gamma}(\boldsymbol{r},\boldsymbol{k})=\lim_{R_0\to+\infty}\sqrt{4\pi}R_0\cdot\exp(\mathrm{j}\boldsymbol{k}\cdot\boldsymbol{r})\cdot\frac{\boldsymbol{E}_s(\boldsymbol{r},\boldsymbol{k})}{\boldsymbol{E}_i(\boldsymbol{r},\boldsymbol{k})}$$

相应地，随频率变化的目标散射分布函数定义则为

$$\boldsymbol{\Gamma}(\boldsymbol{r},f)=\lim_{R_0\to+\infty}\sqrt{4\pi}R_0\cdot\exp\left[\mathrm{j}\frac{2\pi f}{c}(|\boldsymbol{R}_0-\boldsymbol{r}|-R_0)\right]\cdot\frac{\boldsymbol{E}_s(\boldsymbol{r},f)}{\boldsymbol{E}_i(\boldsymbol{r},f)}$$

式中各符号的意义已经在讨论式（6-30）和式（6-31）时给出，此处不再重复。

如图 10-14 所示，对于特定的三维扩展目标，其散射分布函数是目标上每个坐标位置、雷达频率及观测角等的函数。为了简化对问题的讨论，进一步做以下假设。

(1) 雷达工作在目标散射的光学区，即目标尺寸 D 远远大于雷达波长 λ，因此目标的散射具有局部特性，可用多散射中心来解释。

(2) 雷达的相对带宽 $B_p=B/f_0$ 很小，$B_p\ll1$，因此在工作频带范围内，目标散射函数随频率的变化可以忽略。

（3）雷达成像过程中目标的转角很小，所以在观测时间内，目标上单个散射中心的散射特性随姿态角的变化可以忽略。

（4）雷达观测满足远场条件，即 $R_0 = |\boldsymbol{R}_0| \gg 2D^2/\lambda$。

（5）在目标阴影区（雷达波未照射到"看不见"的区域），可认为 $\boldsymbol{\Gamma}(\boldsymbol{r},\boldsymbol{k}) = 0$，即不考虑阴影波（爬行波）的散射贡献。

这样，目标散射分布函数可以简化为

$$\boldsymbol{\Gamma}(\boldsymbol{r},\boldsymbol{k}) \approx \boldsymbol{\Gamma}(\boldsymbol{r}) = \boldsymbol{\Gamma}(r,\theta,\varphi) = \boldsymbol{\Gamma}(x,y,z) \tag{10-60}$$

式中，(r,θ,φ) 和 (x,y,z) 分别为目标坐标系下球坐标和直角坐标的三个变量。

如第 6 章中所讨论的，注意到 $\boldsymbol{\Gamma}(x,y,z)$ 是一个复函数，对于给定的目标散射单元 (x,y,z) 位置处散射单元，$\boldsymbol{\Gamma}(x,y,z)$ 的模值代表目标在该处的散射幅度，而相角代表的是该散射单元的固有相位。由此，代表雷达目标图像的量 $|\boldsymbol{\Gamma}(x,y,z)|^2$ 同目标 RCS 具有相同的量纲，故传统上也称为"目标 RCS"。但是，雷达成像一般要经过非常复杂的信号处理，最终得到的雷达像各像素点的值不仅同成像分辨率有关，而且也同信号处理算法密切相关，并不一定能完全反映目标散射强度的绝对量值。鉴于此，有些文献建议，对于雷达图像，宜称为目标"散射亮度"（Scattering brightness）[19]。对这些问题的讨论超出本书范围，不再赘述。

10.3.2　旋转目标的距离－多普勒二维成像

现在来研究目标的距离－多普勒二维成像问题，此时目标的两维复反射率函数可以表示为 $\boldsymbol{\Gamma}(\boldsymbol{r}) = \boldsymbol{\Gamma}(r,\varphi) = \boldsymbol{\Gamma}(x,y)$，它可视为三维复反射率函数沿 z 轴积分的结果，即

$$\boldsymbol{\Gamma}(x,y) = \int_{-D_z}^{D_z} \boldsymbol{\Gamma}(x,y,z)\mathrm{d}z \tag{10-61}$$

考虑更一般意义上的双站雷达成像问题。对一刚性目标进行双站成像测量的几何关系如图 10-15 所示[4,5]。

很明显，这里的二维成像高分辨正是应用了前两节已经讨论的距离－多普勒分辨原理。也就是说，对目标的径向距离高分辨率是通过雷达发射大的瞬时带宽的信号（如极窄的雷达脉冲）或大的合成带宽信号（如 LFM、SFW 波形等）来实现的。因此径向距离分辨率 δ_r 由雷达发射信号的带宽 B 所确定，即

$$\delta_r = \frac{c}{2B}$$

对目标的横向分辨率则通过目标与雷达之间在方位向的相对旋转运动产生的多普勒所形成的合成圆孔径来达到，横向距离分辨率 δ_{cr} 与该圆孔径的张角 $\Delta\theta_m$ 成反比，即

$$\delta_{cr} = \frac{\lambda}{2\Delta\theta_m}$$

根据图 10-15 所示的双站成像测量的几何关系，图中目标坐标系为 (x,y)，雷达坐标系为 (u,v)。由参考文献[4,5]，在极坐标下（$x = r\cos\varphi$，$y = r\sin\varphi$），旋转目标的回波信号数学表达式可表示为

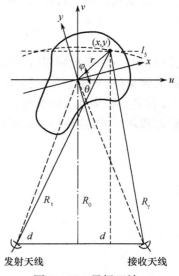

图 10-15　目标双站成像测量的几何关系

$$F(k,\theta) = \int_0^{2\pi} \int_{-\infty}^{+\infty} \Gamma(r,\varphi) \exp\{-\mathrm{j}2\pi k[(R_\mathrm{t} + R_\mathrm{r} - 2R_0)/2]\} r \mathrm{d}r \mathrm{d}\varphi \qquad (10\text{-}62)$$

式中，$F(k,\theta)$ 为在当前观测角 θ、观测频率 $f(k=2f/c)$ 下雷达获取的目标回波数据，常称为相位历史（Phase history）数据；c 为传播速度；$\Gamma(r,\varphi)$ 为极坐标下表示的目标二维复反射率函数，且 $\Gamma(x,y) = \Gamma(r\cos\varphi, r\sin\varphi)$；$R_0$ 为目标旋转中心到雷达发射机与接收机连线的距离；R_t 和 R_r 分别为目标到雷达发射机和接收机的距离。

式（10-62）重新写为

$$F(k,\theta) = \int_0^{2\pi} \int_{-\infty}^{+\infty} \Gamma(r,\varphi) \exp\{-\mathrm{j}2\pi k L_\mathrm{e}\} r \mathrm{d}r \mathrm{d}\varphi \qquad (10\text{-}63)$$

式中，指数项中的距离表示为

$$L_\mathrm{e} = \frac{1}{2}(R_\mathrm{t} + R_\mathrm{r} - 2R_0)$$
$$= \frac{1}{2}\Big\{ \sqrt{R_0^2 + r^2 + d^2 + 2r[R_0\sin(\varphi-\theta) + d\cos(\varphi-\theta)]} +$$
$$\sqrt{R_0^2 + r^2 + d^2 + 2r[R_0\sin(\varphi-\theta) - d\cos(\varphi-\theta)]} - 2R_0 \Big\} \qquad (10\text{-}64)$$

式（10-64）描述了成像测量的积分路径。根据解析几何知识可知，该式所描述的是一簇椭圆轨迹。如果成像中对目标的测量为单站测量，即图 10-15 中的 $d=0$，则式（10-64）变为

$$L_\mathrm{e} = \sqrt{R_0^2 + r^2 + 2rR_0\sin(\varphi-\theta)} - R_0 \qquad (10\text{-}65)$$

它所描述的是一簇圆。就是说，单站测量时，目标测量中的投影积分轨迹为圆弧曲线，描述了球面波前的积分路径，适合于近场单站成像情况。

更进一步，当测量中的雷达距离满足 $R_0 \gg r$，即满足远场测量条件时，则有

$$L_\mathrm{e} \approx r\sin(\varphi-\theta) \qquad (10\text{-}66)$$

式（10-66）描述的是一条直线，它描述了平面波前的积分路径，适合于远场成像情况。

根据式（10-63），以极坐标格式表达的再现目标图像的估值可以表示为

$$\hat{\Gamma}(r,\varphi) = \int_{-\frac{\Delta\theta_\mathrm{m}}{2}}^{\frac{\Delta\theta_\mathrm{m}}{2}} \int_{k_\mathrm{min}}^{k_\mathrm{max}} F(k,\theta) \exp\{\mathrm{j}2\pi k L_\mathrm{e}\} k \mathrm{d}k \mathrm{d}\theta \qquad (10\text{-}67)$$

式中，$\hat{\Gamma}(r,\varphi)$ 表示利用有限频带和有限方位角测量数据再现的目标图像，$\Delta\theta_\mathrm{m}$ 为目标转过的最大转角（从 $-\Delta\theta_\mathrm{m}/2$ 转到 $+\Delta\theta_\mathrm{m}/2$），$k_\mathrm{min}=2f_\mathrm{min}/c$ 和 $k_\mathrm{max}=2f_\mathrm{max}/c$ 分别对应雷达最低频率 f_min 和最高频率 f_max 的波数。注意相位历史数据 $F(k,\theta)$ 的取值域覆盖了图 10-16 所示的一个扇形圆环区域，这种格式的雷达成像数据称为极坐标格式数据。

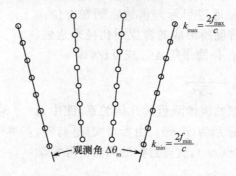

图 10-16　旋转目标成像中的极坐标格式数据

根据成像公式(10-64)~式(10-67)可设计出各种图像再现算法。而且,就成像算法设计而言,在上述成像公式推导中并不严格要求雷达发射波为平面电磁波,因此所导出的图像再现算法适用于单站、双站、远场和近场测量等各种不同条件下的成像。

10.3.3　二维 FFT 算法

旋转目标成像所采集到的目标数据是极坐标格式(环形谱域)数据,二维快速傅里叶变换(FFT)图像再现算法是在二维直角坐标网格下实现的,这就要求在图像再现前,必须先把环形谱域成像数据依照成像测量几何关系用二维插值器插值到 FFT 所要求的直角坐标网格上,然后由式(10-68)完成图像再现,即

第一步:二维插值

$$\begin{matrix} F(k,\theta) \\ {}^{k_{\min},k_{\max}} \\ \left[-\frac{\Delta\theta_{\mathrm{m}}}{2},\frac{\Delta\theta_{\mathrm{m}}}{2}\right] \end{matrix} \xrightarrow{\text{2-D Interpolation}} \begin{matrix} F(k_x,k_y) \\ {}^{k_{y1},k_{y2}} \\ (k_{x1},k_{x2}) \end{matrix}$$

第二步:二维 FFT

$$\hat{\Gamma}(x,y) = \int_{k_{x1}}^{k_{x2}}\int_{k_{y1}}^{k_{y2}} F(k_x,k_y)\exp\{\mathrm{j}2\pi(k_y-k_x)\}\mathrm{d}k_y\mathrm{d}k_x \tag{10-68}$$

当成像转角 $\Delta\theta_{\mathrm{m}}$ 较小,且为远场、单站测量状态时,插值这一步常可省略,从而可直接用二维快速傅里叶变换(FFT)算法实现快速成像。由于二维插值也需要相当的运算量,且插值精度对图像质量影响较大,除非可直接采用二维 FFT 快速成像,否则上述二维插值成像现在一般很少采用,而更多的是采用下面的滤波—逆投影算法。

10.3.4　滤波—逆投影算法

滤波—逆投影算法可直接利用极坐标格式数据再现目标图像。用滤波—逆投影算法实现图像再现式(10-67)时可表示为

$$P_\theta(L_{\mathrm{e}}) = \int_0^{k_{\max}-k_{\min}} (k+k_{\min})F(k+k_{\min},\theta)\exp\{\mathrm{j}2\pi kL_{\mathrm{e}}\}\mathrm{d}k$$

$$\hat{\Gamma}(r,\varphi) = \int_{-\frac{\Delta\theta}{2}}^{\frac{\Delta\theta}{2}} P_\theta(L_{\mathrm{e}})\exp\{\mathrm{j}2\pi k_{\min}L_{\mathrm{e}}\}\mathrm{d}\theta \tag{10-69}$$

式中,L_{e} 由式(10-64)、式(10-65)或式(10-66)决定,取决于成像的几何关系。

用滤波—逆投影算法可实现目标精密成像且易于完成近场—远场修正[4~6],特别适合于实验室对目标散射中心做精密诊断成像处理。而且除对目标复反射率函数的假设外,成像公式(10-69)的其他推导中并不要求雷达发射波为平面电磁波前,因此所导出的图像再现算法原则上适用于单站、双站、远场和近场测量等各种不同条件下的成像处理。

顺便指出,由于旋转目标微波成像中所获取的目标谱位于一圆环扇形谱域上,它决定了成像系统点扩展函数具有很高的图像旁瓣,因此,在实际的图像再现算法中,通常还需要加平滑窗(小角度旋转成像时)或变迹滤波器(360°旋转成像时)[7,8],以抑制再现图像的旁瓣电平,提高图像的质量。

最后,作为例子,图 10-17 给出了微波暗室对某隐身飞机模型的二维成像结果。从图中可见,目标上的各强散射中心均清晰可辨。

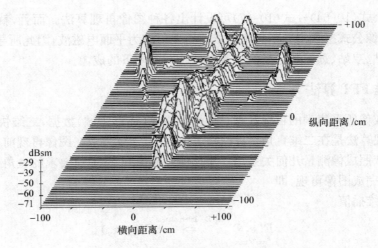

图 10-17　某隐身飞机模型的二维成像结果

10.4　逆合成孔径雷达成像及其运动补偿

所谓逆合成孔径雷达(ISAR)成像,传统上是指雷达固定不动而目标运动的情况。因此,10.3 节中所讨论的转台目标成像其实就是 ISAR 的一个特例,只是在那里目标与雷达之间不存在径向平移运动分量而已。更一般的情况则是雷达同目标之间既存在径向平移运动,又存在视向旋转运动。

考虑图 10-18 所示的 ISAR 成像关系,飞行器沿任意轨迹飞行,雷达本身则固定在某一位置,但是雷达天线对目标进行跟踪观测。目标的速度包括径向速度/加速度分量和横向速度/加速度分量。目标的位移也相应地可以分成径向距离位移和横向距离位移。

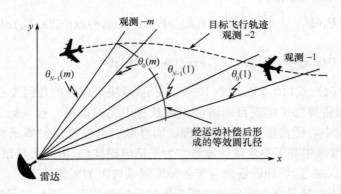

图 10-18　ISAR 成像关系

如果雷达及其辅助测量设备可以精确测得目标的运动特性参数,则通过运动补偿和其他信号处理,总可以合成一个等效的圆弧形目标运动轨迹,这样,对于成像而言,目标的任意运动可转化成绕其自身某个轴的旋转运动。因此,最后的图像处理便可以简化成转台目标成像处理。上述过程可以用图 10-19 来表示。由此可见,一般的 ISAR 成像分辨同转台成像在原理上并无异,关键是其运动补偿和图像处理技术。

目标平移运动的补偿是整个 ISAR 成像算法的基础,也是解决其他方位向散焦因素的关键。只有把目标回波在距离向对准之后，才能开始考虑在方位向补偿其他散焦因素。目标平移运动对 ISAR 成像的影响主要有两个方面：一是位置的移动使相邻一维距离像在距离上错开，无法进行方位向分辨；二是平移使回波存在多普勒频移，若多普勒频移是一个固定量，则对横向成像没有影响，只使成像结果目标散射中心的位置发生移动。但通常是在横向相干处理时间内多普勒频率变化较大，因此将在方位向造成散焦。

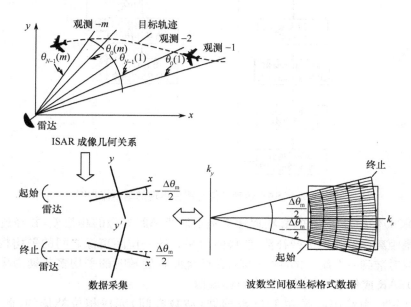

图 10-19　一般的 ISAR 成像经运动补偿转化为转台目标成像

　　运动补偿的任务就是消除目标平移在这两方面的影响。常用的运动补偿算法主要有两类：一类是基于目标强散射点方法；另一类是相邻回波相关法[11,12,16]。

　　强散射点方法：该方法假设在成像处理时间内，存在一个稳定的强散射中心，在距离向它是一个明显的强散射点，因此以它为基准进行距离向的对准；在方位向必须存在一个孤立的散射点，这样可进行多普勒对准。可见，这种方法对目标回波提出的要求相当苛刻，故实际应用不是很广泛。

　　相邻回波相关法：它假设目标相邻两幅一维距离像之间的复包络变化不大，可以利用互相关的方法使其在距离向对准。又假设目标存在一个等效的多普勒中心，目标绕此中心旋转时其等效的多普勒频率为零，这样就可以把相邻回波在多普勒域对准。在方位采样率足够高的条件下，目标相邻回波的复包络变化很小，因此这种方法具有较好的适用性。这种方法的基本流程图如图 10-20 所示，一般分为两个步骤。

　　（1）距离预对准：即通过相邻两幅距离像互相关进行包络对准，根据相关峰值来判断两幅距离像包络相差了多少个距离单元，这样可以把距离像对准误差限制在半个距离单元内。

　　（2）相位对准：把距离像对准误差所引起的高频相移补偿掉。可以利用下式估计该剩余相位

$$Ae^{j\varphi} = \frac{\int e_i^*(r)e_{i+1}(r)\,dr}{\int |e_i(r)e_{i+1}(r)|\,dr} \tag{10-70}$$

式中，上标" * "表示复数共轭，$e_i(r)$ 和 $e_{i+1}(r)$ 表示相邻的两幅距离像。用 $e^{j\varphi}$ 调整后一幅距离像的相位。

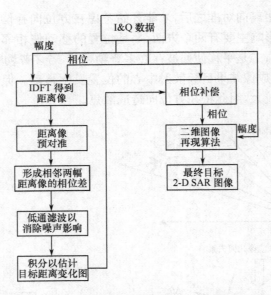

图 10-20　SAR 运动补偿与图像再现的基本流程图

对式(10-70)仔细分析可知,其物理意义是求取相邻距离像的相位差,并经过幅度加权后用于对后一幅距离像的相位进行补偿,使得两两相邻的一位距离像之间的平均相移为零。这相当于把目标对准到一个统一的相位中心,目标绕此点旋转时的平均多普勒为零,因此,一般的运动目标 ISAR 成像最终等效为转台目标成像。

注意图 10-20 中给出的是在 I、Q 数据域(波数空间)完成相位补偿的,此时相当于用第一幅距离像做相位参考中心,其后的各幅距离像采用积分相位进行补偿,并且还采用了低通滤波以减小噪声的影响。

作为例子,图 10-21 给出了对飞行中的洛克希德(Lockheed) L-1011 飞机的 ISAR 成像结果[9]。注意此例中,原作者对 ISAR 像做了沿飞机机身轴线的对称增强处理,所以其 ISAR 像看起来是完全对称的。更普遍的情况是,由于 ISAR 成像中涉及实际目标运动导出的分辨率,其成像面问题十分复杂,雷达所得到的目标图像一般不会是完全对称的。

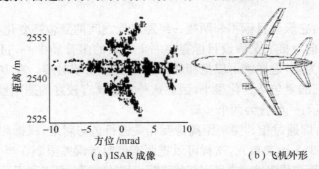

（a）ISAR 成像　　　　　　　　　　（b）飞机外形

图 10-21　洛克希德 L-1011 飞机的 ISAR 成像结果

10.5　合成孔径雷达成像

在雷达发展的历史上,SAR 成像技术的出现是先于 ISAR 成像的。本章之所以先讨论转台成像,再讨论 ISAR 成像,最后才讨论 SAR 成像,是因为按照技术上从易到难这样一种思路,读者可以非常容易地理解 SAR/ISAR 成像的原理和处理过程。

第二次世界大战结束时,雷达的距离向分辨率已达到 150m,但对于 1000km 处目标的方位向分辨率则大于 1500m。当机载雷达用真实天线波束做地形测绘时,方位向(横向)分辨率是依靠天线产生窄的波束而达到的。

20 世纪 50 年代,美国密西根大学有一批科学家想到:一根长的线阵天线之所以能产生窄波束,是由于发射时,线阵的每个阵元同时发射相参信号,接收时由于每个阵元又同时接收信号,在馈线系统中叠加形成很窄的接收波束。他们认为多个阵元同时发射,同时接收并非必须,可以先在第一个阵元发射和接收,然后依次在其他阵元发射和接收,并把在每个阵元上接收的回波信号全部存储起来,然后进行叠加处理,其效果类似于一个长的线阵天线同时发、收雷达信号。因此,只要用一个小天线沿着长线阵的轨迹等速移动并辐射相参信号,记录下接收信号并进行适当处理,就能获得相当于一个很长线阵的横向高分辨率。人们称这一概念为合成孔径天线,采用这种技术的雷达称为合成孔径雷达。同样,上述概念推广到雷达不动但目标运动的情形,此时也能合成一个大的等效天线孔径,称为逆合成孔径雷达。

总之,只要雷达同目标之间具有视线上的相对运动,则总能通过适当的信号处理技术,合成一个等效的大的孔径天线,从而极大地提高对目标的方位向(横向)分辨率。事实上,现代雷达所面临的目标探测问题越来越复杂,SAR 和 ISAR 的界限也变得模糊,有时统称为"SAR 成像"。例如,对地面或海面慢速活动目标成像时,若以平台运动来合成孔径,则是 SAR 体制,此时成像算法需要对活动目标做特殊的运动补偿处理,否则目标图像将因散焦而模糊;另一方面,若是利用目标运动来合成孔径,则属于 ISAR 体制,此时需要对平台运动进行补偿。此外,也可采取 SAR/ISAR 交替成像的工作模式等[20]。

10.5.1 实孔径雷达(RAR)和合成孔径雷达(SAR)的比较

我们知道,对于一个尺寸为 L_{RA} 的孔径天线,其波束宽度大致为

$$\theta_B = \frac{\lambda}{L_{RA}} \tag{10-71}$$

式中,λ 为雷达波长。

根据前面的讨论我们还知道,对于 SAR/ISAR 成像,如果合成孔径的张角为 $\Delta\theta$,则其横向分辨率为

$$\delta_{cr}(SAR/ISAR) \approx \frac{\lambda}{2\Delta\theta} \tag{10-72}$$

现在来看实孔径雷达(RAR)和合成孔径雷达在成像分辨率上的差异,图 10-22 对 RAR 和 SAR 做了比较。

在距离 R 远处,RAR 的横向分辨率为

$$\delta_{cr}(RAR) = \theta_B R = \frac{R\lambda}{L_{RA}} \tag{10-73}$$

而在相同条件下,SAR 的横向分辨率则为

$$\delta_{cr}(SAR) = \frac{\lambda}{2\Delta\theta} = \frac{R\lambda}{2L_{SA}} \tag{10-74}$$

式(10-73)和式(10-74)意味着,当 $L_{RA} = L_{SA}$ 时,SAR 比相同孔径的 RAR 的横向分辨率要高出 1 倍,即

$$\frac{\delta_{cr}(SAR)}{\delta_{cr}(RAR)}\bigg|_{L_{SA}=L_{RA}}=\frac{1}{2} \tag{10-75}$$

对上述结果的直观解释是：RAR 的分辨率是由波束单程传播在横向上的展宽决定的，而 SAR 的分辨率是由双程传播相位相干处理后合成得到的，这种差异导致了 SAR 的合成孔径天线方向图主瓣只有 RAR 天线主瓣宽度的一半。

事实上，若有一个由 N 个单元组成的线性阵列，长度为 $L=(N-1)d$，如图 10-23（a）所示。若该线性阵列为实际阵列，则其方向图为 $\mathrm{sinc}(L\theta/\lambda)$；当该实际阵列同时用做发射和接收时，其方向图为 $\mathrm{sinc}^2(L\theta/\lambda)$；如果该线性阵列是合成阵列，则由于各阵列单元自发自收，其合成方向图为 $\mathrm{sinc}(2L\theta/\lambda)$。因此，上述三种情况下的主波束形状如图 10-23(b)所示[16]，其 3dB 波束宽度分别为 $\frac{0.88\lambda}{L}$、$\frac{0.64\lambda}{L}$ 和 $\frac{0.44\lambda}{L}$，而主瓣宽度则分别为 $\frac{\lambda}{L}$、$\frac{\lambda}{L}$ 和 $\frac{\lambda}{2L}$。由瑞利分辨准则，长度为 L 的实孔径与同样长度的合成孔径阵列之间的分辨率相差两倍。

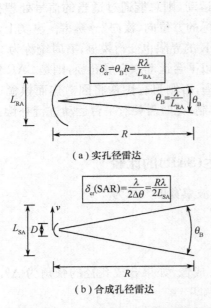

图 10-22　RAR 与 SAR 的分辨率比较

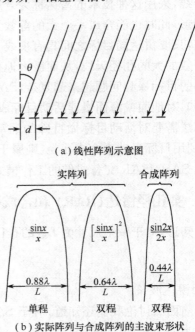

图 10-23　实际阵列与合成阵列的比较

10.5.2　SAR 成像模式

SAR 成像的几种主要模式包括条带(stripmap)模式、聚束（spotlight）模式和扫描（scan）模式等。

条带模式 SAR 也称为搜索(search)模式 SAR，其分辨率一般较低，主要用于大区域成像。因此，有些文献也称之为"普查"模式。图 10-24 所示为条带模式 SAR 的示意图。条带模式 SAR 的天线波束方向与飞行路径（假设直线飞行）的垂直方向保持固定倾角 θ_{sq}（称为斜视角），可连续观测出与飞行路径平行的带状地域。当 $\theta_{sq}=0$（垂直于飞行路径）时，称为正侧视 SAR ［如图 10-24（a）所示］；如果 $\theta_{sq}\neq0$，则称为斜视 SAR［如图 10-24（b）所示］。

对于条带模式 SAR，其最大合成孔径张角不可能超出真实孔径波束的张角，否则不能实

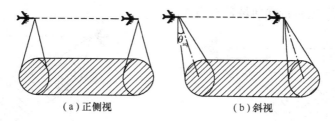

（a）正侧视　　　　　　　　（b）斜视

图 10-24　条带模式 SAR 的示意图

现同一成像场景回波的相参积累处理。孔径为 D 的天线的 3dB 波束宽度为

$$\Delta\theta_m = \theta_{3dB} \approx \beta\frac{\lambda}{D} \tag{10-76}$$

式中，β 是一个接近于 1 的常数因子。

在斜视角为 θ_{sq}、距离为 R 时，可以合成的有效孔径长度为

$$L_{SAR} = R \cdot \theta_{3dB}\cos\theta_{sq} \approx R \cdot \beta\frac{\lambda}{D}\cos\theta_{sq} \tag{10-77}$$

由式(10-74)，此时的横向分辨率为

$$\delta_{cr} \approx \frac{1}{\beta}\frac{D}{2\cos\theta_{sq}} \tag{10-78}$$

对于正侧视波束，有 $\theta_{sq} = 0$，若取 $\beta = 1$，则有

$$\delta_{cr} = \frac{D}{2} \tag{10-79}$$

式中，D 为 SAR 系统真实天线的尺寸。

就是说，如果能保证 $D \gg \lambda$ 且信噪比 SNR $\gg 1$，那么天线的物理尺寸越小，条带模式 SAR 成像的横向分辨率就越高，且与距离无关。当然，实际雷达系统中这些条件是不可能同时满足的。为了保证足够高的信噪比，天线尺寸不可能太小。因此，条带模式 SAR 的分辨率通常较低。若需要更高的分辨率，则可以采用聚束波成像模式。

聚束模式 SAR 示意图如图 10-25 所示。在这种成像模式中，当雷达平台掠过目标时，波束方向随之变动，并始终指向目标。这样，最后合成孔径的等效张角远大于天线波束宽度 θ_B，所以具有较高的分辨率，故一些文献中也称之为"详查"模式。聚束模式 SAR 可在单次飞行中实现同一地区的多视角成像，从而有助于提高目标的识别能力。聚束模式 SAR 的最大缺点是不能像条带模式那样，实现对载机通过地区的连续观测，对地面的覆盖性能较差。

条带模式 SAR 或聚束模式 SAR 成像时数据采集所需时间 t_A 的推导如下：设雷达平台运动速度为 V，要求分辨率 δ_{cr}，取 $\beta = 1$，则由于

$$\delta_{cr} \approx \frac{\lambda R}{2L_{SA}\cos\theta_{sq}} = \frac{\lambda R}{2Vt_A\cos\theta_{sq}} \tag{10-80}$$

因此

$$t_A \approx \frac{\lambda R}{2V\delta_{cr}\cos\theta_{sq}} \tag{10-81}$$

可见，SAR 斜视角越大，相同分辨率下要求的合成孔径越长，采集时间也越长。极限情况下，90°斜视角是根本不可用的，因为事实上此时雷达已变成前视，对于成像场景不再具有多普勒分辨能力。

除了以上讨论的两种 SAR 模式，还有一种模式是扫描模式 SAR，如图 10-26 所示，其波束观测的带状地域和飞行路径并不平行。显然，随着斜距的增大，SNR 在逐渐减小，最后将小于

成像所需门限,因此,这种带状地域是有限长的。

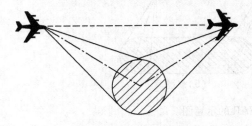

图 10-25　聚束模式 SAR 示意图

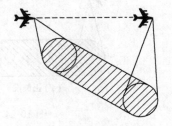

图 10-26　扫描模式 SAR 示意图

单一采用扫描模式的 SAR 较少,一般用于军事侦察中因战场条件所限而不得不采用此种工作模式的情况。但是,这种模式也常与条带模式 SAR 相结合,即所谓的扫描条带模式 SAR。在这种模式下工作的 SAR,雷达平台沿某一路径飞行,同时对多个条带进行扫描成像,形成扫描条带成像模式,从而可以获得比单一条带模式更宽的条带成像区域。图 10-27 所示为扫描条带模式 SAR 示意图。

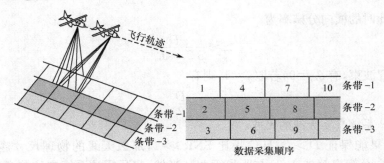

图 10-27　扫描条带模式 SAR 示意图

图 10-28　SAR 图像示例

关于 SAR 成像更多的技术问题,读者可参考相关文献[12～17]。作为例子,图 10-28 给出了一幅 SAR 图像的例子,注意图中人造目标(图像中心区域停机坪上驻泊的 B52 飞机、周边建筑物等)同自然背景之间 SAR 图像特性的差异,这种差异将在本章最后讨论。

10.5.3　SAR 成像雷达的参数选择问题

在 SAR 设计过程中,某些因素严重影响着 SAR 的成像质量甚至造成 SAR 不能成像,主要包括以下几个方面:最佳 PRF 的选择、旁瓣的最小化、运动补偿和其他相位误差的最小化。现简要讨论如下。

(1) PRF 的选择:首先,PRF 的选择既要避免距离模糊,又要避免速度模糊;其次,由于 PRF 决定了 SAR 的慢时间采样速率,从天线理论的角度考虑,PRF 还要足够高,以避免合成孔径中栅瓣问题的出现。

对于机载和星载 SAR,为了避免距离模糊,真实天线波束照射区域最远点每个脉冲的回波,应该在照射区域最近点下一个脉冲的回波之前返回到雷达天线。换句话说,雷达的最大不模糊距离应不小于照射区的斜距,如图 10-29 所示。否则,雷达无法实现距离解模糊。

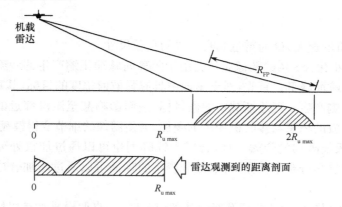

图 10-29　机载 SAR 距离模糊示意图

我们知道,最大不模糊距离为

$$R_{u\,max} = \frac{cT_p}{2} = \frac{c}{2f_p} \tag{10-82}$$

式中,c 为光速,T_p 为脉冲重复周期,f_p 为雷达 PRF,$f_p = 1/T_p$。为了不产生距离模糊,则须

$$R_{u\,max} = \frac{c}{2f_p} \geqslant R_{FP} \tag{10-83}$$

式中,R_{FP} 为 SAR 成像条带所对应的斜距,如图 10-29 所示。

因此,有 PRF 最高值满足

$$f_{p\,max} \leqslant \frac{c}{2R_{FP}} \tag{10-84}$$

为了避免速度模糊,地面观测区主瓣回波的多普勒频谱不应发生混叠。为了满足这个要求,PRF 的选取应使 f_p 大于地面观测区真实天线主瓣回波的前沿和后沿的多普勒频率之差,如图 10-23 所示,即要求最低 PRF 满足

$$f_{p\,min} \geqslant \Delta f_D \tag{10-85}$$

式中

$$\Delta f_D = \frac{2\Delta V_{max}}{\lambda} = \frac{2}{\lambda}(V_{BLOS} - V_{ALOS}) \tag{10-86}$$

由图 10-30,有

$$V_{ALOS} = -V\sin\frac{\theta_B}{2} \tag{10-87}$$

$$V_{BLOS} = V\sin\frac{\theta_B}{2} \tag{10-88}$$

故

$$\Delta f_D = \frac{2}{\lambda}(V_{BLOS} - V_{ALOS}) = \frac{4}{\lambda}V\sin\frac{\theta_B}{2} \tag{10-89}$$

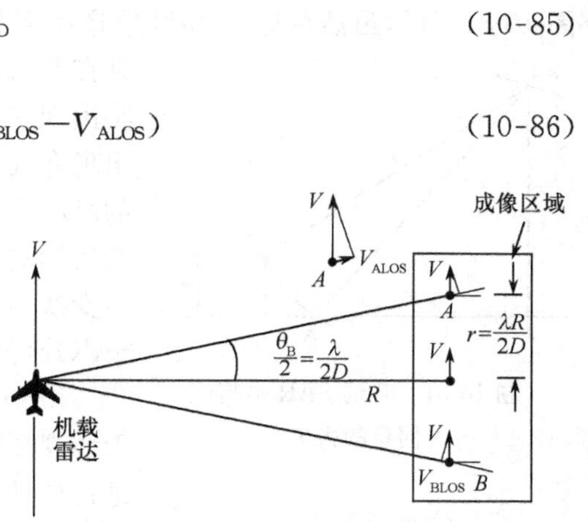

图 10-30　多普勒频率模糊的临界状态

因为通常 $\theta_B \ll 1$,有 $\sin\frac{\theta_B}{2} \approx \frac{\theta_B}{2}$ 且 $\theta_B \approx \frac{\lambda}{D}$,$D$ 为天线口径尺寸,有

$$\Delta f_D \approx \frac{2V\theta_B}{\lambda} = \frac{2V}{D} \tag{10-90}$$

因此,雷达重频的最小值应满足

$$f_{p\,min} \geqslant \frac{2V}{D} \tag{10-91}$$

式中,V 为雷达载机的速度,D 为雷达真实天线的孔径尺寸。

(2) 旁瓣的最小化:SAR 的图像质量会由于距离向脉冲压缩产生的旁瓣和方位向合成阵列产生的旁瓣的影响而降低。首先,对于图像中具有强散射幅度的目标,其高的旁瓣回波可能会在真实目标的两侧产生一列逐渐减弱的假目标,进而影响甚至淹没邻近的散射幅度较小的目标;其次,旁瓣回波的积累与接收机噪声的叠加,会使图像的细节变得模糊甚至被淹没。

因此,像真实天线阵列的旁瓣一样,合成天线阵列也可以通过加权处理来降低旁瓣的影响。加权处理的代价是分辨率稍微降低,但分辨率的降低可以通过增加合成孔径的积累时间来弥补。

(3) 运动补偿问题:前面在合成孔径雷达的讨论时,一直假设雷达是以恒定的速度保持直线飞行的。因为整个 SAR 成像过程是围绕在一个相当长的时间内(典型的积累时间为 0.1~10 秒)对接收信号相位的微小变化进行处理的,所以,在合成孔径期间内需要对雷达载机的任何变速运动进行补偿。变速运动的补偿可以通过装在雷达天线上的加速度计,或者通过独立的内部导航系统来实现,它们的输出作为天线相位中心的参考。

根据测量得到的速度、加速度等参数,可以计算出补偿相位。在雷达系统的接收信号处理过程中,从本机振荡器到最终脉冲积累阶段的任何过程中都可以对相位进行补偿。对此方面内容感兴趣的读者可参考有关文献[13~17],此处不赘述。

10.6 干涉合成孔径雷达成像

前几节对 SAR 及 ISAR 的成像原理进行了介绍。在普通的 SAR 中,存在着一个很大的缺点,就是对于地面上的三维目标只能产生二维的雷达图像。更确切地说,地面上的三维目标是按照其到 SAR 的斜距和沿航迹的相对位移(多普勒频率)被投影到二维 SAR 图像的。如图 10-31所示,虽然目标 A 和目标 B 在高度上不同,但是由于它们相对于 SAR 有相同的斜距,

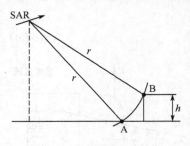

图 10-31 普通 SAR 中高度
信息的丢失

则在普通的二维 SAR 图像中,若 A 和 B 的方位相同,则两者将出现在同一图像单元内;若 A 和 B 的方位位置不同,则将出现在同一距离单元、不同横向距离单元内;目标 A、B 之间的高度信息 h 体现不出来。在图像的后处理技术中,如果没有目标的高度信息,也不可能把斜距-方位格式的图像准确地变换为地距-方位格式的图像。干涉合成孔径雷达(In-SAR)测量技术可以解决这个问题[17]。

InSAR 是一般 SAR 功能的延伸和扩展,它利用多个接收天线观测得到的回波数据进行干涉处理,可以对地面的高程进行估计,对洋流进行测高和测速,对地面运动目标进行检测和定位。在 InSAR 中,接收天线之间的连线称为基线。基线垂直于航向的干涉仪(XTI)能够完成地面和海面高程的测量。基线沿着航向的干涉仪(ATI)可以用来对洋流进行测速,对地

面运动目标进行检测和定位。这两种干涉方式都可以采用飞机作为平台，也可以采用卫星、航天飞机和空间站等作为平台。

机载 InSAR 一般采用双天线单航过模式，此时在载机的垂直方向安装两副天线，可以一发双收，也可以双天线轮流地自发自收（称为乒乓方式）。星载 InSAR 由于雷达距观测区很远，为了得到一定的测高精度，实现长基线单载体的双天线结构比较困难，而人造卫星的航迹轨道比飞机稳定得多，早期一般采用单个载体双航过模式，两次航行可形成较长而稳定的基线，也可采取卫星组网联合成像等模式。

10.6.1 InSAR 高程测量的基本原理

以双天线单航过一发双收为例来说明干涉高程测量的原理。图 10-32 所示为双天线单航过干涉的几何关系示意图。A_1、A_2 为两副天线，天线 A_1 为收发天线，天线 A_2 仅为接收信号用。基线长度为 L，垂直于载体航线方向。目标 P 点的位置高度为 h。

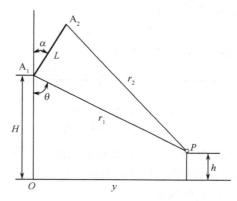

图 10-32　双天线单航过干涉的几何关系示意图

利用余弦定理

$$r_2^2 = r_1^2 + L^2 + 2Lr_1 \cos(\alpha + \theta) \tag{10-92}$$

或

$$\theta = \arccos\left(\frac{r_2^2 - r_1^2 - L^2}{2Lr_1}\right) - \alpha \tag{10-93}$$

式中，r_1 为天线 A_1 到目标 P 点的距离，r_2 为天线 A_2 到目标 P 点的距离；α 为基线与地面垂直线所形成的夹角；θ 为天线 A_1 到目标 P 点的视线方向与地面垂直线所形成的夹角，称为天线的俯视角。

在式(10-93)中，由于斜距 r_1 和 r_2 远大于基线 L 的长度，因此，两者相差很小。$r_2^2 - r_1^2 = (r_2 + r_1)(r_2 - r_1) = (r_2 + r_1)\Delta r$，为了提高 θ 的测角精度，用直接的方法测量波程差 $\Delta r = (r_2 - r_1)$，而不是分别测得两个斜距 r_1 和 r_2 后再相减。

在雷达里，直接测量两个天线的波程差是将两个通道输出的信号进行比较，常用的有两种方法：一种是比较两个脉冲回波包络的时延差，称为时差测量，这种方法一般误差太大；另一种是比相法，或称干涉法，它是将两路输出的复信号比相。

波程差 Δr 和相位差 φ 之间存在下列关系

$$\varphi = \frac{2\pi}{\lambda} \Delta r \tag{10-94}$$

式(10-94)的比相法测量中,Δr 的测量是同波长相比较的,而时差测量法则是与脉冲宽度相比较的。在 SAR 雷达中,在尺度上波长一般为脉宽的几十分之一甚至更小,所以比相法测量 Δr 的精度要高得多。正是由于采用了比相法(干涉法,Interferometry)测量波程差,干涉合成孔径雷达(InSAR)因此而得名。

注意,两天线的波程差 Δr 虽然不大,但仍可能比波长 λ 大许多倍,即两个信号的相位差的真实值可能比 2π 大得多。根据两路信号的复振幅计算相位差时,由于相位值以 2π 为周期,测得的相位 ψ 只能在 $(-\pi,\pi]$ 的区间内取值,称为相位的主值(或缠绕值),它与相位的真实值 φ 可能相差 2π 的整数倍,即 $\varphi=\psi+2k\pi$(k 为整数)。在得到相位的主值后还要通过解缠绕处理(也称为去模糊处理)得到相位的真实值。

通过干涉法,可以精确地测量两个天线的波程差

$$\Delta r = \frac{\lambda}{2\pi}\varphi \tag{10-95}$$

此时天线 A_2 到目标的距离 r_2 可表示为

$$r_2 = r_1 + \Delta r \tag{10-96}$$

利用图 10-32,通过简单的几何关系可推导得到

$$\theta = \arccos\left(\frac{(2r_1+\Delta r)\Delta r - L^2}{2Lr_1}\right) - \alpha \tag{10-97}$$

$$h = H - r_1\cos\theta \tag{10-98}$$

$$y = \sqrt{r_1^2 - (H-h)^2} \tag{10-99}$$

目标 P 点的位置由直角坐标中的高度 h 和水平距离 y 表示。基线长度 L 和倾角 α 是预置的,高度 H、斜距 r_1 的测量也应该比较准确,而波程差可借助式(10-95)做干涉法测量,因而可以用较高的精度估计目标 P 点的高度。

10.6.2　InSAR 高程测量的过程

用干涉法测量目标的高程信息是一个复杂的过程。一方面,对同一场景获得两幅相干性很高的 SAR 图像具有复杂性;另一方面,从两幅复图像无法直接获得干涉相位的真实值。高程测量的核心是获得能够反映波程差的干涉相位真实值。采用干涉法进行高程测量,建立地面高度模型的基本过程可以分为以下 5 个步骤[16]。

(1) 两个天线接收的数据分别成像

将两个天线接收到的同一场景回波数据,采用 SAR 成像算法得到两条航迹的两个二维复图像。SAR 图像由实际场景的回波数据通过系统响应函数匹配滤波得到,而系统响应函数与雷达载体的运动及航迹有关。为了使两幅图像之间具有较高的相干性,两条航迹的系统响应函数应精确地一致,因此要根据擦地角和波束偏角精确设计距离脉压滤波器和方位压缩滤波器。

(2) 图像配准

图像配准使两幅图像中同一位置的像素对应地面同一小块区域,以保证两幅图像的相干性。图像配准的关键在于距离和方位平移量的确定,其值应远小于距离和方位分辨率,一般取分辨单元长度的 $1/10\sim1/100$。如果两幅图像的平移量误差较大,会引起图像相干性下降和干涉测量的相位误差增大。图像配准的平移量可以依靠各种参数进行计算,但更主要的是依靠接收数据进行估计。

（3）干涉相位的产生和去平地相位

原始干涉相位 $\varphi_0(x,r)$ 可由下面的公式得到

$$\varphi_0(x,r)=\mathrm{ang}[f_1^*(x,r)f_2(x,r)] \tag{10-100}$$

式中，$f_1(x,r)$、$f_2(x,r)$ 为两幅复图像同一位置上的图像数据，"$*$"是取共轭运算，$\mathrm{ang}(\cdot)$ 表示求角度。

由于两个天线的空间位置不同，目标干涉相位的真实值 $\varphi(i,j)$ 随目标的位置而变化，它不仅仅是高度 h 的函数，而且是目标水平地面距离 y 的函数。因此，两个天线观测高度恒定的水平地面，其干涉相位也随地面距离 y 的改变而改变，这就是平地干涉相位。平地相位干涉图的特征是近密远疏的干涉条纹。

由于平地相位干涉条纹的密集程度远远大于地面起伏造成的干涉条纹，在二维相位解缠绕之前，要根据观测的空间位置关系，选择一定高度的水平面作为参考平面，将参考平面对应的干涉相位减掉，这个过程称为去平地相位，其目的是便于后面的相位解缠绕。

如图 10-33 所示，取水平地面为参考平面，P' 在水平地面上，与天线 A_1 的距离为 r_1，有 $\cos\theta_g=H/r_1$，由此可得

$$\theta_g=\arccos\left(\frac{H}{r_1}\right) \tag{10-101}$$

式中，θ_g 为天线 A_1 与水平地面上 P' 点的俯视角。

与天线 A_1 距离为 r_1 的水平地面的干涉相位为

$$\begin{aligned}\varphi_g(r_1)&=\frac{2\pi}{\lambda}(r_{2g}-r_1)\\&=\frac{2\pi}{\lambda}\left[\sqrt{r_1^2+L^2+2Lr_1\cos(\alpha+\theta_g)}-r_1\right]\end{aligned} \tag{10-102}$$

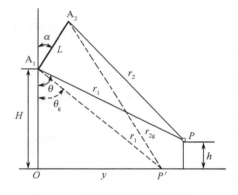

这样对于每个像素，用原始干涉相位 $\varphi_0(x,r)$ 减去其斜距对应的水平地面的干涉相位 $\varphi_g(r)$，并取主值，就得到了去平地相位后的干涉相位

$$\varphi_1(x,r)=\varphi_0(x,r)-\varphi_g(r)+2k\pi \tag{10-103}$$

式中，k 为整数。去平地相位后的干涉相位 $\varphi_1(x,r)$ 的

图 10-33　计算平地相位示意图

取值满足 $-\pi\leqslant\varphi_1(x,r)\leqslant\pi$，$r=r_1$ 为该像素对应的目标到天线 A_1 的斜距。

（4）二维相位解缠绕和真实相位计算

从去平地相位后的干涉相位主值 $\varphi_1(x,r)$ 恢复出能够正确反映相邻像素干涉相位变化的相位值 $\varphi_1(x,r)$，这一过程称为二维相位相对解缠绕。

在二维相位解缠绕前，进行了去平地干涉相位 $\varphi_g(r_1)$，在二维相位解缠绕 $\varphi_1(x,r)$ 后，应该再补偿回去，称为"平地相位恢复"。平地相位恢复后的相位为

$$\varphi_2(x,r)=\varphi_1(x,r)+\varphi_g(r) \tag{10-104}$$

通过去平地相位、相位解缠绕和平地相位恢复，得到的相位能够正确反映相邻像素之间的干涉相位关系。为了使相位解缠绕能够正确反映像素对应的目标到两个天线的波程差，还必须进行真实相位 $\varphi(x,r)$ 的计算。真实相位与相对解缠绕相位之间差一个常数相位，为 2π 的整数倍，真实相位能够正确反映波程差 $\Delta r=r_2-r_1$，即

$$\varphi(x,r)=\varphi_2(x,r)+\varphi_c \tag{10-105}$$

式中，φ_c 是一个常数相位。由解缠绕相位后的平地恢复相位 $\varphi_2(x,r)$，计算真实相位只需要确

定 φ_c。这时,只要知道雷达的工作参数和地面上一个参考点(x_{ref}, r_{ref})的精确高度 h_{ref},由图 10-34 中的几何关系,可以很容易地计算得到该点的绝对相位 $\varphi(x_{ref}, r_{ref})$ 及干涉相位主值 $\varphi_2(x_{ref}, r_{ref})$,由此可以确定出 φ_c。

$$\varphi_c = \varphi(x_{ref}, r_{ref}) - \varphi_2(x_{ref}, r_{ref}) \tag{10-106}$$

为了得到较高的精度,一般应取多个参考点。

(5)相位到高度的换算和地形矫正

此后,依照式(10-95)～式(10-99)对每个像素的高度 h 和 y 方向距离进行计算,并按照几何关系构造地面数字高度模型(DEM)。图 10-34 所示为干涉法高程测量流程图。

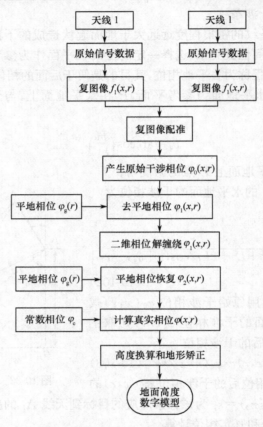

图 10-34　干涉法高程测量流程图

图 10-35 所示为理想情况下,采用干涉法高程测量各阶段的仿真结果[16]。仿真参数为:采用水平基线$(\alpha=0)$,基线长度 $L=20m$;工作波长 $\lambda=0.03m$;载机相对于海平面的高度为 $H=6000m$,在去平地相位时,采用海平面高度作为参考平面高度;观测场景的大小为 30km×30km,该场景的平均高度高出海平面 447m,整个场景高程起伏的峰峰值为 1000m。

设定合理的系统参数后,干涉 SAR 的处理技术也可以推广用于三维干涉 ISAR 成像[5,18]。限于篇幅,此处仅给出一个目标三维散射中心干涉 ISAR 成像的例子,图 10-36 所示为某飞机模型的二维 ISAR 和三维干涉 ISAR 图像。其中图 10-36(a)和(b)为两幅不同天线高度下的二维散射中心分布图像,图 10-36(c)为从这两幅二维图像导出的目标散射中心的高度分布,即其三维图像。由于可以得到目标散射中心的三维分布情况,从图中可以看到,该目标在测量过程中并不是完全水平放置的,而是有一个横滚角,这在二维散射中心图像中是无法看出来的。可见,无论是对于自然目标还是对于人造目标,就目标散射中心精密诊断、目标识别等应用而言,目标散射的三维成像是非常必要的。

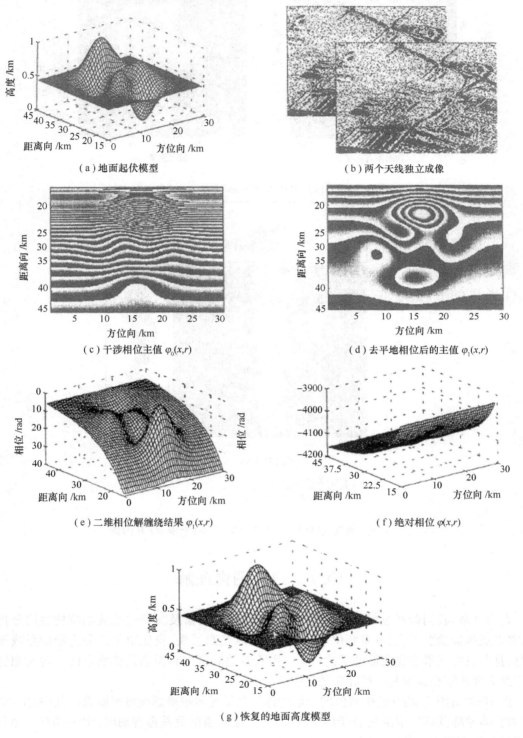

（a）地面起伏模型

（b）两个天线独立成像

（c）干涉相位主值 $\varphi_0(x,r)$

（d）去平地相位后的主值 $\varphi_1(x,r)$

（e）二维相位解缠绕结果 $\varphi_1(x,r)$

（f）绝对相位 $\varphi(x,r)$

（g）恢复的地面高度模型

图 10-35　干涉法高程测量各阶段的仿真结果

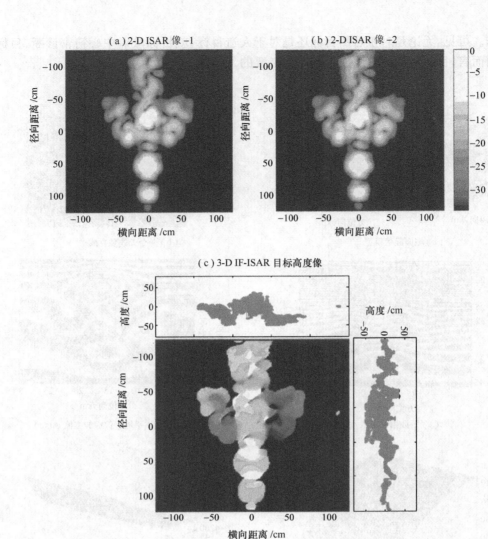

图 10-36　某飞机模型的二维 ISAR 和三维干涉 ISAR 图像

10.7　SAR 图像理解

在第 6 章,我们曾通过对具有零相位的二维物体空间谱及其带通滤波响应特性的分析指出,在带通响应情况下,二维零相位矩形物体的形状信息丢失,仅保留了部分边沿信息或顶点信息,这与具有光滑金属表面的雷达目标电磁散射的散射中心概念是相吻合的。现在把仿真推广到表面非零相位而是随机相位的情况。

图 10-37 示出了具有随机相位的矩形物体及其低通与带通滤波再现图像。其中,图 10-37（a）为物体轮廓及其二维空间谱;图 10-37（b）为二维低通谱及其再现图像;图 10-37（c）为三种不同的二维带通谱及其再现图像。

对比图 6-9 中的仿真结果可以发现,与零相位物体的带通滤波响应不同,当物体具有随机相位而非零相位时，由于其空间谱分布不再为规律的二维 sinc 函数，而是呈现为随机分布，故无论是低通还是带通滤波响应器，再现图像均表现为带斑点的物体轮廓像。通带越宽，则斑点的颗粒越小。

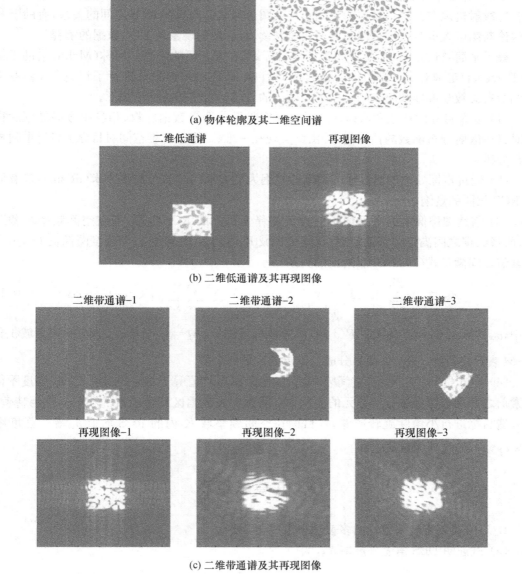

图 10-37　具有随机相位的矩形物体及其低通与带通滤波再现图像

　　我们知道，自然界中的大多数场景均具有一定的粗糙性，根据第 7 章的讨论，粗糙面对于雷达而言即相当于随机相位表面。这就不难理解，在各种对地观测的真实 SAR 图像中，地球表面大多数自然场景的像都表现为带斑点的"轮廓"图像，而人造目标的像多表现为离散的"散射中心"图像。这一点，在图 10-28 的 SAR 图像中得到了充分反映。从图中可见：人造金属目标（如图中位于中央位置处驻泊的 B52 飞机）的 SAR 图像表现为离散的散射中心分布；草地、树木等自然场景的 SAR 图像表现为能体现其实际场景轮廓的带斑点图像；而建筑物的 SAR 图像则兼有上述两者的特性，建筑物粗糙表面在 SAR 图像中反映在轮廓特性上，而建筑物的各种凸起结构、同地面构成的角形反射结构等则呈现出强散射点源特性。

在第 6 章讨论了复杂人造目标各种散射机理在 SAR/ISAR 图像中的表现形式，本节通过仿真示例，对比分析了自然场景的 SAR 图像同人造目标散射图像间的差异及其散射机理。认识各种散射机理在二维图像中的不同表现及图像像素值同目标 RCS 之间的关系，有助于 RCS 成像诊断测试人员对被测目标图像的快速判读、目标散射现象及 RCS 数据的解释。

最后来简要讨论 SAR 图像像素值与目标 RCS 值之间的关系。梅林（Melin）借助于帕萨瓦（Parseval）定理对 ISAR 图像的像素值同目标 RCS 之间的关系进行了讨论[21]，参考文献[22]对有关数学推导和研究结论做了较详细的总结。引述相关结论如下。

（1）复杂目标的雷达图像是通过对目标宽带散射测量数据加权、相参积分等处理后得到的对目标散射分布函数的估计值，并由此实现在一维、二维和三维空间对目标上各种散射机理进行分辨。

（2）经过定标处理的目标强度图像的量纲为平方米（m²）或分贝平方米（dBsm），具有同目标 RCS 相同的量纲。

（3）雷达图像像素的电平值不应直接解释为目标的 RCS 电平，但在空间频率域和图像域，两者数据之间满足帕萨瓦定理：空间频率域 K_f 内的 RCS 均值 σ_{av} 与强度图像 $|\hat{\Gamma}(x,y)|^2$ 的像素值之间满足式（10-107）所给出的关系[22]：

$$\sigma_{av} = A_f \sum_{m=1}^{M} \iint_{D_{xy,m}} |\hat{\Gamma}(x,y)|^2 \mathrm{d}x\mathrm{d}y = A_f \sum_{m=1}^{M} \sum_{x,m} \sum_{y,m} |\hat{\Gamma}(x,y)|^2 \Delta x \Delta y \quad (10\text{-}107)$$

式中，σ_{av} 表示目标 RCS 均值；$|\hat{\Gamma}(x,y)|^2$ 表示强度图像；$A_f = \iint_{K_f} \mathrm{d}f_x \mathrm{d}f_y$ 为空间频率域积分面积；M 表示将目标 $x-y$ 平面划分成互不重叠区域的个数。

（4）由式（10-107）可见，空间频率域 K_f 内的 RCS 均值等于对应的二维 ISAR 强度图像各像素值之和乘以图像域分辨单元的面积和空间频率域数据区域窗函数的积分。作为特例，当对人造目标进行小角度旋转成像时，目标在空间频率域 K_f 内的 RCS 均值 σ_{av} 等于强度图像 $|\hat{\Gamma}(x,y)|^2$ 的全部像素值之和。

第 10 章思考题

1. 对于机载实波束雷达的多普勒波束锐化（DBS）。

（a）试证明 DBS 角度分辨率 δ_{DBS} 为

$$\delta_{DBS} = \frac{\lambda}{2Vt_d \cos\theta_{sq}}$$

式中，V 为载机速度，θ_{sq} 为波束斜视角，λ 为雷达波长，t_d 为波束在目标上的驻留时间。

（b）假如雷达以恒定的斜视角对目标观测，试证明

$$\delta_{DBS} = \frac{D}{2\beta R}$$

式中，D 为真实孔径的长度，实波束的宽度 $\theta_B = \beta\lambda/D$，$R$ 为雷达到目标的距离。

（c）假如雷达以角速度 Ω 对目标区快速扫描，试证明

$$\delta_{DBS} = \frac{\Omega D}{2V\cos\theta_{sq}}$$

2. 对于合成孔径长度较短的非聚焦 SAR，双程回波的最大相位差满足≤2π。试证明此时 SAR 成像的横向距离分辨率为

$$\delta_{cr} = \frac{\sqrt{\lambda R_0}}{2}$$

式中，λ 为雷达波长，R_0 为雷达合成孔径中心到目标区中心的距离。

3. 采用步进频率波形的二维 ISAR 成像，试证明满足条件的最小 PRF 为

$$f_{p\,min} = \frac{2NM\delta_{cr}\Omega}{\lambda}$$

式中，N 为每个脉冲串所含脉冲个数，M 为脉冲串的个数，δ_{cr} 为横向距离分辨率，Ω 为目标的旋转角速度，λ 为雷达波长。

4. 如图 10-38 所示的机载 SAR，已知雷达波长为 λ，天线尺寸为 D，最大载机速度为 V_{max}，最大成像距离为 R_{max}。试简单推导雷达脉冲重复频率 f_p 应该满足的条件，并且用不等式表示出来。

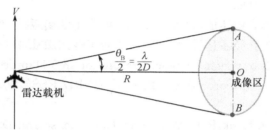

图 10-38 题 4 配图

5. 试推导目标 RCS 与雷达图像像素值之间的关系式(10-107)。

参 考 文 献

[1] D. R. Wehner. High Resolution Radar, 2nd edition. Norwood，MA：Artech House，1995.

[2] R. J. Sullivan. Microwave Radar：Imaging and Advanced Concepts. Artech House，Norwood，MA，2000.

[3] 黄培康，殷红成，许小剑. 雷达目标特性. 北京：电子工业出版社，2004.

[4] 黄培康，许小剑，巢增明，肖志河. 小角度旋转目标微波成像. 电子学报，1992(20)，6，54-60.

[5] X. Xu and R. M. Narayanan. Three-dimensional interferometric ISAR imaging for target scattering diagnosis and modeling. IEEE Transactions on Image Processing. Vol. 10, No. 7, pp. 1094-1102, 2001.

[6] 许小剑，黄培康. 目标散射中心的超分辨率诊断成像. 宇航学报，1993(14)，4，1-7.

[7] 黄培康，许小剑. 旋转目标微波成像中的旁瓣抑制研究. 宇航学报，1988(9)，4，24-31.

[8] X. Xu. Radar Penetration Imaging Using Ultra Wideband Random Noise Wave-

forms. PhD Dissertation, University of Nebraska-Lincoln, 2002.

[9]   B. D. Steinberg, D. L. Carlson and W. Lee. Experimental localized radar cross sections of aircraft. Proc. of the IEEE, Vol. 77, No. 5, 1981.

[10]   张直中. 合成孔径、逆合成孔径和成像雷达. 现代雷达编辑部, 1986.

[11]   X. Xu and R. M. Narayanan. FOPEN SAR imaging using UWB step-frequency and random noise waveforms. IEEE Trans. on Aerospace and Electronic Systems. Vol. 37, No. 4, pp. 1287-1300, 2001.

[12]   刘永坦, 等. 雷达成像技术. 哈尔滨: 哈尔滨工业大学出版社, 1999.

[13]   M. Soumekh. Synthetic Aperture Radar Signal Processing with MATLAB Algorithms. New York: John Wiley & Sons, 19910.

[14]   J. S. Son, G. Thomas and B. C. Flores. Range-Doppler Radar Imaging and Motion Compensation. Norwood, MA: Artech House, 2001.

[15]   C. V. Jakowatz, Jr., D. E. Wahl, P. H. Eichel, D. C. Ghiglia and P. A. Thompson. Spoltlight Synthetic Aperture radar: A Signal Processing Approach. Boston, MA: Klumer Academic Publishers, 1996.

[16]   保铮, 邢孟道, 王彤. 雷达成像技术. 北京: 电子工业出版社, 2005.

[17]   袁孝康. 星载合成孔径雷达导论. 北京: 国防工业出版社, 2005.

[18]   X. Xu and R. M. Narayanan. Enhanced resolution in 3-D interferometric ISAR imaging using an iterative SVA procedure. Proc. IEEE IGARSS'2003, Toulouse France, July 21-25, 2003.

[19]   J. P. Skinner, B. M. Kent, R. C. Wittmann, D. L. Mensa and D. J. Andersh. Normalization and interpretation of radar images. IEEE Trans. On Antennas and Propagation, Vol. 46, No. 4, pp. 502-505, 1998.

[20]   V. Mrstik. Agile-beam synthetic aperture radar opportunities. IEEE Trans. On Aerospace and Electronic Systems, Vol. 34, No. 2, pp. 500-507, 1998.

[21]   J. O. Melin. Interpreting ISAR images by means of Parseval's theorem. IEEE Trans. on Antennas and Propagation, Vol. 55, No. 2, pp. 498-501, 2007.

[22]   许小剑. 雷达目标散射特性测量与处理新技术. 北京: 国防工业出版社, 2018.